普通高等教育电机与电器创新型系列教材

现代电机设计及分析方法

夏云彦　刘智慧　艾萌萌　编著

机械工业出版社

本书主要讲述电机设计的基础理论及现代电机设计常用的分析方法，全书共13章。首先，从教学和工程实际应用的角度出发，通过设置电机主要尺寸计算、绕组与铁心设计、磁路设计、参数计算、性能及发热冷却计算等关键知识构建电机设计的完整知识体系，深入透彻地讲解了电机设计的基本理论知识及电机设计流程，传授给读者系统的理论基础知识；其次，根据行业发展趋势，给出感应电动机及永磁电机典型机种的电机设计程序及算例，将理论与实践结合，提升读者电机设计的实践能力；最后，对电机设计过程中常用的现代分析方法进行讲解，可实现电机设计过程中电、磁及热等关键问题的精确分析，满足更广泛的学习需求，有助于读者借助计算机辅助手段实现电机的精确设计与性能分析。

本书内容由浅入深，从基础理论到典型设计实例分析再到现代设计分析方法，力求通俗易懂，可读性、实用性强，习题设置结合工程实际，有助于培养读者解决复杂工程问题的能力。本书可作为相关专业的教材和参考书，也可作为从事电机设计、科学研究、生产和应用等工作的科技人员的参考书。

本书为新形态教材，全书一体化设计，将授课讲义、授课视频、电机电磁计算程序等制作成二维码，扫描即可实现同步学习。

图书在版编目（CIP）数据

现代电机设计及分析方法/夏云彦，刘智慧，艾萌萌编著. —北京：机械工业出版社，2024.3
普通高等教育电机与电器创新型系列教材
ISBN 978-7-111-75044-4

Ⅰ.①现… Ⅱ.①夏… ②刘… ③艾… Ⅲ.①电机-设计-高等学校-教材 Ⅳ.①TM302

中国国家版本馆 CIP 数据核字（2024）第 041599 号

机械工业出版社（北京市百万庄大街 22 号　邮政编码 100037）
策划编辑：王雅新　　　　　　责任编辑：王雅新　周海越
责任校对：郑　婕　王　延　　封面设计：张　静
责任印制：张　博
天津光之彩印刷有限公司印刷
2024 年 6 月第 1 版第 1 次印刷
184mm×260mm · 17.25 印张 · 427 千字
标准书号：ISBN 978-7-111-75044-4
定价：69.00 元

电话服务　　　　　　　　　　网络服务
客服电话：010-88361066　　机　工　官　网：www.cmpbook.com
　　　　　010-88379833　　机　工　官　博：weibo.com/cmp1952
　　　　　010-68326294　　金　书　网：www.golden-book.com
封底无防伪标均为盗版　　机工教育服务网：www.cmpedu.com

前言

　　电机设计是电气工程及其自动化专业领域内电机与电器专业方向的一门重要课程。电机电器及其相关的控制工业是制造业的重要组成部分，随着行业的发展，高等教育急需为国家培养具备扎实的电机专业基础知识、较强的工程实践能力、较高的工程职业道德的应用型工程技术人才。

　　本教材根据企业实际中的电机设计流程及分析方法，将电机设计的基础理论知识、设计程序与电机现代分析方法相结合。在理论基础知识部分通过设置电机主要尺寸计算、绕组与铁心设计、磁路设计、参数计算、性能及发热冷却计算等关键知识构建电机设计的完整知识体系。通过对电机绕组部分的深入讲解，更直观地展示电机内部"电"与"磁"之间的关系，加深读者对理论知识理解的同时，能够更好地分析不同绕组设计对电机性能的影响。在理论知识讲解的基础上，通过对目前应用最广泛的典型机种的设计及实例分析，实现理论教学与实践的深度融合，达到电机设计教学过程中举一反三的目的，使学习者能够有效掌握电机的结构、尺寸、绕组、磁路、参数、损耗、发热冷却及性能指标之间的相互制约关系及变化规律。跟随计算方法的发展，通过设置"现代电机分析方法"部分讲解电机的计算机辅助设计方法，包括电机内物理场分析的网络设计方法及数值计算方法，本部分内容也是众多读者迫切需要的。本书包括讲义、重点知识的授课视频、电磁计算程序等数字资源，有助于实现高效学习。

　　全书共13章，可满足电机设计课程40~80学时的要求。本书的第3、6、7、10、13章和附录由夏云彦编写，第1、2、4、5、8章由刘智慧编写，第9、11、12章由艾萌萌编写。全书由夏云彦统稿、定稿。哈尔滨理工大学的孟大伟教授和徐永明教授在本书编写中提出了许多宝贵意见，在此表示衷心感谢。书中电机实例设计与分析过程部分的内容编写得到佳木斯电机厂有限责任公司刘文辉高工的帮助，在此深表谢意。在编写本书过程中参考了很多优秀教材和著作，编者向各位作者表示真诚的谢意。

　　由于编者水平有限，书中可能会有不足之处，恳切希望读者提出宝贵意见，以便进一步修正。联系邮箱：yunyan_x@ 163.com。

编　者

目录

前言

第1篇 现代电机设计

第1章 电机设计概述 ·············· 2
  1.1 电机行业近况及发展趋势 ·········· 2
    1.1.1 我国电机制造工业发展概况 ····· 2
    1.1.2 国外电机制造工业发展概况 ····· 2
    1.1.3 全球电力现状概况 ·········· 3
    1.1.4 电机行业发展趋势 ·········· 6
  1.2 电机设计的任务和依据 ·········· 8
  1.3 电机相关标准及系列化 ·········· 9

第2章 电机主要尺寸之间的关系 ····· 12
  2.1 电机的主要尺寸关系 ··········· 12
  2.2 电机的几何相似定律 ··········· 16
  2.3 电磁负荷的选择 ············· 17
    2.3.1 电磁负荷的选择对电机的影响 ····· 17
    2.3.2 电磁负荷选择的依据 ········· 18
  2.4 电机主要尺寸的计算 ··········· 21
    2.4.1 电机的主要尺寸比 ········· 21
    2.4.2 主要尺寸比的选择 ········· 21
    2.4.3 主要尺寸的确定 ·········· 23
  复习与思考题 ················ 26

第3章 电机绕组与铁心设计 ········ 27
  3.1 交流电机的绕组结构及工作原理 ···· 27
  3.2 交流绕组的磁势和磁场 ·········· 29
    3.2.1 单相集中整距绕组的磁场分布及
         磁势 ················ 29
    3.2.2 三相集中整距绕组的磁势 ······ 31
    3.2.3 基波与谐波磁势 ·········· 32
    3.2.4 绕组的分布和短距对磁势的
         影响 ················ 33
    3.2.5 三相绕组的合成磁势 ········ 34

  3.3 三相交流电机绕组 ············ 35
    3.3.1 三相单层绕组 ············ 35
    3.3.2 三相双层绕组 ············ 36
    3.3.3 用磁势矢量图排列绕组 ······· 37
    3.3.4 分数槽绕组 ············· 38
    3.3.5 正弦绕组 ·············· 40
    3.3.6 变极绕组 ·············· 42
    3.3.7 感应电机转子绕组 ········· 44
  3.4 补偿绕组 ················ 44
  3.5 阻尼绕组 ················ 45
  3.6 感应电机定子绕组及铁心设计 ····· 47
    3.6.1 定子槽数的选择 ·········· 47
    3.6.2 节距的选择 ············· 48
    3.6.3 每相串联导体数和每槽导体数的
         计算 ················ 48
    3.6.4 导体的规格与并绕 ········· 48
    3.6.5 定子冲片的设计 ·········· 49
  3.7 感应电机转子绕组及铁心设计 ······· 50
  3.8 永磁同步电机绕组及铁心设计 ······ 53
    3.8.1 定子冲片尺寸和气隙长度的
         确定 ················ 53
    3.8.2 转子设计 ·············· 54
  复习与思考题 ················ 55

第4章 磁路设计 ·············· 56
  4.1 磁路设计概述 ·············· 56
  4.2 气隙及气隙磁压降 ············ 58
    4.2.1 空气隙的确定 ············ 58
    4.2.2 气隙磁压降的计算 ········· 59
  4.3 齿部磁压降的计算 ············ 65

4.4 轭部磁压降的计算 ┈┈┈┈ 69
4.5 磁极磁压降的计算 ┈┈┈┈ 72
4.6 磁化电流与空载特性计算 ┈ 74
4.7 永磁体电机的磁路设计 ┈┈ 76
　4.7.1 永磁电机发展新趋势 ┈ 76
　4.7.2 永磁电机的磁路结构 ┈ 77
　4.7.3 永磁电机的等效磁路 ┈ 81
　4.7.4 永磁体工作点的计算及最佳
　　　　工作点 ┈┈┈┈┈┈┈ 87
　4.7.5 永磁体尺寸的确定 ┈┈ 90
复习与思考题 ┈┈┈┈┈┈┈┈ 92

第5章 参数计算 ┈┈┈┈┈┈ 93
5.1 绕组电阻的计算 ┈┈┈┈┈ 93
　5.1.1 直流电机电阻计算 ┈┈ 94
　5.1.2 交流电机电阻计算 ┈┈ 95
5.2 绕组电抗的计算 ┈┈┈┈┈ 98
　5.2.1 绕组电抗的一般计算方法 98
　5.2.2 主电抗的计算 ┈┈┈┈ 99
　5.2.3 漏抗的计算 ┈┈┈┈ 102
　5.2.4 漏抗的标幺值 ┈┈┈ 115
5.3 永磁电机电抗计算 ┈┈┈ 116
　5.3.1 基本电磁关系 ┈┈┈ 117
　5.3.2 交、直轴电枢反应电抗计算 120
复习与思考题 ┈┈┈┈┈┈┈ 123

第6章 电机损耗 ┈┈┈┈┈ 125
6.1 概述 ┈┈┈┈┈┈┈┈┈ 125
6.2 电气损耗 ┈┈┈┈┈┈┈ 126
　6.2.1 绕组中的电气损耗 ┈ 126
　6.2.2 电刷接触损耗 ┈┈┈ 126
6.3 基本铁损耗 ┈┈┈┈┈┈ 127
6.4 空载时附加损耗 ┈┈┈┈ 130
6.5 负载时附加损耗 ┈┈┈┈ 132
6.6 机械损耗 ┈┈┈┈┈┈┈ 136
6.7 效率及提高效率的方法 ┈ 136

复习与思考题 ┈┈┈┈┈┈┈ 137
第7章 电机性能计算 ┈┈┈ 138
7.1 三相感应电动机运行性能的计算 ┈ 138
7.2 三相感应电动机起动性能的计算 141
　7.2.1 饱和效应及其对漏抗的影响 141
　7.2.2 趋肤效应及其对转子参数的
　　　　影响 ┈┈┈┈┈┈┈ 144
　7.2.3 起动电流及起动转矩 ┈ 145
7.3 异步起动永磁同步电动机工作特性及
　　起动性能的计算 ┈┈┈┈ 147
　7.3.1 异步起动永磁同步电动机的工作
　　　　特性 ┈┈┈┈┈┈┈ 147
　7.3.2 异步起动永磁同步电动机的起动
　　　　性能 ┈┈┈┈┈┈┈ 149
复习与思考题 ┈┈┈┈┈┈┈ 151

第8章 电机发热与冷却计算 ┈ 152
8.1 温升限度 ┈┈┈┈┈┈┈ 152
8.2 电冷却方式及计算 ┈┈┈ 154
　8.2.1 电机的冷却系统 ┈┈ 154
　8.2.2 流体力学基本理论 ┈ 155
　8.2.3 流体运动计算 ┈┈┈ 159
　8.2.4 风扇 ┈┈┈┈┈┈┈ 163
8.3 传热及计算 ┈┈┈┈┈┈ 172
　8.3.1 传热基本定律 ┈┈┈ 172
　8.3.2 电机稳定温升的计算 ┈ 177
复习与思考题 ┈┈┈┈┈┈┈ 184

第9章 电机设计实例 ┈┈┈ 185
9.1 感应电机的设计实例 ┈┈ 185
　9.1.1 感应电机设计流程 ┈ 185
　9.1.2 中小型三相异步电机电磁设计 ┈ 185
9.2 永磁电机的设计实例 ┈┈ 198
　9.2.1 永磁电机设计流程 ┈ 198
　9.2.2 永磁电机设计实例 ┈ 198

第2篇　现代电机分析方法

第10章 电机的磁网络分析方法 ┈ 209
10.1 等效磁网络的基本原理 ┈ 209
10.2 等效磁导的计算 ┈┈┈┈ 210
　10.2.1 常值磁导 ┈┈┈┈ 210
　10.2.2 非线性磁导 ┈┈┈ 211
10.3 等效磁势源的计算 ┈┈┈ 212

10.4 感应电动机磁网络模型的建立 ┈ 213
　10.4.1 定、转子磁网络模型的
　　　　　建立 ┈┈┈┈┈┈ 213
　10.4.2 气隙磁网络模型的建立 ┈ 214
10.5 基于动态磁网络模型的非线性方程组
　　　的建立与求解 ┈┈┈┈ 216

第 11 章　电机的流体网络分析方法 …… 220
　11.1　流体网络建模基本原理 ……………… 220
　　11.1.1　流体流动的数学模型 …………… 220
　　11.1.2　高压自起动永磁同步电动机
　　　　　　基本参数 …………………… 221
　　11.1.3　流体网络建模的基本假设 …… 222
　11.2　流体网络模型的建立 ……………… 224
　　11.2.1　电动机的压头元件 …………… 224
　　11.2.2　电动机的流阻 ………………… 225
　　11.2.3　电动机的流体网络模型 ……… 226
　11.3　流体网络模型求解 ………………… 228
第 12 章　电机的热网络分析方法 …… 231
　12.1　热网络法基本原理 ………………… 231
　12.2　热网络模型的基本假设 …………… 232
　12.3　热网络模型的建立 ………………… 233
　　12.3.1　电动机的热阻 ………………… 233
　　12.3.2　热源 …………………………… 234
　　12.3.3　热容 …………………………… 237
　12.4　热网络法计算电机温度原理 …… 237
　12.5　计算流程 …………………………… 238
　12.6　电动机的热网络模型的建立 …… 239

　12.7　热网络模型求解 …………………… 242
第 13 章　坐标变换 …………………… 245
　13.1　电机矢量变换与坐标变换基本
　　　　理论 ………………………………… 245
　13.2　三相感应电动机两相坐标系下基本
　　　　方程 ………………………………… 246
　　13.2.1　两相坐标系下的电压方程 …… 246
　　13.2.2　两相坐标系下的磁链方程 …… 248
　13.3　三相感应电动机起动特性的计算 … 249
　　13.3.1　状态方程 ……………………… 249
　　13.3.2　转动系运动方程 ……………… 250
　　13.3.3　起动特性的计算 ……………… 251
附录 ……………………………………… 253
　附录 A　轭部磁路校正系数 …………… 253
　附录 B　导线规格表 …………………… 255
　附录 C　导磁材料磁化曲线和损耗
　　　　　曲线表 ………………………… 258
　附录 D　各种槽型比漏磁导计算 …… 262
　附录 E　Y、Y-L 系列三相感应电动机绝缘
　　　　　规范（B 级绝缘）……………… 268
参考文献 ………………………………… 270

第**1**篇

现代电机设计

本篇主要讲述现代电机设计的基础理论，共 9 章，包括电励磁电机和永磁电机的电磁计算、发热和冷却计算。本篇侧重电机设计基础理论的论述，并从工程实践中引入了大量的工程经验，多次使用迭代的观点、等效观点、类比等方法，做了合理的近似和假设，由此得出电机设计中行之有效的计算方法，进而形成完整的电机电磁理论计算体系，为后续其他种类电机的相关计算公式的推导提供了解决思路。

本篇首先对电励磁电动机和永磁电动机典型机种的电磁设计方法进行论述，包括电机的主要尺寸之间关系、电机绕组与铁心设计、磁路设计、参数计算、电机的损耗与电机性能计算，形成了旋转电机电磁设计的完整体系，完善了电磁设计流程，并在第 9 章给出了三相感应电动机和永磁电机典型机种的电磁计算实例。其次，本篇论述了电机发热与冷却问题的基本理论和工程简化计算方法，包括电机的温升、冷却方式、流体、风扇、传热定律及稳定温升计算等。

第 ① 章

电机设计概述

本章知识要点:

1）电机在国民经济中的地位、发展趋势及电力行业发展现状。
2）电机设计中主要任务及设计过程。
3）电机标准和现代电机设计方法。

1.1 电机行业近况及发展趋势

1.1.1 我国电机制造工业发展概况

新中国成立前，我国电机工业极端落后，发电机全国最高年产量为 2 万 kW，电动机为 5.1 万 kW，交流发电机单机容量不超过 200kW，交流电动机单机容量不超过 230kW。1949 年，全国的发电机装机容量仅为 1850MW，年发电量约为 43 亿 kW·h。

新中国成立以来，我国的电机制造工业得到快速发展，从 20 世纪 50 年代的仿制阶段到 20 世纪 60 年代自行设计阶段，一直到研究、创新阶段，在经过 70 多年的努力，我国已经建立了自己的电机工业体系，有了统一的国家标准和产品系列，建立了全国性的研究实验基地和研究、工程技术人员队伍。在大型交、直流电机方面，已研制成功 8000kW 大型绕线转子三相异步电动机、2×5000kW 的直流电动机、4700kW 的直流发电机、690kW 永磁同步牵引电动机和 42MW 同步电动机。在大型发电设备方面，已研制出 1000MW 的汽轮发电机、1400MW 的核电机组、1000MW 的水轮发电机、7MW 高速永磁发电机、5MW 永磁直驱海上风力发电机和世界最大单机容量 1.6MW 潮流能发电机。电力变压器的最大容量已达到 840MV·A，电压最高为 750kV。

在中、小型和微型电机方面，已开发和制成一百多个系列、上千个品种、几千个规格的电机。在特殊电机方面，由于新的永磁材料的出现，制成了许多高效节能、维护简单的永磁电机。由于电机和电力电子装置、单片机相结合，出现了各种性能和形态的"一体化电机"。

1.1.2 国外电机制造工业发展概况

1821 年，法拉第发现了载流导体在磁场内受力的现象；1831 年，法拉第制造出第一台手摇圆盘直流发电机；1834 年俄国雅可比研制成功世界上第一台实用直流电动机；1835 年，英国克拉克制成第一台实用直流发电机，从此世界电机工业进入工业化应用的新阶段，使机械能和电能相互转化成为现实。但由于直流电存在远距离传输问题，且制造高压直流发电机有很大困难，单机容量越大直流电机的换向也越困难，因此19世纪80年代以后，直流电机应用越来越少，交流电机逐渐发展起来。

1889年，多利沃·多布罗沃利斯基设计制造了第一台三相变压器和三相感应电动机。到了19世纪后期，在英国、德国、法国、美国等西方国家，电能已广泛应用于工业生产，世界工业从蒸汽机时代步入了电气时代。三相交流电不仅便于运输和分配，而且可用作电力驱动，因此到20世纪初叶，在电力工业中交流三相制已占据绝对的统治地位。

20世纪由于工业的发展对电机提出了各种新的和更高的要求。另外，由于自动化的需要出现了一系列控制电机。在此时期，电机材料的利用率逐渐提高，外形尺寸显著减小。就电机单机容量来说，20世纪初，水轮发电机单机容量最大不超过1000kW，而现在已达到1000MW；汽轮发电机的单机容量开始时不超过5000kW，1930年提高到100MW，20世纪50年代以后，由于采用了氢冷、氢内冷、油冷和水冷等冷却方法，单机容量进一步提高。目前核电用汽轮发电机的最大单机容量已经达到1400MW。

1.1.3　全球电力现状概况

社会经济发展离不开电力，人类总是不断地探索电力的来源，力图增加发电量并且探索新能源发电，使得电力工业得到快速发展。电力来自一次能源。一次能源按照可否再生，可以分为两大类：非再生能源和可再生能源。非再生能源是指不能重复产生的天然能源，它随人类的利用而越来越少，如化石能源（如煤、石油、天然气）和核燃料（如铀、钍等）。可再生能源是指能够重复产生的天然能源，即不会随它本身的转化或人类的利用而日益减少，如太阳能、水能、风能、地热能、海洋能、生物质能、潮汐能等。

1. 非再生能源发电

非再生能源发电是指利用化石燃料（煤、石油和天然气）发电及核能发电。非再生能源发电分为5种类型：燃煤发电、燃气发电、燃油发电、泥炭发电和核能发电。

（1）燃煤发电　燃煤发电占全球电力生产的主导地位。2021年我国燃煤发电占总发电量的62.6%，中国燃煤发电占全球燃煤发电量的52.1%，其次是美国和印度。

我国是燃煤发电主要生产国，第一位是我国的托克托发电厂，装机容量为6720MW。第二位是韩国的唐晋发电厂，装机容量为6040MW。我国台湾地区的台中发电厂为第三位，装机容量为5500MW。

（2）燃气发电　燃气发电是指利用天然气产生电力。燃烧天然气把水变成蒸汽，再用蒸汽推动汽轮机带动发电机运转而发电，属于一般的火力发电，其效率较低。天然气联合循环发电则是利用天然气燃烧时产生的高温烟气，推动燃气轮机进行一级发电，然后利用燃气轮机排出的高温烟气加热水，产生蒸汽，推动汽轮机进行二级发电，效率较高。由于燃烧天然气热效率高，排放的污染物又较其他燃料少，因此被认为是最清洁的发电燃料。

燃气发电量最多的国家是美国，其次是俄罗斯和日本，但燃气发电站最多的是日本，日本早在20世纪70年代就开始利用进口的液化天然气发电。世界上最大的燃气电站是位于阿联酋的杰贝阿里电力和海水淡化厂（Jebel Ali Power and Desalination Plant），装机容量为8695MW。

（3）燃油发电　燃油发电可分为燃料油（Fuel oil）发电和油页岩（Oil shale）发电两种，但其总体规模比燃煤电站和燃气发电都小。世界上最大的燃油电站是在沙特阿拉伯的舒艾拜发电及海水淡化厂，装机容量为5600MW。而利用燃油发电最多的国家是日本，全球十大燃油电站中日本占据9个席位。世界上最大的油页岩电站是在爱沙尼亚的爱沙尼亚发电厂，其装机容量为1615MW。

（4）泥炭发电　泥炭发电所占比例较小。泥炭（Peat）是煤的前身，是煤化程度最低的煤。泥炭是动植物遗骸，主要是植物残体，受到微生物和介质作用，经过分解和合成的变化而形成的一种有机物质。泥炭发电主要在欧洲国家如俄罗斯、芬兰、爱尔兰等。全球最大的泥炭电站是俄罗斯的沙图拉发电站，装机容量为1500MW。但沙图拉电站发电燃料主要为天然气占78.0%，其次泥炭占11.5%。

（5）核能发电　核能发电是用铀制成的核燃料在"反应堆"的设备内发生裂变而产生大量热能，再用处于高压力下的水把热能带出，在蒸汽发生器内产生蒸汽，蒸汽推动汽轮机带动发电机一起旋转而发电。美国是世界上核能发电量最多的国家，占全球核能发电量总量的30.2%，其次是法国为14.2%。世界上最大的核电站是日本柏崎刈羽核电站，装机容量为7965MW。值得注意的是韩国核电站进展很快，前十位核电站就占有3席，超过了美国和日本。我国最大的核电站是阳江核电站，装机容量为6480MW。世界上单机容量最大的核电机组是位于我国广东江门的台山核电站1、2号机组，两台机组单机容量均为175万kW，是中法两国能源领域在华最大的合作项目。

2. 可再生能源发电

可再生能源发电指水力发电、生物质发电、地热发电、波浪能发电、风力发电、太阳能发电等，它是电力发展的重要方向。根据BP2020年的报告，2019年全球再生能源发电量为7261.3TW·h，全球总发电量为27004.7TW·h。

（1）水力发电　在全球发电份额中，水力发电仅次于燃煤发电和燃气发电，居世界第三。水力发电（Hydropower）是利用工程措施将天然水能转换为电能的过程，也是水能利用的基本方式。优点是不消耗燃料，不污染环境，水能可由降水不断补充，机电设备简单，操作灵活、方便。但一般投资大，施工期长，有时还会造成一定的淹没损失。水力发电常与防洪、灌溉、航运等相结合，进行综合利用。

水力发电分为4种类型：常规水电站、抽水蓄能电站、径流式水电站和潮汐电站，其中常规水电站占主导地位。

1）常规水电站是利用天然河流、湖泊等水能的发电站。目前世界上最大的水力发电站是我国的三峡水电站，装机容量达22500MW。世界上最高的大坝是大渡河上的双江口大坝，坝高312m。世界上最大的坝体是巴基斯坦的塔贝拉大坝，1976年建成，构筑物高达143m，体积为 $1.53 \times 10^8 \text{m}^3$，装机容量为3478MW。世界上储水量最多的大坝是津巴布韦和赞比亚之间的赞比西河上的卡里巴大坝，其次为俄罗斯安加拉河上的布拉茨克大坝，和加纳沃尔特河上的阿科松博坝。目前世界单机容量最大的水轮发电机组为我国白鹤滩水电站的100万kW水轮机组，由我国自主制造。

2）抽水蓄能电站一般利用电力系统多余的电量（汛期、假期或后半夜低谷电量），将下水库的水抽到上水库储存，在系统负荷高峰时，将上水库的水放下，由水轮机驱动水轮发电机发电。其具有调峰填谷的双重作用，是电力系统最理想的调峰电源。此外，它还可以调频、调相、调压和作为备用，对保障电网的安全优质运行和提高系统经济性具有重大作用。

抽水蓄能电站本身不产生电能，而是在电网中起协调发电与供电矛盾的作用，在短时间负荷高峰时调峰作用巨大，启动及出力变化快，可保证电网的供电可靠性，提高电网的供电质量。

世界上第一座抽水蓄能电站是瑞士于 1879 年建成的勒顿抽水蓄能电站。当今世界上最大的抽水蓄能电站是美国巴斯康蒂抽水蓄能电站，装机容量达 3003MW，其次为我国惠州抽水蓄能电站，装机容量为 2448MW，广东抽水蓄能水电站装机容量为 2400MW。

3）径流式水电站又称"无调节水电站"，指大坝两边没有高山也没有库容，当河水流过时发电的电站。水电站的出力完全取决于河川径流量的大小，对天然水流（河川径流）无调节能力。为了充分发挥设备的效益，径流式水电站多在负荷曲线的基荷部分工作。这种水电站按照河道多年平均流量及可能获得的水头进行装机容量选择。

全球径流式水电站中，前五大拦河电站中装机容量最大的是巴西的吉拉乌大坝，装机容量为 3750MW。我国最大的径流式水电站是天生桥 II 级水电站，世界排名第 13 位，装机容量为 1320MW。

4）潮汐电站是利用海水周期性涨落运动中所具有的能量来发电的发电站，其水位差表现为势能，其潮流的速度表现为动能。这两种能量都可以利用，是一种可再生能源。潮汐发电是以因潮汐导致的海洋水位升降发电。一般都会建水库储能发电，但也有直接利用潮汐产生的水流发电。目前世界上最大的潮汐电站是位于韩国京畿道安山市始华湖的潮汐电站，装有 10 台发电机，合并发电容量达 254MW，略高于位于法国朗斯的潮汐发电站（240MW），是目前世界规模最大的潮汐电站。我国最大的潮汐电站是江厦潮汐电站，装机容量仅为 3.9MW。

（2）生物质发电　生物质发电是利用生物质所具有的生物质能进行的发电，是可再生能源发电的一种，包括农林废弃物直接燃烧发电、农林废弃物气化发电、垃圾焚烧发电、垃圾填埋气发电、沼气发电。生物质发电的方法有：①将生物质以发酵技术转换成气体燃料（如氢气或甲烷）或醇类燃料，再配合燃料电池的发展以应用于电力生产；②利用生物质燃烧转化为可燃气体燃烧发电的技术，主要有直接燃烧发电、混合燃烧发电和气化发电 3 种方式。生物质原料包括秸秆、稻壳和甘蔗渣等农业废弃物和林木生产、采运和加工过程中产生的林业废弃物等。生物质气化（Biomass Gasification）是将生物质固体原料置于高温环境，通过热分解和化学反应将其转化为气体燃料和化学原料气体（合成气体）等气态物质的过程。生物质固体原料转化的气体称为"生物质燃气"。生物质气化发电采用特殊的气化炉，把生物质废弃物如木料、秸秆、稻草、甘蔗渣等转换为可燃气体。这种可燃气体经过除尘、除焦等净化工序后，送到气体内燃机进行发电。全球最大的生物质发电站是位于英国的德拉克斯发电站，装机容量 2595MW。

（3）地热发电　地热发电是利用地下蒸汽或热水等地球内部的热能资源来发电。地下的干蒸汽可直接引入汽轮发电机组发电。地下的热水可用减压扩容的方法，使部分热水汽化，产生蒸汽以驱动汽轮发电机发电；或利用地下热水的热量来加热低沸点的有机化合物液体（如氯乙烷、异丁烷等）使其沸腾汽化，将气体引入汽轮发电机发电。

世界上最大的地热发电厂群位于美国加利福尼亚州的间歇泉地热综合发电厂（The Geysers），总装机容量为 1517MW。世界上最大的地热发电机功率为 135MW，在美国盖伊塞电厂。

（4）波浪能发电　波浪能属于海洋能的一种。根据所采用的技术，波场可分为 8 种类型，如表面跟随衰减器（Surface-following Attenuator）、点吸收器（Point Absorber）、振荡波浪涌变换器（Oscillating Wave Surge Converter）、振荡水柱（Oscillating Water Column）、越浪/终止器（Overtopping/Terminator）、淹没压差（Submerged Pressure Differential）、鼓浪装置（Bulge Wave Device）和旋转质量（Rotating Mass）。全球最大的波浪能电站是位于瑞典的索特酶波浪能电站，装机容量为 3MW。

（5）风力发电　风电场（Wind Farm）又称风力发电场，是由一批风力发电机组或风力发电机组群组成的电站。通常按照风电场址的主导风向和地形，将机组排成阵列，尽量减少相互间的尾流影响。风电场可以安装在陆地上，也可以安装在海洋中。风力发电的成本接近于天然气发电，是目前较经济的再生能源之一。全球陆地上最大的风电场是我国甘肃酒泉风电基地，装机容量为 7965MW。全球最大的海上风电场为英国的霍恩斯 1 号海上风电场，装机容量为 1218MW。我国最大的海上风电场是滨海北岸风电场，世界排序 19，装机容量为 400MW。

（6）太阳能发电　太阳能发电是将太阳能转换成电能，其基本途径有光发电和热发电两种。光发电即光伏发电，将太阳能电池组合在一起，大小规模根据需要而定，可独立发电，也可并网发电。使用较广的一种装置是太阳电池板（由很多光电池串联或并联而组成的阵列），可产生数瓦甚至千瓦级的功率。热发电即太阳能热发电，主要是把太阳的能量聚集在一起，产生高温来驱动汽轮机发电。热发电的方法较多：用反射镜群把太阳能聚集到离地面数米或更高处的锅炉上，产生蒸汽驱动汽轮机发电；利用海面被太阳晒热，水温升高，而深海数十米或百米处的海水温度低，以液氨为工质组成热力系统发电，称为太阳能海水温差发电。

截至 2020 年，太阳能发电最多的国家是中国和美国，两国之和占全球太阳能发电总量的 45.9%。

1）平板光伏电站。光伏电站已经是商业化成功运行的发电站。全球最大的平板光伏电站是位于印度的帕瓦加达太阳能公园，装机容量为 2050MW。

2）太阳能聚焦热电站。太阳能聚光发电是依靠聚光集热转换成热能再转换成电能进行发电。太阳能热发电由集热、输热、储热、热交换系统和汽轮发电机组成。太阳能集热系统有碟式聚光系统、槽式聚光系统和塔式聚光系统 3 种类型。全球最大的太阳能聚焦热电站是位于摩洛哥的瓦扎扎特太阳能电站，装机容量为 510MW。

3）聚光光伏电站。聚光光伏电站由高效太阳能、聚光器、主动或被动冷却设备、单轴或双轴跟踪设备、交流/直流控制系统、逆变器和蓄电池等装置组成。聚光光伏发电比其他太阳能发电模式更节省土地资源，在同样的占地面积下，聚光光伏发电可以产生的电能是传统的太阳能光伏发电的两倍。在阳光充沛和干燥的环境下，聚光光伏能源成本更低。全球最大的聚光光伏电站是我国的格尔木太阳能公园，装机容量为 110MW。

1.1.4　电机行业发展趋势

制造业是国民经济的主体，是立国之本、兴国之器、强国之基。我国"十三五"规划纲要中提出，深入实施《中国制造 2025》，以提高制造业创新能力和基础能力为重点，推进信息技术与制造技术深度融合，促进制造业朝高端、智能、绿色、服务方向发展，培育制造业竞争新优势。

电机自19世纪末诞生以来，由于其独特的优点，发展极为迅速，现在已成为工农业生产中的主要动力设备。电机作为应用最广泛的电气设备，是我国制造业的重要组成部分，目前我国普通电机的技术已经成熟，随着企业技术水平的提高及不断吸收国外先进的技术，电机行业也将向着高效性、高可靠性、轻量化、小型化、智能化等更高目标发展。

（1）高效性 截至2016年，我国电动机装机总容量已超过4亿kW，年耗电量达1.2万亿kW·h，占全国总用电量的60%，占工业用电量的80%，其中风机、水泵、压缩机的装机总容量已超过2亿kW，年耗电量达8000亿kW·h，占全国总用电量的40%左右。基于目前的市场现状估算，全国电动机效能每提高1%，每年可以节约260多亿kW电，如果电机系统效率提高5%~8%，每年节约的电量相当于2~3个三峡水库的发电量。足以看出电机节能市场的巨大潜力和重要性，所以电机的高效性必将成为电机技术的发展趋势。

我国电机行业的"高效节能"之路早已开始，高效电机行业前景乐观。未来五年，我国高效电机市场会增长得更快。随着高效电机的推广，很大一批不具备生产高效电机的厂商将会被淘汰而退出市场，市场的集中度和竞争力得以提高。

（2）高可靠性 可靠性一直是用户选择电机的重要考虑因素。电机的寿命更长、结构更加紧凑是高可靠性的体现。电机寿命长短多与温升有非常大的关系，提高电机效率、降低温升，可有效延长电机的使用寿命。

直接驱动系统的电机结构更加紧凑，可实现最高的动态性能、精度及成本效益。由于摒弃了机械传动部件如减速器和传送带，从而简化了机械设计，显著提高了可用性，降低了运行成本。但永磁直驱电机也有自身的问题。首先，稀土永磁材料成本高，导致整机成本相对较高。其次，也是最重要的一个问题，永磁材料在高温、振动和过电流情况下，有可能永久退磁，致使发电机整体报废，这是直驱永磁发电机的重大缺陷。所以在一些对可靠性要求高的场所，直驱电机难以作为首选。

目前来看，直驱电机的技术成熟度还不高，在小功率应用领域发展较好，但是大功率领域的应用技术还不是很成熟。针对高可靠性的技术要求，异步电机依然具有不可替代的优势。

（3）轻量化、小型化 电机的轻量化、小型化能够有效节约材料和空间，越来越受到用户青睐。许多产品对电机的体积和重量也提出了很高的要求，这在石油、化工、煤炭等应用领域较为明显。

为了达到轻型化、小型化的目标，在设计过程中，采用先进技术和优质材料，并坚持优化设计原则，在有效材料不变的条件下，单位功率的重量不断降低，是未来的发展趋势。另外在一些特殊领域，如航空航天产品，电动车辆、数控机床、计算机、视听产品、医疗器械、便携式光机电一体化产品等，都对电机提出体积小、重量轻的严格要求。

（4）智能化 随着科学技术的发展，机电一体化技术得到长足发展，同时各种高新技术也为电机产品注入了新的活力，制造工艺和管理信息化技术通过微电子、计算机、网络技术的应用，国家政策的鼓励、各企业对科技的重视，使新产品开发的周期逐渐缩短，机电一体化、智能化电机（如交流变频调速电机是一种无级调速传动系统）应运而生，调速制造、虚拟制造等先进制造技术推广应用。我国电机的技术性能水平与发达国家的水平相当。

目前国际上先进的电机系统已集成了诊断、保护、控制、通信等功能，可实现电机系统的自我诊断、自我保护、自我调速、远程控制等。随着我国装备制造业向高、精、尖方向发展及工业化、信息化两化融合，电机系统智能化发展成为必要趋势。

1.2 电机设计的任务和依据

1. 电机设计的任务

电机设计的任务就是根据国家标准、产品行业标准和用户提出的运行规范、技术指标要求，在总结过去生产经验的基础上，做好充分的调查研究，基于必要和可能，正确处理好电机的结构尺寸、参数和性能之间的矛盾，处理好制造成本和运行成本的关系、设计和工艺的关系，设计出工作可靠、体积小、重量轻、结构简单、性能良好、制造和使用维护方便的先进电机产品。

2. 电机设计的过程

（1）初步设计 初步设计过程即编制设计任务书的过程。设计任务书的内容包括设计的指导思想、生产的必要性、产品的用途及使用范围、电机的额定数据、主要性能指标、结构形式与外形安装尺寸等。

首先根据用户对产品提出的技术要求和使用特点，结合国家标准，广泛搜集相应生产成熟产品的技术数据作为类比参照，听取生产使用单位的意见要求，来确定产品的运行环境条件（海拔、冷却介质温度等）、工作方式、冷却方式、外壳防护等级、绕组绝缘等级、安装形式和安装尺寸等。然后在这些原则的基础上来编制设计任务书，设计任务书既是产品设计原则，也是技术协议的技术基础。

（2）电磁设计 电磁设计是根据设计任务书规定，利用设计理论和设计计算方法，确定电机的电磁负荷，通过计算来确定电机定子、转子冲片和铁心各部分尺寸及绕组数据，进而核算电机的磁路、参数、运行性能和起动性能，并对设计数据做必要的调整，直至达到要求，提出电磁设计单。通过电磁计算所得的电机性能指标必须符合国家标准或设计任务书的要求，否则应进行调整。

（3）结构设计 结构设计的任务是根据设计技术任务书要求及电磁设计确定的有关数据来确定电动机的总体结构，各结构部件的结构形式、尺寸、材料及加工要求等。必要时还要进行机械强度计算。确定机械结构后，绘制总装配图、分装配图和零件图，提出全套生产图样。在结构设计时，通常采用"由里向外、里外结合"的方法，即先从中心线开始向外绘制，以中心高、外限尺寸和安装尺寸作为外形的约束。否则，需调整内部零部件的结构尺寸，即为"里外结合"。

需要指出的是，结构设计和电磁设计是相辅相成的，结构设计通常在电磁设计后进行，有时也和电磁设计平行交叉进行，以便相互协调。

（4）施工设计 施工设计包括工、夹、模、量具设计和工艺设计。

电机设计一般需要进行多种方案的分析、比较，或采用优化设计方法，以权衡电机性能、运行费用、制造成本、运行可靠性等因素，决定最优的设计。中小型电机生产量大，使用面广，品种规格繁多，一般都成系列设计及制造，设计时应充分考虑标准化、通用化、系列化的要求。

1.3　电机相关标准及系列化

1. 我国标准

我国关于电机的标准是国家有关部门在总结以往电机设计、制造和使用经验的基础上，从当前实际情况出发，并考虑今后发展需要而对各种型号电机提出一定要求的文件。它是电机生产的依据，也是评定电机质量优劣的准则。标准所规定的各项要求，是综合考虑了产品的实用性、技术上的先进性、经济上的合理性、使用上的可靠性和生产上的可能性而提出的。这些要求之间密切相关、不可分割。因此，生产部门应力求使所设计、制造的电机全面满足标准规定的各项要求。

我国关于电机的标准有国家标准（代号为 GB 或 GB/T）和国务院有关行政主管部门制定的行业标准（例如机械工业标准的标准代号为 JB）两种，后者也称为部颁标准。

（1）国家标准　国家标准规定了对电机的一般规定和技术要求，适用于各类电机的技术要求、试验项目与试验方法、铭牌及线端标志，各类电机的安装尺寸和外形尺寸的代号等。这类标准应用范围较广，是基本性标准。强制性国家标准的代号为"GB"，推荐性国家标准的代号为"GB/T"，指导性技术文件的代号为"GB/Z"。现行的强制性国家标准，如 GB 30253—2013《永磁同步电动机能效限定值及能效等级》；现行的推荐性国家标准，如 GB/T 14711—2013《中小型旋转电机通用安全要求》，GB/T 755—2019《旋转电机：定额和性能》，GB/T 1971—2021《旋转电机：线端标志与旋转方向》，GB/T 1029—2021《三相同步电机试验方法》等。

（2）行业标准　行业标准（代号 JB）对某一类或一系列电机的形式、基本参数与尺寸、技术要求、实验方法、检验规则、标志、包装及保用期等做了详细而明确的规定。

现行的低压异步电机产品行业标准有 JB/T 13299—2017《YE4 系列（IP55）三相异步电动机技术条件（机座号 80~450）》，JB/T 13606—2018《YE4 系列（IP23）三相异步电动机技术条件（机座号 160~355）》等；现行的高压异步电机产品标准有 JB/T 7594—2018《YR 系列高压绕线转子三相异步电动机技术条件（机座号 355~630）》，JB/T 10446—2014《Y 系列、YX 系列 10kV 三相异步电动机技术条件及能效分级（机座号 400~630）》等；现行的防爆电机产品标准有 JB/T 10701—2016《YBZ 系列起重用隔爆型三相异步电动机：技术条件》，JB/T 12881—2016《YBBP 系列高压隔爆型变频调速三相异步电动机：技术条件（机座号 355~630）》等。

国家标准通常是根据一定时期我国国民经济发展的需要和生产技术水平制定的，因而在一定历史条件下是先进、合理的。但随着科学技术和生产的不断发展，对电机产品的要求会逐步提高或改变，因此国家标准也需要随之修订，提出更高或更适合新情况的要求。我国电工产品的国家标准已经逐步和国际电工委员会的标准接轨，以便更好地与世界各国进行技术交流和发展我国的外贸事业。

2. 国际标准

中国电机工业从诞生之日起，就与国际知名公司有合作，直至后来的引进技术、同台竞争，一直是在开放中前进、合作中发展。进入新时代，中国电机工业更是置身于经济全球化的进程之中。采用国际标准作为研发和生产电机的依据和评定电机质量优劣的准则，已成为世界各国的发展趋势。我国也已把积极采用国际标准和国外先进标准作为一项重要的技术经济政策。

电机行业的国际标准通常是指国际标准化组织（International Standards Organization，ISO）和国际电工委员会（International Electrotechnical Commission，IEC）所制订的有关标准。IEC 成立于 1906 年，它是世界上成立最早的国际性电工标准化机构，负责有关电气工程和电子工程领域中的国际标准化工作。目前 IEC 共设有 110 个技术委员会（TC）、103 个分技术委员会（SC）和 727 个工作组（WG）。目前 IEC 已制定并发布了一万多个国际标准。IEC 的第二技术委员会（TC2）是专门制订旋转电机标准的机构，它设有 4 个分技术委员会，分别分管评级、绩效和一般支持，通过测试确定的性能、效率等级、旋转电机、水力发电机的特定技术要求等工作。它已制订的 77 项标准主要涉及基本技术要求和试验方法、安装尺寸和功率等级、零部件标准等方面。

我国电机制造行业所执行的国家标准（GB）基本上是等效或参照 IEC 标准。我国于 1980 年 8 月正式成立了"IEC/TC2 国内对口技术委员会"，开展了大量工作。近年来，电机行业也已制订或修订了大部分标准。

3. 电机的系列化

1953 年以后，我国多次组织了电机产品的改型设计和新系列统一设计，使我国从发电设备、大型交直流电机到种类繁多的中小型电机，都有了自己的系列。不但建立了若干产量大、使用面广的基本系列，还建立了应用场合比较特殊的派生系列和专用系列。在电机零部件和安装尺寸、机座号等的标准化、系列化、通用化（简称"三化"）方面也进行了大量工作，已形成自己的体系。

（1）系列电机 系列电机是指技术要求、应用范围、结构形式、冷却方式和生产工艺基本相同，功率及安装尺寸按一定规律递增，零部件通用性很高的一系列电机。因此，电机制造厂通常进行的是系列电机设计，仅当用户提出的要求和系列产品在功率、技术要求和结构等方面差别较大时，才专门进行单个电机的设计。即使这时，也仍需尽量利用已有的工艺装备，以降低成本和缩短生产周期。

（2）系列电机的特点 系列电机的额定功率具有一定范围，按一定比例递增，且为"硬性"等级。例如 YE4 系列（IP55）三相感应电动机（机座号 80~450）的额定功率从 0.55~1000kW，共分 35 个等级；YE4 系列（IP23）三相感应电动机（机座号 160~355）的额定功率从 4~355kW，共分 20 个等级。

系列电机的额定电压按规定的标准电压等级选用其中一种或几种。例如 YE4 系列（IP55）与 YE4 系列（IP23）的额定电压均为 380V。

系列电机有一定的转速范围或等级。例如，YE4 系列（IP55）与 YE4 系列（IP23）的同步转速有 3000、1500、1000、750r/min 四种。

根据功率递增情况和标准尺寸硅钢片的合理剪裁，规定了系列电机铁心的若干外径尺寸或轴中心高数值，通常外径与轴中心高之间有一定的对应关系，而且每一外径或轴中心高对应一个机座号。同一机座号可有几种铁心长度。例如，YE4 系列（IP55）共分 15 个机座号，YE4 系列（IP23）共分 8 个机座号。每个机座号包括 2~4 种极数，同一机座号中每种极数有 1~3 种铁心长度，分别对应于不同的功率等级。

系列电机的这些特点给设计、制造、使用和维修带来很多方便。例如零部件的通用性高，便于成批生产和实现生产过程的机械化、自动化，也有利于提高产品的质量和产量，降低生产成本。

（3）系列电机的分类　电机系列产品可分为基本系列、派生系列和专用系列。

1）基本系列是为适应一般传动要求而生产的应用范围较广、生产量大的一般用途电机产品，如 YE4 系列和 YE3 系列三相感应电动机等。

2）派生系列是按照不同的使用要求，在基本系列的基础上做部分改动，其零部件与基本系列有较高通用性的系列电机产品，例如 YD 系列（IP44）变极多速三相异步电动机是 YE 系列电动机的派生系列产品。派生系列产品可分为电气派生、结构派生和特殊环境派生等。

3）专用系列是具有特殊使用要求或特殊防护要求，但使用面很窄的系列电动机产品。例如 YG 系列辊道用三相异步电动机，是为钢厂工作辊道和运输的专用电动机。该系列电动机能够在频繁起动、制动、正反转、反接制动等冲击性载荷和高温、多灰尘环境的恶劣条件下连续或断续工作，具有较高的过载能力。

（4）系列电机的设计特点　系列电机在设计前，须对国内外已有系列或相类似电机的情况进行充分调查研究和分析比较，按上述有关要求进行工作，并通过试制少数典型规格，为全面设计提供实际依据。

1）同一系列中相邻两功率等级之比（大功率比小功率）称为功率递增系数或容量递增系数，其数值直接影响整个系列功率等级数目的确定，而且对系列的经济性有重要影响。

2）安装尺寸和功率等级相适应。电机的安装尺寸是指电机与配套机械进行安装时的有关尺寸。确定安装尺寸和功率等级对应关系时必须全面考虑，并进行多种方案的计算和比较。通常一个轴中心高对应两个功率等级，在个别功率范围内，也可对应三个功率等级。

3）电枢冲片外径的确定。在确定电枢冲片外径时，要做到与规定的轴中心高数值一致，同时保证硅钢片利用的经济合理性及整个系列外形的匀称性。在条件允许的情况下，还应尽可能充分利用已有的工艺装备。

4）重视零部件的标准化、系列化和通用化。系列电机零部件应尽量采用标准件与标准尺寸、标准结构，并按整个系列的要求合理安排同类型零部件的尺寸，以提高通用性和互换性。这样既能充分发挥系列电机的优越性又可以降低生产成本，方便使用维修，还将大大减少冲模与铸造模的数量，而进一步减少夹具和量具等工艺装备的数量。

5）考虑派生的可能性。考虑有可能仅做少量改动即派生出某些产品，以满足特殊性能、特殊环境与特殊使用条件方面的要求。

第 **2** 章 ▶▶

电机主要尺寸之间的关系

本章知识要点：

1）电机主要尺寸关系式和电机的几何相似定律。
2）电机电磁负荷选择的原则。
3）电机主要尺寸的确定。

设计一台电机首先需要确定所用材料和材料所用的尺寸。电机的材料包括导磁材料、导电材料、绝缘材料、散热材料和支撑保护材料等。

电机的导磁材料需具有较高的导磁性能且要求有较低的铁心损耗（磁滞损耗和涡流损耗），硅钢片作为电机磁路主要的导磁材料，恰好满足这两方面要求。对于高速电机，除导磁外，还要求有较高的机械强度，所以高速电机的转子用高导磁的合金钢整体锻件代替硅钢片，此时其既是导磁材料又是结构材料。直流电动机的机壳采用钢板焊接或采用铸钢件，直流电动机和多极同步电动机的极身和极靴多采用薄钢板叠成，转子磁轭采用叠片钢板或整块的铸钢。

电机的电路部分由绕组组成。电机定、转子上的绕组所用的材料就是电机的导电材料。导电材料在有电流通过时损耗要小，因此应有较小的电阻率，还需具有一定的机械强度和加工性能。目前，电机广泛使用的导电材料是铜和铝。

电机的绝缘材料在电机中起到将导电部分与不导电部分隔开或把不同电位的导电体隔开的作用，例如槽绝缘、层绝缘等。绝缘材料直接影响了电机的质量、寿命和成本。

电机的散热材料如电机的风扇、散热翅等，是使电机工作在合理温升范围内的保证。电机的机座、端盖等是支撑和保护材料，起着保护电机内部，支撑和固定定、转子铁心的作用。电机的机座还起到电机散热的作用，在直流电机中机座用来导磁，在大型电机中还起到构成冷却通路和隔断电机内外空间的作用。

电机的电磁设计目的是确定电机的有效材料的尺寸。电机的有效材料尺寸的确定过程就是电机的电磁设计过程。电机的有效材料是指直接参与机电能量转换的材料，即绕组和铁心，可以通过电磁计算来确定。电机的其他材料是指不直接参与机电能量转换的材料，由冷却计算、机械计算等求出。其他材料对电机起到保护支撑和传递转矩的作用。

2.1 电机的主要尺寸关系

1. 电机的主要尺寸

电机是进行机电能量转换的装置，机电能量发生转换的场所是电机的气隙，所以电机的主要尺寸与电机的气隙是紧密相关的。靠近气隙的电枢直径（D）与电枢铁心的有效长度（l_{ef}）是电机的主要尺寸，而气隙是第三个主要尺寸。对于直流电机，电枢直径是指转子外径，对于交流电机如感应电机和同步电机，则是指定子内径。确定主要尺寸是设计电机的第一步。因为，主要尺寸确定以后，电机的重量、价格、工作特性等方面也随之确定。

电机的主要
尺寸关系式

2. 计算功率

电机在进行机电能量转换时，无论是将机械能转换成电能的发电机，还是将电能转换成机械能的电动机，能量都是以电磁能的形式通过定、转子之间的气隙进行传递的，与之对应的功率称为电磁功率。因此，电机的主要尺寸与电磁功率有着密切关系。在电机设计中电磁功率可用电机的计算功率表示。交流电机的计算功率 P' 为

$$P' = mEI \tag{2-1}$$

式中，m 为电枢绕组的相数；E 为电枢绕组的相电动势，为简便计，以后电动势均简称为电势；I 为电枢绕组的相电流。

电枢绕组的相电势为

$$E = 4K_{Nm}fNK_{dp}\varPhi \tag{2-2}$$

式中，K_{Nm} 为气隙磁场的波形系数，当气隙磁场为正弦分布时 $K_{Nm} = 1.11$；f 为电流频率；N 为电枢绕组的每相串联匝数；K_{dp} 为电枢的绕组系数，由于其值与基波绕组系数 K_{dp1} 差别甚小，计算时，通常即以 K_{dp1} 代入；$\varPhi$ 为每极磁通。

3. 主要尺寸关系式

（1）交流电机　电机中，电流频率 f（单位为 Hz）与转子转速 n（单位为 r/min）有以下数值关系：

$$f = \frac{pn}{60} \tag{2-3}$$

式中，p 为极对数。

每极磁通

$$\varPhi = B_{\delta av}\tau l_{ef} = B_\delta \alpha'_p \tau l_{ef} \tag{2-4}$$

式中，B_δ 为气隙磁通密度的最大值，通常简称为气隙磁密；α'_p 为计算极弧系数，$\alpha'_p = B_{\delta av}/B_\delta$，其中 $B_{\delta av}$ 为气隙平均磁密；l_{ef} 为电枢铁心的有效长度；τ 为极距。

τ 与电枢直径 D 的关系为

$$\tau = \frac{\pi D}{2p} \tag{2-5}$$

通常将沿电枢圆周单位长度上的安培导体数称为线负荷 A（也称为电负荷 A），即

$$A = \frac{2mNI}{\pi D} \tag{2-6}$$

将式（2-2）代入式（2-1）并考虑上述各关系式后，可得

$$\frac{D^2 l_{ef} n}{P'} = \frac{6.1}{\alpha'_p K_{Nm} K_{dp} A B_\delta} \tag{2-7}$$

式（2-7）及本章以下各数值方程中，D、l_{ef} 的单位为 m，n 的单位为 r/min，P' 的单位为 V·A，A 的单位为 A/m，B_δ 的单位为 T，E_a 的单位为 V，$\varPhi$ 的单位为 Wb。

（2）直流电机　对于直流电机，计算功率为

$$P' = E_a I_a \qquad (2\text{-}8)$$

式中，E_a 为电枢绕组的电势；I_a 为电枢绕组的电流。

电枢绕组的电势 E_a 可按以下数值方程计算：

$$E_a = \frac{pn N_a}{60\, a} \Phi \qquad (2\text{-}9)$$

式中，N_a 为电枢绕组的总导体数；a 为电枢绕组的并联支路对数。

因线负荷

$$A = \frac{I_a N_a}{2 a \pi D}$$

故

$$I_a = \frac{2 a \pi D A}{N_a} \qquad (2\text{-}10)$$

将式（2-9）、式（2-10）代入式（2-8），并考虑式（2-4）、式（2-5）后可得直流电机主要关系式为

$$\frac{D^2 l_{\text{ef}} n}{P'} = \frac{6.1}{\alpha_p' A B_\delta} \qquad (2\text{-}11)$$

将式（2-11）和式（2-7）比较后可知，对于交流电机与直流电机，其主要尺寸和计算功率、转速、电磁负荷间的关系是相似的，都可用式（2-7）表示，只是对于直流电机，$K_{\text{Nm}} K_{\text{dp}} = 1$。

4. 电机常数和利用系数

现将式（2-7）重写，并令其等于 C_A，即

$$\frac{D^2 l_{\text{ef}} n}{P'} = \frac{6.1}{\alpha_p' K_{\text{Nm}} K_{\text{dp}} A B_\delta} = C_A \qquad (2\text{-}12)$$

由于对一定功率和转速范围的电机，B_δ、A 的变动范围不大，而 α_p'、K_{Nm}、K_{dp} 的变化范围更小，所以把 C_A 称为电机常数。式（2-12）即可写成

$$C_A = \frac{D^2 l_{\text{ef}}}{P'/n} = \frac{60 D^2 l_{\text{ef}}}{2\pi T'} \qquad (2\text{-}13)$$

式中，T' 为计算转矩，单位为 N·m，$T' = P'/\Omega = 60 P'/2\pi n$，$\Omega$ 为机械角速度，单位为 rad/s。P'、n 的单位同式（2-12）。

$D^2 l_{\text{ef}}$ 近似地表示转子有效部分的体积，定子有效部分的体积也与它有关。因而由式（2-13）可见，电机常数大体上反映了产生单位计算转矩所耗用的有效材料的体积，并在一定程度上反映了结构材料的耗用量。

电机常数 C_A 的倒数为

$$K_A = \frac{1}{C_A} = \frac{P'}{D^2 l_{\text{ef}} n} = \frac{2\pi T'}{60 D^2 l_{\text{ef}}} \qquad (2\text{-}14)$$

由式（2-14）可见，K_A 表示单位体积有效材料所能产生的计算转矩，因此它的大小反映了电机有效材料的利用程度，通常称为利用系数。在进行设计方案比较时，K_A 也是一项重要的比较指标。随着电机制造水平的提高，材料质量的改进，利用系数将不断增大。

在无径向通风道的电机中，电枢铁心的有效长度 l_{ef} 和铁心实际总长度 l_{ta} 相差很小；在有径向通风道的电机中，l_{ef} 略小于 l_{ta}，感应电机约小 10%~15%，直流电机和同步电机约小 5%~10%。计算极弧系数 α'_p 一般在 0.63~0.72 之间。

5. 计算功率 P' 的计算

不同类型电机的计算功率可按给定的额定功率 P_N 来计算，方法如下：

（1）对于感应电动机　由于感应电动机的额定功率为 $P_N = m_1 U_{N\Phi} I_1 \eta_N \cos\varphi_N$，由计算功率 P' 的定义可知 $P' = m E_1 I_1$，经整理可得

$$P' = \frac{E_1}{U_{N\Phi}} \frac{P_N}{\eta_N \cos\varphi_N} = \frac{K_E P_N}{\eta_N \cos\varphi_N} \tag{2-15}$$

式中，η_N 和 $\cos\varphi_N$ 为额定负载时的效率与功率因数；$K_E = E_1/U_{N\Phi}$ 是额定负载时感应电势与端电压的比值，即为满载电势标幺值，称为电势系数。根据图 2-1 所示异步电动机的相量图及感应电动机的基本方程可知

$$\dot{U}_{N\Phi} = -\dot{E}_1 + \dot{I}_1 Z_1 = -\dot{E}_1 + (\dot{I}_{1P} + \dot{I}_{1Q})(R_1 + jX_{\sigma 1})$$
$$= -\dot{E}_1 + \dot{I}_{1P} R_1 + j\dot{I}_{1P} X_{\sigma 1} + \dot{I}_{1Q} R_1 + j\dot{I}_{1Q} X_{\sigma 1}$$

式中，$\dot{I}_{1P}$、$\dot{I}_{1Q}$ 为定子电流的有功分量和无功分量。一般情况下，如图 2-1 所示异步电动机相量图中的两相量间夹角 $\alpha \approx 0$，因此，可以近似地认为定子绕组满载相电势 E_1 和外施电压 $U_{N\Phi}$ 之间的关系为

$$E_1 \approx U_{N\Phi} - (I_{1P} R_1 + I_{1Q} X_{\sigma 1})$$

两边除以 $U_{N\Phi}$，得

$$K_E = \frac{E_1}{U_{N\Phi}} \approx 1 - \frac{1}{U_{N\Phi}}(I_{1P} R_1 + I_{1Q} X_{\sigma 1})$$
$$= 1 - (I_{1P}^* R_1^* + I_{1Q}^* X_{\sigma 1}^*) = 1 - \varepsilon_L$$

式中，$\varepsilon_L = I_{1P}^* R_1^* + I_{1Q}^* X_{\sigma 1}^*$，即等于定子绕组的漏阻抗电压降标幺值；$K_E = 1 - \varepsilon_L$ 等于满载电势标幺值，称为电势系数。

（2）对于同步发电机

$$P' = \frac{K_E P_N}{\cos\varphi_N} \tag{2-16}$$

（3）对于同步电动机

$$P' = \frac{K_E P_N}{\eta_N \cos\varphi_N} \tag{2-17}$$

（4）对于同步调相机

$$P' = K_E P_N \tag{2-18}$$

上述各式中 K_E 与给定的 $\cos\varphi_N$ 有关。

（5）对于具有并励绕组的直流发电机

$$P' = K_g P_N \tag{2-19}$$

式中，K_g 为考虑发电机的电枢电压降和并励绕组电流而引入的系数。

（6）对于具有并励绕组的直流电动机

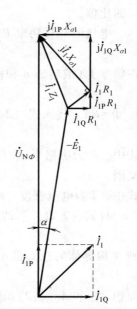

图 2-1　异步电动机的相量图

$$P' = \frac{K_{\mathrm{m}} P_{\mathrm{N}}}{\eta_{\mathrm{N}}} \tag{2-20}$$

式中，K_{m} 为考虑电动机的电枢电压降和并励绕组电流而引入的系数；η_{N} 为额定负载时电动机的效率。

6. 主要尺寸关系式重要结论

从式（2-12）和式（2-13）可得出下列重要结论：

1）电机的主要尺寸由其计算功率和转速的比值 P'/n 或计算转矩 T' 所决定。因此在其他条件相同时，计算转矩相近的电机所耗用的有效材料也相近，功率较大、转速较高的电机有可能和功率较小、转速较低的电机体积接近，从而二者可能采用相同的电枢直径及某些其他尺寸，并通用机座、端盖等零部件。

2）电磁负荷 A 和 B_δ 不变时，相同功率的电机，转速较高的尺寸较小，尺寸相同的电机，转速较高的功率较大。这表明在一定的转速范围内，提高转速可减小电机的体积和重量。

3）转速一定时，若直径不变而采用不同长度，则可得到不同功率的电机，且这些电机可通用电机冲片。

4）由于式（2-12）中，系数 α_{p}'、K_{Nm}、K_{dp} 的数值一般变化不大，因此电机的主要尺寸在很大程度上和选用的电磁负荷 A、B_δ 有关。电磁负荷选得越高，电机的尺寸就越小。

2.2 电机的几何相似定律

电流密度、磁通密度（磁感应强度）、转速和极数相同的两台电机，功率或容量递增，则相应尺寸成比例，这样的电机称为几何相似电机。几何相似是指电机对应的尺寸间具有相同的比值。

电机的计算功率 P' 和电枢电势 E 与电流 I 的乘积成正比，即

$$P' \propto EI \tag{2-21}$$

在频率 f（或转速 n 和极数 $2p$）一定时，E 和电枢绕组的串联匝数 N 及磁通 Φ 成正比，即

$$E \propto N\Phi \tag{2-22}$$

将 $\Phi = BA_{\mathrm{Fe}}$ 代入式（2-22），可得

$$E \propto NBA_{\mathrm{Fe}} \tag{2-23}$$

式中，B 为磁路中铁心内的磁感应强度；A_{Fe} 为磁路中铁心的截面。

又因

$$I = JA_{\mathrm{c}}$$

式中，J 为电流密度；A_{c} 为导体的截面积。

故式（2-21）可改写为

$$P' \propto NBA_{\mathrm{Fe}} JA_{\mathrm{c}} \tag{2-24}$$

则 N 根导体的总面积 A_{Cu} 为

$$A_{\mathrm{Cu}} = NA_{\mathrm{c}} \tag{2-25}$$

面积 A_{Fe} 和 A_{Cu} 各与长度因次 l 的平方成正比，因此

$$A_{\mathrm{Fe}} A_{\mathrm{Cu}} \propto l^2 l^2 = l^4 \tag{2-26}$$

或

$$P' \propto l^4 \tag{2-27}$$

$$l \propto P'^{1/4} \tag{2-28}$$

实际上，例如低速水轮发电机的极距及变压器的铁心直径（标称）却是与 P' 的 1/4 次方成正比。

又因有效材料的重量 G 与它们的体积成正比，即和长度因次 l 的立方成正比，而有效材料的成本 C_{ef} 和损耗 $\sum p$ 均与重量 G 成正比，故有

$$G \propto P'^{3/4} \tag{2-29}$$

$$C_{ef} \propto G \propto P'^{3/4} \tag{2-30}$$

$$\sum p \propto G \propto P'^{3/4} \tag{2-31}$$

若换算到单位功率下的电机的重量、成本和损耗，则为

$$\frac{G}{P'} \propto \frac{C_{ef}}{P'} \propto \frac{\sum p}{P'} \propto \frac{P'^{3/4}}{P'} = \frac{1}{P'^{1/4}} \tag{2-32}$$

式（2-32）即为几何相似定律。

电机的几何相似定律表明，在 B 和 J 的数值保持不变时，对一系列功率递增、几何形状相似的电机，每单位功率所需有效材料的重量、成本及产生的损耗，均与功率的 1/4 次方成反比，即随着单机容量的增大，其有效材料的利用率和电机的效率均将提高。因此在可能情况下，近代电气设备上有采用大功率电机来代替总功率相等的数台小功率电机的趋势。此外，由于电机的损耗与长度因次的三次方成正比，冷却表面积却正比于长度因次的二次方，为了保证电机温升不超过允许值，随着电机功率的增加，就必须设法改变冷却系统或冷却方式等，从而放弃它们几何形状的相似。

2.3 电磁负荷的选择

电磁负荷的选择

由于正常电机中系数 α'_p、K_{Nm}、K_{dp} 的数值一般变化不大，因此在计算功率 P' 与转速 n 一定时，电机的主要尺寸决定于电磁负荷 A、B_δ。电磁负荷越高，电机的尺寸将越小，重量就越轻，成本也越低。这就是在可能情况下，总希望选取较高的 A 和 B_δ 值的原因。但电磁负荷值的选取与许多因素有关，不但影响电机有效材料的耗用量，而且对电机的参数、起动和运行性能、可靠性等都有重要影响。下面先讨论计算功率 P' 与转速 n 一定时电磁负荷对电机性能和经济性的影响，然后简单介绍具体选择方法。

2.3.1 电磁负荷的选择对电机的影响

1. 线负荷 A 较高，气隙磁密 B_δ 不变

1）电机的尺寸和体积将较小，可节省有效材料。

2）B_δ 一定时，由于铁心重量减小，铁损耗随之减小。

3）绕组用铜（铝）量将增加。这是由于电机的尺寸减小，在 B_δ 不变的条件下，每极磁通将变小，为了产生一定的感应电势，绕组匝数必须增多。

4）增大了电枢单位表面上的铜（铝）损耗，使绕组温升增高。这是因为绕组有效部分（即槽内部分）的铜（铝）损耗为

$$p_{\text{Cut}} = m2NR_{\text{cef}}I^2 = m2N\rho(l/A_c)I^2 = 2mN\rho IJl \tag{2-33}$$

式中，R_{cef} 为每根导体有效部分的电阻；ρ 为导体材料的电阻率；l 为导体有效部分的长度；A_c 为导体截面积；J 为导体电流密度。

电枢单位表面的铜（铝）损耗为

$$q_a = \frac{p_{\text{Cut}}}{\pi Dl} = \frac{2mN\rho IJl}{\pi Dl} = \rho AJ \tag{2-34}$$

由式（2-34）可见，电枢单位表面上的铜（铝）损耗在 ρ 与 J 一定时，随着线负荷 A 的增大而增加。式（2-34）还表明，当绕组选用的材料一定（即 ρ 一定）时，q_a 与 AJ 成正比。由于 q_a 直接影响到电机的发热和温升，因此电机的温升也与 AJ 的大小密切有关。在其他条件不变时，为了避免电机温升过高，A 与 J 的乘积不能超过一定限度。A 若选择得较大，J 就相应要选小些，但这会使绕组用料增加。Y2 系列三相异步电动机热负荷的控制值见表 2-2。

5）影响电机参数与电机性能。由后面第 5 章可知，交流绕组电抗（互感电抗或漏电抗）的标幺值可表示为

$$X^* = K\frac{A}{B_\delta} \tag{2-35}$$

式中，K 为比例系数，近似为一常数。

可见，随着 A 增大，绕组电抗的标幺值将增大，这会引起电机性能的改变，如将使感应电机的最大转矩、起动转矩和起动电流降低，同步电机的电压变化率增大，短路电流、短路比、静态和动态稳定度下降等。

2. 气隙磁密 B_δ 较大，线负荷 A 不变

1）电机的尺寸和体积将较小，可节省有效材料。

2）使电枢基本铁损耗增大。这是因为 B_δ 增大后，在其他条件不变时，虽会使 D^2l_{ef} 与电枢铁心重量减小，但因电枢铁心中的磁密与 B_δ 间有一定的比例关系，铁心内磁密将相应增加，铁心的比损耗（即单位重量铁心中的损耗）是与铁心内磁密的二次方成正比的。因此随着 B_δ 的增大，比损耗增加的速度比电枢铁心重量减小的速度快。而电枢的基本铁损耗等于其铁心重量和比损耗的乘积，因此 B_δ 增大将导致电枢铁损耗增加，效率降低，在冷却条件不变时，温升也将升高。

3）气隙磁位降和磁路的饱和程度将增加。B_δ 增大后，一方面直接增大了气隙磁位降的数值，另一方面，由于铁心内磁密增大而使磁路饱和程度增加。对于直流电机和同步电机，会因励磁磁势增大而引起励磁绕组用铜量与励磁损耗增加，效率降低，在冷却条件不变时，使励磁绕组温升增高。有时还会因励磁绕组体积过大而使布置发生困难（内极式电机），或导致磁极与电机外形尺寸加大（外极式电机）。对于感应电机，会因励磁电流增加而使功率因数变坏。

4）影响电机参数与电机性能。由式（2-35）可知，随着 B_δ 的增大，绕组电抗的标幺值将减小，从而影响电机的起动性能和运行性能。

2.3.2 电磁负荷选择的依据

应从电机综合技术经济指标出发来选取最合适的 A 和 B_δ 值，以便使制造和运行的总费

用最小，而且性能良好。电磁负荷选择的依据如下：

1）电机选取电磁负荷时 A、B_δ 数值的比值要适当。因为它们的比值不仅影响电机的参数和性能，而且与电机铜（铝）损耗、铁损耗的分配密切有关，即会影响电机效率曲线上出现最高效率的位置。综合考虑制造成本和运行成本，对经常处于轻载运行的电机，通常宜选用较大的 A 值和较低的 B_δ 值，以便在轻载时能得到较高的效率。

2）电机的冷却条件对电磁负荷的选用也有重要影响。冷却条件较好的电机可选较大的 A 和 B_δ 值。

3）电机所用的材料与绝缘结构的等级也直接影响电磁负荷的选择。所用绝缘结构的耐热等级越高，电机允许的温升也就越高，电磁负荷可选高些。

4）A、B_δ 的选择还和电机的功率及转速有关，确切地说是与电枢直径（或极距）及转子的圆周速度有关。圆周速度较高的电机，其转子与气隙中冷却介质的相对速度较大，因而冷却条件有所改善，A、B_δ 可选得大些。电枢直径（或极距）越小，所选取的 A 和 B_δ 也应越小。

线负荷 A 和气隙磁密 B_δ 决定了电动机的利用系数，即为电动机有效部分单位体积、单位同步转速（或额定转速）的计算视在功率，并与电动机的运行参数和性能密切相关。热负荷 AJ_1 是线负荷 A 与定子绕组电流密度 J_1 的乘积。热负荷 AJ_1 表征定子内圆周单位面积上绕组电阻损耗（铜损耗），其大小直接影响绕组的用铜量及绕组温升。A、B_δ 及 AJ_1 的取值，都是电机设计的重要参量。电磁负荷选择要点如下：

1）电动机输出功率一定时，提高电磁负荷可缩小电动机体积和节约有效材料。

2）选择较高的 B_δ，定子铁心损耗增加，而定子绕组的铜损耗可能降低。

3）选取较高的 A 或 J_1，绕组铜损耗增加。

4）励磁电流标幺值 $i_\mathrm{m}{}^* \propto B_\delta/A$，若选用较高的 B_δ 或降低 A 值，使 $i_\mathrm{m}{}^*$ 上升，$\cos\varphi$ 降低。

5）漏抗标幺值 $X_\sigma^* \propto A/B_\delta$，当 B_δ 较高或 A 较低时，X_σ^* 减小，电动机起动转矩及过载能力提高，但电动机起动电流增大。

6）直流电机的 A 过高，电抗电势将增加，使换向性能恶化。

Y2 系列三相异步电动机电磁负荷和热负荷的控制值见表 2-1 和表 2-2。

表 2-1 Y2 系列（IP54）电磁负荷控制值

电磁负荷	机座		
	63~112	132~160	180~355
定子齿磁密/T	1.50~1.55	1.48~1.54	1.45~1.53
定子轭磁密/T	1.30~1.45	1.30~1.42	1.30~1.40
转子齿磁密/T	1.50~1.56	1.40~1.55	1.40~1.54
转子轭磁密/T	1.00~1.50	1.00~1.50	1.00~1.50
气隙磁密/T	0.65~0.75	0.60~0.78	0.58~0.80
定子电密/(A/mm²)	6.5~8.5	4.5~7.5	3.5~6.5
转子导条电密/(A/mm²)	3.0~4.5	2.5~4.0	2.0~3.5

表 2-2　Y2 系列热负荷 AJ_1 控制值　　　[单位：$A^2/(cm·mm^2)$]

机座号	极数			
	2	4	6	8,10
63~132	1400~1600	1500~1900	1600~2000	1700~2100
160~280	1100~1400	1300~1700	1400~1800	1500~1900
315~355	700~1000	900~1100	900~1100	900~1100

　　定子电流密度的取值与绝缘等级有关，当绝缘等级为 B 级时，定子电流密度一般为 $3.5~6.5A/mm^2$，采用 F 级绝缘时可适当提高。根据经验通常推荐定子电密：导条电密：端环电密 $≈4:2:1.65$。

　　设计感应电动机时，电磁负荷 A 和 B_δ 的值是依据制造和运行经验所积累的数据来选取的。对于中小型感应电动机，通常取线负荷 A 为 $15×10^3~50×10^3 A/m$，气隙磁密 B_δ 在 $0.5~0.8T$ 范围内；大型感应电动机的 A 和 B_δ 可略高。具体选取时，与所用电工材料的性能、绝缘等级及极对数、功率、冷却条件、性能要求和运转情况等多种因素有关。图 2-2 和表 2-3 分别是根据我国大量生产的中小型感应电动机的 A 和 B_δ 值，按不同极数制作的曲线和表格。

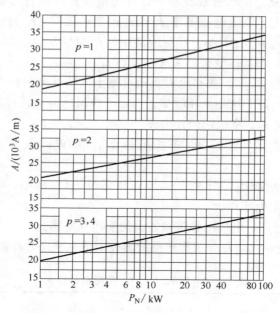

图 2-2　Y 系列线负荷与额定功率的关系

表 2-3　中小型感应电动机气隙磁密 B_δ　　　　　（单位：T）

电机系列	极数			备注
	2	4	6、8	
Y（IP44）	0.55~0.66	0.60~0.74	0.62~0.79	防护式可比封闭式增加 15%
JO2	0.50~0.63	0.55~0.75	0.60~0.70	
JS、JR（中型）	—	0.65~0.83	0.60~0.79	

　　电磁负荷选择时要考虑的因素很多，很难单纯从理论上来确定。通常主要参考电机工业

长期积累的经验数据，并分析对比所设计电机与已有电机之间在使用材料、结构、技术要求等方面的异同后进行选取。电机工业的发展历史表明，随着材料，特别是电工材料性能、冷却条件和电机结构的不断改进，电机的利用系数和 A、B_δ 的数值一直在逐步提高，从而使电机的体积和重量不断减小，而性能指标仍能得到保证。

2.4　电机主要尺寸的计算

电机主要尺寸的计算　电机的主要尺寸比

2.4.1　电机的主要尺寸比

铁心有效长度 l_{ef} 与极距 τ 的比值称为主要尺寸比 λ，即 $\lambda = l_{ef}/\tau$。对于电机而言在选定 A 和 B_δ 后，由式（2-12）即可初步确定电机的 $D^2 l_{ef}$。但 $D^2 l_{ef}$ 相同的电机，可以设计得细长，也可以设计得粗短。为了反映电机这种几何形状关系，提出了主要尺寸比的概念。λ 的大小与电机运行性能、经济性、工艺性等有密切关系，或对它们产生一定影响。现在分别说明不同类型电机的 λ 值的选择。

若 $D^2 l_{ef}$ 不变而 λ 较大：

1）电机将较细长，即 λ 较大而 D 较小。这样，绕组端部变得较短，端部的用铜（铝）量相应减少，当 λ 仍在正常范围内时，可提高绕组铜（铝）的利用率。端盖、轴承、刷架、换向器和绕组支架等结构部件的尺寸较小，重量较轻。因此，单位功率的材料消耗较少、成本较低。

2）电机的体积未变，因而铁的重量不变，在同一磁密下基本铁损耗也不变。但附加铁损耗有所降低，机械损耗则因直径变小而减小。再考虑到电流密度一定时，端部铜（铝）损耗将减小，因此电机中总损耗下降，效率提高。

3）由于绕组端部较短，因此端部漏抗减小。一般轴向情况下，这将使总漏抗减小。

4）由于电机细长，在采用气体作为冷却介质时，风路加长，冷却条件变差，从而导致轴向温度分布不均匀度增大。为此必须采取措施来加强冷却，例如采用较复杂的通风系统。但在主要依靠机座表面散热的封闭式电机中，热量主要通过定子铁心与机座向外发散，这时电机适当做得细长些可使铁心与机座的接触面积增大，对散热有利（对于无径向通风道的开启式或防护式电机，为了充分发挥绕组端部的散热效果，通常将 λ 取得较小）。

5）由于细长电机的线圈数目常较粗短电机的少，因而使线圈制造工时和绝缘材料的消耗减少。但电机冲片数目增多，冲片冲剪和铁心叠压的工时增加，冲模磨损加剧，同时机座加工工时增加，并因铁心直径较小，下线难度稍大，而可能使下线工时增多。此外，为了保证转子有足够的刚度，必须采用较粗的转轴。

6）由于电机细长，转子的转动惯量与圆周速度较小，这对于转速较高或要求机电时间常数较小的电机是有利的。

2.4.2　主要尺寸比的选择

选择 λ 值时，通常主要考虑参数与温升、节约用铜（铝）、转子的机械强度和转动惯量等方面的限制或要求。λ 值的选择要点如下：

1）要求转动惯量小，经常正反转的电动机，λ 值应较大。

2）在合理范围内，λ 值较大的电动机，绕组端部用铜量及端盖等结构件的材料用量较少，电动机较轻。

3）λ 值较大的电动机，绕组端部铜损耗及端部漏抗减少；线圈匝数较少，减少了线圈加工工时和绝缘材料的用量。

4）λ 值较大时，轴向通风冷却条件变坏，转子刚度可能较差。因铁心冲片数量增加，从而增加了冲片冲减、铁心叠压和下线时的工时。

高速电动机的转子直径受材料强度限制，其 λ 值较大，可达 3～4，而中小型感应电动机的 λ 值一般为 0.5～3.0。

1. 感应电机

在中小型感应电机中，通常 λ = 0.4～1.5，少数为 λ = 1.5～4.5；大型感应电机则为 λ = 1.0～3.5；极数多时取较大值。感应电机的过载能力与功率因数等性能都和漏抗有关，因而也与 λ 有一定关系，计算经验表明，当 λ = 1.0～1.3 时，这方面性能较好。当 λ = 1.5～3.0 时，可得到用铜（铝）量和铜（铝）损耗方面较适宜的电机。常见 Y 系列电动机 λ 值范围见表 2-4。

表 2-4 Y 系列（IP44）电动机 λ 值范围

极数（2p）	2	4	6	8
λ	0.53～0.97	1.02～1.90	1.26～2.70	1.55～2.75

2. 同步电机

对于凸极同步电机，λ 一般随极数的增多而增大。通常，中小型同步电机的 λ = 0.6～2.5，其上限属于多极电机。对于高速或大型同步电机，由于转子材料机械强度的限制，极距不能太大，因而 λ 值较大，可达 3～4。

内燃机驱动的同步发电机或负载具有脉动转矩的同步电动机，通常 λ = 0.8～1.2。对于一般同步电动机，λ 的选择则应考虑异步起动和过载能力问题。通常对于额定转速较高或容量特大的水轮发电机，转子机械强度问题比较突出，所以 λ 宜选大些；额定转速较低的水轮发电机，转子机械应力一般不大，这时转动惯量对尺寸的要求将起决定作用，所以 λ 宜选小些。

汽轮发电机通常为 2 极或 4 极，转速较高，转子外径增大时，离心力迅速增大。因此汽轮发电机的 λ 一般随功率增大而增大。一般 λ = 1.91（2 极电机）或 3.82（4 极电机）是其最佳值，大于上述数值不会降低损耗和提高效率，小于上述数值则会引起损耗显著增加和效率显著降低。实际上，由于容量、电压、使用材料和冷却方式等的不同，λ 的数值范围仍旧相当大（例如 2 极电机约为 1～4）。

3. 直流电机

λ 越大，则电枢越长，换向器片间电压和换向元件的电抗电势均将增大，使换向条件变差。过大的 λ 还会导致磁极铁心的截面形状变得狭长，使励磁绕组金属的利用率下降。一般来说，小型直流电机的换向问题不大，λ 可以取大些，但为了在电枢上获得足够的槽数，仍常采用较低的 λ 值。频繁起动和可逆转的轧钢电动机，通常要求转动惯量较小，以减少起动和运行过程中的能量损耗，缩短过渡过程的时间，提高生产效率，因此需选取较大的 λ 值。大型电机与高速电机，换向比较困难，而且为了避免因直径太大而使电枢圆周速度过高，机械应力超过允许值，λ 也应取得大些。通常中小型直流电机的 λ = 0.6～1.2（或 1.5），大型直流电机的 λ = 1.25～2.5。

2.4.3 主要尺寸的确定

主要尺寸指定子铁心内径 D_{i1}（对交流电机）或电枢直径 D_a（对直流电机）及铁心有效长度 l_{ef}。对于中小型感应电动机，定子铁心外径 D_1 也是较重要的尺寸。确定电机主要尺寸的方法有两种，即计算法和类比法。

1. 计算法

下面以感应电机为例介绍利用计算法计算主要尺寸的原理及一般步骤。

首先，根据电机的计算功率 P' 和转速 n，从主要尺寸关系式出发，并令 $D^2 l_{ef} = V$，有

$$D_{i1}^2 l_{ef} = \frac{6.1}{\alpha'_p K_{Nm} K_{dp1}} \frac{1}{AB_\delta} \frac{P'}{n} = V \tag{2-36}$$

式中，K_{Nm} 为气隙磁场波形系数；α'_p 为计算极弧系数；K_{dp1} 为定子基波绕组系数。

K_{Nm} 是气隙磁场有效值与平均值之比，在一般情况下，气隙磁场的波形决定了电势的波形，因此有时也称其为电势波形系数。当气隙磁场波形为正弦波时，$K_{Nm} = 1.11$；当气隙磁场波形因铁心饱和而呈非正弦时，定子绕组中也感应出非正弦的电势，此时电势有效值正比于 $1.11 \sqrt{1 + \left(\dfrac{K_{dp3} B_3}{K_{dp1} B_1}\right)^2 + \left(\dfrac{K_{dp5} B_5}{K_{dp1} B_1}\right)^2 + \cdots}$ （其中 K_{dp1}、K_{dp3}、K_{dp5}…为奇次谐波的绕组系数，B_1、B_3、B_5…为奇次谐波磁密幅值），而平均值随饱和增加得较快，因而波形系数为下降曲线；$\alpha'_p = B_{\delta av}/B_\delta$ 是气隙磁密平均值与其最大值之比。若电机铁心不饱和，气隙磁密分布呈正弦波形时，$\alpha'_p = 2/\pi = 0.637$，考虑到一般电机铁心稍有饱和，设计时 α'_p 可初步取为 $0.66 \sim 0.71$；K_{dp1} 可根据选定的绕组形式、槽数和节距 y（此处节矩 y 为线圈的两条边所跨过的槽数）算出；在绕组设计前，对于双层短距绕组，可先假定 $K_{dp1} = 0.92$，对于单层绕组，可先假定 $K_{dp1} = 0.96$。

其次，参考表 2-4 选择适当的 λ 值，因 $l_{ef} = \lambda \tau$，$\tau = \pi D_{i1}/(2p)$，则有

$$D_{i1}^2 l_{ef} = D_{i1}^2 \lambda \tau = \frac{\lambda \pi}{2p} D_{i1}^3 = V \tag{2-37}$$

便可求出

$$D_{i1} = \sqrt[3]{\frac{2pV}{\lambda \pi}} \tag{2-38}$$

这是初步计算出的定子铁心内径，参考表 2-7 的 D_{i1}/D_1 比值算出 D_1，再按照标准外径调 D_{i1}。

最后，根据调整的 D_{i1} 通过公式 $l_{ef} = V/D_{i1}^2$，进而求出 l_{ef}。

在采用计算法确定电机主要尺寸时，电机可根据其本身特点而采用不同的步骤，甚至将主要尺寸的关系式写成其他形式。其一般步骤总结如下。

1）根据电机的额定功率 P_N，利用式（2-16）~式（2-21）得出计算功率 P'。

2）结合所设计电机的特点，利用推荐的数据选取电磁负荷 A、B_δ。

3）然后根据推荐的数据或曲线选取有关系数。交流电枢若采用单层整距绕组，可预取 $K_{dp} = 0.96$，若为双层短距绕组（线圈节距 $y \approx 5\tau/6$ 时），则可预取 $K_{dp} = 0.92$；满载电势系数 K_E 值在 $0.85 \sim 0.95$ 范围内选取，容量大和极数少的电机取大值；当气隙磁场波形为正弦

波时，波形系数 $K_{Nm} = 1.11$。

4）参考推荐的数据选用适当的 λ，即可由已算得的 $D_{i1}^2 l_{ef}$，再分别求得主要尺寸 D_{i1} 与 l_{ef}。

5）利用初步确定的定子铁心内径 D_{i1} 确定定子铁心外径 D_1。

6）参考表 2-7 的 D_{i1}/D_1 比值算出 D_1，再按照标准外径调整 D_{i1}。

为了充分利用硅钢片，减少冲模等工艺装备的规格与数量，加强通用性和考虑系列电机功率等级递增的需要，我国目前规定了交流电机定子铁心的标准外径 D_1（见表 2-5），当 $D_1 > 99$cm 时，应采用扇形片。算得 D_1 后，需将其调整至表 2-5 的标准直径，然后对定子内径 D_{i1}（或转子内径 D_{i2}）与铁心有效长度 l_{ef} 进行必要调整。常见 Y、Y2 和 Y3 系列三相异步电动机定子内、外径见表 2-6。

表 2-5　交流电机定子铁心的标准外径 D_1　　　（单位：cm）

机座号	1	2	3	4	5	6	7	8	9	10	11
D_1	12	14.5	16.7	21	24.5	28	32.7	36.8	42.3	56	56
机座号	12	13	14	15	16	17	18	19	20	21	22
D_1	65	74	85	99	118	143	173	215	260	325	425

表 2-6　常见 Y、Y2 和 Y3 系列三相异步电动机定子内、外径

中心高 H/mm	定子外径 D_1/mm	定子内径 D_{i1}/mm							
		2 极		4 极		6 极		8 极	
		Y	Y2/Y3	Y	Y2/Y3	Y	Y2/Y3	Y	Y2/Y3
63	96	50		58					
71	110	58		67		71			
80	120	67	67	75	75	78	78		78
90	130	72	72	80	80	86	86		86
100	155	84	84	98	98	106	106		106
112	175	98	98	110	110	120	120		120
132	210	116	116	136	136	148	148	148	148
160	260	150	150	170	170	180	180	180	180
180	290	160	165	187	187	205	205	205	205
200	327	182	187	210	210	230	230	230	230
225	368	210	210	245	245	260	260	260	260
250	400	225	225	260	260	285	285	285	285
280	445	255	255	300	300	325	325	325	325
315	520	300	300	350	350	375	375	375	375
355	590	327		400		423		423	

对于一定的极数，定子铁心外径 D_1 与内径 D_{i1} 之间存在着一定的比例关系，定义 $K_D = D_{i1}/D_1$ 为电机的裂比，表 2-7 列出了常见三相感应电动机裂比 K_D 的选取范围，变动范围一般约为 ±5%。

表 2-7 常见三相感应电动机裂比 $K_D = D_{i1}/D_1$ 选取范围

极数	2	4	6	8	10
K_D	0.528~0.577	0.604~0.678	0.645~0.730	0.650~0.754	0.750~0.754

2. 类比法

电机主要尺寸关系式是确定电机主要尺寸的理论基础，它阐明了一些重要物理量和主要尺寸间的关系。但利用它来确定电机主要尺寸时不够简便。在实际生产中，根据实践经验，通常采用比较实用的"类比法"来确定主要尺寸。

类比法

所谓"类比法"即根据所设计电机的具体条件（结构、材料、技术经济指标、工艺等），参照已生产过的同类型相近规格电机的设计和试验数据，直接初选主要尺寸及某些其他数据。例如对于感应电机，通过"类比"，常直接选取定子外径（和相应的机座号或轴中心高）、内径、长度及气隙尺寸、转子内径、定转子槽数等。若所设计的电机 I 和已生产过的同类型电机 II，极数相同而额定功率不同，则由式（2-12），可近似认为 $D_{i1\text{I}}^2 l_{\text{ef}\text{I}}/D_{i1\text{II}}^2 l_{\text{ef}\text{II}} = P_{N\text{I}}/P_{N\text{II}}$，一般选取 $D_{i1\text{I}} = D_{i1\text{II}}$ 于是 $l_{\text{ef}\text{I}}/l_{\text{ef}\text{II}} = P_{N\text{I}}/P_{N\text{II}}$，由此即可确定 $l_{\text{ef}\text{I}}$。将电机 II 的导体截面积乘以 $P_{N\text{I}}/P_{N\text{II}}$，绕组匝数除以 $P_{N\text{I}}/P_{N\text{II}}$，还可初步推算出所设计电机的导体截面积和匝数。

转子内径及转轴铁心档直径，关系转轴的强度，在不进行机械计算时，可参照表 2-8 的经验数值选取。

表 2-8 Y、Y2 和 Y3 系列三相异步电动机转子内径 D_{i2}

中心高 H/mm	转子内径 D_{i2}/mm			
	2 极	4 极	6 极	8 极
63	14			
71	17			
80	26			
90	30			
100	38			
112	38			
132	48			
160	60			
180	70			
200	75			
225	80			
250	85			
280	85		100	
315	95		110	
355	110	130	148	

复习与思考题

1. 什么是主要尺寸关系式？根据它可得出哪些重要结论？

2. 电机常数 C_A 和利用系数 K_A 的物理意义是什么？

3. 什么是电机中的几何相似定律？为何在可能情况下，总希望用大功率电机来代替总功率相等的数个小功率电机？为何冷却问题对大功率电机比对小功率电机更显得重要？

4. 电磁负荷对电机性能和经济性有何影响？电磁负荷选用时要考虑哪些因素？

5. 若有两台电机的规格、材料、结构、绝缘等级与冷却条件均相同，若电机1的线负荷选得比电机2高，则两台电机的导体电流密度能否选得一样，为什么？

6. 什么是电机的主要尺寸比？它对电机的性能和经济性有何影响？

7. 电机的主要尺寸通常是怎样确定的？

第 3 章 ▶▶ 电机绕组与铁心设计

本章知识要点：

1) 交流绕组的磁势和磁场。
2) 三相交流电机绕组连接形式及应用。
3) 电机定转子绕组及铁心设计。

3.1 交流电机的绕组结构及工作原理

工业用交流电机主要分为两大类：交流同步电机和交流感应电机，也可分别称为同步电机和感应电机。同步电机和感应电机的定子绕组通常都是三相交流绕组，在三相交流绕组中产生感应电动势和磁动势的分析与计算方法也相同。一台三相感应电动机的定子绕组接通三相电源后，转子就会以某种速度转动。图 3-1 所示为一种最简单的三相定子绕组。

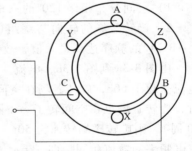

图 3-1　最简单的三相定子绕组

图中导体 A 和 X、B 和 Y、C 和 Z 分别组成 3 个线圈，3 个线圈在空间互相间隔 120°，每个线圈为一相，当把各始端接到三相电源上时，则在绕组中有三相交流电流通过。约定当 A 相电流为正值时，电流从 A 导体流入纸面，并从 X 导体流出纸面；B 相电流为正值时，电流从 B 导体流入纸面，从 Y 导体流出纸面；C 相规定相同。绕组中通过的三相对称的电流的变化规律为

$$\begin{cases} i_A = i_m \sin\omega t \\ i_B = i_m \sin(\omega t - 120°) \\ i_C = i_m \sin(\omega t - 240°) \end{cases} \qquad (3-1)$$

各相电流随时间变化曲线如图 3-2 所示。当线圈通过电流时，便会产生磁场，当线圈内为交变电流时，线圈所产生的磁场也是交变的。

图 3-2 中，当 $\omega t = 90°$ 时，i_A 为正值，电流从导体 A 流入，从导体 X 流出；i_B 和 i_C

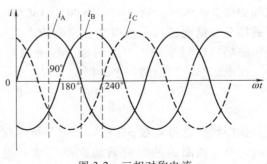

图 3-2　三相对称电流

为负值，电流从导体 Y、Z 流入，从导体 B、C 流出，如图 3-3a 所示，应用右手定则可以判定这一瞬间三相绕组电流所产生的合成磁场方向。

当 $\omega t = 180°$ 时，由图 3-2 可知，$i_A = 0$，i_B 为正值，i_C 为负值。此时三相绕组电流分布情况及所产生的合成磁场如图 3-3b 所示。此时的合成磁场相比 $\omega t = 90°$ 时在空间沿顺时针方向转过了 90°。

当 $\omega t = 240°$ 时，i_A 为负值，i_B 为正值，$i_C = 0$，所产生的合成磁场如图 3-3c 所示。这时的合成磁场相比于 $\omega t = 180°$ 时在空间沿顺时针方向转过了 60°。

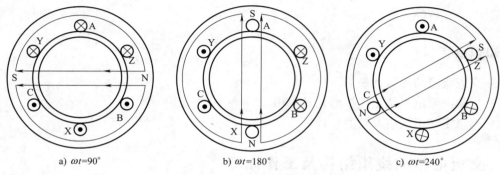

a) $\omega t = 90°$ b) $\omega t = 180°$ c) $\omega t = 240°$

图 3-3 两极旋转磁场的产生

由上述分析可以得到以下结论：

1）空间分布相差 120° 的三相绕组通以三相交流电时，将产生一个两极旋转磁场。

2）旋转磁场的转向与绕组中三相电流的相序一致。如图 3-2 所示，三相电流按相序 A→B→C 的顺序达到最大值，故磁场也沿着 A→B→C 的方向旋转。

由图 3-3a 到图 3-3b，电流变化了 90°，旋转磁场在空间转了 90°；由图 3-3b 到图 3-3c，电流变化了 60°，旋转磁场在空间也转了 60°。据此可知，当电流变化一个周波（即 360°）时，旋转磁场也在空间转了一整圈（即 360°）。若三相交流电的频率 $f_1 = 50Hz$（即每秒变化 50 周），则旋转磁场转速为 50r/s。因此，对两极电机而言，旋转磁场每秒的转数与三相交流电频率的数值相同，即 $n'_s = f_1$（r/s），如果用 n_s 表示旋转磁场的转速（r/min），则

$$n_s = 60f_1 \tag{3-2}$$

由上述分析可知，一套三相交流绕组能产生一个两极旋转磁场，同理分析可知，当沿定子圆周布置两套 A、B、C 线圈，并通以三相交流电之后，就能产生一个四极旋转磁场，仅画出 A 相绕组时的磁场如图 3-4 所示。通过对 $\omega t = 90°$、180° 和 240° 时的定子磁场分布情况进行分析可知，当电流变化一个周波时，旋转磁场只转过半圈，因此四极旋转磁场每秒的转数仅为三相电流频率数值的一半，即

$$n_s = \frac{60f_1}{2} \tag{3-3}$$

推广到任意极对数 p，则每相定子绕组应有 p 个线圈组成，每一线圈的两个有效边在空间应相差（或接近）180° 电角度，A、B、C 三相线圈在空间应相差 120° 电角

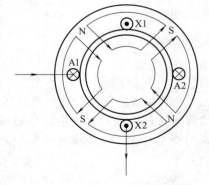

图 3-4 四极旋转磁场的产生

度（空间电角度＝空间机械角度×p）。通以三相交流电时，任意极数 p 的定子绕组产生的旋转磁场的转速为

$$n_s = \frac{60f_1}{p} \tag{3-4}$$

由于旋转磁场转速 n_s 与三相交流电频率 f_1 有上述固定关系，因此常把 n_s 称为同步转速。

在电动机未接通电源前，转子是静止不动的；当定子绕组中通以三相电流时，它就产生一个旋转磁场。为直观起见，将定子旋转磁场用会旋转的磁极表示，并假设此旋转的磁极为逆时针方向，以同步转速 n_s 旋转，如图 3-5 所示。当转子静止（$n = 0$）或旋转速度 $n < n_s$ 时，转子导条和旋转磁场有相对运动，转子导条中会感应电动势。同时，载流导体在磁场下将会受到电磁转矩的作用。转子上的电磁转矩为驱动力矩，如果它能够克服负载和转轴上的摩擦阻力矩，电机将以转速 n 旋转。如果转轴上带有机械负载，电动机就输出机械功率，即电动机把定子从三相电源中吸收的电能变成了带动工作机械转动的机械能。

如果转子转速 $n = n_s$，则转子绕组与旋转磁场之间就没有了相对运动，转子导体不切割磁通，因而不能产生感应电动势，就没有转子电流，也就没有作用在转子上的电磁力和电磁转矩，显然转子速度就会下降，转子速度一降低，转速便低于同步转速，则转子绕组与旋转磁场之间又有了相对运动，又能产生感应电动势和电流，进而产生电磁转矩，最后使转子在低于同步转速的某一转速下稳定运行。因为转子电路中没有外接电源，完全依靠转子和旋转磁场间的相对运动感应转子电动势和电流并产生电磁转矩，因此这种电动机称为感应电动机。又因为带动机械负载工作时，这种电动机的转速 n 总是要低于同步转速 n_s，故感应电动机也称为异步电动机。

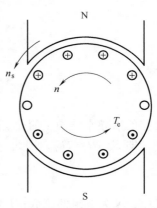

图 3-5　感应电机的工作原理

定子绕组 A-X、B-Y、C-Z 三相对称，也就是三相绕组导体沿定子内表面按 AZBXCY 规律排列，当定子绕组中通以对称的三相电流时，三相绕组电流联合作用在电动机内就会形成一个同步转速旋转的磁场。

3.2　交流绕组的磁势和磁场

3.2.1　单相集中整距绕组的磁场分布及磁势

三相感应电机定子三相绕组的磁势是由 3 个单相绕组共同产生的。图 3-6a 所示为一个集中整距绕组通以直流电时绕组产生的两极磁场。集中整距绕组的两个有效边相距一个极距 τ。由图 3-6a 可看出，此时磁通由定子铁心出来经由气隙进入转子铁心，然后经由另一侧空气隙回到定子铁心，形成闭合回路。在电机的上半部分磁力线流入定子铁心，在电机的下半部分磁力线流出定子铁心，因此由定子侧看，上半部分为 S 极，下半部分为 N 极。设想将图 3-6a 沿 mn 切开，把圆弧形定子和转子展成直线，则获得图 3-6b 的形式。

由于定、转子铁心都是由导磁性能较好的硅钢片叠成的，使得铁心的磁导率远远大于空

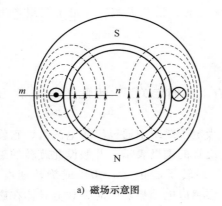

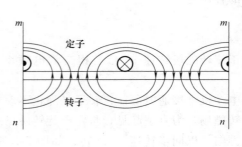

a) 磁场示意图　　　　　　　　　　　　　　b) 磁场展开图

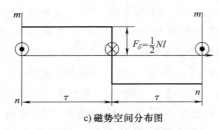

c) 磁势空间分布图

图 3-6　整距绕组的磁势

气隙的磁导率，为了简化分析，近似认为绕组的磁势等于磁通通过两个空气隙所需要的磁势，即 $F=NI\approx 2F_\delta$，因此

$$F_\delta = \frac{1}{2}NI \tag{3-5}$$

式中，N 为绕组的匝数；I 为绕组中的电流。

根据气隙磁势，可画出气隙磁势 F_δ 的分布图，如图 3-6c 所示，考虑到左侧磁通是由转子通过空气隙进入定子，而右侧磁通则由定子通过空气隙进入转子，两者方向相反，故用磁势的正值和负值来表示。由图 3-6c 可以看出，除线圈导体所在点外，任一点的气隙磁势大小皆为 $NI/2$，气隙磁势在空间为矩形分布。

若在图 3-6a 的线圈中通以正弦交流电 i，由于线圈中电流的大小和方向随时间交变，则相应的气隙磁势也将随时间做交变变化，当线圈中电流为最大值时，气隙磁势也相应为最大；当线圈中电流为零时，气隙磁势也相应为零。当电流为负值时，磁势也随着反向，此时 $F_\delta = Ni/2$，当线圈电流 i 随时间正弦变化时，气隙磁势在空间的位置并不改变，只是它的幅值随时间发生变化，这种磁势称为脉振磁势。

在对多极电机进行分析时，电机每对极的情况相同，仅是极数增加。对于图 3-4 所示的四极电机来说，A 相绕组的气隙磁势分布如图 3-7 所示，对其中的一对极来分析，与两极电机的磁势相同。当绕组中电流变化时，气隙磁势同样为仅有幅值变化的脉振磁势。

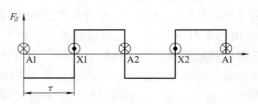

图 3-7　四极电机一相绕组的磁势分布

3.2.2　三相集中整距绕组的磁势

下面对三相绕组内通以图 3-8 所示的三相交流电时所产生的合成磁势进行分析（所产生的两极旋转磁场见图 3-3）。

如图 3-8 所示，当 $\omega t = 90°$ 时，$i_A = I_m$ 为正值，电流从导体 A 流入，从导体 X 流出；$i_B = i_C = -0.5I_m$，为负值，电流从导体 Y、Z 流入，从导体 B、C 流出。电机设计时，各相绕组匝数通常相同，根据 $F = NI$ 可知，各相绕组的瞬时磁势幅值大小仅与绕组中电流的瞬时值成正比。各相绕组所产生的磁势及其合成磁势如图 3-9 所示。同理可获得任意时刻的电流所产生的磁势分布，$\omega t = 90°$、$150°$、$210°$ 及 $270°$ 的 4 个时刻三相绕组的磁

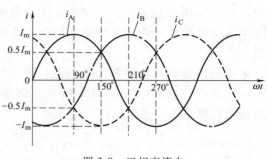

图 3-8　三相交流电

势波对比图如图 3-10 所示。可以看出，随着三相电流的变化，三相绕组将产生在空间旋转的磁势，旋转方向如图 3-10 中箭头所示。

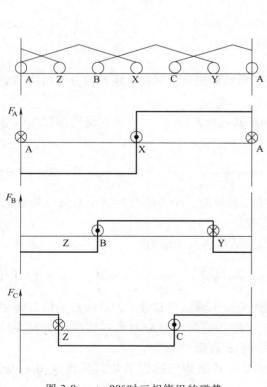

图 3-9　$\omega t = 90°$ 时三相绕组的磁势

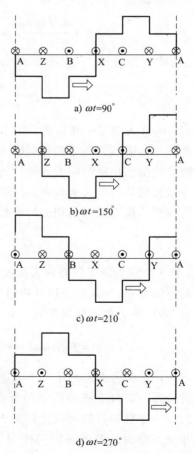

a) $\omega t = 90°$

b) $\omega t = 150°$

c) $\omega t = 210°$

d) $\omega t = 270°$

图 3-10　不同瞬时三相绕组的合成磁势

3.2.3 基波与谐波磁势

磁势的波形直接影响三相感应电动机的性能。由实践经验和理论分析可知，磁势波形为正弦波时，感应电动机具有较好的运行性能，因此在电机设计中总希望得到正弦分布的旋转磁势。由图 3-10 可以看出，三相集中整距绕组产生的磁势波形为阶梯形，此磁势由三个单相绕组的磁势叠加而成，若希望三相合成磁势为正弦波，则要求单相绕组的磁势波形为正弦波。

采用谐波分析法可以将一个周期性变化的非正弦波分解为无限个具有不同周期的正弦波。应用谐波分析法可将图 3-11 所示的单相集中整距绕组的磁势在图示坐标位置下分解为

$$F_c(x) = F_{c1}\cos\frac{\pi}{\tau}x + F_{c3}\cos\frac{3\pi}{\tau}x + F_{c5}\cos\frac{5\pi}{\tau}x + \cdots \tag{3-6}$$

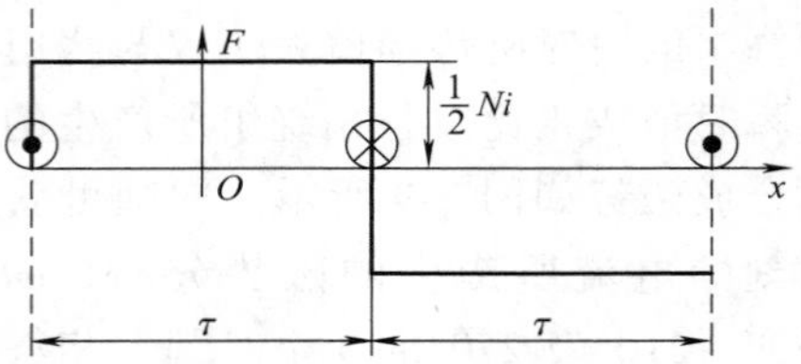

式中，F_{c1}、F_{c3} 及 F_{c5} 分别为基波、3 次谐波及 5 次谐波磁势的幅值。

图 3-11　单相集中整距绕组的磁势

由傅里叶级数计算公式可知

$$F_{c1} = \frac{4\sqrt{2}I\cos\omega t}{\pi}\frac{N}{2}\sin\frac{\pi}{2} = \frac{4\sqrt{2}I\cos\omega t}{\pi}\frac{N}{2} = 0.9NI\cos\omega t \tag{3-7}$$

ν 次谐波磁势为

$$F_{c\nu} = \frac{1}{\nu}\frac{4\sqrt{2}I\cos\omega t}{\pi}\frac{N}{2}\sin\frac{\nu\pi}{2} = \frac{1}{\nu}F_{c1} \tag{3-8}$$

式中，$\sqrt{2}I\cos\omega t$ 为绕组中通以的交流电流。

绕组产生的矩形波磁势随绕组中电流的交变而做脉振变化，因此，矩形波分解出的基波和谐波磁势的幅值也随时间做周期性的脉振变化。

若令基波磁势的最大值为 $F_{\Phi 1}$，则由式（3-6）及式（3-7）可知，单相绕组的脉振磁势可表示为与空间位置及时间相关的函数，即

$$f_{\Phi 1}(x,t) = F_{\Phi 1}\cos\omega t\cos\frac{\pi}{\tau}x \tag{3-9}$$

式中，x 和 τ 分别为定子铁心内表面度量的位置坐标和极距。$\cos(\pi x/\tau)$ 表示基波磁势以 2τ 为周期的空间分布，$\cos\omega t$ 表示磁势幅值随时间交变。

式（3-9）称为单相脉振磁势，利用三角函数公式可将其变形为

$$f_{\Phi 1}(x,t) = F_{\Phi 1}\cos\omega t\cos\frac{\pi}{\tau}x = \frac{F_{\Phi 1}}{2}\cos\left(\frac{\pi}{\tau}x - \omega t\right) + \frac{F_{\Phi 1}}{2}\cos\left(\frac{\pi}{\tau}x + \omega t\right) \tag{3-10}$$

式（3-10）等号右侧的第一项和第二项分别代表沿 x 轴正向和沿 x 轴反向运动的旋转磁势。通过对每一时刻下磁势的空间分布进行分析可知，这两个磁势的旋转速度均为同步转速，因此，一个脉振磁势可以分解为正向和反向两个旋转磁势。

单相交流绕组的谐波磁势同样为可分解为两个旋转磁势的脉振磁势，其转速为 n_s/ν，可表示为

$$f_{\Phi\nu}(x,t)=F_{\Phi\nu}\cos\omega t\cos\frac{\nu\pi}{\tau}x=\frac{F_{\Phi\nu}}{2}\cos\left(\frac{\nu\pi}{\tau}x-\omega t\right)+\frac{F_{\Phi\nu}}{2}\cos\left(\frac{\nu\pi}{\tau}x+\omega t\right) \tag{3-11}$$

3.2.4　绕组的分布和短距对磁势的影响

实际中电机的绕组通常不是集中绕组，而是分布绕组，每极每相槽数 $q>1$。分析分布绕组的磁势时，可以把它看成 q 个集中绕组磁势的合成。图 3-12 为 $q=3$ 时，q 个线圈产生的基波磁势及其合成磁势。采用分布绕组时，两个相邻线圈错开了一个槽距，两线圈的基波磁势在空间相差一个槽距的电角度 α，有

$$\alpha=\frac{p\times360°}{2pm_1q}=\frac{p\times360°}{Q_1}=\frac{180°}{m_1q} \quad(3\text{-}12)$$

式中，m_1 为相数；Q_1 为定子槽数。

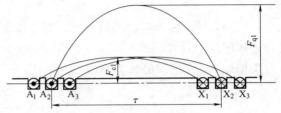

图 3-12　分布绕组的磁势波形

由于基波磁势在空间按正弦规律分布，因此可用空间矢量表示和运算。q 个线圈的基波合成磁势矢量就等于各个线圈的基波磁势矢量的和。基波分布系数为

$$K_{d1}=\frac{F_{1分布}}{F_{1集中}}=\frac{\sin\dfrac{q\alpha}{2}}{q\sin\dfrac{\alpha}{2}} \tag{3-13}$$

分布系数 K_{d1} 的物理意义为电机绕组由集中绕组改为分布绕组时，基波总磁势因各线圈空间位置不一致所产生的折扣因数，$F_{q1}=qF_{c1}K_{d1}$。

ν 次谐波磁势的分布系数为

$$K_{d\nu}=\frac{\sin\left(\dfrac{q\alpha}{2}\nu\right)}{q\sin\left(\dfrac{\alpha}{2}\nu\right)} \tag{3-14}$$

感应电动机的绕组是由沿圆周分布的线圈按照一定的排列方式连接起来的，每个线圈的两个有效边沿圆弧方向所跨过的距离称为线圈的节距 y_1，当线圈节距 y_1 小于一个极距 τ 时，线圈称为短距线圈。若把一对极下的绕组等效为上、下两个单层整距绕组（上层边连接成一个整距绕组，下层边连接成一个整距绕组），则上下两绕组在空间错开 $\tau-y_1$ 距离，此角度对应的电角度 β 为

$$\beta=\frac{180°}{\tau}(\tau-y_1) \tag{3-15}$$

用矢量 $\boldsymbol{F}_{q11}$ 和 $\boldsymbol{F}_{q12}$ 表示上、下层绕组的基波磁势时，其合成磁势如图 3-13 所示，基波短距系数 K_{p1} 为

$$K_{p1}=\frac{F_{1短距}}{F_{1整距}}=\frac{2F_{q11}\cos\dfrac{\beta}{2}}{2F_{q11}}=\cos\frac{\beta}{2}=\sin\left(\frac{y_1}{\tau}90°\right) \tag{3-16}$$

两个等效单层绕组产生的 ν 次谐波磁势在空间相差的电角度为 $\nu\beta$。ν 次谐波磁势的节距因数为

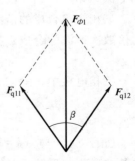

图 3-13　磁势矢量图

$$K_{\mathrm{p}\nu} = \cos\frac{\beta\nu}{2} = \pm\sin\left(\nu\frac{y_1}{\tau}90°\right) \tag{3-17}$$

设绕组每相串联匝数为 N，并联支路数为 a，则整个电机的总匝数为 aN，每对极的匝数为 aN/p。此外，设 I_Φ 为相电流有效值，则导体电流有效值为 I_Φ/a，则式（3-9）中基波磁势幅值 $F_{\Phi1}$ 的计算公式为

$$F_{\Phi1} = 0.9\frac{aN}{p}\frac{I_\Phi}{a}k_{\mathrm{w}1} = 0.9\frac{N}{p}I_\Phi k_{\mathrm{w}1} \tag{3-18}$$

式中，$k_{\mathrm{w}1} = k_{\mathrm{p}1}k_{\mathrm{d}1}$ 称为基波绕组因数，对于单层绕组 $k_{\mathrm{p}1} = 1$。式（3-18）为对单层和双层绕组均适用的统一计算公式。

类似地，ν 次谐波磁动势幅值为

$$F_{\Phi\nu} = 0.9\frac{1}{\nu}\frac{N}{p}I_\Phi k_{\mathrm{w}\nu} \tag{3-19}$$

式中，$k_{\mathrm{w}\nu}$ 为 ν 次谐波绕组因数，对于单层绕组 $k_{\mathrm{p}\nu} = 1$。

3.2.5 三相绕组的合成磁势

设 A、B、C 三相绕组中通以的对称三相交流电流为

$$\begin{cases} i_{\mathrm{A}} = \sqrt{2}I\cos\omega t \\[2mm] i_{\mathrm{B}} = \sqrt{2}I\cos\left(\omega t - \dfrac{2\pi}{3}\right) \\[2mm] i_{\mathrm{C}} = \sqrt{2}I\cos\left(\omega t - \dfrac{4\pi}{3}\right) \end{cases} \tag{3-20}$$

将各相绕组所产生的基波脉振磁动势相加可求合成基波磁势，即

$$f_1(x,t) = f_{\mathrm{A}1}(x,t) + f_{\mathrm{B}1}(x,t) + f_{\mathrm{C}1}(x,t) = \frac{3}{2}F_{\Phi1}\cos\left(\frac{\pi}{\tau}x - \omega t\right) \tag{3-21}$$

由式（3-21）可以得出，三相合成基波磁势为幅值恒定为 $3F_{\Phi1}/2$ 的圆形旋转磁势，旋转速度为同步转速。结合图 3-10 可知，当某相电流达到正向最大值时，基波旋转磁势的波幅恰好位于该相绕组的轴线上，对一确定的三相绕组，其基波旋转磁势的旋转方向决定于三相电流的相序，相序改变，旋转方向也改变。

三相绕组合成的谐波磁势等于三个单相绕组谐波磁势的和，同基波分析类似，可得出 3 的倍数次谐波的合成磁势为 0，因此对称三相电机中不会存在 3 次及 3 的倍数次谐波合成磁势。

三相电机中，除了 3 次和 3 的倍数次谐波之外，所有的奇数次谐波均可一般地表示为

$$f_\nu(x,t) = \frac{3}{2}F_{\Phi\nu}\cos\left(\frac{\nu\pi}{\tau}x \pm \omega t\right) \tag{3-22}$$

所有 $\nu = 6k+1$（$k = 1, 2, 3, \cdots$）次谐波磁势为正转，所有 $\nu = 6k-1$（$k = 1, 2, 3, \cdots$）次谐波磁势为反转，其转速为 $n_\nu = n_1/\nu$，其极对数为 νp。

3.3 三相交流电机绕组

通过前面的分析可以知道，绕组所产生的磁势大小和波形对电机性能有重要影响，怎样设计绕组形式才能更好地满足磁势大小和波形的要求，是电机设计中一个重要问题。对交流绕组进行设计的基本要求为：

1）三相绕组对称，以保证三相电势和磁势对称。

2）在导体数一定的情况下，力求获得最大的电势和磁势。

3）绕组的电势和磁势波形力求接近正弦分布（基波大、谐波小）。

4）端部连接尽可能短，以节省材料。

5）绕组的机械强度和绝缘要可靠，散热条件好。

6）制造检修方便、工艺简单。

三相单层绕组

3.3.1 三相单层绕组

单层绕组在每个槽内只有一个线圈边，其主要特点为：槽内无层间绝缘，槽的利用率较高；同一槽内的导体属于同一相，不会在槽内发生相间击穿；线圈数仅为槽数的一半，绕线及嵌线所费工时较少，工艺简单；不易做成短距，磁势波形较双层绕组差。单层绕组通常用于 10kW 以下的感应电动机。

单层绕组通常分为单层整距叠绕组、链式绕组、交叉式绕组和同心式绕组等。此处以 $Q_1 = 24$，要求绕成 $2p = 4$，$m = 3$ 的单层绕组为例，说明单层绕组的排列和连接规律。实现上述要求时极距 τ 为

$$\tau = \frac{Q_1}{2p} = \frac{24}{4} = 6 \tag{3-23}$$

每极每相槽数 q 为

$$q = \frac{Q_1}{2pm} = \frac{24}{4 \times 3} = 2 \tag{3-24}$$

以 A 相绕组为例，不同形式的单层绕组的排列和连接如图 3-14 所示。

图 3-14a 所示绕组线圈为整距，称为单层整距叠绕组。为了缩短端部连线，节省材料或者便于嵌线、散热，在实际应用中常将图 3-14a 所示绕组改进成图 3-14b 所示的单层链式绕组。此种绕组从外形来看形如长链，故称为链式绕组。链式绕组主要用于 $q = 2$ 的 4、6、8 极小型三相感应电动机中。$q = 4$、6、8 等偶数的 2 极小型三相异步电动机常采用同心式绕组，图 3-14c 所示为同心式绕组连接方式。

对于 $q = 3$，$p \geqslant 2$ 的单层绕组常改进成交叉式绕组，图 3-15 所示为 $Q_1 = 36$，绕成 $2p = 4$，$m = 3$ 的单层交叉式绕组连接方式。

链式绕组的每个线圈节距相等并且制造方便，但嵌线较困难，线圈端部连线较短因而省铜；同心式绕组的线圈两边可以同时嵌入槽内，嵌线容易，便于实现机械化；单层交叉式绕组可以节省端部接线，主要用于 q 为奇数的电机中。

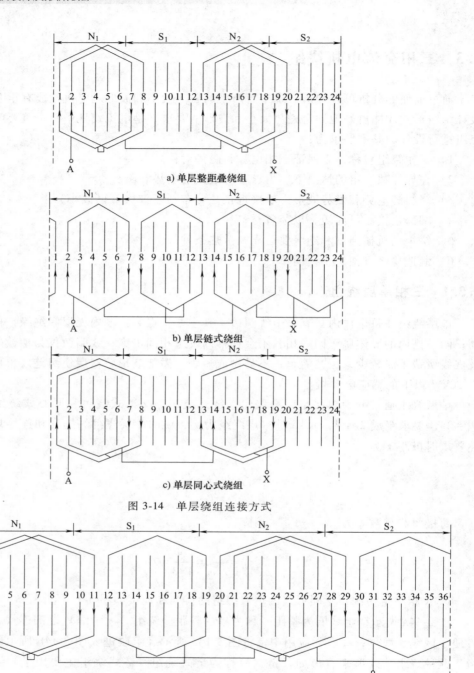

图 3-14 单层绕组连接方式

图 3-15 单层交叉式绕组

3.3.2 三相双层绕组

双层绕组的特点为每一个槽分成上层和下层，靠近槽口为上层，靠近槽底为下层。线圈的一个有效边嵌在某槽的下层，另一个有效边嵌在相隔一定槽数的另一个槽的上层，上、下层之间用层绝缘隔开。整个绕组的线圈等于电机的槽数。为了使绕组布置均匀、对称，每个线圈的节距都相等。

双层绕组的主要优点是可以选择最有利的节距，以改善磁势和感应电动势波形，因此三相感应电动机多采用双层绕组，双层绕组按线圈形状和端部连接线的连接方式不同分为双层叠绕组和双层波绕组，如图 3-16 所示。

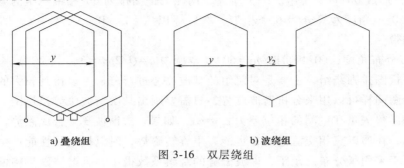

a) 叠绕组   b) 波绕组

图 3-16   双层绕组

3.3.3   用磁势矢量图排列绕组

通过对电机所产生磁势的分析可知，每一绕组线圈的基波（或某次谐波）磁势都可以用一磁势矢量表示，矢量的长度表示磁势的幅值，矢量之间的相位差表示磁势波在空间的相位关系。三相绕组只要具备了 3 个单相合成磁势大小相等、在空间相位互差 120° 电角度这一条件，在通以对称三相交流电时就能产生一个幅值不变的旋转磁势，因此利用磁势矢量图构成任一形式的三相绕组时，首先要具备这一条件。其次，要保证在一定导体数下，基波磁势幅值尽可能大，谐波磁势幅值尽可能小。

下面以 4 极 36 槽电机为例说明用槽磁势矢量图进行双层绕组排列的方法，此电机相邻槽导体磁势的相位差为 $\alpha = \dfrac{p \times 360°}{Q} = 20°$。所画出的槽磁势星形图如图 3-17 所示。

为了得到分布系数较高的绕组，应选择尽量集中的矢量为一相。可将 1、2、3、19、20、21 号槽取为 A 相，10、11、12、28、29、30 号槽内的电流方向与上述槽内电流正好相反，也取为 A 相。此时，12 根矢量集中地分布在 3 个矢量方向上，每一矢量方向有 4 个矢量，构成如图 3-18 所示的矢量分布。同理，可获得 B 相和 C 相的矢量。将 1、2、3 三个线

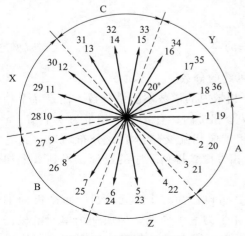

图 3-17   槽磁势星形图

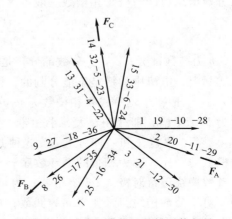

图 3-18   60° 相带绕组的槽磁势矢量

圈与 10、11、12 互相反接，另一对极下情况类似，利用矢量加法可求出每相的合成基波磁势矢量，图中 F_A、F_B 和 F_C 为三相磁势矢量并给出了方向。由星形图可知，F_A、F_B 和 F_C 的长度相等，彼此间隔 120° 电角度，因此所设计的三相绕组是对称的。每相 12 根矢量集中在 60° 范围内，形成 60° 相带绕组。综上所述，用磁矢量图排列 60° 相带绕组的方法为：把磁势星形图的 360° 电角度六等分为 6 个相带，然后标以 A、Z、B、X、C、Y，即确定了每槽线圈所属的相带。

$q\alpha$ 为相带分布角度，60° 相带时 $q\alpha = 60°$（本例中 $q = Q/2pm = 3$，$\alpha = 20°$）。

用磁势矢量图排列绕组，主要是对绕组的基波磁势进行分析，以得到较大的基波旋转磁场。磁势矢量图同样可以用来分析谐波磁势，只需要画出某次谐波磁势星形图，对于 ν 次谐波，相邻两槽磁势矢量在空间的相位差为 $\alpha_\nu = \nu\alpha$，如果 ν 次谐波 3 个合成磁势幅值相等，且空间三相对称，在通以三相交流电时，也能产生旋转磁势，对电机运行性能产生影响。但通常情况下，由于采用了分布及短距，谐波磁势的绕组系数很小，且谐波磁势幅值与谐波次数成反比，因而对电机的运行影响较小。

3.3.4 分数槽绕组

以上介绍的单层和双层绕组，它们的每极每相槽数 q 均为整数，称为整数槽绕组，感应电动机多采用这种绕组。但在实际制造中，为了充分利用已有冲片，某些极数较多的感应电机也有采用分数槽绕组。每极每相槽数 q 带有分数的绕组称为分数槽绕组。凸极同步电机通常极数较多，每极每相槽数不易凑成整数，此外为了消除齿谐波磁场，故以分数槽绕组居多。分数槽绕组一般为双层绕组，也分为叠绕组和波绕组两类。分数槽绕组的排列方法与整数槽大体相同，只是相带划分有所不同。

1. 相带划分

电机每极下同一相绕组所连续占据的定子槽数即为相带，一般用电角度来表示。在三相电机中为了获得对称三相绕组，一种方法是在每个极面下均匀分成 3 个相等范围，每个相带占有 180°/3 = 60° 电角度，另一种方法是把每对极面所占范围均匀分为三等分，使每个相带占有 360°/3 = 120° 电角度。因为 60° 相带比 120° 相带具有更高的合成电势，绕组利用率高，因此在三相电机中常用 60° 相带。

分数槽绕组的每极每相槽数一般可表示为

$$q = \frac{Q}{2pm} = \frac{bd+c}{d} = b + \frac{c}{d} \tag{3-25}$$

式中，b 为整数部分；c/d 为分数部分，是一个不可约的分数。

实际上，电机中的槽是不能分割的，因此每个相带内的槽数不能是分数，而是 d 个相带共用 $bd+c$ 个槽，平均每极每相槽数为 $b+c/d$。在 d 个相带内，有 $d-c$ 个相带为 b 个槽，c 个相带为 $b+1$ 个槽，即存在着大、小相带。大、小相带应相互交错排列，分布均匀。此处推荐"凑整""取整"和"四舍五入" 3 种方法进行相带槽数排列顺序的设计，得到 d 个相带各占槽数的顺序，称为相带的循环数序。

整数槽绕组每对极（$2m$ 个相带）为一个周期，可以称为一个单元电机，每个极为半个周期。对于分数槽绕组，如果 d 为偶数，每 md 个相带为一个周期，构成一个单元电机，有 d 个极，整个电机由 $t = 2p/d$ 个单元组成；若 d 为奇数，每 $2md$ 个相带为一个周期，构成一个单元电机,有 $2d$ 个极,整个电机由 $t=2p/2d=p/d$ 个单元组成,d 个极 md 个相带为半个周期。

下面以一台三相同步电机为例,说明其循环数序的确定方法。该同步电机定子槽数 $Q_1=30$、极数 $2p=8$、线圈节距 $y_1=3$。

根据电机设计要求可知,该电机每极每相槽数为

$$q=\frac{Q_1}{2pm}=\frac{30}{8\times3}=\frac{5}{4}=1\frac{1}{4} \tag{3-26}$$

因此,$b=1$,$c=1$,$d=4$。$3(d-c)$ 个相带为 1($b=1$)个槽;$1(c=1)$ 个相带为 $2(b+1)$ 个槽。整个电机可分为 $2p/d=2$ 个单元,每个单元有 $3(bd+c)=15$ 个槽,构成 $4(d=4)$ 个极,共有 $md=3\times4=12$ 个相带。循环数序确定过程见表 3-1。

表 3-1 分数槽绕组排序循环数序确定过程

nq	凑整	$nq-(n-1)q$	四舍五入	$nq-(n-1)q$	取整	$nq-(n-1)q$
$q=1\frac{1}{4}$	2	2	1	1	1	1
$2q=2\frac{1}{2}$	3	1	3	2	2	1
$3q=3\frac{3}{4}$	4	1	4	1	3	1
$4q=5$ (到 dq 为止)	5	1	5	1	5	2

根据表 3-1 确定的绕组排列循环数序为:

凑整法:2 1 1 1。

四舍五入法:1 2 1 1。

取整法:1 1 1 2。

根据凑整法的循环数序,整个电机的相带划分为

2 1 1 1 2 1 1 1 2 1 1 1 2 1 1 1 2 1 1 1 2 1 1 1

由于电机槽分布在电枢圆周上,循环数序可以从任一槽开始,且可以向正或向反方向排列,因此凑整法、四舍五入法及取整法的实质是完全相同的。例如本例中,由第一个相带起始为凑整法,由第二个相带起始为取整法,由第四个相带起始为四舍五入法。起始不同相当于相带的命名不同,正、反接相当于 A 和 X、B 和 Y、C 和 Z 的互换,因此,即使绕组排列所示各槽属相表面看起来不同,但实质上可能是完全相同的。

又如一台三相感应电机,定子槽数 $Q_1=72$、极数 $2p=10$,下面说明其循环数序的确定过程。该电机的每极每相槽数为

$$q=\frac{Q_1}{2pm}=\frac{72}{10\times3}=\frac{12}{5}=2\frac{2}{5} \tag{3-27}$$

因此,$b=2$,$c=2$,$d=5$。整个电机可分为 $p/d=1$ 个单元,即整个电机为一个单元电机,有 $6(bd+c)=72$ 个槽,构成 $2d=10$ 个极;共有 $2md=2\times3\times5=30$ 个极相组。$3(d-c)$ 个极相组为 $2(b=2)$ 个槽;$2(c=2)$ 个极相组为 $3(b+1)$ 个槽。采用凑整法确定循环数序见表 3-2。

表 3-2 分数槽绕组排序循环数序确定过程

nq	$q = 2\dfrac{2}{5}$	$2q = 4\dfrac{4}{5}$	$3q = 7\dfrac{1}{5}$	$4q = 9\dfrac{3}{5}$	$5q = 12$
凑整	3	5	8	10	12
$nq-(n-1)q$	3	2	3	2	2

因此，绕组排列数序可为：3 2 3 2 2。

分数槽绕组三相对称的条件为 $d \neq mk$，即 d 不能是相数 m 的倍数。对于三相绕组，d 不能是 3 的倍数。

从分数槽排列的原则来看，若分母 d 与相数 m 有公约数，如三相电机 $d = 3$ 或 6 等，则三相分得的线圈数不等，而使三相不对称。若三相绕组的极对数 p 为 3^n 的倍数，则必须选择槽数 Q 是 3^{n+1} 的倍数（n 为整数），才能使 d 不为 3 的倍数而构成三相对称绕组。

2. 叠绕组的排列

根据循环数序划分相带后，可按照排列整数槽绕组的方法画出分数槽叠绕组的展开图。对于前文分析的 $Q_1 = 30$、极数 $2p = 8$、线圈节距 $y_1 = 3$ 的同步电机定子绕组，按照 2 1 1 1 的循环数序，画出其绕组展开图如图 3-19 所示。为便于观看，图中只画出了 A 相绕组的排列方式，第二个单元与第一单元相同。

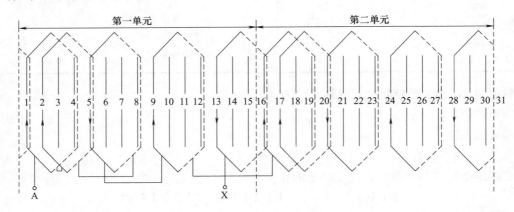

图 3-19 分数槽绕组展开图

双层绕组每个槽的上层线圈代表一个线圈，属于某一个相带，下层线圈边在相隔节距 y_1 槽数的槽中。若不画绕组展开图，也可以只写出每槽号的属相来表示绕组的排列，对本例有

AAZBXCCYAZBBXCY AAZBXCCYAZBBXCY
AZBXXCYAZZBXCYY AZBXXCYAZZBXCYY

3.3.5 正弦绕组

电机的定子槽数有限，极相组的线圈数也有限，因此电动机中存在着大量的谐波磁势。电动机的定子磁场是由绕组磁势产生的，谐波含量较高的绕组磁势将会产生较多的谐波磁场。谐波磁场是影响电动机性能的重要因素，谐波磁场不仅会增加电动机的附加损耗、电磁噪声和振动，还会降低电动机的效率。因此，进行绕组设计时，希望尽可能地减小谐波。

1. "△-Y"混合联结绕组

为减少谐波磁势的影响，人们研制出了六相异步电机和普通正弦绕组电机。其中六相异步电机的绕组有 6 个出线端，由两套普通 60° 相带的三相绕组在空间错开 30° 电角构成；而普通正弦绕组则是将普通 60° 相带的三相绕组分成两套，一套采用三角形接法，另一套采用星形接法，两套绕组在空间彼此相差 30° 电角度，最后将其接成延边三角形或星-三角的典型结构，即"△-Y"串联或"△-Y"并联接法的正弦绕组，如图 3-20 所示。

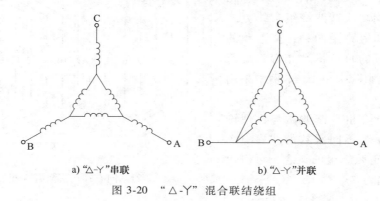

a)"△-Y"串联   b)"△-Y"并联

图 3-20 "△-Y"混合联结绕组

星-三角正弦绕组，利用星形部分绕组滞后三角形部分 30° 电角度，使两部分的感应电动势相差 30° 电角度，同时也使两部分的电流相差 30° 电角度，改善旋转磁场的波形，削弱甚至消除 5 次、7 次等其他高次谐波。由于"△-Y"并联接法容易产生环流，使电机发热加剧，有时甚至烧坏电机，所以"△-Y"并联接法很少被采用。"△-Y"串联接法的正弦绕组得到广泛应用，当每极每相槽数为 2、4、6 等偶数时，采用"△-Y"串联接法很容易实现槽电流的正弦分布，而当每极每相槽数为 3、5、7 等奇数时，很难恰好实现槽电流正弦分布，但仍能设计出较满意的结果。

2. 低谐波绕组

低谐波绕组有时也称为三相正弦绕组，但它不同于"△-Y"混合联结绕组。这种绕组可以通过合理调配各线圈的匝数来降低相带谐波，为了降低绕组中的谐波成分，在设计时让定子槽内绕组电流沿铁心表面呈正弦分布，使产生的磁势曲线是较理想的正弦波，从而降低电机内的杂散损耗，提高效率，同时使电机的起动性能和其他技术指标得到提高。

低谐波绕组与"△-Y"混合联结绕组相比，制造工艺简单，接线和检测方便，设计灵活，可以对任意次谐波进行削弱。低谐波绕组一般采用双层同心式或者双层叠绕的布线方式，是一种不等匝的布线方式，但该方式可确保每槽导体数相等，不改变各槽的槽满率。

下面以极数 $2p=2$，槽数 $Q_1=18$，每极每相槽数 $q=3$ 的三相交流电机为例，对其绕组排列进行说明。采用双层同心式绕组时，绕组的工艺与普通绕组基本相同，按普通 60° 相带绕组确定各槽上层边的相属，其排列顺序也为 $A{\rightarrow}Z{\rightarrow}B{\rightarrow}X{\rightarrow}C{\rightarrow}Y$，下层边相属按电流滞后对应的上层边电流 60° 来确定。在此例中，$q=3$ 有 3 种不同匝数（N_1、N_2、N_3），用相属下标来表示匝数的多少，如用 A_1 表示匝数为 N_1 的 A 相线圈边，上层边按 $3{\rightarrow}2{\rightarrow}1$ 顺序排列，下层边按 $1{\rightarrow}2{\rightarrow}3$ 顺序排列，见表 3-3。

表 3-3　三相绕组线圈分布

槽号	1	2	3	4	5	6	7	8	9	10	11	12	13	14	15	16	17	18
上层边	A_3	A_2	A_1	Z_3	Z_2	Z_1	B_3	B_2	B_1	X_3	X_2	X_1	C_3	C_2	C_1	Y_3	Y_2	Y_1
下层边	Z_1	Z_2	Z_3	B_1	B_2	B_3	X_1	X_2	X_3	C_1	C_2	C_3	Y_1	Y_2	Y_3	A_1	A_2	A_3

根据表 3-3 可画出相应的绕组展开图，A 相展开图如图 3-21 所示，B、C 相与 A 相展开相同。低谐波绕组布线方式可分为整跨距和短跨距两种，整跨距的最大跨距与电机的每极槽数相等，短跨距的最大跨距比整跨距小 1，本例中采用整跨距布线。

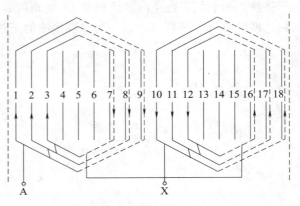

图 3-21　同心式正弦绕组 A 相展开图

为使电机消除相带谐波磁势，理论上正弦绕组有 q 个不同匝数的线圈（q 为整数），根据正弦绕组的概念，可得出各线圈的匝数比为

$$N_q : N_{q-1} : \cdots : N_2 : N_1$$
$$= \sin\left(60° - \frac{\alpha}{2}\right) : \sin\left(60° - \frac{3\alpha}{2}\right) : \cdots : \sin\left[60° - \left(q - \frac{3}{2}\right)\alpha\right] : \sin\left[60° - \left(q - \frac{1}{2}\right)\alpha\right]$$

式中，N_q，N_{q-1}，$\cdots$，N_2，N_1 为正弦绕组的匝数；α 为槽电角度。

由上述匝数比计算公式可计算出正弦绕组的理论匝数比，再由每极每相串联导体数得出各线圈的理论匝数。电机设计时实际匝数不可能与理论匝数完全相同，要根据需要进行调整，但应尽可能在各槽满率基本相同的条件下取接近理论匝数，经过调整后的绕组可以称为实用三相正弦绕组。

三相正弦绕组的绕组系数可按下式计算

$$K_{dp\nu} = \frac{N_q \cos\frac{\nu}{2}\alpha + N_{q-1}\cos\frac{3\nu}{2}\alpha + \cdots + N_2\cos\left(q - \frac{3}{2}\right)\nu\alpha + N_1\cos\left(q - \frac{1}{2}\right)\nu\alpha}{N_q + N_{q-1} + \cdots + N_2 + N_1}$$

式中，ν 为谐波次数，$\nu = 1$ 时为基波绕组系数。

从电机电磁设计考虑，由于正弦绕组是一种"高精度"绕组形式，故在电磁设计时能灵活地选择每槽每层匝数，使每极每相槽数之间的匝数之差大于 1 及以上，因此它的极相组的串联匝数可实现微调。而普通双层绕组每极每相槽数之间的每槽每层匝数相差值最大等于 1，且其跨距均为叠式等距，故在进行电磁方案设计时受到很大的局限。因此，正弦绕组在进行电磁方案设计时，比普通双层绕组更易兼顾到电机各项性能指标，使方案设计能达到最佳效果。

3.3.6　变极绕组

在工农业生产中，常要求电动机的转速能够调节，简称调速。对于普遍使用的三相笼型感应电动机，最简单、有效的调速方法是在定子上采用极数可变的变极绕组。对于同步电机，为了提高水轮机-水泵的效率，抽水蓄能电站用的同步发电-电动机，常采用变极调速，使之作为电动机运行时的转速能略高于作为发电机运行时的转速。可见，设计多种极数的变极绕组具有很大的实际意义。

对变极电机而言，在定子或转子上装两套或多套极对数不同的绕组，每种极对数用其中一套，就构成了双绕组或多绕组变极。如果只装一套绕组而用改变绕组连接法来获得两种或多种极对数，则构成了单绕组变极。双绕组变极每套绕组单独设计，可按常用的 60° 相带连接，接线简单，跨接线少，容易消除或减少谐波；但由于每次只用一套绕组，与单绕组变极相比，电机用铜量大大增加，槽内的有效面积减少。

单绕组多速感应电动机是一种只有一套定子绕组，通过外部接线变换获得多种转速的电动机。它属于有级调速设备，具有简单、可靠、高效及易于绕制的优点，在许多工业领域的变速拖动中有着广泛应用。单绕组变极可分为反向法变极和换相法变极两类。反向法变极在实现变极时不改变各槽的相属，仅在每相内部改变所属线圈的连接方法，以使部分线圈中电流改变方向。这种变极方法的特点是出线头少、开关控制简单，但是变极后通常是 120° 和 180° 相带，所以变极后的绕组系数较低。

反向法变极原理如图 3-22 及图 3-23 所示，当电动机定子绕组连接方式如图 3-22a 所示时，端子 1、2、3 接电源，以 A 相为例，此时电流流向为 $A_1 \rightarrow X_1 \rightarrow A_2 \rightarrow X_2$，磁场形式如图 3-23a 所示，电机为 4 极；当端子 4、5、6 接电源，1、2、3 接一起时，连接方式如图 3-22b 所示，以 A

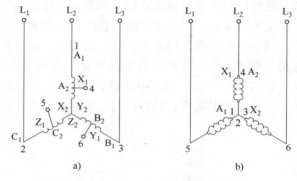

图 3-22　变极绕组接线原理图

相为例，此时电流流向为 $X_1 \rightarrow A_1$ 与 $A_2 \rightarrow X_2$，两条支路并联，磁场形式如图 3-23b 所示，电机为 2 极，通过改变线圈中电流的方向，从而实现变极。

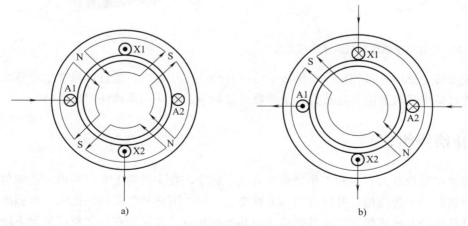

图 3-23　变极前后极对数

换相法变极时打破原有三相的界限，把各线圈（组）有规律的重新组合分配，其特点是大部分变极方案出线头较多，变极前后都可得到较高的绕组系数。考虑接线简易，及电机运行的可靠性，变极时通常力求采用反向法变极，在用反向法变极难以胜任的情况下再采用换相法变极。

实现单绕组反向法变极有许多方法，主要有安导调制法、对称轴线法和综合分段法。换相法变极的方法也很多，规律性较强的两种方法为对称轴线法和多段组合法。

3.3.7　感应电机转子绕组

根据前文所述的三相交流绕组的工作原理及连接方式，感应电机的转子槽中可以嵌放对称三相绕组，绕组与转子铁心绝缘，通常接成星形。三相的端点分别接到转轴的 3 个集电环上，再通过 3 个电刷将转子绕组与外电路相连。这种绕组便称为绕线转子绕组，如图 3-24 所示。

绕线转子绕组的极对数必须与定子极对数相同，因此这种绕组不适用于变极电机。转子的相数可以与定子的相数不同，例如，两相的转子可以用于定子为三相的集电环电机中，转子绕组通过集电环与外部电路连接。

感应电机中最常用的短路绕组为笼型绕组。在转子铁心各槽中插入导条，导条端部通过焊接与端环连接，短路环将导条短路，便构成笼型绕组。导条可以是铜条，也可以铸铝制成，如图 3-25 所示。短路环通常附有风叶，当转子旋转时，作为风扇使用。小型电机的笼型绕组使用纯铝制成，同时压铸出短路环、冷却风叶和转子导条。

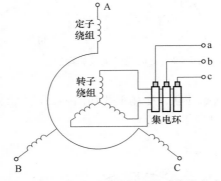

图 3-24　绕线转子感应电机转子接线方式

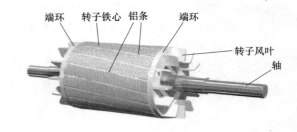

图 3-25　铸铝转子结构

与笼型转子感应电机相比，绕线转子结构复杂，价格较贵，运行可靠性也较差。但因转子绕组通过集电环与外电路连接，转子参数可以调节，起动和调速性能较好。

3.4　补偿绕组

补偿绕组是指在大容量和工作繁重的直流电机中，在主极靴上专门冲出一些均匀分布的槽，槽内嵌放的一种绕组。补偿绕组与电枢绕组串联，因此补偿绕组的磁势与电枢电流成正比，并且补偿绕组的连接方式使其磁势方向和电枢相反，以保证在任何负载情况下随时能抵消电枢磁势，从而减少了由电枢反应引起气隙磁场的畸变。补偿绕组示意图如图 3-26 所示，补偿绕组敷设在主磁极表面。

进行补偿绕组设计时，产生补偿效应的区域一般为极距的 α_i 倍，即 $\alpha_i \tau_p$。若整个电枢

绕组的导体总匝数为 N_s，其中流过的电流为 I_s，则电枢电流密度 A_a（单位电枢长度上的安培匝数）为

$$A_a = \frac{N_s I_s}{\pi D} \qquad (3\text{-}28)$$

补偿绕组与电枢反应所产生的总磁势应为零。求出相应的电枢磁势，便可计算出所需的补偿磁势。在补偿绕组对应的极面下，距离为 $\alpha_i \tau_p / 2$ 对应的电枢磁势为

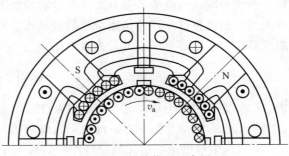

图 3-26　补偿绕组示意图

$$F_a = \frac{N_s I_s}{\pi D} \frac{\alpha_i \tau_p}{2} = \frac{\alpha_i \tau_p A_a}{2} \qquad (3\text{-}29)$$

补偿绕组中电流为电枢电流 I_a，当补偿绕组匝数为 N_k 时，可以得到补偿绕组的磁势为 $F_k = -N_k I_a$。因为补偿绕组磁势要补偿电枢反应磁势，因此有

$$F_\Sigma = F_k + F_a = -N_k I_a + \frac{\alpha_i \tau_p A_a}{2} = 0 \qquad (3\text{-}30)$$

因此

$$N_k = \frac{\alpha_i \tau_p A_a}{2 I_a} \qquad (3\text{-}31)$$

用式（3-31）进行近似计算后，N_k 必须取为整数。为了避免幅度较大的脉振磁通分量和噪声，补偿绕组的槽距应与电枢绕组的槽距错开 10%～15%。

若强烈的电枢反应得不到补偿，不仅会给换向带来困难，而且在极弧下增磁区域内会使磁通密度达到很大数值。当元件切割该处磁通密度时，会感应出较大的电动势，使处于该处换向片间的电位差加大。当这种换向片间电位差的数值超过一定限度，就会使换向片间的空气击穿，在换向片间产生电位差火花。最严重的是从正电刷到负电刷之间直接形成电弧。所以，直流电机中安装补偿绕组也是一种保证电机安全运行的措施。

但由于补偿绕组使直流电机的结构和加工工艺复杂化，且增加用铜量，又因补偿绕组串联于电枢，也增加电阻电压降和损耗，一般中小功率直流电机并不常采用。但采用补偿绕组后，气隙磁场畸变小，可减小气隙和主磁极励磁磁势，进而减小电机体积，同时由于电枢反应得到补偿，可大大减轻对换向极的要求，并对电机其他性能也有所改善，所以功率大、电枢反应严重的直流电机，均采用补偿绕组以补偿电枢反应。

3.5　阻尼绕组

发电机阻尼绕组主要是防止发电机在负载突然变化时对发电机绕组的冲击。发电机在负载变化时，其绕组内的电压电流会形成一个振荡的过程。阻尼条对该振荡过程增加阻力，形成阻尼振荡，从而形成一定的缓冲作用。同步电机阻尼绕组通常是短路绕组，在隐极电机中，它与励磁绕组布置于相同的槽内，而在凸极电机中，它被放置于极靴表面的槽中。

同步发电机，除少数小功率的发电机外，一般都有阻尼绕组。阻尼绕组不仅使电机运行

稳定，改善并联运行性能，而且可以减少和抑制不对称短路时的过电压，也可以减少对称短路或跳闸时的电枢过电压及励磁绕组的过电压。根据分析，当发电机两相短路时，在电枢绕组的开路相会产生过电压，其最大过电压 $U_{\max}$ 为

$$U_{\max} = U_{N\Phi}\left(2\,\frac{x_q''}{x_d''} - 1\right) \tag{3-32}$$

式中，$U_{N\Phi}$ 为额定相电压；x_d''、x_q'' 分别为直轴电抗和交轴电抗。

当发电机有强的全阻尼时，此时的直轴电抗与交轴电抗近似相等，即 $x_q'' \approx x_d''$，则 $U_{\max} = U_{N\Phi}$，不会产生过电压。而无阻尼绕组时，对中小型发电机，$x_q''/x_d'' = 3 \sim 4$，则会产生 $U_{\max} = (5 \sim 7)U_{N\Phi}$ 的过电压。

发电机在突加、突卸负载或突然短路的瞬变过程中，励磁绕组也会产生过电压。发电机有全阻尼时，励磁绕组的过电压约为励磁绕组额定电压的 $3 \sim 5$ 倍，而没有阻尼绕组时，过电压可达 10 倍以上。

阻尼绕组的有效机制相对复杂和多样化，因此其采用数学方法的精确设计较困难，通常根据经验对阻尼绕组进行设计。设计阻尼绕组就是确定每极的阻尼条数 n_d、节距 y_d、阻尼条直径 d_y、阻尼槽尺寸及阻尼端环的尺寸。阻尼条数和节距的选取对发电机的电压波形和附加损耗有影响。对于 q 为整数及 $d \leqslant 4$（即 $bd + c \leqslant 9$）的分数槽发电机，综合考虑电压波形及附加损耗，应满足

$$\begin{cases} 0.8t_s \leqslant y_d \leqslant 0.9t_s \\ 1.1t_s \leqslant y_d \leqslant 1.2t_s \end{cases} \tag{3-33}$$

式中，t_s 为定子齿距。对于 $bd + c > 9$ 的分数槽发电机，阻尼绕组对电压波形的影响较小，为使附加损耗减到最小，可取 $y_d \approx t_s$。

一般每极阻尼条数 $n_d = 4 \sim 10$，发电机的功率小者取小值。阻尼条截面积 S_d 按下式进行计算：

$$S_d \geqslant K\frac{Q_a}{n_d}\ (\text{mm}^2) \tag{3-34}$$

式中，Q_a 为每极定子绕组的截面积（mm^2），$Q_a = mqN_tN_sq_a$，N_t 为并绕导线根数，N_s 为每槽导体数，q_a 为单根导线截面积；K 为系数，采用紫铜阻尼条时，取 $K = 0.2$，采用纯铝阻尼条时，取 $K = 0.3$。

阻尼条一般采用圆截面，其直径为

$$d_y = 1.13\sqrt{\frac{S_d}{100}}\ (\text{cm}) \tag{3-35}$$

阻尼槽直径为

$$d_d = (1.05 \sim 1.1)d_y(\text{cm}) \tag{3-36}$$

阻尼槽节距为

$$y_d = \frac{\alpha_p\tau - d_d - 2c}{n_d - 1}\ (\text{cm}) \tag{3-37}$$

式中，α_p 为实际极弧系数；c 为极靴边缘处的齿宽，$c > 0.5\text{cm}$。

y_d 应符合式（3-33）的条件要求，并使阻尼齿的最大磁通密度小于 1.8T，即

$$B_d = B_{\delta N} \frac{y_d l_{ef}}{(y_d - d_d) l_{Fem}} < 1.8\text{T} \tag{3-38}$$

阻尼端环形式因转子结构不同而不同，分离式凸极转子一般采用阻尼端环结构，整体式凸极转子采用阻尼端板结构，隐极式转子采取的方法是将阻尼条在阻尼槽口弯折并焊接到低于转子槽底直径的端环上。

短路环尺寸有高度 a_r 和厚度 b_r。确定其截面积 $a_r b_r$ 的原则为短路环内电流密度接近阻尼条的电流密度，因此 $a_r b_r$ 约为一个极的阻尼条总截面积的一半，具体原则为

$$\begin{cases} a_r \geq 2d_y \\ b_r \geq 0.75d_y \\ a_r b_r = (0.4 \sim 0.6) n_d S_d \pi \end{cases} \tag{3-39}$$

采用阻尼端板结构时，端板截面积也应为一极的阻尼条总截面积的一半左右。阻尼槽口宽度 b_d 和高度 h_d 的最小值受工艺及结构限制，一般选取 $b_d \geq 1.5\text{mm}$，$h_d \geq 1\text{mm}$。

在同步发电机中，阻尼绕组有削弱逆旋转磁场的功能。为使损耗最小化，需保持阻尼绕组的电阻最小化。因此，阻尼导条的横截面积通常选为电枢绕组导体横截面积的 20% ~ 30%，并通常由铜制成。而在单相发电机中，阻尼导条的横截面积一般比定子绕组横截面积大 30%。

阻尼导条一定要削弱由脉冲负载转矩所引起的转速波动，同时需保证电机作为异步电机起动时有良好的起动转矩。因此，使用黄铜导条或者小直径的铜条制造阻尼导条，以增大转子阻抗。典型的铜条截面积仅为电枢绕组截面积的 10%。

在永磁同步电机，特别是轴向磁通电机中，可在转子表面磁极上放置铜或铝制的圆盘形阻尼绕组。但是，因为圆盘厚度的存在会限制气隙磁通密度，所以要达到定子导体总面积的 20% ~ 30% 较为困难。

3.6　感应电机定子绕组及铁心设计

定子槽数的
选择

3.6.1　定子槽数的选择

在极数、相数既定的情况下，定子的槽数决定于定子每极每相槽数 q_1。q_1 的大小对电机的参数、附加损耗、温升及绝缘材料消耗量等都有影响。当 q_1 值选用较大时：

1）由于定子谐波磁场减小，使附加损耗降低，谐波漏抗减小。

2）一方面每槽导体数减少，使槽漏抗减小；另一方面槽数增多，槽高与槽宽的比值相应增大，使槽漏抗增大，这方面影响一般较小。

3）槽中线圈边的总散热面积增加，有利于散热。

4）绝缘用量和加工工时增加，槽利用率下降。

因此，选择槽数时应对各方面的因素综合考虑。对于一般感应电动机，q_1 可在 2~6 之间选取，因分数槽绕组容易引起振动和噪声，所以 q_1 尽量选为整数。对于极数少、功率大的电机，q_1 可以取得大些（功率较大的两极电机 q_1 可达 6~9）；对于极数多的电机，q_1 需取得小些。

结论：理论上槽多好，电流分布均匀，磁场波形好，但工艺上难以实现。

对感应电机：$q_1 = 2 \sim 6$（功率大、极数少选大值），尽量用整数。

3.6.2 节距的选择

三相感应电动机定子绕组的形式很多，如前文所述，常用的有单层同心式、单层链式、单层交叉式和双层叠绕组等。在绕组节距选择方面，对于双层绕组应从电机具有良好的电气性能和节约导线材料两方面来考虑节距的选择。对于三相感应电动机，正常情况下节距通常选 $y = 5\tau/6$，从而削弱磁势的 5 次和 7 次谐波分量。对于两极电机，为方便下线和减小端部长度，一般取 $y = 2\tau/3$。单层绕组通常选为整距。选定每极每相槽数和节距后，可以计算基波绕组系数 K_{dp1}。

$$K_{dp1} = K_{d1} K_{p1} = \frac{\sin\left(\dfrac{\alpha}{2} q\right)}{q\sin\dfrac{\alpha}{2}} \sin\frac{\beta\pi}{2} \tag{3-40}$$

式中，$\alpha = 2p\pi/Q_1$，为用电角度表示的槽距角；$\beta = y/mq$，y 为以槽数表示的绕组节距。

单双层绕组和 Y-△ 混合联结绕组节距的选择和绕组系数的计算方法可参阅相关资料。

3.6.3 每相串联导体数和每槽导体数的计算

感应电动机的线负荷 A 及定子电流 I_1 的计算公式分别为

$$A = \frac{mN_{\Phi 1}I_1}{\pi D_{i1}} \tag{3-41}$$

$$I_1 = \frac{P_N}{mU_{N\Phi}\eta\cos\varphi} \tag{3-42}$$

整理式（3-41）式（3-42）可得

$$N_{\Phi 1} = \frac{\eta\pi D_{i1}A\cos\varphi}{m_1 I_{kW}} \tag{3-43}$$

式中，$N_{\Phi 1}$ 为定子绕组每相串联导体数；A 为初步选定的线负荷；I_{kW} 为感应电动机的每相功电流，$I_{kW} = P_N/(m_1 U_{N\Phi})$；$\eta$、$\cos\varphi$ 为设计任务书中给定的效率和功率因数。

可以看出定子绕组每相串联导体数的大小必然影响电磁负荷 A 和 B_δ 的数值。当电机的主要尺寸确定之后，线负荷与磁负荷的乘积便会确定，因此如果 $N_{\Phi 1}$ 减小，A 的值就降低而 B_δ 的值就会增大，这一般会使功率因数降低，最大转矩、起动转矩和起动电流的倍数都有所增加。因此设计时常常通过调整 $N_{\Phi 1}$ 的值来获得若干不同设计方案进行选优。

若定子绕组采用的并联支路数为 a_1，则每槽导体数 $N_{s1} = m_1 a_1 N_{\Phi 1}/Q_1$，对于单层绕组 N_{s1} 应取整数，对于双层绕组，N_{s1} 应取偶数。定子绕组每相串联匝数则为 $N_1 = N_{\Phi 1}/2$。

以上计算出的绕组数据为初步数据，待电机磁路、参数及性能计算后，如必要还须进一步调整。

3.6.4 导体的规格与并绕

导体截面积的大小与电流密度的大小有关，电流密度 J_1 的选择对电机的性能及成本影响极大，所以必须全面考虑电机的效率、制造成本、散热条件、绝缘等级、导线材料等具体情况。当 J_1 选用较大时，导体截面积减小，可节省材料、降低成本，但同时导致了损耗增大、效率降低，电机的温升增高，寿命和可靠性都降低。

一般对于大、中、小型铜线电机，J_1 可在 $4 \times 10^6 \sim 6.5 \times 10^6 \, \text{A/m}^2$ 范围内选用。工厂中常用控制 A 和 J_1 的乘积（称为热负荷）来控制电机的温升，所以在选择 J_1 时要注意前面所选用的线负荷 A 的值。J_1 选定后，便可对导线的截面积 S_1 进行估算：

$$S_1 = \frac{I_1}{a_1 N_{t1} J_1} \tag{3-44}$$

式中，N_{t1} 为导线的并绕根数。

当 I_1 较大时，为了避免采用截面过大的导线，通常把每相绕组接成 a_1 路并联，以使每支路的电流减小为 I_1/a_1，或者采用 N_{t1} 根截面相同的导线并绕（也可采用几根截面差别不大的导线并绕），使每根导线所通过的电流减小为 I_1/N_{t1}，或者既采用 a_1 路并联，又采用 N_{t1} 根并绕。选择时主要根据工艺条件考虑。一般说来，小型电机的支路 a_1 应少些，以免极间连线太多，而大、中型电机（特别是低压的）有时为了得到合适的每槽导体数，常采用较多的支路数。双层整数槽绕组所能使用的并联支路数的条件为 $2p/a_1 =$ 整数，因此 a_1 最多为 $2p$；单层绕组当 q_1 为偶数时，并联支路数最多为 $2p$，当 q_1 为奇数时，并联支路数最多为 p。

考虑到嵌线的方便，采用圆形导线的小型感应电动机，其单根圆导线的线径最好不超过 1.68mm。但导线太细时，绕制与嵌线也不方便。通常情况下，导线并绕根数可达 8 根，极数较少的电机可取较大的 N_{t1} 值。对于功率较大的电机，则选用扁导线，这时应注意导线的宽厚比 b/a 一般在 $1.5 \sim 4.0$ 范围内，并要与电机的槽口、槽宽和槽高尺寸相适应；每根导线的截面积最好小于 15mm^2，导线截面太大会引起较大的涡流损耗，并在制造线圈时，胀形及整形较难。根据公式计算出导线截面积后，查标准线规表，选用截面相近的标准导线，得到圆导线的直径或扁导线的宽和厚。

3.6.5　定子冲片的设计

1. 槽形

感应电动机的定子槽形最常用的有 4 种，如图 3-27 所示。其中，梨形槽和梯形槽是半闭口槽，槽的底部比顶部宽，使齿壁基本平行。这两种槽形一般用于功率在 100kW 以下、电压为 500V 以下的感应电动机中，因为这些电机通常采用由圆导线组成的散嵌绕组。采用半闭口槽可以减少铁心表面损耗和齿内脉振损

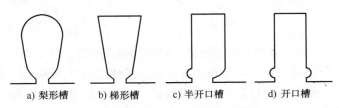

a) 梨形槽　　b) 梯形槽　　c) 半开口槽　　d) 开口槽

图 3-27　感应电动机常用定子槽形

耗，并使有效气隙长度减小，功率因数得到改善。梨形槽相比于梯形槽，其槽面积利用率较高，冲模寿命较长，而且槽绝缘的弯曲程度减小，不易损伤，所以应用较为广泛。

低压中型感应电动机常采用半开口槽，这时绕组应为分开的成型绕组，中型高压（3000V 及以上）电机则采用开口槽，这是因为线圈的主绝缘需要在下线以前包扎好并进行

浸烘处理。这两种槽形的槽臂都是平行的，因此称为平行槽。开口槽增大了气隙磁场中的磁导齿谐波分量，为了避免因此引起较大的空载附加损耗，可采用磁性槽楔，但此时槽漏抗将增大。

2. 槽满率

定子槽必须有足够大的截面积，使每槽所有导体能嵌进去。在采用圆导线的半闭口槽中，用槽满率来表示槽内导线的填充程度。槽满率是导线有规则排列所占的面积与槽的有效面积之比，即

$$S_f = \frac{N_{t1} N_{s1} d^2}{S_{ef}} \times 100\% \qquad (3-45)$$

式中，d 为绝缘导线的直径；S_{ef} 为槽有效面积（槽面积减槽绝缘所占面积）。

较高的 S_f 值不仅可以缩小槽面积（铁心尺寸也可相应减小），而且有利于槽内导体的散热，但是会给嵌线带来困难并增加嵌线工时。S_f 过高在嵌线时极易引起绝缘损伤，所以槽满率不能太高，一般控制在 75%~80%。

3. 槽尺寸的确定

确定槽尺寸时除考虑槽满率外，还要求电机齿部和轭部的磁密要适当，并且齿部有足够的机械强度、轭部有足够的刚度。此外，还应注意槽形尺寸特别是其深宽比对电机参数的影响。确定散下线的半闭口槽尺寸的方法如下：

槽口尺寸主要由电气性能、冲模制造、冲压和下线工艺等因素决定。为了嵌线方便，一般取槽口宽 $b_{01} = 2.5 \sim 4.0 \text{mm}$。

由于硅钢片的导磁性能比空气好得多，因此可以假定一个齿距内的气隙磁通全部进入齿内，即 $B_\delta t_1 l_{ef} = B_{t1} b_{t1} K_{Fe} l_t$，因此定子齿宽为

$$b_{t1} = \frac{B_\delta t_1 l_{ef}}{B_{t1} K_{Fe} l_t} \qquad (3-46)$$

式中，t_1 为定子齿距，$t_1 = \pi D_{i1}/Q_1$；K_{Fe} 为铁心叠片系数；B_{t1} 为定子齿部磁密，一般应在硅钢片磁化曲线的膝点附近，具体数值可参考已制成电机的设计数据。初步选定齿部磁密后，可以计算齿宽，从而确定槽宽 b_{s1} 和槽身高 h_{s1}。

每极磁通经过齿部后分两路进入轭部，轭部磁通仅为每极磁通的一半，即 $\alpha'_p B_\delta \tau l_{ef} = 2B_{j1} h_{j1} K_{Fe} l_t$，因此定子轭部计算高度为

$$h_{j1} = \frac{\alpha'_p B_\delta \tau l_{ef}}{2B_{j1} K_{Fe} l_t} \qquad (3-47)$$

式中，B_{j1} 为定子轭部磁密。因轭部磁路较长，体积较大，因此 B_{j1} 取值一半比 B_{t1} 略低，以保证合理的铁心损耗和空载电流。具体数值可参考已制成电机的设计数据。

根据上述估算和选定的数据，用作图法可以初步确定定子槽形和冲片尺寸，再结合核算槽满率，进行必要的调整。

3.7 感应电机转子绕组及铁心设计

1. 笼型转子槽数的选择

笼型转子感应电机在选取转子槽数时，必须与定子槽数有恰当的配合，这就是通常说的

槽配合。如果配合不当，会使电机性能恶化，例如有可能导致附加损耗、附加转矩、振动与噪声增加，从而使效率降低、温升增高、起动性能变坏、严重时甚至无法起动。因此，定子槽数确定后，转子槽数不能随便定，定、转子间需选择合理的槽配合，选择槽配合的原则为：①减小附加损耗；②降低噪声；③减小异步转矩；④减小同步转矩；⑤减小振动噪声。文献中推荐的三相感应电动机的槽配合数值见表3-4，也可查阅相关电机设计手册。

表3-4　Y、Y2系列三相异步电动机定、转子槽配合（Q_1/Q_2）

H/mm	Q_1/Q_2									
	2 极		4 极		6 极		8 极		10 极	
	Y	Y2	Y	Y2	Y	Y2	Y	Y2	Y	Y2
63		18/16		24/22						
71		18/16		24/22		27/30				
80	18/16	18/16	24/22	24/22		36/28		36/28		
90	18/16	18/16	24/22	24/22	36/33	36/28		36/28		
100	24/20	24/20	36/32	36/28	36/33	36/28		48/44		
112	30/26	30/26	36/32	36/28	36/33	36/28		48/44		
132	30/26	30/26	36/32	36/28	36/42	48/44		48/44		
160	30/26	30/26	36/26	36/28	36/33	36/42		48/44		
180	36/28	36/28	48/44	48/38	54/44	54/44	54/58	48/44		
200	36/28	36/28	48/44	48/38	54/44	54/44	54/58	48/44		
225	36/28	36/28	48/44	48/38	54/44	72/58	54/58	72/58		
250	36/28	36/28	48/44	48/38	72/58	72/58	72/58	72/58		
280	42/34	42/34	60/50	60/50	72/58	72/58	72/58	72/58		
315	48/40	48/40	72/64	72/64	72/58	72/84	72/58	72/58	90/72	90/106
355		48/40		72/64		72/84		72/86		90/106

2. 转子槽形的选择

感应电动机笼型转子槽形种类很多，目前对于采用铸铝转子的中小型电动机，一般采用如图3-28所示的各种转子槽形。对于功率较大或转速较高、采用铜条转子的中大型电动机，一般采用半闭口的平行槽。图3-28a、b是平行齿的槽形，采用这两种转子槽形的电机的电气性能基本相似，但图3-28b的槽形冲模制造较为容易。图3-28a的槽形齿部截面逐渐变化，强度较高，主要用于功率较大的电机；而图3-28b的槽形主要用于功率较小的电机。图3-28c、d是平行槽，其趋肤效应比平行齿的槽形显著，对改善起动性能有利，主要用于功率较小的两极电机中。图3-28e的槽形称为凸形槽，其突出优点是趋肤效应显著，能降低起动电流，改善起动性能，缺点是形状复杂，冲模加工困难。为了便于冲模加工并保留凸形槽优点，有时采用图3-28f所示的槽形，称为刀形槽。这两种槽形通常用于功率较大的2极或4极电机。图3-28g、h为闭口槽，其优点是简化冲模制造和减少电机的附加损耗，其缺点是增加了转子的槽漏抗。中大型电机一般采用双笼或深槽，图3-28i为双笼转子槽形，设计时可以方便地改变上下笼的尺寸和参数，以得到较好的起动和运行性能。

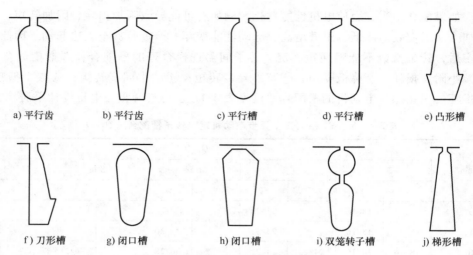

| a) 平行齿 | b) 平行齿 | c) 平行槽 | d) 平行槽 | e) 凸形槽 |

| f) 刀形槽 | g) 闭口槽 | h) 闭口槽 | i) 双笼转子槽 | j) 梯形槽 |

图 3-28　感应电动机笼型转子常用槽形

3. 转子槽形尺寸的确定

转子槽形尺寸对于电动机的一系列性能参数都有较大的影响，另外，槽的各部分尺寸对电机技术参数又有程度不同、性质不同的影响。其中起动转矩、起动电流、最大转矩和转差率与转子槽形尺寸的关系最为密切，由于起动电流和最大转矩之间存在一定的比例关系，因此笼型转子槽形尺寸的确定除与定子槽形尺寸的确定有一些相似的原则之外，还必须着重考虑起动性能的要求。对于铸铝转子，槽面积和铝条的截面积可认为是相等的。为了确定导条截面积，需要先估算转子导条的电流 I_2。考虑到转子电流 I_2 和定子电流 I_1 两者的相位不同，根据电流的折算，有

$$I_2 = K_I I_1 \frac{m_1 N_{\varPhi 1} K_{\mathrm{dp1}}}{m_2 N_{\varPhi 2} K_{\mathrm{dp2}}} \tag{3-48}$$

式中，$N_{\varPhi 2}$ 为转子每相串联导体数；K_{dp2} 为转子基波绕组系数；K_I 为考虑定转子电流相位不同而引入的系数，与功率因数 $\cos\varphi$ 有关，见表 3-5。

表 3-5　K_I 与 $\cos\varphi$ 的关系

$\cos\varphi$	0.65	0.70	0.75	0.80	0.85	0.90	0.95
K_I	0.74	0.77	0.82	0.86	0.90	0.95	0.985

对于笼型转子有

$$I_2 = K_I I_1 \frac{3 N_{\varPhi 1} K_{\mathrm{dp1}}}{Q_2} \tag{3-49}$$

导条的截面积为

$$S_B = \frac{I_2}{J_B} \tag{3-50}$$

式中，J_B 为转子导条的电流密度。对于普通中小型感应电动机铸铝转子，一般取 $J_B = 2 \times 10^6 \sim 4.5 \times 10^6 \mathrm{A/m^2}$。为了保证有足够大的起动转矩，转子电阻值不能太小，因此不能选过小的 J_B；但是 J_B 过大也不行，因为这将导致电机的转差率增大，并且使转子的电阻损耗增

大，效率降低，发热严重。

槽形和槽面积初步确定后，可进一步确定转子槽的具体尺寸，其方法与确定定子槽形的方法相似。估算转子齿磁密 B_{t2} 和轭磁密 B_{j2} 时可参考类似电机的数据，B_{t2} 一般在 1.25~1.6T 之间；小型电机 B_{j2} 一般较低，约为 1.0T，这是因为转子冲片直接套在轴上，除了 2 极电机和部分 4 极电机外，轭部导磁截面都比较富裕。

4. 端环的设计

由转子导条电流估算端环电流为

$$I_R = I_B \frac{Q_2}{2\pi p} \qquad (3-51)$$

笼型转子端环所需截面积约为

$$S_R = \frac{I_R}{J_R} \qquad (3-52)$$

式中，J_R 为端环电流密度。为了便于导条中的热量外传，并保证端环有一定的机械强度，常取 $J_R = (0.45~0.8)J_B$，对于极数多的电机，J_B 取较小值，以保证端环有足够的截面积。

端环的外径通常比转子外径小 3~8mm，以便铸铝模定位；端环内径一般略小于转子槽底所在圆的直径；端环厚度可按所需截面积 S_R 并考虑加工工艺要求来决定。

3.8 永磁同步电机绕组及铁心设计

本节以异步起动永磁同步电动机为例对其冲片尺寸及绕组的设计进行说明。异步起动永磁同步电动机主要在要求高效节能的场合替代感应电动机，因此其设计的目标是：高功率因数、高效率、起动性能好、经济性好、工作可靠。其主要性能指标为 η_N、$\cos\varphi_N$、T_m/T_N（最大转矩倍数或失步转矩倍数或过载能力）、T_{st}/T_N、I_{st}/I_N、T_{min}/T_N（最小转矩倍数）和 T_{pi}/T_N（牵入转矩倍数）。

3.8.1 定子冲片尺寸和气隙长度的确定

对于常规用途的小功率永磁同步电动机，为提高零部件的通用性，缩短开发周期和成本，通常选用 Y、Y2 或 Y3 系列小型三相感应电动机的定子冲片。永磁同步电动机的气隙磁密高、体积小，可选用比相同规格感应电动机小一个机座号的感应电动机定子冲片。

在感应电动机中，为提高 $\cos\varphi$，通常使气隙长度尽可能小，而在永磁同步电动机中，$\cos\varphi$ 可以通过调整绕组匝数和永磁体进行调整，气隙长度对杂散损耗影响较大，因此通常比同容量的感应电动机气隙长度长 0.1~0.2mm。在永磁体尺寸一定的前提下，适当增大气隙，对每极基波磁通影响较小。

永磁同步电动机转子永磁体产生的磁场含有大量谐波，感应电动势中谐波含量也较高，为避免 3 次谐波在绕组各相之间产生环流，三相绕组的连接通常采用丫联结。绕组形式和节距的选择与三相感应电动机相似，单层绕组通常有同心式、链式和交叉式，双层绕组主要用于 180 及以上机座号的电机。为削弱磁势及 5 次、7 次谐波，通常选择节距 $y = 5\tau/6$；对于两极电机，为便于嵌线和缩短端部长度，除铁心很长的以外，取 $y = 2\tau/3$。

永磁同步电动机的起动性能和功率因数都与每相串联匝数直接相关。在确定每相串联匝数时，通常先满足起动要求，再通过调整永磁体来满足功率因数的要求。永磁同步电动机的起动能力比感应电动机差，故每相串联匝数少，起动电流倍数高。在永磁同步电动机中，为达到高效节能的目的，电流密度通常比同容量的感应电动机低，同时每相串联匝数较小也为低电流密度的采用提供了保证。

导线截面积为

$$A_{C1} = \frac{I_1}{a_1 N_{t1} J_1} \tag{3-53}$$

式中，N_{t1} 为并绕根数。

对于小电机，每槽导体数较多，非常容易选择合适的每槽导体数以满足起动性能的要求，为避免极间连线过多，a_1 通常取小值；对于容量较大的电机，每槽导体数较少，a_1 通常取大值以增加每槽导体数，增大其选择余地，满足起动性能的要求。小型永磁同步电动机通常采用圆铜线，为便于嵌线，线径不超过 1.68mm，线径应为标准值。线规确定后，要核算槽满率，槽满率一般控制在 75%~80%，机械化下线控制在 75% 以下。

3.8.2 转子设计

1. 定、转子槽配合

同感应电动机类似，当永磁同步电动机定转子槽配合不当时，会出现附加转矩，产生振动和噪声增加，效率下降。在选择槽配合时，通常遵循以下原则：

1）Q_2 为极数的整数倍，采用多槽、远槽配合。

2）降低异步附加转矩，$Q_2 \leq 1.25 (Q_1 + p)$。

3）避免同步附加转矩，$Q_2 \neq Q_1$、$Q_2 \neq Q_1 \pm p$、$Q_2 \neq Q_1 \pm 2p$。

4）避免单向振动力，$Q_2 \neq Q_1 \pm 1$、$Q_2 \neq Q_1 \pm p \pm 1$。

2. 转子槽形及尺寸

为了有效隔磁，通常采用平底槽。在小型内置式永磁同步电动机中，为提供足够空间放置永磁体，槽高度较小，趋肤效应远不如感应电动机明显，且凸形槽和刀形槽形状复杂、冲模制造困难，故通常采用梯形槽。

转子导条的主要作用是用于起动，同步运行时，气隙基波磁场不在转子导条中感应电流，因此在设计转子槽和导条时，主要考虑起动性能、牵入同步性能和转子齿、轭部磁密，由于槽通常窄且浅，转子齿、轭部磁密裕度较大。

通常情况下，增大转子电阻可以提高起动转矩，但牵入同步能力下降，因此在设计转子槽和端环时，要兼顾起动转矩和牵入转矩的需要。

由于永磁体是从转子端部放入转子铁心的，从工艺方面考虑，通常永磁体槽和永磁体之间有一定的间隙，其大小取决于冲片的加工和叠压工艺水平，通常为 0.1~0.2mm。

3. 转子磁极结构的选择

无论何种磁极结构，都需要能放置足够多的永磁体，以保证电机的性能。在保证永磁体放置空间的前提下，尽量选用结构简单、机械性能好、隔磁效果好的磁极结构。

4. 永磁体设计

在异步起动永磁同步电动机设计中，永磁体形状通常为矩形，主要尺寸为：每极永磁体的总宽度、永磁体充磁方向长度和永磁体轴向长度，其中永磁体轴向长度跟电机转子铁心长度相同，因此只需确定每极永磁体的总宽度和永磁体充磁方向长度。

复习与思考题

1. 一个整距线圈的两个边，在空间上相距的电角度是多少？如果电机有 p 对极，那么它们在空间上相距的机械角度是多少？

2. 试说明交流绕组的绕组系数是考虑哪些因素引入的，绕组系数的值通常在什么范围？

3. 总结交流电机三相合成基波圆形旋转磁动势的性质、幅值大小、幅值空间位置、转向和转速各与哪些因素有关？这些因素中哪些是由构造决定的，哪些是由运行条件决定的？

4. 常用的单层绕组和双层绕组连接形式有哪些，各种绕组通常应用于哪类电机中？

5. 什么是槽配合？选择槽配合需遵循哪些原则？

第 **4** 章

磁 路 设 计

本章知识要点：

1）磁路设计的前提、目的、依据及磁路设计的步骤。
2）感应电机各部分磁压降的计算。
3）永磁电机的磁路设计。

电机的电磁设计计算包括磁路计算、参数计算、运行性能计算和起动性能计算等主要内容。电机的电磁设计普遍采用"路"的计算方法，近年来又发展了场路耦合算法和优化设计方法，但企业中多以"路"的算法为主，因此电磁计算公式都是基于三相绕组的磁动势和磁场、磁路、等效电路、相量图和功率平衡等。

磁路设计就是根据对磁场的要求，合理地选择磁路的参数和材料，设计出工艺上可行、性能满足要求、经济性好、能充分发挥材料性能的磁路。对于给定的磁路，可以唯一地得到其磁路特性。但是，若给定磁路特性要求，则可能有很多个磁路满足要求，而设计的目的就是找到一个满足要求的磁路。一般的设计过程是：首先根据磁路特性的要求，初步确定其大致的磁路结构，确定各部分磁路的尺寸和材料，然后采用合适的磁路计算方法计算磁路的性能。若计算结果与性能要求之间的误差在允许范围内，则磁路设计完成；若超出允许范围，则需要调整磁路的尺寸，甚至改变材料和磁路结构，直至得到合理的磁路。因此，磁路设计主要在于计算和确定磁路总体结构、磁路的尺寸和相应材料的选择。

4.1 磁路设计概述

磁路设计概述

当绕组中通过电流时，在电机的有效部分、端部及部分结构零件中就激发了磁场。为了简化物理图像及电磁计算，把电机中的磁场分为主磁场及漏磁场。异步电机的磁路计算是对主磁场进行的。

为简化分析计算，目前在许多电机设计的工程问题中仍然采用"场化路"的方法，将空间实际存在的不均匀分布的磁场转化成等效的多段磁路，并近似认为在每段磁路中磁通沿截面的长度均匀分布，将磁场计算转化为磁路计算，然后用各种系数来进行修正，使各段磁路的磁位差等于磁场中对应点之间的磁位差。这样可大大减少计算时间。在方案计算、初始方案设计和类似结构的方案比较时更为实用。在积累了一定的经验，取得各种实际的修正系数后，其计算精度可以满足工程实际的需要。

1. 磁路计算的目的及前提条件

磁路计算的目的在于确定产生主磁场所必需的磁化力或励磁磁动势（以后简称磁势），进而计算励磁电流及电机的空载特性。通过磁路计算还可以校核电机各部分磁通密度的选择是否合适，并确定有关尺寸。

磁路计算的前提条件是：首先，电机有效材料尺寸已确定，即电机的主要尺寸、定、转子槽数、槽型，定子绕组形式、每相串联导体数等均已知；其次，气隙中的工作磁通即主磁场中的每极磁通 Φ 已知。根据电机外加电压和满载电动势系数计算出定子绕组满载时的相电动势 E_1，即可求出每极磁通 Φ。

2. 磁路计算所依据的基本原理——场化路

磁路计算方法的依据是全电流定律，即总磁势为磁场强度的线积分。实际计算是通过求各段磁路，例如气隙、齿、轭、极身等部分磁位降的总和代替积分求得总磁势。

首先，由于电机磁路是对称的，可把电机分成若干扇形段，每个扇形段包含一对磁极（见图4-1），所有扇形段的磁场分布图都是相同的。确定建立磁场所必需的磁势，只要计算一个扇形范围内的磁场即可。根据全电流定律，磁场强度沿闭合回路的线积分等于该回路所包围的全电流，即

$$\oint_l \boldsymbol{H} \cdot \mathrm{d}\boldsymbol{l} = \sum i \qquad (4\text{-}1a)$$

如果积分路径沿着磁场强度矢量取向（即沿着磁力线），则

$$\oint_l H\mathrm{d}l = \sum i \qquad (4\text{-}1b)$$

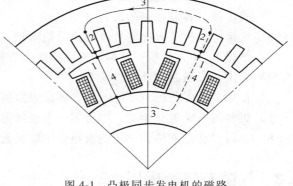

图 4-1 凸极同步发电机的磁路

式（4-1b）左侧为磁场强度 H 在 $\mathrm{d}l$ 方向上的线积分，所选择的闭合回路一般通过磁极的中心线，式（4-1b）右侧为回路包围的全电流，即等于每对极的励磁磁势。

为了简化计算，通常把电机各部分的磁场化成等效的磁路。所谓等效的磁路，是指各段磁路上的磁压降应等于磁场内对应点之间的磁压降，并认为在各段中磁通沿截面均匀分布，各段中磁场强度保持为恒值（如果实际上与此有出入时，应做适当校正）。因此式（4-1b）中的线积分 $\oint_l H\mathrm{d}l$ 可用求和 $\sum_1^n H_x L_x$ 代替，L_x 为第 x 段磁路的长度，H_x 为第 x 段磁路中的磁场强度。式（4-1）可写成

$$H_1 L_1 + H_2 L_2 + \cdots + H_n L_n = F_0 \qquad (4\text{-}2)$$

式（4-2）左侧表示一对极回路各段的磁压降，右侧 F_0 表示每对极励磁磁势。由于一对极磁路中两个极的磁路情况是相似的，所以也可以只计算半条回路（如图4-1中闭合路线中的实线所示）上各段的磁压降，它们的总和就等于每极励磁磁势。在以下叙述中，磁压降或磁势均指每极的。

式（4-2）也可写成

$$F_1+F_2+\cdots+F_n=F_0 \tag{4-3}$$

式中，$F_n=H_nL_n$ 表示第 n 段磁路上的磁压降。因此励磁磁势的计算可归结为计算每极磁路上各段的磁压降。

各类电机的磁路可分为如下各段：

（1）感应电机　①空气隙；②定子齿；③转子齿；④定子齿联轭；⑤转子齿联轭。

（2）同步电机（旋转电枢式）　①空气隙；②定子齿；③转子磁极；④定子齿联轭；⑤转子极联轭。

（3）直流电机　①空气隙；②定子磁极；③转子齿；④定子极联轭；⑤转子齿联轭。

每极磁路中，空气隙的磁压降通常占较大的比例（约 $60\% \sim 85\%$ 或以上）。

3. 磁路计算的步骤

由于磁路各段的截面积大小和材料不同，磁路各段的磁通密度和磁场强度也不同，求取整个磁路所需磁势时，必须每段分别计算。具体步骤如下：

1）根据定子绕组满载时的相电动势 E_1 求出每极磁通 Φ。

2）确定通过各段磁路的磁通 Φ。

3）根据电机尺寸，确定各段磁路的截面积 A 和相应磁通密度 B_x。

4）根据 B_x 值，从所用材料的磁化曲线上查相应的磁场强度 H_x。

5）确定各段磁路的计算长度 L_x。

6）根据各段磁路的 H_x 及 L_x 求出各段磁路所需磁势 $F_x=H_xL_x$。

7）将各段所需磁势相加，即得到一个极所需的总磁势。

8）最后根据总磁势和定子绕组每相串联匝数求出磁化电流。

4.2　气隙及气隙磁压降

4.2.1　空气隙的确定

由电机学知识可知，电机的电磁过程主要是在气隙中进行的，也就是说其能量形式的转换是通过气隙主磁通进行的。因此，电机的主要尺寸都与电机的气隙有密切关系。由第 2 章可知，电机的主要尺寸是电枢铁心的直径和长度，而气隙可以说是第 3 个主要尺寸。

气隙长度 δ 对电机性能及运行可靠性影响很大，在其他条件不变的情况下气隙长度 δ 选择偏小时：

1）气隙磁压降减小，与之平衡的磁势变小，则所需励磁电流 i_m 变小，功率因数 $\cos\varphi$ 提高。

2）气隙磁阻 R_m 变小，使励磁电抗 X_m 变大，对电机的转矩影响最大，使起动转矩 T_{st} 和最大转矩 T_m 变小。

3）使电机谐波磁场加剧，使谐波转矩和附加损耗增加，进而造成较高温升和较大噪声。

4）影响机械可靠性，电机出现扫膛现象。

通常，感应电机 δ 选取得尽可能小，但也不能过小，小型电机气隙一般不应小于

0.25mm。δ 的数值基本上决定于定子内径、轴的直径和轴承间的转子长度。因为机座、端盖、铁心等在加工和装配时都有一定偏差，而转轴的直径和轴承间的距离决定了转轴的挠度，定、转子装配在一起后，定子铁心内圆和转子外圆的不同心度决定了气隙的不均匀度，其值对电机运行性能有很大影响。

气隙的大小要综合上述两个方面，并根据生产经验和所设计电机的特点加以确定。

对于功率较小的电机，也可用以下经验公式来求 δ（单位为 m）：

$$\delta = 0.3\left(0.4 + 7\sqrt{D_{i1}l_t}\right) \times 10^{-3} \tag{4-4a}$$

式中，D_{i1} 为定子内径，单位为 m；l_t 为铁心长度，单位为 m。

对于大、中型电机，当电机极数 $2p = 2 \sim 16$ 时，可用下列经验公式求出 δ（单位为 m）：

$$\delta \approx D_{i1}\left(1 + \frac{9}{2p}\right) \times 10^{-3} \tag{4-4b}$$

式中，D_{i1} 单位为 m。

Y、Y2 和 Y3 系列三相异步电动机常用气隙长度见表 4-1。

表 4-1　Y、Y2 和 Y3 系列三相异步电动机常用气隙长度 δ

中心高 H/mm	气隙长度 δ/mm							
	2 极		4 极		6 极		8 极	
	Y	Y2/Y3	Y	Y2/Y3	Y	Y2/Y3	Y	Y2/Y3
63		0.25		0.25				
71		0.25		0.25		0.25		
80	0.30	0.30	0.25	0.25		0.25		0.25
90	0.35	0.35	0.25	0.25	0.25	0.25		0.25
100	0.40	0.40	0.30	0.30	0.25	0.25		0.25
112	0.45	0.45	0.30	0.35	0.30	0.30		0.30
132	0.55	0.55	0.40	0.40	0.35	0.35	0.35	0.35
160	0.65	0.65	0.50	0.50	0.40	0.40	0.40	0.40
180	0.80	0.80	0.55	0.60	0.45	0.45	0.45	0.45
200	1.00	1.00	0.65	0.70	0.50	0.50	0.50	0.50
225	1.10	1.10	0.70	0.80	0.55	0.55	0.50	0.55
250	1.20	1.20	0.80	0.90	0.55	0.60	0.55	0.60
280	1.50	1.30	0.90	1.00	0.65	0.70	0.65	0.70
315	1.80	1.50	1.25	1.10	1.05	0.90	0.90	0.80
355		1.60		1.20		1.00		1.00

4.2.2　气隙磁压降的计算

在电机中，沿电枢圆周方向气隙磁场不是均匀分布的。为了计算方便，通常计算最大气隙磁通密度 B_δ 所在的磁极中心线处（与所取积分回路相对应）的气隙磁压降 F_δ。

$$F_\delta = K_\delta H_\delta \delta \tag{4-5}$$

式中，δ 为单边气隙的径向长度；H_δ 为极中心线处的气隙场强；K_δ 为气隙系数，考虑到因槽口影响使气隙磁阻增加而引入的系数。

气隙场强为

$$H_\delta = \frac{B_\delta}{\mu_0} \tag{4-6}$$

式中，μ_0 为空气磁导率，通常可认为它等于真空中的磁导率，即 $\mu_0 = 4\pi \times 10^{-7} \text{H/m}$。

将式（4-6）代入式（4-5），得

$$F_\delta = \frac{K_\delta B_\delta \delta}{\mu_0} \tag{4-7}$$

由式（2-4）得，气隙磁密的最大值为

$$B_\delta = \frac{\Phi}{\alpha'_p \tau l_{ef}} \tag{4-8}$$

对于直流电机，由式（2-9）得，每极磁通为

$$\Phi = \frac{E_a}{\dfrac{pn}{60} \dfrac{N_a}{a}} \tag{4-9}$$

对于交流电机，式（2-2）得，每极磁通为

$$\Phi = \frac{E}{4K_{Nm} K_{dp} fN} \tag{4-10}$$

由式（4-7）及式（4-8）可知，在已知每极磁通 Φ 及几何尺寸 τ、δ 的情况下，气隙磁压降的计算就在于如何确定计算极弧系数 α'_p、气隙或电枢铁心的有效长度 l_{ef} 及气隙系数 K_δ。

1. 计算极弧系数 α'_p 的确定

如气隙磁通密度在一个极距范围内的分布 $B(x)$ 如图 4-2 中实线所示，则每极磁通为

$$\Phi = l_{ef} \int_{-\frac{\tau}{2}}^{\frac{\tau}{2}} B(x) \, \mathrm{d}x = B_\delta \alpha'_p \tau l_{ef} \tag{4-11}$$

因此

$$\alpha'_p = \frac{\dfrac{1}{\tau} \displaystyle\int_{-\frac{\tau}{2}}^{\frac{\tau}{2}} B(x) \, \mathrm{d}x}{B_\delta} = \frac{B_{\delta av}}{B_\delta} \tag{4-12}$$

α'_p 表示气隙磁密平均值 $B_{\delta av}$ 与最大值 B_δ 之比，其倒数即气隙磁密最大值与平均值之比，称为波幅系数 F_s。从另一角度来分析，可假想每极气隙磁通集中在极弧计算长度 b'_p 范围内，并认为在这个范围内气隙磁场均匀分布，其磁密等于最大值 B_δ，计算极弧系数即为极弧计算长度 b'_p 与极距 τ 之比，即

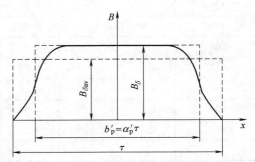

图 4-2　直流电机沿电枢圆周方向的气隙磁通密度分布

$$\alpha'_p = \frac{b'_p}{\tau} \tag{4-13}$$

计算极弧系数 α'_p 的大小决定于气隙磁密分布曲线 $B(x)$ 的形状，因而它决定于励磁磁势分布曲线的形状、空气隙的均匀程度及磁路的饱和程度。当 $B(x)$ 为正弦分布时，$\alpha'_p = 2/\pi = 0.637$。

（1）直流电机的 α'_p

1）均匀气隙。具有补偿绕组的大、中型直流电机和某些小型直流电机，其极弧部分的气隙常为均匀的。对于这类电机有

$$b'_p \approx \hat{b}_p + 2\delta \tag{4-14}$$

式中，$\hat{b}_p$ 为极弧长度；2δ 实质上计及了极靴靴尖处的边缘效应。

将式（4-14）代入式（4-13）即可确定计算极弧系数 α'_p。

2）不均匀气隙。为了削弱电枢反应，无补偿绕组直流电机的磁极常做成图 4-3 所示的削角形状。这种磁极的极靴中部约 2/3 极弧表面部分下的气隙 δ 仍是均匀的；而在两侧逐渐增大到 2δ 这一部分极靴表面是个平面，以简化工艺。对于这种极靴，边缘效应被削弱，因此可取

$$b'_p \approx \hat{b}_p \tag{4-15}$$

同理，也可采用偏心的圆弧形极靴，以使空气隙由 δ 连续增大到 δ_{max}，如图 4-4 所示，其削弱电枢反应的效果更好。对此种偏心气隙，当 $\delta_{max}/\delta < 3$ 时，也可取 $b'_p \approx \hat{b}$。但在计算 F_δ 时，要用 $\delta_{eq} = 0.75\delta + 0.25\delta_{max}$ 作为等效气隙长度。

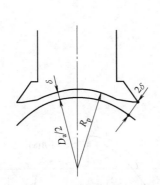

图 4-3 直流电机的削角极弧

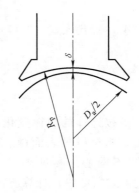

图 4-4 直流电机的偏心气隙极弧

（2）感应电机的 α'_p 对一般感应电机，由于磁路钢部分的饱和，气隙磁场已不是正弦分布，而呈与图 4-2 类似的比较"扁平"形状，此时 $B_{\delta av}/B_\delta$ 比正弦分布时大，因此 $\alpha'_p > 0.637$。α'_p 的大小主要与定子齿及转子齿的饱和程度有关。齿部越饱和，气隙磁场波越平，α'_p 越大。计算时，齿的饱和程度以饱和系数 K_s 来表示，有

$$K_s = \frac{F_\delta + F_{t1} + F_{t2}}{F_\delta} \tag{4-16}$$

式中，F_δ 为气隙磁压降；F_{t1} 为定子齿部磁压降；F_{t2} 为转子齿部磁压降。

图 4-5 给出了感应电机的 α'_p 与 K_s 关系曲线，它是根据许多感应电机的磁场曲线（用作图法求得）确定的。

在磁路计算开始时，F_δ、F_{t1}、F_{t2} 及 K_s 均为未知数。这时可参考类似电机的数据，先假定一个饱和系数的预计值 K'_s（对一般感应电机 $K'_s = 1.15 \sim 1.45$）。据此从图 4-5 中查出 α'_p 的预计值。然后用式（4-8）算出 B_δ，并按 4.2、4.3 节所述内容算出 F_δ、F_{t1}、F_{t2} 及相应的 K_s。若 K_s 与原来预计的 K'_s 相差较大，则须重新假定 K'_s 并进行计算，直至 K_s 与 K'_s 相差不超过 $\pm 1\%$ 为止。

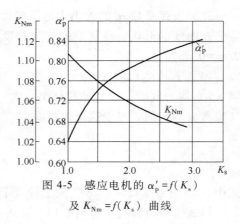

图 4-5 感应电机的 $\alpha'_p = f(K_s)$ 及 $K_{Nm} = f(K_s)$ 曲线

在图 4-5 中还画出了 $K_{Nm} = f(K_s)$ 的关系曲线，以便在按式（4-10）确定每极 Φ 时查取；当磁路不饱和时，气隙磁场分布为正弦形，因此 $K_{Nm} = 1.11$，随着 K_s 的增大，$B_{\delta av}$ 增大，因此 K_{Nm} 逐渐减小。

（3）凸极同步电机的 α'_p 凸极同步电机采用集中励磁绕组，励磁磁势的空间分布呈矩形。如钢中磁压降不计，则 F_δ 的空间分布也为矩形。一般力图使气隙磁密按正弦分布，即

$$B(x) = B_{\delta 1} \cos \frac{\pi}{\tau} x = \mu_0 H(x) = \mu_0 \frac{F_\delta}{\delta(x)} \tag{4-17}$$

而气隙磁密基波幅值（见图 4-6）为

$$B_{\delta 1} \approx B_\delta = \frac{\mu_0 F_\delta}{\delta} \tag{4-18}$$

将式（4-18）代入式（4-17）可得

$$\delta(x) = \frac{\delta}{\cos \frac{\pi}{\tau} x} \tag{4-19}$$

要空气隙按这样的规律变化在工艺上是十分困难的。通常把极靴外表面做成圆弧形，它和定子铁心内圆不同心，参见图 4-23。最大空气隙 δ_{max} 应接近由式（4-19）计算所得之值，即

$$\delta_{max} = \frac{\delta}{\cos \frac{\pi \hat{b}_p}{2\tau}} \tag{4-20}$$

式中，$\hat{b}_p$ 为极弧长度；δ_{max}/δ 一般约为 1.5。

对于利用气隙磁场 3 次谐波励磁的同步发电机，可以采用均匀气隙，使气隙磁场呈扁平分布。

极弧长度 $\hat{b}_p$ 一般选取等于 $(0.55 \sim 0.75)\tau$。

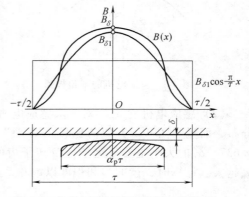

图 4-6 凸极同步气隙磁密分布曲线 $B(x)$

对直径不大、极数不多的电机选用较小的数值，以便在极间留有足够的空间安放励磁绕组。

在凸极同步电机里，由于空气隙比较大，气隙磁场波形主要与极靴外形、极弧长度有

关，而与钢的饱和程度关系不大。极靴近似按式（4-20）设计的电机，其 $\alpha_p' = f\left(\dfrac{\hat{b}_p}{\tau}\right)$ 关系曲线如图 4-7 所示。对于均匀气隙的凸极同步电机，$\alpha_p' = f\left(\dfrac{\hat{b}_p}{\tau}\right)$ 的关系曲线如图 4-8 所示，比值 $\hat{b}_p/\tau$ 称为极弧系数。

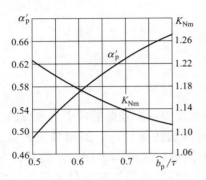
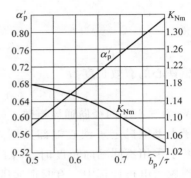

图 4-7　不均匀气隙凸极同步电机的 $\alpha_p' = f\left(\dfrac{\hat{b}_p}{\tau}\right)$ 曲线　　图 4-8　均匀气隙凸极同步电机的 $\alpha_p' = f\left(\dfrac{\hat{b}_p}{\tau}\right)$ 曲线

2. 电枢铁心或气隙的轴向有效长度 l_{ef}

在用式（4-8）计算空气隙磁密最大值 B_δ 时，用的是电枢或气隙轴向有效长度，而不是铁心总长度，因为主磁通 $\varPhi$ 不仅在铁心总长 l_t 的范围内穿过空气隙，而且有一小部分从定转子端面越过，如图 4-9 所示（这种现象称为边缘效应）。因此在计算磁通穿越空气隙的截面积时，在轴向长度上要多算一些。描绘铁心端面磁场分布，并进行近似推导，可得到两端面处磁场分布的等效长近似为 2δ。因此，在计算磁通穿越空气隙的截面积时，电枢铁心的有效长度为

$$l_{ef} = l_t + 2\delta \tag{4-21}$$

如果忽略此边缘效应（例如工厂中使用的直流电机计算公式），则

$$l_{ef} = l_t$$

若仅转子铁心中具有径向通风道，则气隙磁场的轴向分布如图 4-10 所示。由于在径向通风道处没有钢片，磁通较少，因此电枢铁心的有效长度比铁心总长 l_t（连通风道尺寸在内）

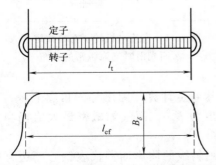
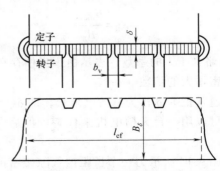

图 4-9　无径向通风道电机的气隙磁场的轴向分布　　图 4-10　有径向通风道电机的气隙磁场的轴向分布

要短些。通风道处的磁通分布与图 4-12 十分相似，因此可以利用后面关于气隙系数 K_δ（开口槽）的式（4-28）的概念来求得因存在通风道而损失的电枢轴向计算长度 b'_v，即

$$b'_\mathrm{v} = \frac{b_\mathrm{v}^2}{b_\mathrm{v} + 5\delta} \tag{4-22}$$

如果定、转子都具有径向通风道，且相互对齐，则通风道处的磁场分布可以认为等同于气隙为 $\delta/2$ 时的情况，此时

$$b'_\mathrm{v} = \frac{b_\mathrm{v}^2}{b_\mathrm{v} + \dfrac{5\delta}{2}}$$

于是电枢铁心的有效长度为

$$l_\mathrm{ef} = l_\mathrm{t} - N_\mathrm{v} b'_\mathrm{v} \tag{4-23}$$

式中，N_v 为铁心中的径向通风道数；b'_v 为沿铁心轴向长度因一个径向通风道所损失的长度。

对于大型电机定子铁心端部采用阶梯形结构（可削弱边缘效应，但增加工艺复杂性）及定、转子采用不同轴向长度时，l_ef 的实际计算都不困难，这里不予详述。此外，在工厂水轮及汽轮发电机计算中，有时把通风道对气隙磁势 F_δ 的影响用气隙系数来考虑，而不计入在轴向有效长度 l_ef 内，这在效果上是一致的。

3. 气隙系数 K_δ

在式（4-5）中提到因槽开口影响而引入了气隙系数 K_δ，现推导如下。

若先假定转子铁心表面有齿、槽，而定子内圆表面光滑，则槽口的存在将使空气隙磁阻增加，槽口处的磁通量减少，因而气隙磁通减小。为维持主磁通 Φ 为既定值，则齿顶处气隙最大磁密必须由无槽时的 B_δ 增加到 $B_{\delta\mathrm{max}}$。以直流电机为例，实际的磁密分布曲线如图 4-11 粗实线所示（细实线为无槽电机）。

所以开槽后，最大的气隙磁压降 F_δ 为

$$F_\delta = H_{\delta\mathrm{max}}\delta = \frac{B_{\delta\mathrm{max}}\delta}{\mu_0} = \frac{B_\delta K_\delta \delta}{\mu_0} \tag{4-24}$$

式（4-24）中定义了气隙系数 K_δ，为

$$K_\delta = \frac{B_{\delta\mathrm{max}}}{B_\delta} \tag{4-25}$$

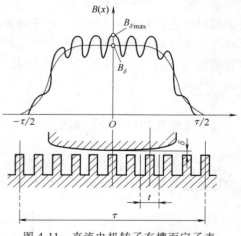

图 4-11　直流电机转子有槽而定子表面光滑时气隙磁密的分布

K_δ 是略大于 1 的系数，表示由于齿槽存在而使气隙磁密增大的倍数。

通常把 $K_\delta\delta$ 称为有效气隙长，即 $\delta_\mathrm{ef} = K_\delta\delta$。这意味着从计算气隙磁势的角度上看，有槽电机可以用一台无槽电机来代替，但后者的气隙长度为 $K_\delta\delta$，而气隙磁密最大值仍当作等于 B_δ。

图 4-12 所示为一个齿距内气隙磁密的分布图，画斜线的阴影面积代表铁心一边开槽后在一个齿距 t 内减少的磁通。此阴影面积可近似等于底边为 s_1、高为 $2B_0$ 的三角形面积。如

取单位轴向长度，即可认为减少的磁通是 $B_{\delta\max}t - B_0 s_1$，它应当等于未开槽时一个齿距 t 内的磁通 $B_\delta t$ 以保持主磁通为原值不变，即

$$B_{\delta\max}t - B_0 s_1 = B_\delta t$$

从而得到

$$K_\delta = \frac{B_{\delta\max}}{B_\delta} = \frac{t}{t - \dfrac{B_0}{B_{\delta\max}}s_1} = \frac{t}{t - \beta_0 s_1} \qquad (4\text{-}26)$$

式中

$$\beta_0 = \frac{B_0}{B_{\delta\max}}$$

显然，β_0 和 s_1 均与 δ 及槽口宽 b_0 有关，因而 K_δ 也可表示为

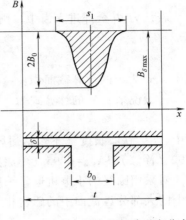

图 4-12　一个齿距内的气隙磁密分布

$$K_\delta = \frac{t}{t - \gamma\delta}$$

但在 $1 < b_0/\delta < \infty$ 的大多数实际情形中，工程上采用下列近似公式，已足够准确。

对半闭口槽和半开口槽有

$$K_\delta = \frac{t(4.4\delta + 0.75\delta)}{t(4.4\delta + 0.75\delta) - b_0^2} \qquad (4\text{-}27)$$

对开口槽有

$$K_\delta = \frac{t(5\delta + b_0)}{t(5\delta + b_0) - b_0^2} \qquad (4\text{-}28)$$

计算时，代入式中的槽口宽 b_0 的单位应与 δ 及 t 一致。当定、转子两边都开槽时（例如感应电机的情形），K_δ 与二者的相对位置有关。K_δ 可取 $K_\delta \approx K_{\delta 1}K_{\delta 2}$ 或 $K_\delta \approx K_{\delta 1} + (K_{\delta 2} - 1)$。

4.3　齿部磁压降的计算

每极齿部磁压降为

$$F_t = H_t L_t \qquad (4\text{-}29)$$

式中，H_t 为齿的磁场强度，对应于齿磁密 B_t，可由所用硅钢片的磁化曲线查得；L_t 为齿的磁路计算长度。

1. 齿部磁密 B_t 的计算

（1）齿部磁密 $B_t < 1.8\text{T}$ 的情况　当齿磁密不超过 1.8T 时，钢片的饱和程度不高，齿部（铁磁材料）的磁导率 μ 比槽部（非磁性的铜或绝缘）的磁导率 μ_0 大得多，因而齿部磁阻比槽部磁阻小得多。在一个齿距范围内的主磁通从空气隙进入铁心表面后，将绝大部分从齿内通过。

根据前面所述，选择的积分闭合回路通过磁极的中心线，因此要计算处于主极中心线上的那个齿内的磁密 B_t，显然该处一个齿距范围内的气隙磁密平均值也是 B_δ，气隙磁通为

$$\varPhi_t = B_\delta l_{ef} t$$

若认为 $\varPhi$ 全部进入齿中，则齿中磁密为

$$B_t = \frac{\varPhi_t}{A_t}$$

式中，A_t 为齿的计算截面积。

一般说来，A_t 的计算式为

$$A_t = K_{Fe} l_t' b_t$$

式中，l_t' 为铁心长度（不包括通风道）；K_{Fe} 为铁心叠压系数，对厚 0.5mm 的硅钢片，K_{Fe} = 0.92（涂漆），K_{Fe} = 0.95（不涂漆）；b_t 为计算齿宽。

对采用圆线的小电机通常采用平行齿壁的梨形槽（见图 4-13），在这种情况下，沿齿高度上的大部分齿截面中的磁密相等或基本上相等。b_t 可取齿一半高度处的宽度，即齿磁密为

$$B_t = \frac{B_\delta l_{ef} t}{K_{Fe} l_t' b_t} \tag{4-30}$$

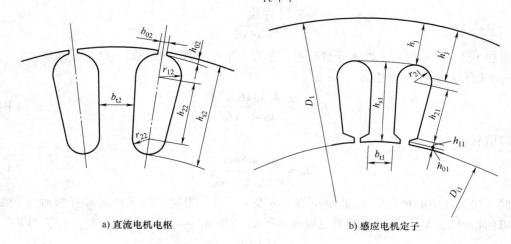

a) 直流电机电枢　　　　　　　　　　b) 感应电机定子

图 4-13　梨形槽的尺寸

对于齿壁不平行的矩形槽（见图 4-14a），沿槽高各点齿的宽度是变化的，因此齿磁密 B_t 和相应的磁场强度 H_t 也是变化的。

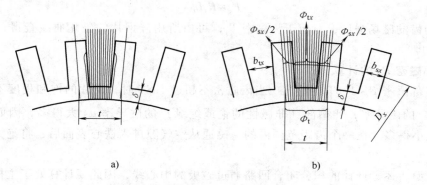

a)　　　　　　　　　　　b)

图 4-14　有槽电机气隙中磁场的近似分布

在齿不大饱和及齿宽沿其高度上的变化不大时，可采用更近似的简便公式来计算，即采用"离齿最狭部分 1/3 齿高处"的那个截面中的齿磁密 $B_{t1/3}$ 作为计算用的齿磁密，查出相应的齿磁场强度 $H_{t1/3}$，而

$$F_t = H_{t1/3} L_t$$

上面这两种近似方法实质上都是用一个均匀磁场强度来代替实际上沿齿高不是均匀分布的磁场强度来进行计算的。

（2）齿磁密 $B_t > 1.8T$ 的情况　（对于热轧硅钢片）当齿部磁密超过 1.8T（例如在直流电机及同步电机中），此时齿部磁路比较饱和，铁的磁导率比较低，使齿的磁阻与槽的磁阻相差不大。因此，磁通大部分将由齿中通过，小部分则经过槽部进入轭部，如图 4-14b 所示，因而齿中实际的磁通密度比用式（4-30）算得要小，即实际的齿部磁场强度及磁压降也会小一些。下面研究如何来近似计算实际齿磁密。当齿很饱和时，可近似假定进入槽部的磁通不进入齿中，如图 4-14b 所示，所以可取圆柱形表面为等磁位面（垂直于磁力线）。今考察离齿根某一高度处，直径为 D_x 的圆柱形表面。在此表面处，一个齿距范围内的磁通 Φ_t 分为两部分，磁通 Φ_{tx} 经过齿，磁通 Φ_{sx} 经过槽，即

$$\Phi_t = \Phi_{tx} + \Phi_{sx} \tag{4-31}$$

将式（4-31）两侧各除以该处齿的截面积 A_{tx}，可得

$$\frac{\Phi_t}{A_{tx}} = \frac{\Phi_{tx}}{A_{tx}} + \frac{\Phi_{sx}}{A_{tx}}$$

或写成

$$B'_{tx} = B_{tx} + \frac{\Phi_{sx}}{A_{tx}} \tag{4-32}$$

式中，B'_{tx} 为齿的视在磁密，即假想磁通 Φ 全部进入齿时的齿磁密；B_{tx} 为齿的实际磁密。

现将式（4-32）右侧第二项变换为

$$\frac{\Phi_{sx}}{A_{tx}} = \frac{\Phi_{sx} A_{sx}}{A_{sx} A_{tx}} = B_{sx} k_s = \mu_0 H_{sx} k_s$$

式中，A_{sx} 为该处槽的导磁截面积（垂直于半径的截面积）。对于矩形槽，它是恒值，即 $A_{sx} = b_s l_{ef}$；对于梨形槽，它与所在地点 x 有关，计算时，可取齿壁平行部分的中部处的槽截面积 $(r_{12} + r_{22}) l_{ef}$（见图 4-13a）；A_{tx} 为该处齿的截面积，对于矩形槽，可取距齿最狭部分 1/3 齿高处的齿截面积；对梨形槽可取 1/2 齿高处的齿截面积；k_s 为槽系数（磁分路系数），决定于齿、槽尺寸。

对梨形槽

$$k_s = \frac{A_{s/2}}{A_{t/2}} = \frac{(r_{12} + r_{22}) l_{ef}}{K_{Fe} b_t l'_t}$$

对矩形槽

$$k_s = \frac{A_{s/3}}{A_{t/3}} = \frac{b_s l_{ef}}{K_{Fe} b_{t/3} l'_t}$$

B_{sx} 为在所取槽截面上的磁密；H_{sx} 为在所取槽截面上的磁场强度；μ_0 为空气磁导率；$b_{t1/3}$

为距齿最狭处 1/3 齿高的齿宽，如图 4-15 所示。

根据前述假定，圆柱形表面为等磁位面，故槽磁场强度 H_{sx} 即等于该处齿磁场强度 H_{tx}。由以上各式可得 $B'_{tx} = B_{tx} + \mu_0 H_{tx} k_s$，简化得

$$B_t = B'_t - \mu_0 H_t k_s \tag{4-33}$$

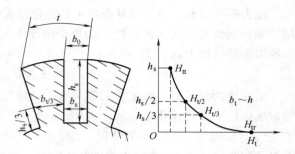

图 4-15　矩形槽尺寸及齿部磁场强度分布图

从解析几何知识可知，式（4-33）代表一根下倾的直线，它在纵坐标上的截距为 B'_t，它与水平线夹角 α 正比于 $\arctan \mu_0 k_s$。因此可在所用硅钢片的磁化曲线的纵坐标上查得相应于齿视在磁密 B'_t 的点，从这点向右下方做倾斜的直线（见图 4-16），与水平线的夹角等于 α，此直线与磁化曲线交点 P 的横坐标即为实际的磁场强度 H_t，用它来计算 F_t。

为计算方便起见，通常根据不同的 k_s 值，用上法绘出一族 $B'_t = f(H_t)$ 曲线（见附录 A 中图 A-4），只要算出齿视在磁密 B'_t 及 k_s 即可由此图直接查得 H_t 值。

2. 齿部的磁路计算长度 L_t

对于每一极的磁路而言，定子或转子、电枢齿的磁路计算长度，按工厂习惯可计算如下：

对直流电机电枢梨形槽或类似的槽（见图 4-13a）有

$$L_t = h_{22} + \frac{2}{3}(r_{22} + r_{12}) \tag{4-34}$$

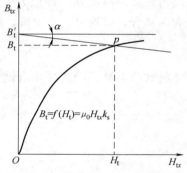

图 4-16　用图解法求取实际齿磁密和相应磁场强度

对感应电机定子梨形槽或类似的槽（见图 4-13b）有

$$L_t = h_{11} + h_{21} + \frac{1}{3} r_{21} \tag{4-35}$$

式（4-34）和式（4-35）中考虑 r 处的齿磁密较低，而少算一部分齿高。

对半开口槽（见图 4-18），取

$$L_t = h_1 + h_2 \tag{4-36}$$

对开口槽（见图 4-17），取

$$L_t = h_s \tag{4-37}$$

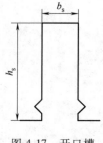

图 4-17　开口槽

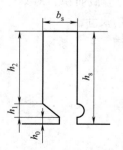

图 4-18　半开口槽

4.4　轭部磁压降的计算

按所衔接的是齿还是磁极可把轭分为极联轭和齿联轭两种。对这两种情况，磁压降的计算方法是不同的。在极数少的电机（特别是两极电机）中，由于轭的磁路长度较长，轭磁压降可能超过齿磁压降；而在多极电机中，轭磁压降通常只占磁路总磁压降的很小一部分，有时甚至可忽略不计。

1. 极联轭磁压降的计算

直流电机定子轭和凸极同步电机转子轭都是极联轭，通常也称磁轭。通过磁极中的磁通 Φ_m，按磁通连续性定理，应是气隙（主）磁通 Φ 和相邻极间的漏磁通 Φ_σ 之和；Φ_m 经过磁极之后，分成两路，分别进入左右两边的轭，经过极联轭每个截面中的磁通认为都是 $\Phi_m/2$。

对于钢管、厚钢板弯成的圆筒、铸（锻）钢制成的极联轭，其轭部磁密为

$$B_j = \frac{\Phi_m/2}{h_j l_j} \tag{4-38}$$

式中，h_j 为轭的高度；l_j 为轭的轴向长度。

若用薄钢板冲叠，则式（4-38）分母中还应乘以叠压系数 K_{Fe}。对于不涂漆的 $2 \sim 3mm$ 钢板可取 $K_{Fe} = 0.98$。

根据 B_j 及轭钢材料的磁化曲线可查得相应的磁场强度 H_j。

每极的轭磁路计算长度为

$$L_j = \frac{1}{2} \frac{\pi D_{jav}}{2p} = \frac{\pi D_{jav}}{4p} \tag{4-39}$$

式中，D_{jav} 为轭的平均直径（即其最大直径与最小直径的平均值）。

极联轭的磁压降为

$$F_j = H_j L_j \tag{4-40}$$

2. 齿联轭的磁压降计算

感应电机定、转子轭及同步电机或直流电机的电枢轭都是齿联轭，有时称为心轭。现按气隙磁场的不同分布情况，分两类进行讨论。

（1）交流电机的齿联轭磁压降　由于一个极距内的气隙磁通 Φ "分散" 地进入齿部及轭部，所以经由齿联轭各个截面穿过的磁通是不同的，即沿轭部积分路径上（见图 4-19）的磁密分布不均匀，并且在每一处的截面中沿径向上的磁密也不是均匀分布的。因此，在计算轭部磁压降时，必须做适当简化。把图 4-19 中有箭头的虚线路径称为理想的积分路径。它包括两部分：一部分为轭部平均弧长（指极的），另一部分为 ΔL。ΔL 线段的磁压降一般比较小，可以忽略不计。所以只需计算轭部平均弧长上的磁压降。计算时假定在轭部截面上各点磁密沿半径方向均匀分布。此外，如计算的是感应电机负载时的磁路，槽漏磁的影响也忽略不计。

磁路计算
引入的系数

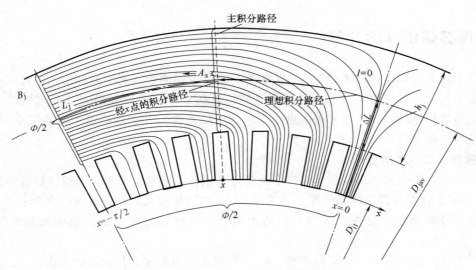

图 4-19 齿联轭中的磁通分布

由图 4-19 可见，在相邻极之间的中性面（即 $x = -\tau/2$）处的轭截面中汇集了 $\Phi/2$ 的磁通，此截面中轭磁密最大。在磁极中心线（即 $x = 0$）处的轭截面中磁密为零。穿过任一轭截面 A_x 的磁通为

$$\Phi_j(x) = l_{ef} \int_x^0 B(x)\,\mathrm{d}x \tag{4-41}$$

式中，$B(x)$ 为气隙磁密分布曲线。

轭部切向磁密（垂直于轭截面，即一般所称的轭磁密）也为 x 的函数，即

$$B_j(x) = \frac{\Phi_j(x)}{K_{Fe}h'_j l_j} = \frac{l_{ef}}{K_{Fe}h'_j l_j} \int_x^0 B(x)\,\mathrm{d}x \tag{4-42}$$

相应于 $x = -\tau/2$ 处的轭截面中，切向磁密达到最大，为

$$B_j = \frac{l_{ef}}{K_{Fe}h'_j l_j} \int_{-\frac{\tau}{2}}^0 B(x)\,\mathrm{d}x = \frac{\Phi}{2K_{Fe}h'_j l_j} \tag{4-43}$$

式中，h'_j 为轭部计算高度；l_j 为轭部轴向长度（不包括径向通风道）。

对于采用矩形槽、轭中无轴向通风道的电机，h'_j 等于实际齿联轭高度（沿径向测量）。对于如图 4-13b 所示的定子圆底槽，有

$$h'_j = \frac{D_1 + D_{i1}}{2} - h_{s1} + \frac{r_{21}}{3} \tag{4-44}$$

对于如图 4-20 所示的转子圆底槽，有

$$h'_j = \frac{D_2 - D_{i2}}{2} - h_{s2} + \frac{r_{22}}{3} - \frac{2}{3}d_{v2} \tag{4-45}$$

式中，d_{v2} 为转子轴向通风道直径，若无轴向通风道，则 $d_{v2} = 0$。如定子具有轴向通风道，则处理方式相同。

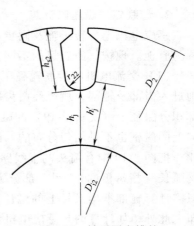

图 4-20 转子圆底槽的

此外，对于转子铁心直接套轴的两极感应电机，由于转子中电流频率很低，将有部分磁通进入转轴，因此式（4-45）中的 D_{i2} 可用 $D_{i2}/3$ 代入计算。

由式（4-42）可知，轭部磁场的分布在很大程度上取决于气隙磁场的分布。当气隙磁密按余弦规律分布时，轭部切向磁密按正弦规律分布。

由于齿联轭中磁密分布不均匀，齿联轭磁路全长上的磁压降 F_j 应按下式计算：

$$F_j = \int_0^{L_j} \boldsymbol{H} \cdot \mathrm{d}\boldsymbol{l} \tag{4-46}$$

式中，L_j 为每极的齿联轭磁路计算长度，为

$$L_j = \frac{\pi D_{jav}}{2p} \times \frac{1}{2} = \frac{\pi D_{jav}}{4p} \tag{4-47}$$

式中，D_{jav} 为齿联轭平均直径。

为了简化计算，可模仿齿部磁压降的计算方法，引用一个等效的均匀磁场来代替不均匀磁场。等效的磁场强度为

$$H_{jav} = \frac{1}{L_j} \int_0^{L_j} \boldsymbol{H} \cdot \mathrm{d}\boldsymbol{l}$$

因此

$$F_j = H_{jav} L_j \tag{4-48}$$

令 $H_{jav} = C_j H_j$ 并代入式（4-48），得

$$F_j = C_j H_j L_j \tag{4-49}$$

式中，H_j 为相应于最大切向磁密处的场强，按 B_j 及材料的磁化曲线查取；C_j 为轭部磁压降校正系数（或轭部磁路矫正系数），与轭尺寸、极对数及 B_j 有关。当 B_j 较低时，相应 H 也将是一条正弦曲线，那么 C_j 将趋于 $2/\pi$，而以 $2/\pi$ 为极限，见附录 A 图 A-1～图 A-3。

（2）直流电机的齿联轭磁压降　如前所述，直流电机气隙磁场近似于矩形分布，在极弧范围内气隙磁密变化不大，在极弧以外气隙磁密急剧下降，空载时在几何中性线处气隙磁密为零。

直流电机齿联轭中磁通分布示意图如图 4-21 所示。与交流电机相同，也不是每处轭截面中穿过的磁通都是 $\Phi/2$，只有在相邻两主极极尖之间的那段电枢轭中穿过了 $\Phi/2$，在极弧下的那段电枢轭中，穿过每个截面的磁通均小于 $\Phi/2$。

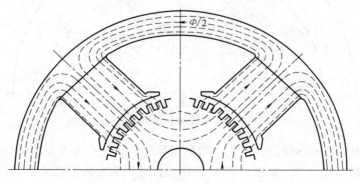

图 4-21　直流电机齿联轭中磁通分布示意图

注：换向极及励磁绕组未画出，磁极漏磁通未画出。

对于 2 极小型直流电机，轭部磁路长度相对于其他磁路段而言较长，并且由于极数少每极磁通较大，为了使轭的高度不致过大，一般选用较高的轭部磁密。此时轭部分两段来计算其磁压降较为合适。

一段是极间范围内，该处电枢轭中的磁密 $B_{j2}=B_j$，即

$$B_j = \frac{\Phi/2}{K_{Fe}l_j h_j'} \tag{4-50}$$

式中，h_j' 为计算轭高，其求法同交流电机。

另一段是极弧范围内，取该处磁密为 $B_{j1}=2B_j/3$。然后在磁化曲线上分别按 B_{j1}、B_{j2} 查得相应的磁场强度 H_{j1} 和 H_{j2}，于是

$$F_j = H_{j1}L_{j1} + H_{j2}L_{j2} = H_{j1}\alpha_p'L_j + H_{j2}(1-\alpha_p')L_j \tag{4-51}$$

式中，电枢轭磁路计算长度 L_j，可参照交流电机中的式（4-47）计算。

对于 4 极及 4 极以上的直流电机，由于轭部磁压降在整个磁路磁压降中占的比例不大，可采用较粗略的算法，即按最大的轭磁密 B_j 查出 H_j，而

$$F_j \approx H_j L_j \tag{4-52}$$

4.5 磁极磁压降的计算

1. 磁极漏磁系数

前已述及，通过电机主极极身的磁通 Φ_m 包括穿过空气隙的主磁通 Φ 和不穿过空气隙而在极间空间闭合的漏磁通 Φ_σ，两部分（见图 4-22），如忽略磁极不同截面中通过的漏磁通的差别，则有

$$\Phi_m = \Phi + \Phi_\sigma = \Phi\left(1 + \frac{\Phi_\sigma}{\Phi}\right) = \sigma\Phi \tag{4-53}$$

式中，σ 为磁极漏磁系数，$\sigma = 1 + \Phi_\sigma/\Phi$。

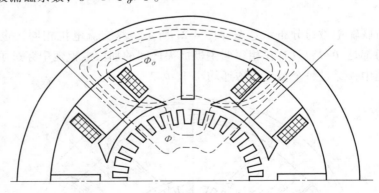

图 4-22　直流电机主极磁通和漏磁通示意图

σ 值过大，设计就不够经济，且对电机的运行特性可能产生不良影响。一般来说，对于主极装于定子上的直流电机，σ 通常不大于 1.25，对于主极装于转子上的凸极同步电机，σ 通常不大于 1.35。

（1）凸极同步电机的磁极漏磁系数 σ　凸极同步电机极间漏磁通常存在于极靴间、极

身间以及极身与极轭之间。根据磁路欧姆定律，为了求出漏磁通 Φ_σ，应先算出极靴漏磁导 Λ_p 及极身漏磁导 Λ_m，再用下式近似求出 Φ_σ 后，即可计算 σ。

$$\Phi_\sigma \approx 1.1(\Lambda_p + \Lambda_m)F_{\delta tj} \tag{4-54}$$

式中，$F_{\delta tj} = F_\delta + F_t + F_{j1}$ 为产生漏磁通的磁势（每极），它们与某一主磁通 Φ 对应。

这里认为极靴表面是等位面，而产生极靴间漏磁通的磁势近似地等于作用于相邻一对极靴表面间的磁势，而且利用并联概念，认为它等于经过空气隙到定子齿、轭这一路径上的每极磁势。式（4-54）中的系数 1.1 是考虑未计及的漏磁（例如极轭间）及其他误差等而引入的。

磁极漏磁通可通过磁场分析进行较精确的确定。此处仅讨论工厂中使用的小型凸极同步电机设计程序中的近似分析式。下面讨论中忽略铁心中的磁阻，并把 Λ_p 和 Λ_m 分成两部分计算。

1）相邻极靴内表面间的漏磁导 Λ_{p1}。按磁导定义有

$$漏磁导 = \frac{\mu_0 \times 漏磁通穿过的截面积}{漏磁通在空气中的路径长度}$$

参考图 4-23 及图 4-24 可计算相邻极靴内表面的漏磁导，有

$$\Lambda_{p1} = \mu_0 \frac{2l_p h_{pm}}{\alpha_p/2} = \frac{4\mu_0 l_p h_{pm}}{\alpha_p} \tag{4-55}$$

式中，l_p 为极靴轴向长度；h_{pm} 为极靴的平均高度，$h_{pm} = (2h_p + h_p')/3$；α_p 见图 4-24。

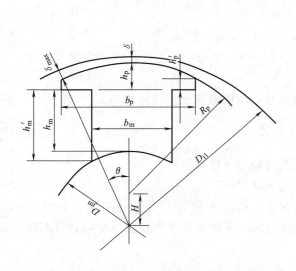

图 4-23　凸极同步电机磁极冲片尺寸

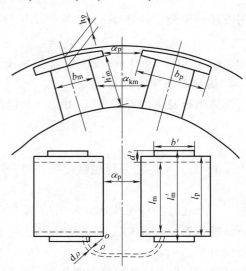

图 4-24　计算极靴端面间漏磁用图

式（4-55）中分子 2 是考虑一个极的极靴与相邻左右两个极的极靴间的漏磁。

2）极靴端面间的漏磁导 Λ_{p2}。近似假定极靴端面间的漏磁力管由半径为 p 的两段圆弧和一段直线组成（见图 4-24），则漏磁导为

$$\Lambda_{p2} = 4 \times 2\int_0^{\frac{b_p}{2}} \mu_0 \frac{h_{pm}\mathrm{d}\rho}{(\alpha_p + \pi\rho)} = 2.6\mu_0 h_{pm}\ln\left(1 + \frac{\pi}{2}\frac{b_p}{\alpha_p}\right)$$

极靴漏磁导 $\Lambda_p = \Lambda_{p1} + \Lambda_{p2}$。

3）极身内表面间漏磁导 Λ_{m1}。极身上套有励磁绕组，作用于相邻极极身间漏磁路径上的磁势沿极身高度上的分布是不均匀的：靠近极与轭交界处为零，靠近极靴处最大，在中间部分它按线性规律变化（对矩形线圈而言）。现在近似地假定对任一漏磁力管作用的磁势都是上述两个极端情况的平均值，故漏磁导的计算相似于 Λ_{p1}，但式中增加一乘数 $1/2$。

$$\Lambda_{m1} = \frac{1}{2} \times 4\mu_0 \frac{l'_m h'_m}{\alpha_{km}} \approx 2\mu_0 \frac{l'_m h'_m}{\alpha_{km}}$$

式中，l'_m 为极身计算长度，$l'_m = l_m + 2d'$，l_m 为磁极极身长度，d' 为磁极极身处端压板厚度。

4）极身端面间漏磁导 Λ_{m2}。按类似于推导 Λ_{p2} 的方法但加一乘数，以考虑磁势的不均匀分布，可得到 Λ_{m2}。

$$\Lambda_{m2} = \frac{1}{2} \times 4 \times 2\int_0^{\frac{b_m}{2}} \mu_0 \frac{h'_m \mathrm{d}\rho}{(\alpha_{km} + \pi\rho)} = 1.3\mu_0 h'_m \ln\left(1 + \frac{\pi}{2}\frac{b_m}{\alpha_{km}}\right)$$

极身漏磁导 $\Lambda_m = \Lambda_{m1} + \Lambda_{m2}$。

（2）直流电机的主极漏磁系数 σ　直流电机主极漏磁系数 σ 原则上可按与凸极同步电机相类似的方法求得，但由于直流电机所用极数范围有限，因此对于正常设计的电机，常可在下列范围内取用：

$$2p = 2，\ \sigma = 1.1 \sim 1.2$$
$$2p = 4，\ \sigma = 1.15 \sim 1.2$$
$$2p > 4，\ \sigma = 1.15 \sim 1.25$$

或用下述经验公式估算 Φ_σ（单位为 Wb）。

$$\Phi_\sigma = (1.1\tau + 0.7l_m) \times 2F_{\delta tj} \times 10^{-6}$$

式中，τ、l_m 的单位为 m；磁势 $F_{\delta tj}$ 的单位为 A，$F_{\delta tj} = F_\delta + F_t + F_{j2}$。

2. 磁极磁压降的计算

先算出极身中的磁密 B_m，并仍认为沿极身高度的不同截面中的磁密都是 B_m，则

$$B_m = \frac{\Phi_m}{A_m} = \frac{\sigma\Phi}{A_m} \tag{4-56}$$

式中，A_m 为一个磁极的导磁截面积。对于小型凸极同步电机有

$$A_m = K_{Fem}l_m b_m + 2d'b' \tag{4-57}$$

式中，d' 为磁极极身压板厚；b' 为磁极极身压板宽；K_{Fem} 为磁极钢片叠压系数，对厚 $1 \sim 1.5mm$ 的钢板，可取 $K_{Fem} = 0.95 \sim 0.96$。对于直流电机，一般极身不用压板，所以式（4-57）右侧仅有第一项。

根据 B_m 所用材料的磁化曲线查得相应的磁场强度 H_m。

磁极的磁路长度就是磁极高度 $h_m + h_p$（见图 4-23），当极靴上不开槽时，极靴的磁压降比较小，一般可以忽略。于是每极的磁压降为

$$F_m = H_m h_m \tag{4-58}$$

4.6　磁化电流与空载特性计算

各类电机励磁电流或空载特性的计算步骤为：首先，根据感应电势 E 确定每极气隙磁

通 Φ；其次，计算磁路各部分的磁压降，各部分磁压降的总和便是每极所需磁势；最后，计算磁化电流或空载特性。现分别说明。

1. 感应电势和气隙磁通

对于运行时励磁电流必须进行调节的直流电机和同步电机来说，因运行时要求感应电势有很大的变动，需要计算并绘出空载特性曲线，即计算对应于一系列感应电势值（$0.3U_N$、$0.6U_N$、$0.8U_N$、$0.9U_N$、$1.05U_N$、$1.1U_N$、$1.15U_N$、$1.3U_N$）的磁路总磁压降 F_0 或相应的励磁电流。

对于感应电动机来说，因为从空载到额定负载，感应电势变动不大，一般不必求出整条空载特性曲线，而只须求出额定负载和空载状态时的励磁电流。这时须先计算这两种工作状态时的定子感应电势 E_1 和 E_{10}。

（1）额定负载时定子绕组相电势 E_1　进行磁路计算时，电机额定电流及参数的实际值尚未算出，因而仅能按经验对每相感应电势 E_1 做初步估计。

$$E_1 = K_E U_{N\Phi} = (1 - \varepsilon_L') U_{N\Phi} \tag{4-59}$$

式中，$U_{N\Phi}$ 为定子绕组相电压额定值；K_E 为电势系数；ε_L' 为定子绕组额定负载时阻抗电压降与额定相电压之比的预估值。

一般中、小型感应电机的 $1-\varepsilon_L'$ 值在 $0.85 \sim 0.95$ 范围内，对功率大、极数少的电机可取较大值（最好参考已制同类电机的数据）。在完成磁路计算、参数计算等后就可用所得数据复核所取 $1-\varepsilon_L'$ 值是否正确；如果计算值与预估值相比，偏差较大（工厂一般规定偏差不得大于 $\pm 0.5\%$），则须重新假设 $1-\varepsilon_L'$，全部返工重算。

（2）空载相电势 E_{10}　计算 E_{10} 时可忽略 $I_0 R_1$，即

$$E_{10} \approx U_{N\Phi} - I_0 X_{\sigma 1} \approx U_{N\Phi} - I_{m0} X_{\sigma 1} \approx U_{N\Phi} - I_m X_{\sigma 1} \tag{4-60}$$

式中，I_0 为空载电流，与 E_{10} 有关；I_{m0} 为空载电流中的磁化电流分量，与 E_{10} 对应；I_m 为额定电流中的磁化电流分量，已根据 E_1 先行算出；$X_{\sigma 1}$ 为定子绕组漏电抗（每相）。

（3）气隙磁通 Φ　根据 E_1、E_{10} 及绕组数据可求出每极气隙磁通 Φ 和进行磁路计算。

2. 每极励磁磁势

各类电机的每极磁势为

对直流电机

$$F_0 = F_\delta + F_t + F_{j1} + F_m + F_{j2} \tag{4-61}$$

式中，F_{j2}、F_{j1} 为电枢轭（齿联轭）、机座（极联轭）的磁压降。

对感应电机

$$F_0 = F_\delta + F_{t1} + F_{t2} + F_{j1} + F_{j2} \tag{4-62}$$

式中，F_{j1}、F_{j2} 为定、转子轭（均为齿联轭）的磁压降。

对凸极同步电机

$$F_0 = F_\delta + F_t + F_{j1} + F_m + F_{j2} + F_{\delta j} \tag{4-63}$$

式中，F_{j1}、F_{j2} 为（齿联）轭、转子（极联）轭的磁压降；$F_{\delta j}$ 为极轭间残余气隙磁压降。

3. 励磁电流和空载特性

对于直流电机和凸极同步电机的集中励磁绕组，空载励磁电流为

$$I_{f0} = \frac{F_0}{N_f} \tag{4-64}$$

式中，N_f 为励磁绕组每极匝数。

对于多相交流分布绕组，交流磁化电流（有效值）为

$$I_m = \frac{2pF_0}{0.9mNK_{dp}}$$

（4-65）

式中，m 为相数；N 为每相串联匝数。

若取不同的一系列电势值，按上述方法列表分别进行磁路计算，并分别求出相应的励磁电流 I_{f0}，就可得出一整条的空载特性曲线 $E=f(I_{f0})$。

4.7 永磁体电机的磁路设计

永磁电机与电励磁电机最大的区别在于永磁电机的励磁磁场是由永磁体产生的。永磁体在电机中既是磁源又是磁路的一部分。永磁电机与电励磁电机磁路设计的不同也就在于永磁体的设计。现代永磁电机中，稀土永磁应用广泛，但价格高，因此在进行磁路设计时应充分发挥永磁材料的作用，用尽可能少的永磁体获得所需要的特性，磁路设计的关键在于永磁材料的选择和工作点的确定。

4.7.1 永磁电机发展新趋势

1. 永磁电机在新能源汽车上的应用

2021 年我国新能源汽车乘用车驱动电机市场共装配 342.5 万台电机，其中永磁同步电机占 323.3 万台，占比约为 94%，交流异步电机占比约为 5%，国内的驱动电机市场仍以永磁同步电机为主。从功率密度为 4.2~5.3kW/kg 的第一代圆股线绕组电机，到功率密度为 6.3kW/kg 的第二代扁铜线绕组电机，解决了多并联支路波形绕组排布拓扑问题，调节冷却和焊接参数，攻克多套薄扁线电机绕组制造难题，把电机做得更小，单位功率耗材更少，性价比更高。

新能源汽车的发展离不开电驱动的核心零部件——电机系统。高速、高效、高可靠性的电机，能让新能源电动车的能耗更低、寿命更长。在全球新能源汽车电驱动中，永磁电机占比近 90%。在永磁体中加入镝、铽等重稀土，可以保持剩磁并提高矫顽力。但重稀土在稀土矿中的储量较少，而随着新能源电动车的普及，国内外大规模生产稀土永磁电机，重稀土的使用将会面临资源短缺瓶颈。为了避免资源短缺又能降低成本，我国成功研发渗滴技术和晶格细化技术，将重稀土使用量最高减少 50%。

2. 永磁电机在轨道交通上的应用

永磁牵引电机已经在我国高速动车组、地铁等领域得到广泛的应用。永磁同步电机牵引系统能更好地满足城市轨道交通列车节能、降噪、高效、轻量化、运行可靠等要求，被业界公认为是轨道交通车辆牵引系统的发展方向。随着技术不断进步，我国轨道交通在永磁电机方向加速前进，永磁电机在列车的能耗、效率、控制性能、轻量化、小型化及可维护全寿命周期成本等方面都具有明显优势。一列 8 编组的高速列车，在使用同步牵引电机后，可以每年节电 100 多万 kW·h。相比传统的异步牵引电机，永磁同步牵引电机具备功率密度更高、效率更高、环境适应能力更强、全寿命周期成本更低等优势。

2022 年 7 月 3 日，我国首条全线采用永磁牵引系统的地铁线路——长沙地铁 5 号线，

已正式载客运营，标志着我国地铁迎来永磁时代。该永磁牵引系统采用的高性能稀土钐钴永磁材料，具有耐高温、磁性能高、体积小的特点，在－250℃低温到350℃的高温区间，也能保证极强的磁性，保障永磁牵引系统不会因失去磁性而无法正常运转。由该永磁材料制造而成的永磁体，体积虽小却蕴含着巨大的能量，一块直径3.6cm、高约3.2cm的圆柱形永磁体吸附连接钢丝绳索两端，分别挂在一辆汽车的尾部和另一辆汽车体积和重量均大于前车的头部，当前车开动时，在永磁体拉力帮助下，后车将被成功拖动而行。

永磁牵引电机目前还存在材料价格较昂贵、结构设计需改进、标准规范不完善等不足。面向未来，永磁电机应加强新的磁性材料、磁路结构等新技术研究及永磁牵引系统一体化，减少电机在转向架安装空间，提升传递效率，利用数字化技术，对永磁电机的状态监测、健康管理及寿命预测等信息进行管理，实现牵引系统智能化发展。

4.7.2　永磁电机的磁路结构

永磁磁路按永磁体的工作状态不同，可分为静态永磁磁路和动态永磁磁路。静态永磁磁路有固定气隙，工作状态保持一定，主要存在于仪表、扬声器等，图4-25为静态永磁磁路。动态永磁磁路的磁阻、磁通和外磁场处于变化之中，永磁体的工作点也变化，永磁电机的磁路就是典型的动态永磁磁路。

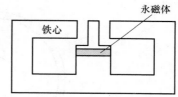

图4-25　静态永磁磁路

永磁电机与电励磁电机的电枢结构相同，主要区别在于前者的磁极为永磁体。永磁电机磁路的形式多种多样，有许多不同的分类方法。

（1）按永磁体所在的位置分类　按永磁体所在的位置不同，永磁电机的磁路可分为旋转磁极式和旋转电枢式，如图4-26所示。图4-26a为旋转磁极式磁路结构，其永磁体在转子上，电枢是静止的，永磁同步电动机、无刷直流电动机都采用该种结构；图4-26b为旋转电枢式磁路结构，其永磁体在定子上，电枢旋转，永磁直流电机采用该种磁路结构。

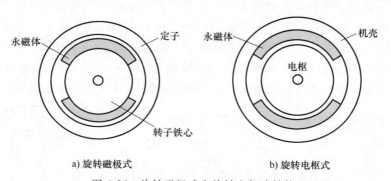

a) 旋转磁极式　　　　　　　　　b) 旋转电枢式

图4-26　旋转磁极式和旋转电枢式结构

（2）按所使用的永磁材料种类多少分类　根据电机中永磁材料种类的多少，永磁电机的磁路可分为单一式结构和混合式结构。在一台电机中，只采用一种永磁材料，称为单一式结构，绝大多数电机都采用该种结构。若同一台电机中采用两种或两种以上永磁材料，则称为混合式结构。混合式结构通常采用两种性能特点不同的永磁体，扬长避短，充分发挥永磁材料的优势，提高电机的性能，降低制造成本。图4-27所示为永磁直流电动机中的混合式磁极结构，将矫顽力低的永磁体 1（如铁氧体）置于磁极的前部，将矫顽力高的永磁体 2（如钕铁硼）置于磁极的后部。

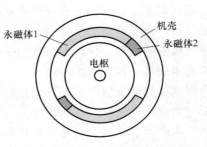

图 4-27　混合式磁极结构

（3）按永磁体安置方式分类　按永磁体安置的方式不同，永磁电机的磁路可分为表面式和内置式，如图 4-28 所示。表面式磁极的永磁体直接面对空气隙，具有加工和安装方便的优点，但永磁体直接承受电枢反应的去磁作用；内置式磁极的永磁体置于铁心内部，加工和安装工艺复杂。异步起动永磁同步电动机通常采用内置式转子结构。在内置式转子结构中，永磁体位于导条和轴之间的铁心中，通常交轴磁阻小于直轴磁阻，转子磁路不对称，产生磁阻转矩，有助于提高过载能力和转矩密度；笼型转子直接面向空气隙，起动性能好。内置式结构的缺点是：漏磁大，需要采取一定的隔磁措施，导致转子机械强度变差。

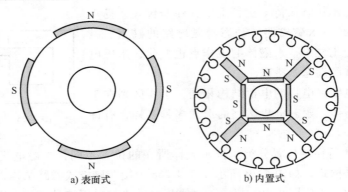

a) 表面式　　　　　　　b) 内置式

图 4-28　表面式和内置式结构

根据相邻一对极下永磁体的磁路关系，内置式转子磁路结构可分为并联式、串联式和串并联混合式 3 类，广泛应用于要求有异步起动能力或动态性能高的永磁同步电动机。

1）并联式磁路结构。在并联式磁路结构中，相邻两磁极的永磁体并联提供每极磁通，每极永磁体产生的磁势用于提供外磁路上一对极的磁压降，如图 4-29 所示。图 4-29a 采用非导磁轴隔磁，而图 4-29b 采用空气槽隔磁。并联式磁路结构的缺点是电动机正转和反转时的

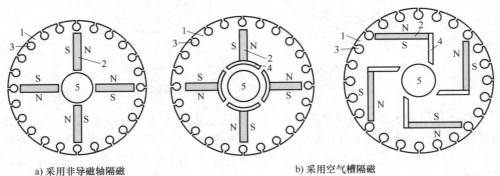

a) 采用非导磁轴隔磁　　　　　　　　b) 采用空气槽隔磁

图 4-29　并联式磁路结构

1—铁心　2—永磁体　3—导条　4—空气槽　5—轴

电枢反应影响不同，造成运行性能不同，目前该结构已很少应用。并联式磁路结构通常用于极数多的场合。

2）串联式磁路结构。串联式磁路结构如图 4-30 所示，两个磁极的永磁体串联提供外磁路上一对极的磁压降，每极磁通由一个磁极的永磁体提供。其优点是转轴不需要采用非导磁材料。其中，图 4-30a 放置永磁体少；图 4-30b、c、d 的每极永磁体分别组成字母 U、V、W 的形状，分别称为 U、V、W 形结构，它们的优点是可以放置较多的永磁体，每极磁通量大，缺点是结构复杂。当极数较多时，图 4-30b、d 中放置径向磁化永磁体的空间很小，且影响切向磁化永磁体的放置空间，此时通常采用图 4-29a、b 所示的并联式磁路结构。

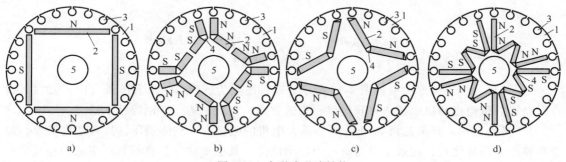

图 4-30 串联式磁路结构

1—铁心 2—永磁体 3—导条 4—空气槽 5—轴

3）串并联混合式磁路结构。串并联混合式磁路结构是从串联式磁路结构演化而成的，将图 4-30b、d 中相邻磁极中切向磁化的两块永磁体并在一起，就变成图 4-31a、b 所示的混合式磁路结构。与图 4-30b、d 相比，混合式磁路结构的转子结构简单，加工更方便，切向磁化永磁体的厚度为径向磁化永磁体厚度的 2 倍。其特点与上述的 U、V、W 形结构基本相同，也不适合于极数多的场合。在进行性能分析时，混合式磁路结构可归于串联式磁路结构，只是每极所跨转子槽数与串联式磁路结构不同。

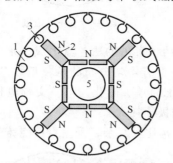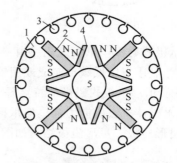

a) 将U形切向磁化的两块永磁体并在一起   b) 将W形切向磁化的两块永磁体并在一起

图 4-31 串并联混合式磁路结构

1—铁心 2—永磁体 3—导条 4—空气槽 5—轴

（4）按永磁体的形状分类 进行永磁体设计时，必须保证永磁体在磁路中产生足够的磁通和磁动势，若所采用的永磁材料不同，则永磁体的形状也不同。铝镍钴剩磁密度高、矫顽力小，通常做成细长的形状；铁氧体和稀土永磁材料矫顽力大，由于其相对回复磁导率接近 1，磁阻大，当充磁方向长度增加到一定程度后，继续增大充磁方向长度，永磁体对外提供的磁通增加很少，因此通常采用扁平结构。根据永磁体的形状不同，磁极可分为瓦片形磁极、弧形磁极、环形磁极、爪极式磁极、星形磁极和矩形磁极。

1）瓦片形磁极。在永磁电机中，瓦片形磁极应用广泛。瓦片形磁极通常有同心瓦片形磁极和等半径瓦片形磁极两种，如图 4-32 所示。

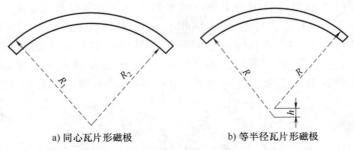

a) 同心瓦片形磁极　　　　b) 等半径瓦片形磁极

图 4-32　瓦片形磁极

2）弧形磁极。弧形磁极如图 4-33 所示。这种磁极为圆弧形，沿着圆弧方向充磁，其特点是每极的磁通由两块永磁体并联提供，充磁方向长度长，适合于铝镍钴永磁。

3）环形磁极。环形磁极如图 4-34 所示，电机的磁极为一整体圆环，具有结构简单、加工和装配方便等优点，在永磁直流电机中应用广泛。其主要缺点是材料利用率低，在几何中性线上存在磁场，不利于永磁直流电机的换向。

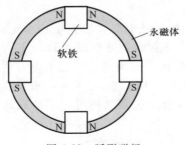

图 4-33　弧形磁极

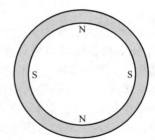

图 4-34　环形磁极

4）爪极式磁极。爪极式磁极由一个永磁体环和两个带爪的法兰盘组成，永磁体环轴向充磁，法兰盘通常用低碳钢制成或用钢板冲制而成，上有均匀分布的爪，爪数等于极对数，如图 4-35 所示。爪极式磁极的特点是永磁体加工装配简单、磁化均匀。交轴电枢反应沿爪极闭合，永磁体抗去磁能力强，但爪极制造复杂，磁极损耗大。

5）星形磁极。星形磁极结构如图 4-36 所示，结构比较复杂，采用直接浇铸的方法，极

图 4-35　爪极式结构

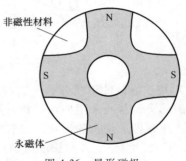

图 4-36　星形磁极

间部分采用非磁性材料（如铝合金）浇铸，可以提高其强度并具有阻尼作用。其优点是制造和装配工艺简单，但充磁困难，磁化不均匀。

6）矩形磁极。矩形磁极由一块或几块矩形永磁体组成，矩形永磁体结构简单、加工方便、材料利用率高，如内置式永磁同步电动机通常采用矩形永磁体（见图 4-30a）。在设计永磁体的形状时，矩形永磁体的长度与厚度之比应小于 20，铁氧体的厚度必须大于 2mm。

4.7.3　永磁电机的等效磁路

永磁电机的磁路由永磁体、空气隙和导磁材料组成，其等效电路分为永磁体和外磁路两部分。

1. 永磁体的等效磁路

永磁体的工作点在回复线上，对于稀土钴永磁材料和常温下的钕铁硼材料，其退磁曲线基本为直线，因此回复线与退磁曲线基本吻合，为连接 $(0，B_r)$ 和 $(H_c，0)$ 两点的直线，如图 4-37a 所示，可表示为

$$B = B_r - \frac{B_r}{H_c} H = B_r - \mu_0 \mu_r H \tag{4-66}$$

对于铁氧体和高温下的钕铁硼永磁材料，其退磁曲线的拐点以上为直线，拐点以下为曲线，只要永磁体工作在拐点以上，回复线就与退磁曲线重合。在设计时，通常采取措施保证永磁体的工作点不低于拐点，因此其工作曲线为直线部分的延长线，如图 4-37b 所示，可表示为

$$B = B_r - \frac{B_r}{H_c'} H = B_r - \mu_0 \mu_r H \tag{4-67}$$

对于铝镍钴永磁材料，其退磁曲线是弯曲的，回复线与退磁曲线不重合。在设计和使用时，要对其进行稳磁处理，预加可能的最大去磁磁动势，然后永磁体工作在以该工作点为起点的回复线上，如图 4-37c 所示，可表示为

$$B = B_r' - \frac{B_r'}{H_c'} H = B_r' - \mu_0 \mu_r H \tag{4-68}$$

式（4-66）~式（4-68）可统一表示为

$$B = B_r' - \mu_0 \mu_r H \tag{4-69}$$

对于图 4-39a、b 两种情况，有 $B_r' = B_r$。

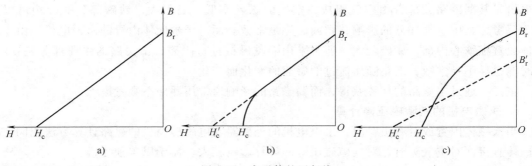

图 4-37　永磁体的回复线

在永磁电机中，永磁体是以一定尺寸出现的，其对外表现是磁动势 F_m 和磁通 Φ_m。假设永磁体在垂直于充磁方向上的截面积都相同（为 A_m），充磁方向长度均匀（为 h_m），磁化均匀，则

$$\begin{cases} \Phi_m = BA_m \\ F_m = Hh_m \end{cases} \tag{4-70}$$

将式（4-69）两端同乘以 A_m 得

$$\Phi_m = B_r' A_m - \mu_0 \mu_r HA_m = \Phi_r - \frac{\mu_0 \mu_r A_m}{h_m} Hh_m = \Phi_r - \frac{F_m}{R_m} = \Phi_r - F_m \Lambda_m \tag{4-71}$$

式中，$\Phi_r = B_r' A_m$ 称为虚拟内禀磁通；

$R_m = \dfrac{h_m}{\mu_0 \mu_r A_m}$ 为永磁体的内磁阻；h_m 为

磁充方向长度；Λ_m 为永磁体内磁导，

$\Lambda_m = 1/R_m$。

可以看出，永磁体可等效为一个恒定磁通源和一个磁阻的并联，如图 4-38a 所示。式（4-69）还可表示为

$$H = H_c' - \frac{B}{\mu_0 \mu_r} \tag{4-72}$$

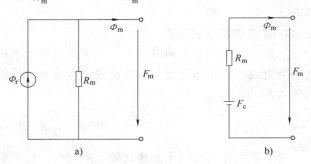

图 4-38　永磁体的等效电路

两端同乘以 h_m 得

$$F_m = h_m H_c' - \frac{Bh_m}{\mu_0 \mu_r} \frac{S_m}{S_m} = F_c - \Phi_m R_m \tag{4-73}$$

式中，$F_c = H_c' h_m$ 称为虚拟内禀磁动势。

可以看出，永磁体也可等效为一个恒定磁动势和一个磁阻的串联，如图 4-40b 所示。

2. 永磁电机外磁路

在永磁电机中，将永磁体之外的磁路称为外磁路，永磁体向外磁路提供磁通，该磁通的绝大部分匝链电枢绕组，是实现机电能量转换的基础，称为主磁通，即每极气隙磁通，用 Φ_δ 表示。还有一部分磁通不与电枢绕组匝链，在永磁磁极之间、永磁磁极和结构件之间形成磁场，称为漏磁通，用 Φ_σ 表示。它们所经过的磁路分别称为主磁路和漏磁路，对应的磁导分别为主磁导 Λ_δ 和漏磁导 Λ_σ。

在电机中，漏磁场的分布非常复杂，漏磁导无法进行准确计算。对于永磁体非内置的永磁电机，其漏磁路大部分由空气组成，空气的磁导率低、磁阻大，铁磁部分的影响可以忽略，只考虑其中空气部分的影响，则漏磁导是常数。而对于永磁体内置的永磁电机，由于永磁体放置在铁心内部，漏磁较大，通常采用隔磁磁桥进行隔磁，漏磁路的主要部分是铁心，此时漏磁导不是常数，而是随所流过的磁通的变化而变化。

主磁导通过主磁路的计算获得，而漏磁路的影响通常用漏磁系数考虑。

3. 永磁电机的气隙磁压降计算

当永磁体内置或者有极靴时，永磁电机的外磁路与电励磁电机的磁路计算方法相同。但永磁体直接面对空气隙时，对气隙磁压降的计算影响较大，需予以单独考虑。

若气隙长度均匀、磁密在一个极距范围内均匀分布、铁心端部无边缘效应，则气隙磁压

降为

$$F_\delta = H_\delta \delta = \frac{B_\delta}{\mu_0}\delta = \frac{\delta}{\mu_0}\frac{\Phi_\delta}{\tau L_a} \tag{4-74}$$

式中，Φ_δ 为每极磁通；δ 为气隙长度；τ 为极距；L_a 为电枢铁心长度。

但由于齿槽效应、气隙磁密的分布不均匀及电机端部磁场边缘效应的存在，气隙磁压降计算变得比较复杂，通常用气隙系数 K_δ、计算极弧系数 α_i 和电枢铁心有效长度 L_{ef} 分别考虑上述 3 种因素的影响。在进行磁路计算时，通常每极磁通已知，则不考虑齿槽影响时磁极中心对应的气隙磁密为

$$B_\delta = \frac{\Phi_\delta}{\alpha_i \tau L_{ef}} \tag{4-75}$$

再考虑齿槽对气隙有效长度的影响，气隙磁压降为

$$F_\delta = K_\delta H_\delta \delta = K_\delta \frac{B_\delta}{\mu_0}\delta \tag{4-76}$$

因此，气隙磁压降计算的关键在于气隙系数 K_δ、计算极弧系数 α_i 和电枢铁心有效长度 L_{ef} 的确定。由于永磁体的存在，永磁电机的齿槽效应、气隙磁场分布与电励磁电机明显不同，因而其气隙系数、计算极弧系数、电枢铁心有效长度和漏磁系数也与电励磁电机存在较大差异。

（1）计算极弧系数 α_i 的确定　电励磁电机中，在确定计算极弧系数时可以假定磁极表面为等标量磁位面。但在永磁电机中，永磁材料的磁导率接近于空气的磁导率，永磁磁极具有很大的磁阻，因此永磁磁极与气隙的交界面不能视为等磁位面。

图 4-39 所示为气隙磁密径向分量在一个极距 τ 内的分布。为便于磁路计算，将沿圆周分布不均匀的气隙磁密径向分量等效为均匀分布的矩形波，其高度为 B_δ，宽度为 $\alpha_i \tau$。根据换算前后磁通不变的原则，有

$$\alpha_i B_\delta \tau = \int_0^\tau B_\delta(x)\,\mathrm{d}x \tag{4-77}$$

由此得计算极弧系数为

$$\alpha_i = \frac{\frac{1}{\tau}\int_0^\tau B_\delta(x)\,\mathrm{d}x}{B_\delta} = \frac{B_{\delta av}}{B_\delta} \tag{4-78}$$

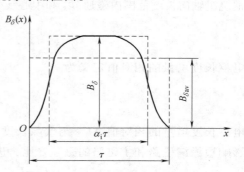

图 4-39　一个极距内气隙磁密径向分量的分布

由此可知，计算极弧系数 α_i 取决于一个极距内气隙磁密径向分量的分布。

在表面式永磁电机中，大多采用瓦片形磁极。对于瓦片形磁极，有同心瓦片形和等半径瓦片形两种，有平行充磁和径向充磁两种方式，对于不同的形状和充磁方式，气隙磁场的波形不同，因而 α_i 也不同。

（2）电枢铁心有效长度 L_{ef} 的确定　电枢铁心两端面附近存在边缘磁场，使得气隙磁场沿轴向分布不均匀，给磁路计算带来了困难。由于永磁材料磁导率低，永磁电机磁场边缘效应与普通电励磁电机有明显不同。铁氧体价格低，为了充分利用边缘效应以提高铁心和铜线的利用率，铁氧体永磁电机的磁极长度 L_m 通常比电枢铁心长度 L_a 大。而稀土永磁材料价格

高，为提高永磁材料的利用率，磁极长度 L_m 通常比电枢铁心长度 L_a 小。在进行电磁计算时，必须充分考虑边缘效应。电枢铁心有效长度 L_{ef} 的引入，就是为了在电磁计算中考虑边缘效应对气隙磁通的影响。

图 4-40 所示为气隙磁密径向分量沿轴向的分布示意图，其中 L_w 为电枢绕组的轴向长度。

为便于磁路计算，将轴向分布不均匀的气隙磁密径向分量等效为均匀分布的矩形波，其高度为 B_δ，宽度为 L_{ef}。根据换算前后磁通不变的原则，有

$$B_\delta L_{ef} = \int_{-\frac{L_w}{2}}^{\frac{L_w}{2}} B_\delta(x)\, \mathrm{d}x \qquad (4\text{-}79)$$

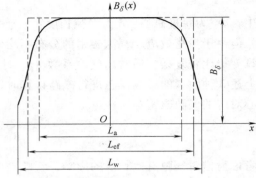

图 4-40　气隙磁密径向分量沿轴向的分布示意图

由此得电枢铁心有效长度为

$$L_{ef} = \frac{\displaystyle\int_{-\frac{L_w}{2}}^{\frac{L_w}{2}} B_\delta(x)\, \mathrm{d}x}{B_\delta} = \frac{\Phi_\delta}{B_\delta} \qquad (4\text{-}80)$$

由此可知，要确定电枢铁心有效长度 L_{ef}，必须求出 $[-L_w/2,\ L_w/2]$ 范围内气隙磁密径向分量沿轴向的分布。

利用磁场分析软件进行求解，可得到电枢绕组轴向长度范围内气隙磁密分布，进而得到电枢绕组轴向长度范围内磁通 Φ_δ 和中心线处转子表面的气隙磁密 B_δ，则电枢铁心的有效长度为

$$L_{ef} = \frac{\Phi_\delta}{B_\delta} \qquad (4\text{-}81)$$

电枢长度增量的相对值定义为

$$\Delta L_a^* = \frac{L_{ef} - L_a}{h_m + \delta} \qquad (4\text{-}82)$$

电枢长度增量的相对值 ΔL_a^* 与气隙长度 δ 无直接关系，但铁磁材料饱和时，气隙长度直接影响边缘漏磁路和主磁路的磁阻之比，进而影响电枢长度增量相对值。因此，除考虑永磁体轴向外伸的相对值 ΔL_m^*（$\Delta L_m^* = \dfrac{L_m - L_a}{h_m + \delta}$）、磁极高度与气隙长度之比 h_m/δ 外，还应考虑气隙长度的影响。由于难以找到合适的基值将气隙长度标幺化，所以直接采用气隙长度的实际值作为变量。

（3）漏磁系数 σ 的确定　永磁磁极产生的磁通分为两部分：一部分通过气隙与电枢绕组交链，称为主磁通 Φ_δ；另一部分不与电枢绕组交链，称为漏磁通 Φ_σ。总磁通与主磁通的比值 Φ_m/Φ_δ 称为漏磁系数 σ。

$$\sigma = \frac{\Phi_m}{\Phi_\delta} = \frac{\Phi_\delta + \Phi_\sigma}{\Phi_\delta} = 1 + \frac{\Phi_\sigma}{\Phi_\delta} \qquad (4\text{-}83)$$

在电机永磁材料的形状和尺寸、气隙和外磁路尺寸一定的情况下，σ 还随负载情况不同，即主磁路和漏磁路的饱和程度不同而变化，不是常数。

理想空载时，电枢磁动势 $F_a = 0$，此时的漏磁系数称为空载漏磁系数 σ_0。空载漏磁系数的大小不仅标志着永磁材料的利用程度，而且对电动机中永磁材料的抗去磁能力和电动机的性能也有较大的影响。该系数由磁路法计算不易得到精确的数值，一般用有限元法结合磁路计算可以得到比较精确的数值。

（4）气隙系数的确定 当永磁体不直接面对空气隙时，气隙系数 K_δ 为

$$K_\delta = \frac{\delta_e}{\delta} = \frac{t}{t - \sigma_s b_s} \tag{4-84}$$

式中，δ_e 为有效气隙长度；t 为电枢齿距；b_s 为电枢槽口宽；σ_s 为槽宽缩减因子，计算式为

$$\sigma_s = \frac{2}{\pi}\left\{\arctan\frac{b_s}{2\delta} - \frac{\delta}{b_s}\ln\left[1 + \left(\frac{b_s}{2\delta}\right)^2\right]\right\} \tag{4-85}$$

当永磁体直接面对空气隙时，式（4-85）虽可以使用，但不能直接使用，使用时，用 $h_m + \delta$ 代替式中的 δ，得

$$K_{\delta m} = \frac{t}{t - \sigma_{sm} b_s} \tag{4-86}$$

式中

$$\sigma_{sm} = \frac{2}{\pi}\left\{\arctan\left(\frac{1}{2}\frac{b_s}{\delta + h_m}\right) - \frac{\delta + h_m}{b_s}\ln\left[1 + \left(\frac{1}{2}\frac{b_s}{\delta + h_m}\right)^2\right]\right\} \tag{4-87}$$

有效气隙为

$$\delta_e = K_{\delta m}(h_m + \delta) - h_m \tag{4-88}$$

气隙系数为

$$K_\delta = \frac{\delta_e}{\delta} = K_{\delta m}\left(\frac{h_m}{\delta} + 1\right) - \frac{h_m}{\delta} \tag{4-89}$$

4. 永磁电机主磁路特性的计算

永磁电机的主磁路一般包括空气隙、定（转）子齿、定（转）子轭等部分，磁路计算的目的就是计算出这些磁路上的总磁压降 F 与主磁通 Φ_δ 的关系 $\Phi_\delta = f(F)$，即外磁路的空载特性。一般遵循以下步骤：

1）确定主磁通 Φ_δ。对于结构数据一定的永磁电机，每极主磁通 Φ_δ' 可按式（4-90）粗略确定。

$$\Phi_\delta' = b_m L_m B_k' \tag{4-90}$$

式中，b_m 为每极永磁体的总宽度；L_m 为永磁体的轴间长度，B_k' 为永磁体的预估工作点，可取

$$B_k' = B_r \frac{h_m}{h_m + \delta} \tag{4-91}$$

2）选取不同的磁通 $\Phi_\delta = (0.2、0.3、0.4、0.5、0.6、0.7、0.8、0.9、0.95、1.0、1.05、1.1、1.15、1.2、1.25)\Phi_\delta'$，计算相应的主磁路总磁压降 F。

对于永磁磁极在定子内表面的电机，如永磁直流电机，其总磁压降为

$$F = F_\delta + F_{t2} + F_{j1} + F_{j2} \tag{4-92}$$

式中，F_{t2} 为转子齿磁压降；F_{j1}、F_{j2} 分别为定、转子轭部磁压降。

对于永磁磁极在转子上、转子无齿槽的电机，如无刷直流电机和调速永磁同步电动机，其总磁压降为

$$F = F_\delta + F_{t1} + F_{j1} + F_{j2} \tag{4-93}$$

式中，F_{t1} 为定子齿磁压降。

对于永磁磁极在转子内部、转子有齿槽的电机，如异步起动永磁同步电动机，其总磁压降为

$$F = F_\delta + F_{t1} + F_{t2} + F_{j1} + F_{j2} \tag{4-94}$$

曲线 $\Phi_\delta = f(F)$ 就是所要求的主磁路空载特性。由于外磁路的磁通与相应磁动势的比值就是主磁路的磁导 Λ_δ，可以方便地得到 $\Lambda_\delta = f(F)$。

5. 永磁电机漏磁路的计算

由空载漏磁系数的定义可知

$$\sigma = \frac{\Phi_\delta + \Phi_\sigma}{\Phi_\delta} \tag{4-95}$$

因而有

$$(\sigma - 1)\Phi_\delta = \Phi_\sigma \tag{4-96}$$

两端同除以磁压降 F，有

$$(\sigma - 1)\frac{\Phi_\delta}{F} = \frac{\Phi_\sigma}{F} \tag{4-97}$$

故

$$\Lambda_\sigma = (\sigma - 1)\Lambda_\delta \tag{4-98}$$

因此可以通过主磁导和漏磁系数确定漏磁导，漏磁路的磁化特性曲线为 $\Phi_\sigma = \Lambda_\sigma F$。

6. 永磁电机的等效磁路

当电机带负载运行时，电枢绕组中的电流产生电枢反应磁场，其中的直轴电枢反应磁动势 F_{ad} 经过主磁路作用在永磁体上，对永磁体有助磁或去磁作用。因此，主磁路和电枢反应可用主磁路的磁阻和直轴电枢反应磁动势 F_{ad} 的串联来表示（当 F_{ad} 为正时，起去磁作用；当 F_{ad} 为负时，起

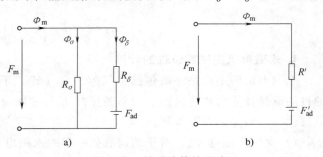

图 4-41　外磁路等效磁路

助磁作用），漏磁路用其磁阻表示，主磁路和漏磁路并联，得到图 4-41a 所示的外磁路等效磁路，其中 R_δ、R_σ 分别为主磁路和漏磁路的磁阻。为便于磁路分析，对该等效磁路进行简化，得到图 4-41b 所示的等效磁路。二者之间的变换满足

$$\begin{cases} F'_{ad} = \dfrac{F_{ad}}{\sigma} \\[2mm] R' = \dfrac{R_\delta R_\sigma}{R_\delta + R_\sigma} \end{cases} \tag{4-99}$$

因永磁体提供的磁动势和磁通分别等于外磁路的

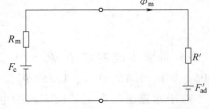

图 4-42　永磁电机的等效磁路

磁压降和磁通，可将永磁体等效磁路和外磁路结合在一起，得到永磁电机的等效磁路，如图 4-42 所示。

4.7.4　永磁体工作点的计算及最佳工作点

在永磁电机中，永磁体向外磁路提供的磁势和磁通等于外磁路上的磁势和磁通，因此永磁体的工作点取决于永磁体的特性和外磁路的特性。永磁体的特性用回复线描述，外磁路的特性用 $\Phi = f(F)$ 表示，二者的交点就是永磁体的工作点。

1. 工作图法求永磁体的工作点

应用图解法直接画出永磁体的工作图，可以清晰地看出各种因素的影响程度和工作点与拐点之间的关系。具体步骤如下：

1）将退磁曲线 $B = f(H)$ 的横坐标乘以每极永磁体充磁方向长度 h_m，纵坐标乘以提供每极磁通的永磁体面积 A_m，得到 $\Phi_m = f(F_m)$ 曲线，如图 4-43a 所示。

2）确定回复线的位置和起点。永磁体的工作点是动态变化的，为保证电机工作性能稳定，将电机中可能出现的最大去磁点 (F_k, Φ_k) 作为回复线的起点，其斜率为 $\mu_{rec} = A_m / h_m$。

3）画出主磁路的特性曲线 $\Phi_\delta = f(F)$ 和漏磁路的特性曲线 $\Phi_\sigma = A_\sigma F$，将二者叠加，得到外磁路的合成特性曲线 $\Phi = f(F)$。它与回复线的交点就是永磁体的空载工作点，所对应的磁势和磁通分别是空载时永磁体向外磁路提供的磁势 F_{m0} 和磁通 Φ_{m0}，经过该点的垂线与主磁路特性曲线的交点为空载气隙磁通 $\Phi_{\delta0}$。

4）负载运行时，存在电枢反应磁势 F_a，其中的直轴分量 F_{ad} 对永磁体有助磁或去磁作用，其对永磁体的等效磁势为 $F'_{ad} = F_{ad} / \sigma$。当该磁势起去磁作用时，将外磁路合成特性曲线向左平移 F_{ad} / σ，与回复线的交点就是永磁体的负载工作点，如图 4-43b 所示；当该磁势起助磁作用时，将外磁路合成特性曲线向右平移 F_{ad} / σ，与回复线的交点就是永磁体的负载工作点，如图 4-43c 所示。工作点所对应的磁势和磁通分别是负载时永磁体向外磁路提供的磁势 F_m 和磁通 Φ_m，经过该点的垂线与漏磁路特性曲线的交点所对应的磁通就是漏磁通 Φ_σ，气隙磁通 $\Phi_\delta = \Phi_m - \Phi_\sigma$。

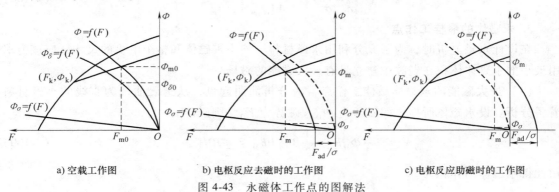

a) 空载工作图　　　　b) 电枢反应去磁时的工作图　　　　c) 电枢反应助磁时的工作图

图 4-43　永磁体工作点的图解法

2. 磁路解析法求永磁体的工作点

在解析法中，假定外磁路的磁导为常数。若最大可能的去磁磁势为 F_k，则回复线可表示为

$$\Phi = \mu_{rec} \frac{A_m}{h_m} (F_k - F) + \Phi_k \tag{4-100}$$

（1）空载工作点的计算　空载时，外磁路满足

$$\Phi = F(\Lambda_\delta + \Lambda_\delta) = F\Lambda \tag{4-101}$$

将式（4-100）和式（4-101）联立求解得

$$F = \frac{\Phi_k + F_k \mu_{rec} A_m / h_m}{\Lambda + \mu_{rec} A_m / h_m} \tag{4-102}$$

则永磁体产生的总磁通为

$$\Phi = F\Lambda = \Lambda \frac{\Phi_k + F_k \mu_{rec} A_m / h_m}{\Lambda + \mu_{rec} A_m / h_m} \tag{4-103}$$

气隙磁通为

$$\Phi_{\delta 0} = \Phi / \sigma = \frac{\Lambda}{\sigma} \frac{\Phi_k + F_k \mu_{rec} A_m / h_m}{\Lambda + \mu_{rec} A_m / h_m} \tag{4-104}$$

（2）负载工作点的计算　负载时，外磁路满足

$$\Phi = (F - F'_{ad})\Lambda \tag{4-105}$$

将式（4-100）和式（4-105）联立求解得

$$F = \frac{\Phi_k + F_k \mu_{rec} A_m / h_m + \Lambda F'_{ad}}{\Lambda + \mu_{rec} A_m / h_m} \tag{4-106}$$

则永磁体产生的总磁通为

$$\Phi = (F - F'_{ad})\Lambda = \left(\frac{\Phi_k + F_k \mu_{rec} A_m / h_m + \Lambda F'_{ad}}{\Lambda + \mu_{rec} A_m / h_m} - F'_{ad} \right)\Lambda$$

$$= \Lambda \frac{\Phi_k + (F_k - F'_{ad})\mu_{rec} A_m / h_m}{\Lambda + \mu_{rec} A_m / h_m} \tag{4-107}$$

气隙磁通为

$$\Phi_\delta = \frac{\Phi}{\sigma} = \frac{\Lambda}{\sigma} \frac{\Phi_k + (F_k - F'_{ad})\mu_{rec} A_m / h_m}{\Lambda + \mu_{rec} A_m / h_m} \tag{4-108}$$

3. 永磁体的最佳工作点

在设计永磁电机时，为了充分利用永磁材料，缩小永磁体和整个电机的尺寸，应该力求用最小的永磁体体积在气隙中建立具有最大磁能的磁场。

（1）最大磁能的永磁体最佳工作点　为分析简明起见，从退磁曲线为直线的永磁材料着手分析。设永磁体所提供的磁通为 Φ_D，磁势为 F_D，则磁能为

$$\frac{1}{2} \Phi_D F_D = \frac{1}{2} B A_m H h_{Mp} = \frac{1}{2} B H V_m \tag{4-109}$$

由此得永磁体的体积为

$$V_m = \frac{\Phi_D F_D}{BH} \tag{4-110}$$

由式（4-110）可以看出，在 $\Phi_D F_D$ 不变的情况下，永磁体的体积与其工作点的磁能积（BH）成反比。因此，应该使永磁体工作点位于回复线上有最大磁能积的点。从图 4-44 的

永磁体工作图中可以看出，永磁体的磁能 $\Phi_D F_D/2$ 正比于四边形 $A\Phi_D OF_D$ 的面积。若想获得最大的磁能，必须使四边形 $A\Phi_D OF_D$ 的面积最大。由几何知识可知，当工作点 A 在回复线的中点时，四边形的面积最大，即永磁体具有最大的磁通。或者说，具有最大磁能的永磁体最佳工作点的标幺值为

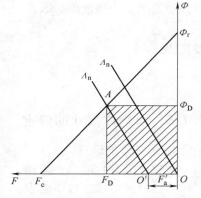

图 4-44　最大磁能时的永磁体工作图

$$b_D = \varphi_D = 0.5 \qquad (4\text{-}111)$$

式中，b_D、φ_D 分别为 B_D、Φ_D 的标幺值。

（2）最大有效磁能的永磁体最佳工作点　在永磁电机中存在漏磁通，实际参与机电能量转换的是气隙磁场中的有效磁能，并不是永磁体的总磁能。因此永磁体的最佳工作点应该选在有效磁能 $W_e = \Phi_e F_e/2$ 最大的点。由图 4-45a 可知，有效磁能正比于四边形 $ABB'A'$ 的面积。为使四边形 $ABB'A'$ 的面积最大，由数学知识可知，永磁体最佳工作点应是 $\Phi_r K$ 的中点 A。

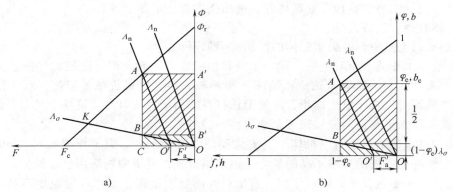

a)　　　　　　　　　　　　　b)

图 4-45　最大有效磁能时的永磁体工作图

从图 4-45a 可以看出

$$AB = A'B' = 0.5\Phi_r$$

式中，Φ_r 为永磁体虚拟内禀磁通，对于给定的永磁体性能和尺寸，它是一个常数，$\Phi_r = B_r'A_m$。而

$$\frac{AC}{AB} = \frac{\Phi_m}{\Phi_\delta} = \sigma \qquad (4\text{-}112)$$

故

$$A'O = AB\frac{AC}{AB} = \frac{\sigma}{2}\Phi_r$$

则具有最大有效磁能的永磁体最佳工作点的标幺值为

$$b_e = \varphi_e = \frac{\sigma}{2} \qquad (4\text{-}113)$$

式中，b_e、φ_e 分别为 B_e、Φ_e 的标幺值。

需要指出，式（4-113）中的 σ 是负载漏磁系数，并不是空载漏磁系数 σ_0。在开始设计时，σ 是未知数，且其值与 b_e 值有关。

为分析方便，永磁体最佳工作点还可用标幺值形式 λ_σ 表示。由图 4-45b 可知，在最大

有效磁能时，主磁通的标幺值（AB）应为 1/2，漏磁通的标幺值为 $f_e\lambda_\sigma = (1-\varphi_e)\lambda_\sigma$，故

$$\varphi_e = 0.5 + (1-\varphi_e)\lambda_\sigma$$

整理得

$$b_e = \varphi_e = \frac{2\lambda_\sigma + 1}{2\lambda_\sigma + 2} \tag{4-114}$$

4.7.5 永磁体尺寸的确定

1. 永磁体的选择

永磁体及其性能多种多样，如何选择合适的永磁材料直接关系到电机的性能和经济性。永磁体的选择应满足以下要求：

1）永磁体应能在指定的工作空间内产生所需要的磁场。

2）永磁体所建立的磁场应具有一定的稳定性，磁性能随工作温度和环境的变化应在允许的范围内。

3）具有良好的耐腐蚀性能。

4）具有较好的力学特性，如韧性好、抗压强度高、可加工等。

5）价格合理，经济性好。

具体到永磁电机中，各类永磁体的使用范围如下：

1）铁氧体永磁适合于对电机体积、重量和性能要求不高，而对电机的经济性要求高的场合。近年来，随着钕铁硼永磁价格的降低和导磁、导电材料价格的提高，对于同一台电机，采用钕铁硼可以减小电机体积、降低铜铁材料的用量，有时在经济性上是划算的。在许多场合，铁氧体永磁有逐渐被钕铁硼永磁代替的趋势。

2）铝镍钴永磁适合于对电机体积、重量和性能要求不高，但工作温度超过 300℃ 或要求温度稳定性好且电机的成本不高的场合，铝镍钴永磁在电机中的应用已经很少。

3）钕铁硼永磁适合于对电机体积、重量和性能要求很高，工作环境温度不高，对永磁体温度稳定性要求不高的场合。

4）稀土钴永磁适合于对电机体积、重量和性能要求高，工作环境温度高，要求温度稳定性好，制造成本不是主要考虑因素的场合。

5）黏结永磁材料适合于批量大、磁极形状复杂、电机性能要求不高的场合。

2. 永磁体的设计

（1）永磁体的形状　永磁体的形状与所选择的磁极结构有关，对于表面式磁极结构，多采用瓦片形磁极，对于内置式磁极结构，多采用矩形永磁体。

（2）磁极的结构　在永磁电机中，经常会出现永磁体的串联和并联。类似于电路中电池的串、并联，将两块或多块永磁体的磁势沿充磁方向串联，共同提供磁势，此时磁路的磁势为它们磁势的和，而提供磁通的面积为一块永磁体的面积。将两块或多块永磁体沿充磁方向并联，共同提供磁通，磁通为它们磁通的和，而磁势等于一块永磁体的磁势。

3. 永磁体尺寸的确定

设计普通电励磁电机时，通常先根据待设计电机的技术经济性能要求和设计经验选择合适的电磁负荷 A、B_δ 值，而后计算确定电机的主要尺寸。但是，永磁电机的气隙磁通密度 B_δ 是由永磁材料性能、磁路结构形式、永磁体体积和尺寸及外磁路的材质和尺寸决定的，难以像电励磁电机一样进行选择。因此，设计永磁电机时，在选择永磁材料牌号和磁路结构

形式后要先确定永磁体的体积和尺寸。

永磁体的尺寸主要包括永磁体的轴向长度 L_m、磁化方向长度 h_m 和宽度 b_m。一般情况下，永磁体轴向长度选择与电机铁心的长度相同。因此实际上，真正需要确定的永磁尺寸只有两个：磁化方向长度 h_m 和宽度 b_m。根据经验，工程设计上可以按以下方法预估永磁体尺寸：h_m 的确定应使永磁体工作在最佳工作点，同时考虑电动机的直轴电抗合理；b_m 根据所选永磁体材料（多用钕铁硼）及牌号，以电机空载电势等于（0.7~1.1）U_N 为原则来确定。当选择钕铁硼 38SH 时，按下式初选永磁体尺寸：

$$h_m = (6 \sim 10)\delta \tag{4-115}$$

$$b_m = (0.5 \sim 0.8)\tau \tag{4-116}$$

式中，δ 为电机的气隙长度；τ 为电机的极距。

对于永磁电机，假设其外磁路中每极总磁位降为 F，每极气隙磁位降为 F_δ，则

$$F = K_s F_\delta = K_s K_\delta \delta H_\delta \tag{4-117}$$

式中，K_s 为外磁路的饱和系数；H_δ 为气隙内的磁场强度。

根据磁路的欧姆定律，由永磁体和外磁路组成的闭合磁路满足

$$\begin{cases} F = H h_m \\ \sigma \Phi_\delta = \Phi_m \end{cases} \tag{4-118}$$

即

$$\begin{cases} K_s K_\delta \delta H_\delta = H h_m \\ \sigma B_\delta A_\delta = \sigma \mu_0 H_\delta A_\delta = B A_m \end{cases} \tag{4-119}$$

式中，B、H 分别为永磁体产生的磁密和磁场强度；B_δ 为气隙磁密；A_δ 为每极气隙的面积；A_m 为永磁体的面积；h_m 为磁化方向长度。将式（4-119）中两方程相乘得

$$\sigma \mu_0 K_s K_\delta \delta A_\delta H_\delta^2 = B H h_m A_m \tag{4-120}$$

因

$$\begin{cases} V_\delta = \delta A_\delta \\ V_m = A_m h_m \end{cases} \tag{4-121}$$

有

$$V_m = \frac{\sigma \mu_0 K_s K_\delta V_\delta H_\delta^2}{BH} \tag{4-122}$$

因此永磁体的体积取决于 B 和 H 的乘积，当工作点设计在最大磁能积点时，永磁体的体积最小。永磁体的磁能积公式为

$$BH = H(B'_r - \mu_0 \mu_r H) \tag{4-123}$$

在 $(B'_r/2, H'_r/2)$ 有最大值，为 $B'_r H'_r/4$，因此永磁体的体积为

$$V_m = \frac{4 \sigma \mu_0 K_s K_\delta V_\delta H_\delta^2}{B'_r H'_c} \tag{4-124}$$

将式（4-119）中两式的两端相除得

$$\frac{K_s K_\delta}{\sigma \mu_0} \frac{\delta}{A_\delta} = \frac{H}{B} \frac{h_m}{A_m} \tag{4-125}$$

因设计在最大磁能积点，有

$$\frac{h_\mathrm{m}}{A_\mathrm{m}} = \frac{K_\mathrm{s}K_\delta}{\sigma\mu_0}\frac{B}{H}\frac{\delta}{A_\delta} = \frac{K_\mathrm{s}K_\delta}{\sigma\mu_0}\frac{B'_\mathrm{r}}{H'_\mathrm{c}}\frac{\delta}{A_\delta} \tag{4-126}$$

将式（4-124）和式（4-126）联立求解，就可以确定永磁体的面积和厚度。永磁的厚度（即充磁方向长度）为

$$h_\mathrm{m} = \frac{2K_\mathrm{s}K_\delta B_\delta \delta}{\mu_0 H'} \tag{4-127}$$

则永磁体的面积为

$$A_\mathrm{m} = \frac{2\sigma A_\delta B_\delta}{B'_\mathrm{r}} \tag{4-128}$$

利用式（4-127）和式（4-128）可粗略估算永磁体的尺寸。但必须指出，在实际应用中，受其他因素的影响，工作点并不一定设计在最大磁能积点，而是通常设计在（0.65～0.85）B_r，这是因为：①必须保证出现最大去磁磁势时永磁体的工作点在退磁曲线的拐点以上，并有一定的裕度；②永磁体体积最小的设计不一定是电机的最佳设计，在进行永磁电机设计时，必须综合考虑电机整体的性能和经济性，使设计最佳。

复习与思考题

1. 为什么可以将电机内部比较复杂的磁场当作比较简单的磁路来进行计算？

2. 磁路计算时为什么要选择通过磁极中心的一条磁力线路径来计算，选用其他路径是否也可得到同样的结果？

3. 磁路计算的一般步骤是怎样的？

4. 气隙系数 K_δ 的引入是考虑什么问题？假定其他条件相同，而把电枢槽由半闭口槽改为开口槽，则 K_δ 将增大还是减少？

5. 空气隙在整个磁路中所占的长度很小，但它在整个磁路计算中却占有十分重要的地位，这是为什么？

6. 当齿磁密超过 1.8T 时，对计算齿磁位降的方法为什么要做校正？

7. 在不均匀磁场的计算中，为什么常把磁场看作均匀的，而将磁路长度（例如空气隙有效长度 δ_ef、铁心轴向有效长度 l_ef 和齿联轭磁路长度）加以校正？校正系数有的大于1，有的小于1，试说明其物理意义。

8. 极联轭与齿联轭的磁势计算方法为什么不同？

9. 感应电机满载及空载时的磁化电流是怎样计算的？它们与哪些因素有关？若它们的数值过大，可从哪些方面去调整效果较为显著？

10. 若将一台感应电动机的额定频率由 50Hz 改为 60Hz，并要求维持原设计的冲片及励磁磁势不变，有关设计数据应如何变化才好？不考虑饱和影响时，该数值变化值为多少？

11. 若将一台额定电压为 380V、丫接法的感应电动机改为△接法，要保证其冲片尺寸及磁化电流不变，应如何改变其设计数据？

第 **5** 章 ▶▶

参 数 计 算

本章知识要点:

1) 绕组电阻的计算。
2) 电机主电抗及各部分漏电抗的计算。
3) 永磁电机电枢反应电抗的计算。

参数计算概述

　　电机电磁设计的目的是确定电机有效材料的尺寸,即通过计算来确定电机定子、转子冲片和铁心各部分尺寸及绕组数据,进而核算电机的磁路、参数、运行性能和起动性能是否符合技术条件要求,并对设计数据做必要的调整,直至达到要求。前文已经初步确定了电机的有效材料的尺寸,接下来应该对电机进行性能核算。电机的性能核算依赖于电机的等效电路,而电机等效电路中最重要的是电阻、电抗参数的确定,本章以感应电机为例介绍电机的电阻、电抗参数计算。

　　电阻、电抗是电机的重要参数。电阻的大小不仅影响电机的经济性,并且与电机的运行性能有极密切的关系。例如在设计绕组时,如果选取较高的电流密度,则所用的导体截面较小,用铜量较少而电阻较大。电阻越大,电机运行时绕组中的电损耗就越大,绕组中的瞬变电流增长或衰减速度则越快。感应电机转子电阻的大小对其转矩特性影响特别突出。绕组电抗的大小也对所设计电机的经济性及运行性能有很大的影响。一方面漏电抗不能过小,否则同步发电机短路或感应电动机起动时将产生不能允许的电流;另一方面漏电抗不宜过大,否则会引起同步发电机的电压变化率增大,感应电动机的功率因数、最大转矩和起动转矩降低,直流电机的换向条件恶化等。此外,在同步电机里,瞬变电抗也与漏电抗的大小密切相关,而瞬变电抗对电机的动态特性有很大的影响。因此,正确选定及计算这些参数是极重要的。

　　本章仅限于计算稳态参数。

5.1　绕组电阻的计算

　　一般来说,绕组中通以直流或交流时,其电阻是不同的。前者称为直流电阻,后者称为交流电阻或有效电阻。

　　直流电阻可按照下式计算:

$$R = \rho_{w} \frac{l}{A_{c}} \tag{5-1}$$

式中，l 为绕组导体的长度；A_{c} 为导体的截面，ρ_{w} 为基准工作温度时导体的电阻率。

在 15℃ 时铜的电阻率 $\rho_{15} = 0.0175 \times 10^{-6} \Omega \cdot m$。电阻率与温度的高低有关，在电机的通常运行温度范围内，温度为 t 时的电阻率 ρ_{t} 为

$$\rho_{t} = \rho_{15}\left[1 + \alpha(t - t_{15})\right] \tag{5-2}$$

式中，α 为导体电阻的温度系数。对于铜，$\alpha \approx 0.004℃^{-1}$，$t_{15} = 15℃$。

计算绕组电阻时，通常需要换算到相应绝缘等级的基准温度下的值，GB/T 1032—2012《三相异步电动机试验方法》规定了计算三相异步电动机电阻损耗和效率用的基准温度，A级、E级绝缘基准温度为 75℃，B级绝缘基准温度为 95℃，F级绝缘，基准温度为 115℃，H级为 130℃。

中、小型感应电机笼型转子常用铸铝绕组。某些感应电机的转子笼及同步电机的阻尼笼，由于工艺或电机性能上的需要，还可采用其他金属材料来制作。电机中常用材料在不同基准温度下的电阻率见表 5-1。

表 5-1   电机中常用材料在不同基准温度下的电阻率 ρ_{R}（单位：$\Omega \cdot mm^2/m$）

基准温度	紫铜	黄铜	硬紫铜杆	铸铝	硅铝
75℃	0.0217	0.0804	0.0278	0.0434	0.062 ~ 0.0723
115℃	0.0245	0.0908	0.0314	0.0491	0.0700 ~ 0.0816

铝和青铜的电阻温度系数和铜的电阻温度系数极近似，对于黄铜，$\alpha \approx 0.002/℃$。

绕组中通以交流电时，由于趋肤效应，使得其电阻值较通直流时增大。如用 K_{R} 表示电阻增加系数，则交流电阻为

$$R_{\theta} = K_{R}R \tag{5-3}$$

式中，$K_{R} > 1$，其计算方法将在后续内容中进行详细叙述，R 为直流电阻，见式（5-1）。

5.1.1   直流电机电阻计算

由式（5-1），并考虑到具有并联支路数 $2a$，直流电机电枢绕组的电阻可按下式计算：

$$R_{a} = \rho_{w} \frac{N_{a}l_{c}}{A_{c}(2a)^2} \tag{5-4}$$

式中，N_{a} 为绕组的导体总数；l_{c} 为线圈或元件的平均半匝长度；A_{c} 为导体截面积；$2a$ 为并联支路数；ρ_{w} 为基准工作温度时导体的电阻率。

励磁绕组及换向极绕组的电阻以及补偿绕组的电阻均可根据其具体数据用类似方法计算。励磁绕组的电阻具体计算式为

$$R_{f} = \rho_{wf} \frac{W_{f}l_{f}}{A_{f}} \tag{5-5}$$

式中，R_{f} 为励磁绕组电阻；W_{f} 为励磁绕组的匝数；l_{f} 为励磁绕组的一匝长度；A_{f} 为导体截面积；ρ_{wf} 为基准工作温度时励磁绕组导体的电阻率。

5.1.2　交流电机电阻计算

1. 感应电机

（1）定子绕组电阻的计算　定子线圈尺寸示意图如图
5-1 所示。感应电机定子绕组每相电阻为

$$R_1 = K_R \rho_w \frac{2N_1 l_c}{A_{c1} a_1} \tag{5-6}$$

式中，N_1 为每相串联的匝数；l_c 为线圈半匝平均长度；A_{c1}
为导体的截面积；a_1 为相绕组的并联支路数，ρ_w 为基准工
作温度时导体的电阻率，K_R 为电阻增加系数。

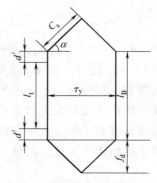

图 5-1　定子线圈尺寸示意图

N_1 为感应电机定子绕组一相串联的匝数，$2N_1$ 为一相串联的导体数，再乘以 l_c 变为一
相串联的导体总长度，除以 a_1 后为一条支路导体总长，再除以 A_{c1} 后再乘以 ρ_w 即得 ρ_w
$\frac{2N_1 l_c}{A_{c1}}$，为一条支路电阻。又有 a_1 条支路并联，须再乘以 $1/a_1$ 即可得定子一相绕组的直流
电阻，而定子绕组中通有交流电流，由于趋肤效应会使其电阻值变大，又引入电阻增加系数
K_R，最后所得即为感应电机定子一相交流电阻 R_1。

（2）线圈半匝平均长度 l_c 的计算　根据图 5-1 所示的定子线圈尺寸示意图可知，双层
线圈半匝平均长度 l_c 的计算公式为

$$l_c = l_B + 2C_s \tag{5-7}$$

$$l_B = l_t + 2d' \tag{5-8}$$

$$C_s = \frac{\frac{1}{2}\tau_y}{\cos\alpha} \tag{5-9}$$

式中，l_B 为线圈直线部分长度；C_s 为线圈端部长度；l_t 为铁心长度；τ_y 为线圈的物理跨距
长度；d' 为线圈直线部分伸出铁心长度，小型电机一般取 $d' = 10 \sim 30mm$，机座大、极数少的
电机取较大值。

1）τ_y 的计算。由图 5-1 可知，当 τ_y 和 α 已知后电机的线圈半匝平均长度 l_c 即可求出。
在计算 τ_y 时，可假定绕组线圈放在槽的正中间来计算，结合图 5-2 线圈所在位置示意图
可知

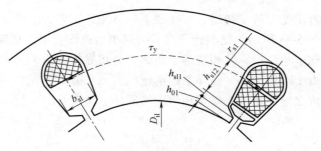

图 5-2　线圈所在位置示意图

$$\tau_y = \frac{\pi\left[D_{i1}+2(h_{s0}+h_{s1})+r_{s1}+h_{s2}\right]}{2p}\frac{y}{\tau} \tag{5-10}$$

式中，τ、y 为以槽数表示的极距与节距。

2）α 的计算。由图 5-3 可知，电机的绕组线圈嵌入槽中后，端部自然形成一个角度 α。若端部伸出部分长，形成的角度 α 就大，过大的 α 会导致导线增加、损耗大、效率低、温升高。因此在端部安排时要尽可能使 α 小一些。但 α 太小则线圈端部弯曲程度大，嵌线比较困难，且费工时。所以在嵌线方便的条件下，α 应尽量小。应根据第一槽线圈端部占据的位置不能将第二个槽口封住，各槽线圈端部间排列紧密无间隙的原则来确定 α。

$$\sin\alpha = \frac{b'}{t'} \tag{5-11}$$

式中，b' 为电机端部线圈中心间的距离，其大小为一个槽宽；t' 为电机铁心中槽中心间的距离，其大小为一个槽宽与一个齿宽之和。

单层线圈半匝平均长度 l_c 的计算公式为

$$l_c = l_B + K_c\tau_y \tag{5-12}$$

式中，K_c 是经验系数，随电机极数的不同而不同，2 极取 1.16，4、6 极取 1.2，8 极取 1.25。

在计算端部漏抗时，要用到双层线圈端部轴向投影长 f_d 和单层线圈端部平均长度 l_E。由图 5-1 和图 5-3 可知

$$f_d = C_s\sin\alpha \tag{5-13}$$
$$l_E = 2d' + K_c\tau_y \tag{5-14}$$

（3）转子绕组电阻的计算　绕线转子感应电机的转子绕组每相电阻 R_2 可按类似式（5-6）的关系式来计算，但系数 K_R 取 1，因为在正常运行时，转子绕组里电流的频率很低，趋肤效应可忽略不计。

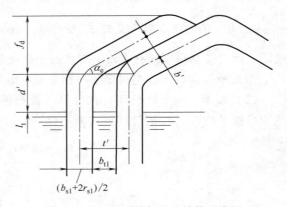

图 5-3　定子线圈端部尺寸计算示意图

转子电阻折算到定子时，按电机学原理，应乘以折算系数，即

$$K = \frac{m_1}{m_2}\left(\frac{N_1 K_{dp1}}{N_2 K_{dp2}}\right)^2 \tag{5-15}$$

式中，m_1、m_2 为定子、转子相数；N_1、N_2 为定子、转子绕组每相串联匝数；K_{dp1}、K_{dp2} 为定子、转子基波绕组系数。

对于笼型转子绕组，可按照下述方法计算它的电阻。

图 5-4a 所示为笼型转子绕组的简单示意图。可以把笼型转子绕组当作一个对称多相绕组，其相数等于槽数，每相导体数为 1。

由于对称关系，各导条中电流的有效值是相等的，但其相位不同。各导条电流之间的相位差等于相邻两槽间的电角度 α，

笼型转子
电阻计算

$$\alpha = \frac{2\pi p}{Z_2} \tag{5-16}$$

式中，Z_2 为转子槽数。

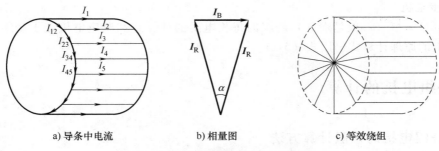

a) 导条中电流　　　　b) 相量图　　　　c) 等效绕组

图 5-4　笼型转子的等效绕组及电流相量图

同理，转子笼端环各段中电流的有效值也应相等，相邻两段中的电流相位差也等于 α。如令各导条中电流有效值均等于 I_B，端环各段中的电流有效值均等于 I_R。由图 5-4a 可看出，导条电流等于相邻两段端环电流之差，它们之间的关系可用相量图表示，如图 5-4b 所示，由图可得

$$I_R = \frac{I_B}{2\sin\frac{\alpha}{2}} \tag{5-17}$$

在计算每相电阻时，可用接成星形的电阻来代替接成多边形的端环电阻，从而可获得如图 5-4c 所示的等效绕组。此等效绕组的相电阻可以看作为笼型转子绕组的相电阻 R_2，等效绕组的电损耗应等于原笼型转子绕组的电损耗，即

$$Z_2 I_B^2 R_2 = Z_2 I_B^2 R_B + 2Z_2 I_R^2 R_R \tag{5-18}$$

式中，R_B 为导条电阻；R_R 为相邻导条间的端环电阻。

由式（5-17）得

$$R_2 = R_B + \frac{2R_R}{\Delta^2} \tag{5-19}$$

式中，$\Delta = I_B / I_R$，且由式（5-16）及式（5-17），有

$$\Delta = \frac{I_B}{I_R} = 2\sin\frac{\pi p}{Z_2} \approx \frac{2\pi p}{Z_2} \tag{5-20}$$

将式（5-20）代入式（5-19），得 $R_2 \approx R_B + \dfrac{Z_2^2 R_R}{2\pi^2 p^2}$，如果端环与导条采用相同材料，则

$$R_2 \approx \rho_w \left(\frac{l_B}{A_B} + \frac{Z_2 D_R}{2\pi p^2 p_2} \right) \tag{5-21}$$

式中，l_B、A_B 分别为导条长度及截面积；D_R 为端环平均直径。

对于笼型转子绕组，相数 m_2 等于槽数 Z_2，每相串联匝数 $N_2 = 1/2$，绕组系数 $K_{dp2} = 1$。因此电阻的折算系数为

$$K = \frac{m_1}{m_2} \left(\frac{N_1 K_{dp1}}{N_1 K_{dp2}} \right)^2 = \frac{4m_1 (N_1 K_{dp1})^2}{Z_2} \tag{5-22}$$

与绕线转子相同，笼型转子绕组的电阻增加系数 K_R 在电机正常运行时可取 1，但在起动时，转子电流的频率比较高，K_R 显著增大。

2. 同步电机

同步电机电枢（一般是定子）绕组的每相电阻的计算式和感应电机定子绕组相同。励磁绕组电阻的原理计算式仍用式（5-1）。

5.2 绕组电抗的计算

5.2.1 绕组电抗的一般计算方法

在分析交流电机的运行原理时，常用等效电路来计算其运行性能。等效电路中除包含上述的电阻参数外，还有电抗参数。绕组电抗大体可分为两大类：主电抗和漏电抗（简称漏抗）。在电机设计中，广泛采用标幺值进行设计和计算，将电抗表示成标幺值的形式既可较清晰和方便地表达出电机的某些性能，也便于对功率、电压、转速等额定值不同的电机进行其参数和有关性能的比较。

以标幺值表示的绕组主电抗和漏抗分别为

$$X_m^* = \frac{I_N X_m}{U_{N\Phi}} \tag{5-23}$$

$$X_\sigma^* = \frac{I_N X_\sigma}{U_{N\Phi}} \tag{5-24}$$

式中，$U_{N\Phi}$、I_N 为电机的额定相电压、相电流。这里它们被作为基值，但工厂常用的中小型三相感应电动机电磁计算程序中选用功电流 I_{KW} 作为电流基值。功电流不同于电动机的额定电流。额定电流对应于输入的额定视在功率，功电流对应于额定输出功率。在电机设计开始时，额定电流还不能确定，功电流可以根据额定功率求出，所以在实际的电机电磁设计时采用功电流作为电流基值。

标幺值是相对量，标幺值是实际值与基值之比，用右上角带"＊"的字母表示。因此必须选定一个物理量的某一数值作为基准值，工厂常用的中、小型三相感应电动机电磁计算程序中选用的基值如下：

1）电压基准值为电动机的额定相电压 $U_{N\Phi}$。

2）功率基准值为电动机的额定功率 P_N。

3）电流基准值为电动机的额定功电流 I_{KW}。

4）阻抗基准值为 $Z_{KW} = U_{N\Phi}/I_{KW}$。

5）转矩基准值为电动机的额定转矩 T_N。

以上 5 个基准值中只有两个是选定的，其他 3 个是通过这 5 个物理量之间的相互关系来规定的。一般设计感应电动机时，电动机的额定输出功率和额定电压在设计任务书中已规定，因而选用它们作为功率基准值和电压基准值较为方便，于是其他几项基准值可按下式求得。

$$I_{KW} = \frac{P_N}{m_1 U_{N\Phi}} \tag{5-25}$$

$$Z_{KW} = \frac{U_{N\Phi}}{I_{KW}} = \frac{m_1 U_{N\Phi}^2}{P_N} \tag{5-26}$$

$$T_N = \frac{P_N}{2\pi n_N/60} = 9550\frac{P_N}{U_{N\Phi}} \tag{5-27}$$

一般来说，电抗可以采用两种方法计算：磁链法和能量法，磁链法用得较多，现简述如下。

任何一个电路的电抗可写成

$$X = \omega L \tag{5-28}$$

式中，ω 为交变电流的角频率，$\omega = 2\pi f$；L 为电路的电感。

因此在一定的频率下，计算电抗的问题可归结为如何计算电路的电感 L。任何电路的电感等于交链该电路的磁链增量与电路中相应电流增量之比，即

$$L = \frac{\Delta\Psi}{\Delta i} \tag{5-29}$$

如果电路所处介质的磁导率与磁场强度大小无关，则磁链随电流正比变化，电感可以表示为

$$L = \frac{\Psi}{I} \tag{5-30}$$

式中，Ψ 为电路中电流 i 产生的与该电路交链的磁通链。

电感的计算又归结为磁通链的计算。如果电路处介质的磁导率随磁场强度的变化而改变，则磁链不再随电流正比变化，L 不再是常数，此时应是求电流变化一个周期内的电感平均值。

5.2.2 主电抗的计算

电机电抗分为主电抗与漏电抗。多相交流电机电枢电流产生的气隙磁场中有基波磁场，也有谐波磁场。基波磁场的电抗属于主电抗，谐波磁场的电抗则是整个电机漏抗的一部分，称为谐波漏抗或差别漏抗。在感应电机中，习惯上称主电抗为励磁电抗，在同步电机中，则称为电枢反应电抗。

1. 感应电机主电抗的计算

计算时假定：①电枢槽部导体中电流集中在槽中心线上；②铁磁物质磁导率 $\mu = \infty$；③槽开口的影响以气隙系数计及。

在上述假定条件下，当多相电枢绕组中通以多相对称电流后，由电枢电流所建立的气隙基波径向磁密的幅值为

$$B_{\delta 1} = \mu_0 F_1\frac{1}{\delta_{ef}} \tag{5-31}$$

式中，δ_{ef} 为有效气隙长度；F_1 为每极电枢基波磁势幅值。

$$F_1 = \frac{\sqrt{2}\,m}{\pi p}NK_{dp1}I \tag{5-32}$$

式中，I 为电枢相电流的有效值。

每极基波磁通为

$$\Phi_1 = \frac{2}{\pi} l_{\text{ef}} \tau B_{\delta 1} \tag{5-33}$$

由基波磁场产生的磁链为

$$\Psi_{\text{m1}} = \Phi_1 K_{\text{dp1}} N \tag{5-34}$$

将式（5-31）~式（5-33）代入式（5-34），得

$$\Psi_{\text{m1}} = \mu_0 \frac{\sqrt{2}\,m}{\pi p} (N K_{\text{dp1}})^2 I \frac{2}{\pi} l_{\text{ef}} \frac{\tau}{\delta_{\text{ef}}} \tag{5-35}$$

由式（5-28）、式（5-30）及式（5-35）可知，绕组每相的主电抗（单位为 Ω）为

$$X_{\text{m}} = \frac{2\pi f \Psi_{\text{m1}}}{\sqrt{2}\,I} = 4f\mu_0 \frac{m}{\pi} \frac{(N K_{\text{dp1}})^2}{p} l_{\text{ef}} \frac{\tau}{\delta_{\text{ef}}} \tag{5-36}$$

式中，$\mu_0 = 4\pi \times 10^{-7} \text{H/m}$。

由式（5-36）可知，在频率 f、相数 m、极数 $2p$ 一定时，感应电机的主电抗主要与绕组每相匝数 N、基波绕组系数 K_{dp1}、电枢铁心的有效长度 l_{ef} 及极距与气隙之比 τ/δ 有关。式（5-36）可写成

$$X_{\text{m}} = 4\pi f\mu_0 \frac{N^2}{pq} l_{\text{ef}} \lambda_{\text{m}} \tag{5-37}$$

式中

$$\lambda_{\text{m}} = \frac{m}{\pi^2} K_{\text{dp1}}^2 \frac{q\tau}{\delta_{\text{ef}}} \tag{5-38}$$

可看作是主磁路的比磁导。

2. 同步电机主电抗的计算

凸极同步电机采用了双反应理论，把主电抗分为直轴电枢反应电抗 X_{ad} 与交轴电枢反应电抗 X_{aq}。直轴电枢反应电抗为

$$X_{\text{ad}} = k_{\text{d}} X_{\text{m}} \tag{5-39}$$

交轴电枢反应电抗为

$$X_{\text{aq}} = k_{\text{q}} X_{\text{m}} \tag{5-40}$$

式中，$k_{\text{d}} = B_{\text{ad1}}/B_{\text{ad}}$、$k_{\text{q}} = B_{\text{aq1}}/B_{\text{aq}}$ 分别为电枢直轴磁场的基波振幅与其最大值之比、电枢交轴磁场的基波振幅与其最大值之比，由图 5-5 确定，α_{p} 为极弧系数，该图根据大量磁场作图法得出。

隐极同步电机中，沿直轴和交轴的磁阻近似相等，因此电枢反应电抗 X_{a} 不分成直轴与交轴，它等于主电抗，即

$$X_{\text{a}} = X_{\text{m}} \tag{5-41}$$

3. 主电抗的标幺值

表示成标幺值的形式时，感应电机的主电抗为

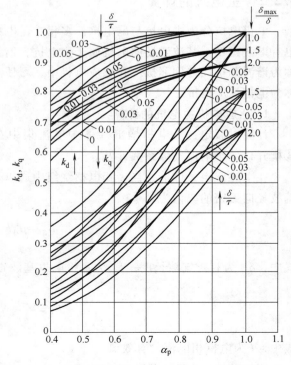

图 5-5　系数 k_{d} 及 k_{q}

$$X_{\mathrm{m}}^* = \frac{I_{\mathrm{N1}} X_{\mathrm{m}}}{U_{\mathrm{N}\Phi}} = \frac{E_{\mathrm{N1}}}{U_{\mathrm{N}\Phi}} = \frac{\Phi_{\mathrm{N1}}}{\Phi_{\mathrm{N}}} = \frac{F_{\mathrm{N1}}}{F_{\mathrm{N}}} \tag{5-42}$$

式中，F_{N1}、Φ_{N1}、E_{N1} 分别为由定子额定相电流 I_1 产生的基波磁势、基波磁通及感生的电势；$U_{\mathrm{N}\Phi}$、Φ_{N}、F_{N} 分别为额定电压、在定子绕组中感生电势 $E = U_{\mathrm{N}\Phi}$ 所需的基波磁通及相应的气隙磁势。

其中

$$F_{\mathrm{N1}} = \frac{m\sqrt{2}}{\pi p} I_{\mathrm{N1}} N K_{\mathrm{dp1}} = \frac{\sqrt{2}}{\pi} \frac{2mNI_{\mathrm{N1}}}{\pi D} \frac{\pi D}{2p} K_{\mathrm{dp1}} = \frac{\sqrt{2}}{\pi} A\tau K_{\mathrm{dp1}} \tag{5-43}$$

$$F_{\mathrm{N}} = \frac{B_{\delta 1} \delta_{\mathrm{ef}}}{\mu_0} \tag{5-44}$$

将式（5-43）、式（5-44）代入式（5-42），得

$$X_{\mathrm{m}}^* = \frac{\mu_0 \sqrt{2} A\tau K_{\mathrm{dp1}}}{\pi B_{\delta 1} \delta_{\mathrm{ef}}} = k_{\mathrm{m}} \frac{A}{B_{\delta 1}} \tag{5-45}$$

式中，A 为线负荷；B_δ 为感应电势等于额定电压时的气隙基波磁密幅值；k_{m} 为系数。

$$k_{\mathrm{m}} = \frac{\mu_0 \sqrt{2} K_{\mathrm{dp1}} \tau}{\pi \delta_{\mathrm{ef}}} \tag{5-46}$$

由式（5-45）可知，在 $\tau/\delta_{\mathrm{ef}}$ 一定的情况下，主电抗标幺值与 $A/B_{\delta 1}$ 成正比。线负荷 $A = \frac{2mNI_{\mathrm{N1}}}{\pi D} \propto \frac{N}{D}$，$B_{\delta 1} = \frac{\Phi_{\mathrm{N}}}{\frac{2}{\pi}\tau l_{\mathrm{ef}}}$，在电势及极数一定的情况下，$B_{\delta 1} \propto \frac{1}{NDl_{\mathrm{ef}}}$，因此 $\frac{A}{B_{\delta 1}} \propto N^2 l_{\mathrm{ef}}$。可

见，A 选用得较大，说明绕组匝数较多，$B_{\delta 1}$ 选用得较小，感生一定电势所需的匝数也较多或电机尺寸较大。因而选用较大的 A 及较小 $B_{\delta 1}$ 或 $A/B_{\delta 1}$ 越大将使电机的主电抗变大。因此在设计电机时，电磁负荷的比值应选择恰当，以避免得出不合理的或不合技术要求的与主电抗有关的某些参数。

对于凸极同步电机，直轴电枢反应电抗的标幺值为

$$X_{\mathrm{ad}}^* = \frac{I_{\mathrm{N}} X_{\mathrm{ad}}}{U_{\mathrm{N}\Phi}} = \frac{I_{\mathrm{d}} X_{\mathrm{ad}}}{U_{\mathrm{N}\Phi}\sin\Psi} = \frac{E_{\mathrm{ad}}}{U_{\mathrm{N}\Phi}\sin\Psi} = \frac{F_{\mathrm{ad}}}{k_{\mathrm{f}} F_{\mathrm{N}}\sin\Psi} = \frac{k_{\mathrm{d}} F_{\mathrm{a}}}{k_{\mathrm{f}} F_{\mathrm{N}}} = k_{\mathrm{ad}} \frac{F_{\mathrm{a}}}{F_{\mathrm{N}}} \tag{5-47}$$

式中，F_{a} 为电枢反应基波磁势；F_{N} 为产生空载电势等于额定电压所需的气隙磁势；$k_{\mathrm{ad}} = k_{\mathrm{d}}/k_{\mathrm{f}}$，为直轴电枢反应系数，其值可由图 5-6 查得；$k_{\mathrm{f}}$ 为转子磁场的基波幅值与其最大值之比；F_{ad} 为直轴电枢反应磁势。式（5-47）中其余物理量之间的相量关系见图 5-7。

与式（5-45）相仿，式（5-47）可写成

$$X_{\mathrm{ad}}^* = k_{\mathrm{d}} k_{\mathrm{m}} \frac{A}{B_{\delta 1}} \tag{5-48}$$

同理，交轴电枢反应电抗的标幺值为

$$X_{\mathrm{aq}}^* = \frac{k_{\mathrm{q}} F_{\mathrm{a}}}{k_{\mathrm{f}} F_{\mathrm{N}}} = k_{\mathrm{aq}} \frac{F_{\mathrm{a}}}{F_{\mathrm{N}}} = k_{\mathrm{q}} k_{\mathrm{m}} \frac{A}{B_{\delta 1}} \tag{5-49}$$

式中，$k_{\mathrm{aq}} = k_{\mathrm{q}}/k_{\mathrm{f}}$，为交轴电枢反应系数，其值可由图 5-6 查得。

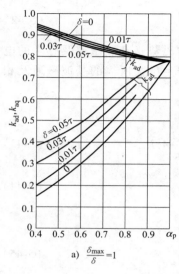
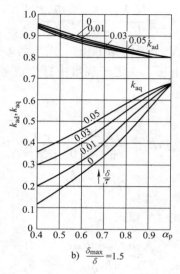
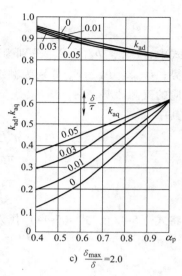

a) $\dfrac{\delta_{\max}}{\delta}=1$ b) $\dfrac{\delta_{\max}}{\delta}=1.5$ c) $\dfrac{\delta_{\max}}{\delta}=2.0$

图 5-6 不同条件下，k_{ad}、k_{aq} 随 α_{p} 的变化曲线

对于隐极同步电机，理论上应有 $k_{\mathrm{ad}}=k_{\mathrm{aq}}\approx 1$。

5.2.3 漏抗的计算

由于绕组电流在电机中不同位置所建立的漏磁场情况不同，则其产生的磁链情况不同。绕组的漏抗通常分为槽漏抗、谐波漏抗、齿顶漏抗和端部漏抗 4 部分。计算漏抗时分别计算各漏抗值，然后相加得到总漏抗值。

与式（5-37）相仿，漏抗公式可以表示为

$$X_{\sigma}=4\pi f\mu_0\,\frac{N^2}{pq}l_{\mathrm{ef}}\sum\lambda \qquad (5\text{-}50)$$

式中，l_{ef} 为电枢铁心的有效长度；$\sum\lambda$ 为比漏磁导之和。

$$\sum\lambda=\lambda_{\mathrm{s}}+\lambda_{\delta}+\lambda_{\mathrm{t}}+\lambda_{\mathrm{E}}$$

式中，λ_{s}、λ_{δ}、λ_{t}、λ_{E} 分别为槽比漏磁导、谐波比漏磁导、齿顶比漏磁导和端部比漏磁导。

图 5-7 凸极同步
电机电势相量图

由式（5-50）可见，漏抗的计算问题可以归结为相应的比漏磁导的计算，因为根据前面所述，漏抗的计算可归结为漏磁链的计算，对于一定的绕组，便只是漏磁通的计算，而这无非涉及作用于漏磁路的磁势和漏磁路的磁阻或磁导。这与第 4 章在原理上也并没有本质不同，只是第 4 章是已知磁通求建立该磁通所需的磁势，且所计算的主要是主磁路，本节是已知磁势而求相应的漏磁通，以便计算磁链和电感，并且涉及的是漏磁路的计算。

1. 槽漏抗计算

（1）单层整距绕组的槽漏抗 图 5-8a 所示为一矩形开口槽。设槽内有 N_{s} 根串联导体，导体中通以随时间按正弦变化的电流，其有效值为 I。槽漏磁通可分成两部分计算：通过 h_0 高度上的漏磁通和通过 h_1 高度上的漏磁通。前者和全部导体匝链，后者和部分导体匝链。

先分别计算这两部分的漏磁链，计算时假定：①电流在导体截面上均匀分布；②忽略铁心磁阻；③槽内漏磁力线与槽底平行。

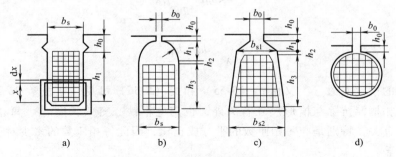

图 5-8　单层整距绕组及其槽形尺寸

高度 h_0 范围内由全部槽中电流产生的漏磁链（指的是幅值，下同）为

$$\Psi_{s1} = N_s(N_s\sqrt{2}I)\frac{\mu_0 h_0 l_{ef}}{b_s} = N_s^2\sqrt{2}I\frac{\mu_0 h_0 l_{ef}}{b_s}$$

对于 h_1 高度上的漏磁通，先取离开线圈底部 x 距离处的一根高度为 $\mathrm{d}x$ 的磁力管来分析，其中的磁通 $\mathrm{d}\Phi_x = \left(N_s\dfrac{x}{h_1}\sqrt{2}I\right)\dfrac{\mu_0 l_{ef}\mathrm{d}x}{b_s}$，式中括号内数值为产生漏磁通的磁势，这些磁通与 $N_s\dfrac{x}{h_1}$ 根导体匝链，因此

$$\mathrm{d}\Psi_x = \left(N_s\frac{x}{h_1}\right)\mathrm{d}\Phi_x = \left(N_s\frac{x}{h_1}\right)^2\sqrt{2}I\mu_0\frac{l_{ef}\mathrm{d}x}{b_s}$$

高度 h_1 范围内由槽中电流产生的漏磁链为

$$\Psi_{s2} = \int_0^{h_1}\mathrm{d}\Psi_x = \frac{N_s^2\mu_0 l_{ef}}{h_1^2 b_s}\sqrt{2}I\int_0^{h_1}x^2\mathrm{d}x = \frac{1}{3}N_s^2\sqrt{2}I\mu_0\frac{h_1 l_{ef}}{b_s}$$

槽漏磁链总和为

$$\Psi_s = \Psi_{s1} + \Psi_{s2} = N_s^2\sqrt{2}I\mu_0 l_{ef}\left(\frac{h_0}{b_s} + \frac{h_1}{3b_s}\right) \tag{5-51}$$

每槽漏感为

$$L_s' = \frac{\Psi}{\sqrt{2}I} = N_s^2\mu_0 l_{ef}\left(\frac{h_0}{b_s} + \frac{h_1}{3b_s}\right) \tag{5-52}$$

每槽漏抗为

$$X_s' = 2\pi f L_s' = 2\pi f N_s^2\mu_0 l_{ef}\left(\frac{h_0}{b_s} + \frac{h_1}{3b_s}\right) \tag{5-53}$$

如果绕组每相并联支路数为 a，则每一支路中有 $2pq/a$ 个槽中的导体互相串联，故每一支路的槽漏抗等于 $\dfrac{2pq}{a}X_s'$。每相中有 a 条支路并联，因此每相槽漏抗为

$$X_s = \frac{2pq}{a^2}X_s' \tag{5-54}$$

将式（5-53）代入式（5-54），并考虑到 $N_s = Na/pq$，得每相槽漏抗为

$$X_s = 4pf\mu_0 \frac{N^2}{pq} l_{ef} \lambda_s \qquad (5\text{-}55)$$

式中

$$\lambda_s = \frac{h_0}{b_s} + \frac{h_1}{3b_s} \qquad (5\text{-}56)$$

为矩形开口槽的槽比漏磁导。又由式（5-55）和式（5-56）可见，在极数 $2p$ 及频率 f 一定的情况下，每相槽漏抗除与槽形尺寸有关外，也与电枢铁心有效长度 l_{ef}、每相匝数 N 及每相每极槽数 q 有关，特别是与每相匝数的平方成正比，因此每相匝数的多少对于每相槽漏抗的影响最为显著。

对于其他槽形，也可采取类似的推导方法来获得有关槽比漏磁导计算公式。例如：对于图 5-8b 所示的半闭口槽，槽比漏磁导为

$$\lambda_s = \frac{h_3}{3b_s} + \frac{h_2}{b_s} + 0.785 + \frac{h_0}{b_0} \qquad (5\text{-}57)$$

对于图 5-8c 所示的槽形，有

$$\lambda_s = \frac{2h_3}{3(b_{s1}+b_{s2})} + \frac{h_2}{b_{s1}} + \frac{2h_1}{b_0+b_{s1}} + \frac{h_0}{b_0} \qquad (5\text{-}58)$$

对于图 5-8d 所示的圆形半闭槽，有

$$\lambda_s = 0.62 + \frac{h_0}{b_0} \qquad (5\text{-}59)$$

（2）双层整距绕组的槽漏抗 以矩形开口槽为例，槽中安放有上、下层两个线圈，如图 5-9 所示。令上、下层线圈边中串联导体数各为 $N_s/2$，则上层线圈边的自感 L_a、下层线圈边的自感 L_b、上下层线圈边的互感 M_{ab} $(=M_{ba})$ 分别为

$$\begin{cases} L_a = \left(\frac{N_s}{2}\right)^2 \mu_0 l_{ef} \lambda_a \\[2mm] L_b = \left(\frac{N_s}{2}\right)^2 \mu_0 l_{ef} \lambda_b \\[2mm] M_{ab} = M_{ba} = \left(\frac{N_s}{2}\right)^2 \mu_0 l_{ef} \lambda_{ab} \end{cases} \qquad (5\text{-}60)$$

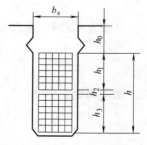

图 5-9 双层绕组及其
槽形尺寸

式中，λ_a 为上层线圈边自感的比磁导；λ_b 为下层线圈边自感的比磁导；λ_{ab} 为上、下层线圈边间互感的比磁导。

既是双层整距绕组，则槽上、下层线圈边属于同一相，因此其电流属于同一相，即不存在时间上的相位差，故每槽漏感为

$$L_s' = L_a + L_b + 2M_{ab} = \left(\frac{N_s}{2}\right)^2 \mu_0 l_{ef}(\lambda_a + \lambda_b + 2\lambda_{ab})$$

按式（5-54），每相槽漏抗 $X_s = \dfrac{2pq}{a^2} 2\pi f L_s'$，并考虑到 $N_s = \dfrac{Na}{pq}$，得

$$X_s = 4\pi f\mu_0 \frac{N^2}{pq} l_{ef} \frac{1}{4}(\lambda_a + \lambda_b + 2\lambda_{ab}) = 4pf\mu_0 \frac{N^2}{pq} l_{ef} \lambda_s \tag{5-61}$$

式中

$$\lambda_s = \frac{1}{4}(\lambda_a + \lambda_b + 2\lambda_{ab}) \tag{5-62}$$

对于图 5-9 所示的开口槽，对比前文中推导的结果，可以得出

$$\lambda_a = \frac{h_1}{3b_s} + \frac{h_0}{b_s} \tag{5-63}$$

$$\lambda_b = \frac{h_3}{3b_s} + \frac{h_0 + h_1 + h_2}{b_s} \tag{5-64}$$

对于 λ_{ab}，可以如下推导：在离上层线圈底部 x 距离处，由下层线圈中的电流 I 在 $\mathrm{d}x$ 高度内产生的磁通为 $\mathrm{d}\Phi_x = \frac{N_s}{2}\sqrt{2}I \frac{\mu_0 l_{ef}\mathrm{d}x}{b_s}$，这些磁通所匝链的上层线圈边的导体数为 $\frac{N_s}{2}\frac{x}{h_1}$，则在 h_1 范围内所有磁通对上层线圈边的磁链为

$$\Psi'_{ab} = \int_0^{h_1} \mathrm{d}\Psi_x = \int_0^{h_1} \frac{N_s}{2}\frac{x}{h_1}\frac{N_s}{2}\sqrt{2}I\frac{\mu_0 l_{ef}\mathrm{d}x}{b_s} = \left(\frac{N_s}{2}\right)^2 \sqrt{2}I\mu_0 l_{ef}\frac{h_1}{2b_s} \tag{5-65}$$

下层线圈边中的电流 I 在 h_0 范围内所产生的磁通对上层线圈边的磁链为

$$\Psi''_{ab} = \left(\frac{N_s}{2}\right)^2 \sqrt{2}I\mu_0 l_{ef}\frac{h_0}{b_s} \tag{5-66}$$

因此总的互感磁链为

$$\Psi_{ab} = \Psi'_{ab} + \Psi''_{ab} = \left(\frac{N_s}{2}\right)^2 \sqrt{2}I\mu_0 l_{ef}\left(\frac{h_1}{2b_s} + \frac{h_0}{b_s}\right) \tag{5-67}$$

由此得出相应于上、下层线圈边间互感的比磁导为

$$\lambda_{ab} = \frac{h_1}{2b_s} + \frac{h_0}{b_s} \tag{5-68}$$

将式（5-63）、式（5-64）、式（5-68）代入式（5-62），且一般有 $h_3 = h_1$，得

$$\lambda_s = \frac{2}{3}\frac{h_1}{b_s} + \frac{h_2}{4b_s} + \frac{h_0}{b_s} \approx \frac{h}{3b_s} + \frac{h_0}{b_s} \tag{5-69}$$

由此可知，对于双层整距绕组，由于其各槽上、下层线圈边中的电流属于同一相，槽比漏磁导仍可用单层绕组槽比漏磁导的公式，只要将式（5-56）中线圈边高度 h_1 代以上、下层线圈边（包括层间绝缘）在槽中所占的总高度 h 即可。

（3）双层短距绕组的槽漏抗　在交流电机中，常采用双层短距绕组。在这种场合，有些槽中上、下层线圈边中的电流不属于同一相。设每极每相有 q 个槽，则每极每相共有 q 个上层线圈边和 q 个下层线圈边。若以 β 表示绕组节距比，则由图 5-10 可知，在 $2/3 < \beta < 1$ 的情况下，以三相电机为例，在一个极距范围内，每相有 $(1-\beta)3q$ 个上层线圈边中电流，和其同槽的下层线圈边中电流不属于同一相。另外，有同样数量的下层线圈边中电流，和其同槽的上层线圈边中电流也不属于同一相。其余的 $q - (1-\beta)3q = q(3\beta-2)$ 个上层线圈边中电流，与其同槽的下层线圈边中电流属于同一相。因此在一个极距范围内，一相（例如 A 相）绕组的总磁链（用符号法表示的复振幅）为

$$\dot{\Psi}=\sqrt{2}\mu_0\left(\frac{N_s}{2}\right)^2 l_{ef}\left[3q(1-\beta)(\dot{I}_A\lambda_a+\dot{I}_B'\lambda_{ab})\right]+$$

$$\sqrt{2}\mu_0\left(\frac{N_s}{2}\right)^2 l_{ef}\left[3q(1-\beta)(\dot{I}_A\lambda_b+\dot{I}_C'\lambda_{ba})\right]+$$

$$\sqrt{2}\mu_0\left(\frac{N_s}{2}\right)^2 l_{ef}\left[q(3\beta-2)(\dot{I}_A\lambda_a+\dot{I}_A\lambda_{ab})\right]+$$

$$\sqrt{2}\mu_0\left(\frac{N_s}{2}\right)^2 l_{ef}\left[q(3\beta-2)(\dot{I}_A\lambda_b+\dot{I}_A\lambda_{ba})\right] \tag{5-70}$$

式中，$\dot{I}_A$ 为 A 相线圈边中电流；$\dot{I}_B'$ 为在图 5-10 所示的极距范围内，与 A 相线圈边处于同槽的 B 相线圈边中电流；$\dot{I}_C'$ 为在图 5-10 所示的极距范围内，与 A 相线圈边处于同槽的 C 相线圈边中电流。

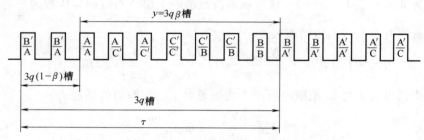

图 5-10 双层短距绕组各相导体在槽中的分布情况

式（5-70）中的第一项、第二项分别为上、下层线圈边中电流异相的槽中上层线圈边的磁链及下层线圈边的磁链，第三项、第四项分别为上、下层线圈边中电流同相的槽中上层线圈边的磁链及下层线圈边的磁链。

在一般绕组为 60° 相带的三相电机中，$\dot{I}_A$、$\dot{I}_B'$、$\dot{I}_C'$ 之间的相位关系如图 5-11 所示。因此

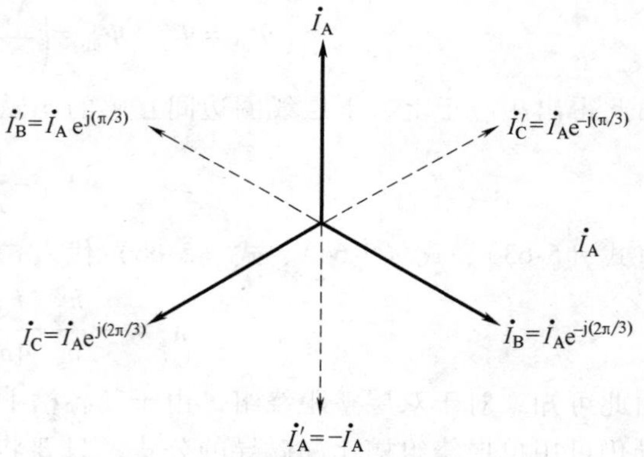

$$\dot{I}_B'=\dot{I}_A e^{j\frac{\pi}{3}}=\dot{I}_A(\cos60°+j\sin60°) \tag{5-71}$$

图 5-11 $\dot{I}_A$、$\dot{I}_B'$、$\dot{I}_C'$ 之间的相位关系

$$\dot{I}_C'=\dot{I}_A e^{-j\frac{\pi}{3}}=\dot{I}_A(\cos60°-j\sin60°) \tag{5-72}$$

将式（5-71）、式（5-72）代入式（5-70），并考虑到 $\lambda_{ab}=\lambda_{ba}$，得

$$\dot{\Psi}=\sqrt{2}\dot{I}_A\mu_0\left(\frac{N_s}{2}\right)^2 l_{ef}\left[q(\lambda_a+\lambda_b)\right]+q(3\beta-1)\lambda_{ab}] \tag{5-73}$$

如果各极极距范围内的线圈互相串联，则 A 相绕组的槽漏磁电感 $L_s=2p\Psi/(\sqrt{2}I_A)$。如果绕组有 a 条并联支路，则每支路的槽漏感应等于 $\dfrac{2p\Psi}{\sqrt{2}I_A}\dfrac{1}{a}$，再除以 a，即得绕组每相槽漏磁电感为

$$L_s = \frac{2p\Psi}{\sqrt{2}\,I_A}\frac{1}{a^2} \tag{5-74}$$

将式（5-73）代入式（5-74），并考虑到 $N_s = Na/pq$，得

$$L_s = 2\mu_0 \frac{N^2}{pq} l_{ef} \frac{1}{4} \left[\lambda_a + \lambda_b + \lambda_{ab}(3\beta - 1) \right] \tag{5-75}$$

每相槽漏抗为

$$X_s = 4\pi f\mu_0 \frac{N^2}{pq} l_{ef} \frac{1}{4} \left[\lambda_a + \lambda_b + \lambda_{ab}(3\beta - 1) \right] \tag{5-76}$$

由此双层短距绕组的槽比漏磁导为

$$\lambda_s = \frac{1}{4} \left[\lambda_a + \lambda_b + \lambda_{ab}(3\beta - 1) \right] \tag{5-77}$$

将式（5-63）、式（5-64）及式（5-68）代入式（5-77），并假定 $h_2 \approx 0$，一般有 $h_1 = h_3 = h/2$，可得

$$\lambda_s = \frac{h_0}{b_s}\left(\frac{3\beta + 1}{4}\right) + \frac{h}{3b_s}\left(\frac{9\beta + 7}{16}\right) = K_U \lambda_U + K_L \lambda_L \tag{5-78}$$

式中，$\lambda_U = h_0/b_s$ 为槽口比漏磁导；$\lambda_L = h/3b_s$ 为安放导体的槽下部的比漏磁导；$K_U = (3\beta + 1)/4$ 为由于短距对槽口比漏磁导引入的节距漏抗系数；$K_L = (9\beta + 7)/16$ 为由于短距对槽下部比漏磁导引入的节距漏抗系数。

由式（5-69）及式（5-78）可知，双层短距绕组的槽比漏磁导较双层整距绕组的槽比漏磁导小，因其两个分量分别乘了小于1的系数 K_U 和 K_L，这是由于有些槽中上、下层线圈边电流不同相，而使产生槽漏磁的磁势减小。

当 $2/3 \leq \beta \leq 1$ 时，$K_U = (3\beta + 1)/4$，$K_L = (9\beta + 7)/16$。同理可推导得出，当 $1/3 \leq \beta \leq 2/3$ 时，$K_U = (6\beta - 1)/4$，$K_L = (18\beta + 1)/16$。当 $0 < \beta \leq 1/3$ 时，$K_U = 3\beta/4$，$K_L = (9\beta + 4)/16$。可以把系数 K_U 及 K_L 与 β 的关系做成曲线，如图5-12所示。

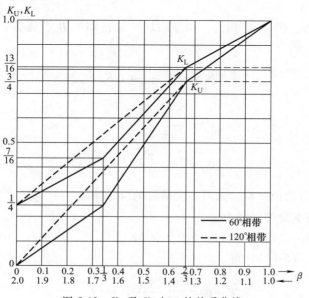

图 5-12　K_U 及 K_L 与 β 的关系曲线

有时为了简化计算，可近似假定 $\lambda_a + \lambda_b = 2\lambda_{ab}$，则式（5-77）可简化成

$$\lambda_s = \frac{1}{4}(\lambda_a + \lambda_b + 2\lambda_{ab})\left(1 + \frac{(3\beta - 3)\lambda_{ab}}{\lambda_a + \lambda_b + 2\lambda_{ab}}\right) = \frac{1}{4}(\lambda_a + \lambda_b + 2\lambda_{ab})\frac{3\beta + 1}{4} \tag{5-79}$$

由式（5-62）及式（5-79）可知，在 $2/3 \leqslant \beta \leqslant 1$ 的情况下，双层短距绕组的槽比漏磁导可近似等于双层整距绕组的槽比漏磁导乘以一个系数 k_β，$k_\beta = (3\beta + 1)/4$。如欲进行较准确的计算，则可对不同槽形算出其相应的 λ_U 及 λ_L，再按式（5-78）进行计算。

2. 谐波漏抗计算

多相对称交流电机绕组（例如感应电机定子绕组）通以多相对称电流时，在气隙中产生的旋转磁场，除基波外还有各次谐波磁场，其极对数为

$$p_v = vp \tag{5-80}$$

式中，v 为谐波次数。其相对于定子的转速为

$$n_v = \frac{n_1}{v} \tag{5-81}$$

式中，n_1 为基波磁场转速。

因此，各次谐波磁场在定子绕组中感应电势的频率为

$$f_v = p_v n_v = pn_1 = f_1 \tag{5-82}$$

即等于基波电势频率，因此它们应反映在定子回路的电势平衡方程中。对于感应电机转子而言，这些定子谐波磁场虽然大部分也与转子绕组匝链，但产生的不是有用转矩。故一般把由各次谐波磁场所感生的基频电势看作为漏抗压降，相应的电抗称为谐波漏抗。由于这些谐波磁场等于电枢电流产生的气隙总磁场与基波磁场之差，故有时把这些谐波磁场的电抗称为差别漏抗。

计算谐波漏抗时假定：①各槽线圈边中电流集中在槽中心线上；②铁磁物质的磁导率 $\mu = \infty$；③气隙均匀并且比较小，气隙谐波磁场只有径向分量。槽开口对各次谐波磁场的影响均近似以气隙系数来计及；④忽略各次谐波磁场在对方绕组中所感生的电流对它本身的削弱作用。

与式（5-31）～式（5-33）相仿，谐波磁场的磁密幅值 B_v、磁势幅值 F_v、每极磁通 Φ_v 分别为

$$\begin{cases} B_v = \mu_0 F_v \dfrac{1}{K_\delta \delta} = \mu_0 F_v \dfrac{1}{\delta_{ef}} \\[2mm] F_v = \dfrac{\sqrt{2}\, m N K_{dpv} I}{\pi p v} \\[2mm] \Phi_v = \dfrac{2}{\pi} l_{ef} \dfrac{\tau}{v} B_v \end{cases} \tag{5-83}$$

式中，I 为电枢电流有效值；K_{dpv} 为对 v 次谐波的绕组系数。

谐波磁场与绕组本身的磁链为

$$\Psi_v = \Phi_v N K_{dpv} \tag{5-84}$$

将式（5-83）代入式（5-84），得

$$\Psi_v = \mu_0 \frac{\sqrt{2}\, m}{\pi p}\left(\frac{N K_{dpv}}{v}\right)^2 I \frac{2}{\pi} l_{ef} \frac{\tau}{\delta_{ef}} \tag{5-85}$$

v 次谐波的谐波漏抗为

$$X_v = \frac{2\pi f \Psi_v}{\sqrt{2}\,I} = 2\pi f \mu_0 \frac{m}{\pi p}\left(\frac{N K_{\mathrm{dp}v}}{v}\right)^2 \frac{2}{\pi} l_{\mathrm{ef}} \frac{\tau}{\delta_{\mathrm{ef}}} \tag{5-86}$$

谐波漏抗（对应于所有各次谐波磁场）为

$$X_\delta = 4\pi f \mu_0 \frac{m}{\pi^2} \frac{N^2}{p} l_{\mathrm{ef}} \frac{\tau}{\delta_{\mathrm{ef}}} \sum\left(\frac{K_{\mathrm{dp}v}}{v}\right)^2 = 4\pi f \mu_0 \frac{N^2}{pq} l_{\mathrm{ef}} \lambda_\delta \tag{5-87}$$

式中

$$\lambda_\delta = \frac{m}{\pi^2} \frac{q\tau}{\delta_{\mathrm{ef}}} \sum s \tag{5-88}$$

称为谐波比漏磁导，$\sum s = \sum\left(\dfrac{K_{\mathrm{dp}v}}{v}\right)^2$。对于三相 60° 相带绕组、不同 q 及 β 值的 $\sum s$ 已计算并绘制，如图 5-13 所示。由图可见，在常见的 $2/3 \leqslant \beta \leqslant 1$ 范围内，$\beta \approx 0.8$ 时，$\sum s$ 最小，因此时 5 次、7 次谐波被大大削弱；一般来说，由于分数 q 绕组所建立的气隙磁场中常含有许多分数次谐波，所以其 $\sum s$ 较大。此外，如果不忽略齿部分磁阻时，式（5-88）中分母应乘以齿部饱和系数 K_{s}。

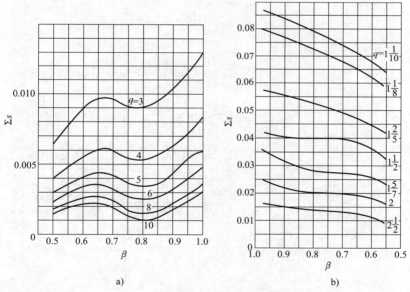

图 5-13　三相 60° 相带谐波比漏磁导的系数 $\sum s$

式（5-87）是谐波漏抗的一般表达式，它适用于感应电机及隐极同步电机的定子绕组和绕线转子感应电机的转子绕组。由于气隙不均匀，凸极同步电机的谐波漏抗的表达式中可近似地使用式（5-87），但需引入一个系数 k_{d}，即凸极同步电机定子谐波漏抗

$$X_{\delta 1} = k_{\mathrm{d}} 4\pi f \mu_0 \frac{N^2}{pq} l_{\mathrm{ef}} \lambda_\delta \tag{5-89}$$

式中，系数 k_{d} 可由图 5-5 查取。

感应电机笼型绕组产生的谐波磁场的次数 $\mu = k_2 \dfrac{Z_2}{p} \pm 1$（$k_2 = 1, 2, 3, \cdots$），其绕组系数

$K_{\mathrm{dp}\mu} = 1$，并且 $N_2 = 1/2$，$pq = 1/2$，由式（5-87）得出笼型绕组的谐波漏抗为

$$X_{\delta2} = 2\pi f \mu_0 l_{\mathrm{ef}} \lambda_{\delta2} \tag{5-90}$$

式中

$$\lambda_{\delta2} = \frac{m_2 q_2 \tau}{\pi^2 \delta_{\mathrm{ef}}} \sum \left(\frac{1}{k_2 \dfrac{Z_2}{p} \pm 1} \right)^2 = \frac{Z_2}{2p\pi^2} \frac{\tau}{\delta_{\mathrm{ef}}} \sum R \tag{5-91}$$

式中，$\sum R = \sum \left(\dfrac{1}{k_2 \dfrac{Z_2}{p} \pm 1} \right)^2$。$\sum R$ 也已做详细计算并绘于图 5-14 中。

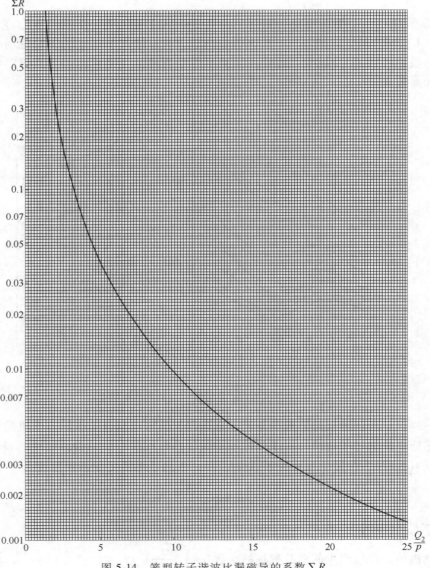

图 5-14　笼型转子谐波比漏磁导的系数 $\sum R$

做如下近似后进行直接计算:

$$\Sigma\left(\frac{1}{k_2\dfrac{Z_2}{p}\pm1}\right)^2=\left[\frac{1}{\left(\dfrac{Z_2}{p}+1\right)^2}+\frac{1}{\left(\dfrac{2Z_2}{p}+1\right)^2}+\frac{1}{\left(\dfrac{3Z_2}{p}+1\right)^2}+\cdots+\right.$$
$$\left.\frac{1}{\left(\dfrac{Z_2}{p}-1\right)^2}+\frac{1}{\left(\dfrac{2Z_2}{p}-1\right)^2}+\frac{1}{\left(\dfrac{3Z_2}{p}-1\right)^2}+\cdots\right] \tag{5-92}$$

由于一般 $Z_2/p\geqslant1$,可取 $Z_2/p\pm1\approx Z_2/p$,因而式(5-92)可写成

$$\Sigma\left(\frac{1}{k_2\dfrac{Z_2}{p}\pm1}\right)^2=\frac{1}{2}\left(\frac{2p}{Z_2}\right)^2\left(1+\frac{1}{2^2}+\frac{1}{3^2}+\cdots\right)=\frac{\pi^2}{12}\left(\frac{2p}{Z_2}\right)^2\approx\frac{5}{6}\left(\frac{2p}{Z_2}\right)^2 \tag{5-93}$$

式(5-91)~式(5-93)中 $k_2=1$,2,3,…。

把式(5-93)代入式(5-91),化简得

$$\lambda_{\delta2}=\frac{t^2}{12\delta_{ef}} \tag{5-94}$$

3. 齿顶漏抗计算

在同步电机里,由于气隙一般比较大,气隙磁场不是完全沿径向方向穿越气隙,其一部分磁力线经由一个齿顶进入另一个齿顶形成闭合回路,如图 5-15 所示。这些磁通称为齿顶漏磁通,与之相应的漏抗即齿顶漏抗。但是有一部分谐波磁场不是沿径向穿越气隙,而经由齿顶之间闭合。另外,从图 5-15 中可看出,沿槽口的磁力线实际上不与槽底平行,但前面在推导槽漏抗计算公式时,假定槽漏磁力线均与槽底平行,因此由所得公式算出的结果将偏大。这些都将在齿顶漏抗计算中给予修正。

当槽口面对极靴时相应于齿顶漏磁场的比漏磁导为

$$\lambda_{td}=0.2284+0.0796\frac{\delta}{b_0}-0.25\frac{b_0}{\delta}(1-\sigma) \tag{5-95}$$

式中

$$\sigma=\frac{2}{\pi}\left[\arctan\frac{b_0}{2\delta}-\frac{\delta}{b_0}\ln\left(1+\frac{b_0^2}{4\delta^2}\right)\right] \tag{5-96}$$

为了便于应用将式(5-95)做成曲线,如图 5-16 所示。

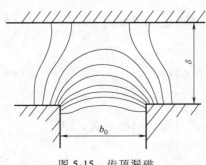

图 5-15　齿顶漏磁

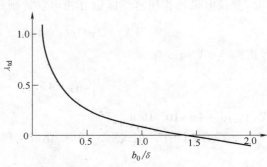

图 5-16　λ_{td} 与 b_0/δ 的关系曲线

当槽口面对极间区域时，齿顶比漏磁导计算式为

$$\lambda_{tq} = 0.2164 + 0.3184 \left(\frac{b'_t}{b_0} \right)^{0.5} \tag{5-97}$$

式中，b'_t 为齿顶宽度。

因此，齿顶总比漏磁导 λ_t 为

$$\lambda_t = \alpha_p \lambda_{td} + (1 - \alpha_p) \lambda_{tq} \tag{5-98}$$

对于隐极同步电机，由于气隙是均匀的，可利用式（5-95）直接计算 λ_t。

当使用短距绕组时，上述的齿顶比漏磁导公式中还须乘以系数 K_U。

感应电机的气隙较小，一般不再计算齿顶漏抗。

4. 端部漏抗计算

绕组端部漏抗是相应于绕组端部匝链的漏磁场的电抗。电机绕组端部形状十分复杂，并且随着绕组形式不同而有较大的差异，其邻近金属构件又对漏磁场的分布影响颇大，但构件本身则随电机形式的不同而异，因此想准确计算电机端部漏抗的比漏磁导是比较困难的。已有不少学者对此做了理论分析与试验研究，得出了含有经验校正系数的一些表达式。

对于图 5-17 所示的不分组的单层同心式绕组，每极每相线圈组的漏感与 $(N_s q)^2$ 成正比，因为漏磁通是由 q 个线圈边中的电流所产生，并且与 q 个线圈边匝链。此外，它也与线圈端部长度或极距有关。因此，每极每相线圈组的端部漏感，根据试验修正后，可以表示为

$$L_E = (N_s q)^2 \mu_0 (0.67 l_E - 0.43 \tau) \tag{5-99}$$

式中，l_E 为半匝线圈的端部长度。

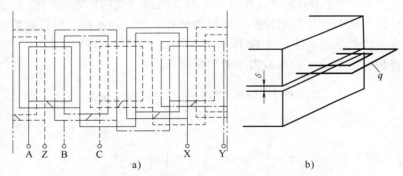

图 5-17 不分组的单层同心式绕组及其端部

假设电机每相所有线圈组互相串联，则每相的端部漏抗为

$$X_E = 2\pi f 2p L_E = 4\pi f \mu_0 (N_s q)^2 p \times 0.67 (l_E - 0.64\tau) \tag{5-100}$$

考虑到 $N = N_s pq$，有

$$X_E = 4\pi f \mu_0 \frac{N^2}{p} 0.67 (l_E - 0.64\tau) \tag{5-101}$$

式中，$\mu_0 = 4\pi \times 10^{-7} \text{H/m}$。

为了便于计算，把式（5-101）化成与槽漏抗表达式具有相同的形式，即

$$X_E = 4\pi f \mu_0 \frac{N^2}{pq} l_{ef} \lambda_E \tag{5-102}$$

式中，λ_E 为端部比漏磁导。

对于不分组的单层同心式绕组有

$$\lambda_E = 0.67 \frac{q}{l_{ef}}(l_E - 0.64\tau) \tag{5-103}$$

在分组的单层同心式绕组里，每极每相线圈组分成两组，如图 5-18 所示。每组的端部漏磁链主要与 $(qN_s/2)^2$ 成正比，则每极每相线圈组的漏磁链与 $2 \times (qN_s/2)^2 = (qN_s)^2/2$ 成正比，因此，分组的单层同心式绕组的端部比漏磁导比不分组的小，根据试验分析，约小 30%。

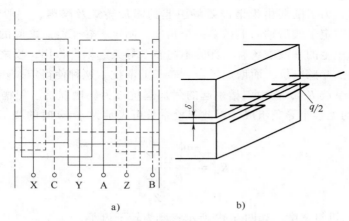

图 5-18　分组的单层同心式绕组及其端部

对于分组的单层同心式绕组，其端部比漏磁导为

$$\lambda_E = 0.47 \frac{q}{l_{ef}}(l_E - 0.64\tau) \tag{5-104}$$

对于单层链形绕组，有

$$\lambda_E = 0.2 \frac{q}{l_{ef}} l_E \tag{5-105}$$

对于双层叠绕组，端部比漏磁导为

$$\lambda_E = 0.57 q \frac{\tau}{l_{ef}} \left(\frac{3\beta - 1}{2}\right) \tag{5-106}$$

对于双层波绕组，式（5-106）中的 $3\beta-1$ 取 2。上列公式同样适用于绕线转子绕组。

对于笼型绕组，可用下式计算其端环的比漏磁导：

$$\lambda_E = \frac{0.2523 Z_{2p}}{l_{ef}} \left(\frac{D_R}{2p} + \frac{l'}{1.13}\right) \tag{5-107}$$

式中，Z_{2p} 为转子每极槽数；l' 为导条伸出铁心的长度（两端）。如果端环紧贴铁心，则 $l' = 0$。

如将比磁导归算到定子边，对三相感应电机有

$$\lambda_E' = \frac{0.757 q_1 K_{dp1}^2}{l_{ef}} \left(\frac{D_R}{2p} + \frac{l'}{1.13}\right) \tag{5-108}$$

以上各 λ_E 式子中：式（5-106）是由阿尔泽（P. L. A1ger）提出的，文献中将电机的两端部

合而为一（即设想把铁心"移走"），再把整个端区电流用两个等效电流（轴向与周向）代替，分别计算由这两个电流激发的磁场和相应电抗——轴向电流分量激发了有效部分气隙中的旋转磁场，感应了电抗电势；而把两端的两周向电流看作二根平行的输电线，再根据电工基础中有关概念导出电抗，最后进行叠加和简化。其余各式大体上都是根据电工基础中关于直线段（包括自感、互感）的电感的计算方法得出的。以上各式的简化和近似中，如前所述，其系数都采用了某些实验的统计平均值。这些表达式的全部推导过程颇为复杂，但端部漏抗（除 $2p=2$ 的电机外）一般所占比例不大，故这里仅将有关计算式列出。

5. 斜槽漏抗计算

在感应电机里，为了削弱由齿谐波磁场引起的附加转矩及噪声，一般笼型转子采用斜槽，即把转子槽相对定子槽沿轴向上扭斜一个角度，则定、转子绕组之间的电磁耦合系数减小，即由定子电流产生的基波磁场有一部分不与转子导条起耦合作用，反之也是。这相当于减小了定、转子间的互感电抗，而增加了定、转子的漏抗。这种使得定、转子互感电抗减小的因数，称为斜槽系数 K_{sk}，而由斜槽引起的附加漏抗称为斜槽漏抗。斜槽后，每根转子导条看作是由 $q=\infty$ 的无数小导条组成，因此斜槽系数可表示为 $q=\infty$ 时的绕组分布系数，为

$$K_{sk} = \frac{\sin\left(\dfrac{b_{sk}}{t_2} \dfrac{p\pi}{Z_2}\right)}{\dfrac{b_{sk}}{t_2} \dfrac{p\pi}{Z_2}} \tag{5-109}$$

式中，b_{sk} 为斜槽的扭斜宽度，如图 5-19 所示；t_2 为转子齿距。

因此，感应电机的互感电抗（即主电抗）将由 X_m 变为 $K_{sk}X_m$；而定、转子漏抗里分别增加了一个斜槽漏抗，它等于 $(1-K_{sk})X_m$，相应的等效电路如图 5-20 所示。实际计算斜槽影响时，通常把等效电路里的励磁支路移前，而把定子的斜槽漏抗都归入转子回路内，如图 5-21 所示。在这样变换时，励磁支路电抗应乘以系数

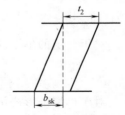

图 5-19　笼型转子斜槽的扭斜宽度

$$\sigma_{12} = 1 + \frac{(1-K_{sk})X_m}{K_{sk}X_m} = \frac{1}{K_{sk}} \tag{5-110}$$

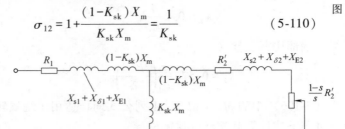

图 5-20　感应电机考虑斜槽影响的等效电路

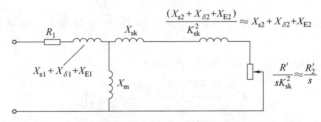

图 5-21　把定子斜槽漏抗归入转子回路时的等效电路

因此，励磁支路前移的互感电抗等于 $\sigma_{12}K_{sk}X_m = X_m$，即仍等于不考虑斜槽时的励磁支路电抗。

定子斜槽漏抗移至励磁支路后端时也须乘以系数 σ_{12}，而转子回路内所有各参数须乘以 σ_{12}^2。因此，这时定、转子的总斜槽漏抗为

$$X_{sk} = (1-K_{sk})X_m\sigma_{12} + (1-K_{sk})X_m\sigma_{12}^2 \tag{5-111}$$

将式（5-110）代入式（5-111），得

$$X_{sk} = \left(\frac{1}{K_{sk}^2}-1\right)X_m \tag{5-112}$$

转子回路直槽漏抗及等效电阻等也应乘以 σ_{12}^2，即应除以 K_{sk}^2。由于 K_{sk}^2 接近于1，并且转子回路的直槽参数本身也比较小，所以通常不计及这些影响。

可把式（5-112）进一步简化。由式（5-91）、式（5-94）、式（5-25）及式（5-36），可得折算到定子侧的谐波漏抗为

$$X'_{\delta 2} = X_m \sum\left(\frac{1}{\frac{Z_2}{k_2 p}\pm 1}\right)^2, k_2 = 1,2,3,\cdots \tag{5-113}$$

把未近似前的式（5-93）代入式（5-113），得

$$X'_{\delta 2} = \frac{1}{3}\left(\frac{p\pi}{Z_2}\right)^2 X_m \tag{5-114}$$

将式（5-109）代入式（5-112），得

$$X_{sk} = \left[\left(\frac{\frac{b_{sk}}{t_2}\frac{p\pi}{Z_2}}{\sin\left(\frac{b_{sk}}{t_2}\frac{p\pi}{Z_2}\right)}\right)^2-1\right]X_m \approx \frac{1}{3}\left(\frac{p\pi}{Z_2}\frac{b_{sk}}{t_2}\right)^2 X_m \tag{5-115}$$

由式（5-114）及式（5-115）可得

$$X_{sk} = \left(\frac{b_{sk}}{t_2}\right)^2 X'_{\delta 2} \tag{5-116}$$

考虑到斜槽后基波漏磁场沿轴向不是均匀分布的，两端大，中间小，两端的磁路较饱和，使斜槽漏抗有所减小；另外，由于转子导条与铁心间没有很好绝缘，斜槽后相邻导条间产生的横向电流也会使漏抗减小，实际值约较式（5-116）计算值小一半。故实际上斜槽漏抗计算式为

$$X_{sk} = 0.5\left(\frac{b_{sk}}{t_2}\right)^2 X'_{\delta 2} \tag{5-117}$$

5.2.4 漏抗的标幺值

漏抗标幺值的计算式可表示为

$$X_\sigma^* = \frac{I_{N1}X_\sigma}{U_{N\Phi}} = \frac{X_\sigma}{Z_N} \tag{5-118}$$

式中

$$Z_N = \frac{U_{N\Phi}}{I_{N1}} = \frac{\pi\sqrt{2}f\Phi_N NK_{dp1}}{I_{N1}} \tag{5-119}$$

而

$$I_{N1} = F_{N1}\frac{\pi}{\sqrt{2}}\frac{p}{mNK_{dp1}} \tag{5-120}$$

将式（5-120）代入式（5-119）得

$$Z_N = \frac{2m(NK_{dp1})^2 f\Phi_N}{pF_{N1}} \tag{5-121}$$

将式（5-50）、将式（5-121）代入式（5-118）得

$$X_\sigma^* = \frac{2\pi\mu_0 F_{N1}l_{ef}}{\Phi_N K_{dp1}^2}\frac{\sum\lambda}{mq} \tag{5-122}$$

若将 $F_{N1} = \dfrac{\sqrt{2}}{\pi}A\tau K_{dp1}$ 及 $\Phi_N = \dfrac{2}{\pi}B_{\delta1}\tau l_{ef}$ 代入式（5-122），可得漏抗标幺值表达式为

$$X_\sigma^* = \frac{\sqrt{2}\pi\mu_0 \sum\lambda}{K_{dp1}mq}\frac{A}{B_{\delta1}} \tag{5-123}$$

或

$$X_\sigma^* = k_\sigma \frac{A}{B_{\delta1}} \tag{5-124}$$

式中，A 为当电枢电流 $I = I_{N1}$ 时的线负荷；$B_{\delta1}$ 为相应于感应电势 $E = U_{N\Phi}$ 的气隙基波磁密幅值。系数为

$$k_\sigma = \frac{\sqrt{2}\pi\mu_0 \sum\lambda}{K_{dp1}mq} \tag{5-125}$$

由式（5-123）可知，漏抗标幺值主要与 $\dfrac{\sum\lambda}{q}\dfrac{A}{B_{\delta1}}$ 有关，在 q 及 $\sum\lambda$ 一定的情况下，它也和主电抗一样，与 $A/B_{\delta1}$ 成正比关系，因此式（5-45）后面的有关讨论对漏抗同样适用。如果漏抗设计值与预计值不符但相差较小，则可适当改变 q 或与 $\sum\lambda$ 有关的某些设计数据。如果相差较大，则应重新选取 A、$B_{\delta1}$，或甚至改变主要尺寸，重新进行设计。

5.3 永磁电机电抗计算

永磁同步电机的直轴电枢反应电抗 X_{ad} 和交轴电枢反应电抗 X_{aq} 的计算方法与电励磁电机不同，永磁体没有电励磁的"开路"和"短路"状态，永磁体的励磁作用是固定存在的，因而不考虑永磁体作用的计算方法显然没有实际意义。同时，电枢磁势不同，电机内磁场的饱和程度就不同，因而电枢反应电抗也不同。而且交、直轴磁路同时经由定、转子齿部和定子轭部闭合，因而交、直轴磁路之间的相互影响也不容忽略。电抗参数必须根据永磁同步电机内部磁场的实际分布状态来求取。本节以稀土永磁同步电动机的电枢反应电抗为例阐述说明。

5.3.1 基本电磁关系

1. 电枢反应特点

电枢磁场对永磁体建立的气隙磁场的影响，称为永磁同步电机的电枢反应。无论是切向结构还是径向结构的转子，其永磁体磁阻都位于直轴磁路上，故直轴磁阻远大于电磁式同步电机的直轴磁阻。交轴方向磁阻因转子结构不同而有差异，一般来说，稀土永磁同步电机是气隙均匀的凸极同步电机，其直轴磁阻大于交轴磁阻，图 5-22 所示为切向充磁的永磁同步电机交、直轴电枢磁路示意图。

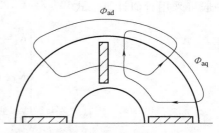

图 5-22 切向充磁的永磁同步电机交、直轴电枢磁路示意图

磁路不对称引起同一电枢磁势作用在不同位置时的电枢反应不同，利用双反应理论将电枢磁势 $\dot{F}_a$ 分解为交、直轴两个分量，即

$$\dot{F}_a = \dot{F}_{ad} + \dot{F}_{aq} \tag{5-126}$$

式中，$\dot{F}_{ad}$ 为电枢磁势直轴分量；$\dot{F}_{aq}$ 为电枢磁势交轴分量。

2. 电枢反应折算系数 K_{ad}、K_{aq}

衡量单位磁势产生的基波气隙磁感应强度（磁密），可利用电枢反应折算系数 K_{ad} 与 K_{aq}，即

$$K_{ad} = \frac{B_{ad1}/F_{ad}}{B_{f1}/F_f} \tag{5-127}$$

$$K_{aq} = \frac{B_{aq1}/F_{aq}}{B_{f1}/F_f} \tag{5-128}$$

式中，K_{ad} 为直轴电枢反应折算系数；K_{aq} 为交轴电枢反应折算系数；B_{ad1} 为 F_{ad} 产生的气隙磁密基波幅值；B_{aq1} 为 F_{aq} 产生的气隙磁密基波幅值；B_{f1} 为励磁磁势 F_f 产生的气隙磁密基波幅值。

K_{ad}、K_{aq} 为单位直、交轴电枢磁势产生的基波气隙磁密与单位励磁磁势产生的气隙基波磁密之比。其物理意义是：产生同样大小的基波气隙磁场时，一安匝的直轴或交轴电枢反应磁势对应的励磁磁势。

3. 电枢反应折算系数 K_{ad}、K_{aq} 的计算

用 B_f、B_{ad}、B_{aq} 分别表示磁势 F_f、F_{ad}、F_{aq} 产生的气隙磁密最大值，引入波形系数 K_f、K_d、K_q，则

$$K_f = \frac{B_{f1}}{B_f} \tag{5-129}$$

式中，K_f 为励磁磁密波形系数。

$$K_d = \frac{B_{ad1}}{B_{ad}} \tag{5-130}$$

式中，K_d 为直轴电枢磁势产生的磁密波形系数。

$$K_q = \frac{B_{aq1}}{B_{aq}} \tag{5-131}$$

式中，K_q 为交轴电枢磁势产生的磁密波形系数。

K_f、K_d、K_q 的准确计算可利用电磁场数值计算和谐波分析法确定。当忽略边缘效应时，一般可采用近似计算公式

$$\begin{cases} K_f = \dfrac{4}{\pi}\sin\dfrac{\alpha_i\pi}{2} \\[2mm] K_d = \alpha_i + \dfrac{1}{\pi}\sin\alpha_i\pi \\[2mm] K_q = \alpha_i - \dfrac{1}{\pi}\sin\alpha_i\pi + \dfrac{2}{3\pi}\cos\dfrac{\alpha_i\pi}{2} \end{cases} \tag{5-132}$$

式中，α_i 为永磁同步电机的计算极弧系数。

交、直轴电枢反应折算系数 K_{ad} 和 K_{aq} 反映了电动机磁路结构对电机电枢反应电抗 X_{ad} 和 X_{aq} 的影响。转子磁路结构不同，电机的交、直轴电枢反应折算系数也有差别。根据定义可知，$K_{ad} = K_d/K_f$，$K_{aq} = K_q/K_f$。

对近似于隐极电机性能的表面凸出式永磁同步电机，$K_d = K_q = 1$，因而其直、交轴电枢反应折算系数为

$$K_{aq} = K_{ad} = \frac{1}{K_f} = \frac{\pi}{4\sin\left(\dfrac{\alpha_i\pi}{2}\right)} \tag{5-133}$$

而对表面插入式和内置式永磁同步电机，K_d 和 K_q 与电机的极弧系数、永磁体尺寸和电机气隙长度等许多因素有关，较难用解析法准确计算，一般用电磁场数值计算求出气隙磁场分布，然后用谐波分析确定其基波后得出，或采用经验值。

对稀土永磁同步电机，不计饱和效应，并忽略铁心磁阻，其典型直轴磁路如图 5-23 所示。图中 R_{mM}、$R_{m\delta}$、$R_{m\sigma}$ 分别表示每对极下的永磁体磁阻、气隙磁阻及漏磁阻，$\Phi_{\sigma0}$ 表示当转子存在磁桥漏磁时的饱和漏磁通。

$$R_{mM} = \frac{b_M}{\mu_M A_M} = \frac{b_M}{\mu_0\mu_r A_M} \tag{5-134}$$

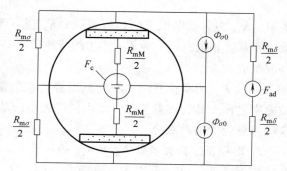

图 5-23　永磁同步电机直轴等效磁路图

式中，b_M 为永磁体磁化方向厚度（每对极）；A_M 为永磁体面积，$A_M = L_M h_M$；μ_M 为永磁体磁导率；μ_r 为永磁体相对磁导率。

$$F_f = F_c = H_c b_M \tag{5-135}$$

$$R_{m\delta} = \frac{4p\delta_{ef}}{\mu_0\pi DL} \tag{5-136}$$

稀土永磁体磁势 F_c、电枢磁势直轴分量 F_{ad} 和电枢磁势交轴分量 F_{aq} 产生对应的气隙磁通 Φ_f、Φ_{ad} 和 Φ_{aq}，如图 5-24 所示。由图不难解得

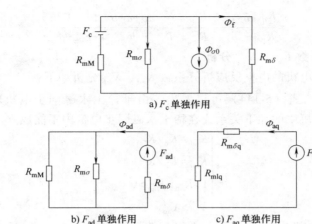

a) F_c 单独作用

b) F_{ad} 单独作用

c) F_{aq} 单独作用

图 5-24 F_c、F_{ad}、F_{aq} 单独作用时的等效磁路图

$$\Phi_f = \frac{F_c(1-\Phi_{\sigma0}R_{mM}/F_c)}{R_{mM}+\dfrac{R_{m\sigma}R_{m\delta}}{R_{m\sigma}+R_{m\delta}}} \cdot \frac{R_{m\sigma}}{R_{m\sigma}+R_{m\delta}} = \frac{F_cR_{m\sigma}(1-\Phi_{\sigma0}R_{mM}/F_c)}{R_{mM}R_{m\delta}+R_{mM}R_{m\sigma}+R_{m\delta}R_{m\sigma}} \tag{5-137}$$

$$\Phi_{ad} = \frac{F_{ad}}{R_{m\delta}+\dfrac{R_{mM}+R_{m\sigma}}{R_{mM}+R_{m\sigma}}} = \frac{F_{ad}(R_{mM}+R_{m\sigma})}{R_{m\sigma}R_{m\delta}+R_{m\delta}R_{mM}+R_{mM}R_{m\sigma}} \tag{5-138}$$

$$\Phi_{aq} = F_{aq}/R_{mq} \tag{5-139}$$

式中，Φ_{ad} 为电枢磁通直轴分量；Φ_{aq} 为电枢磁通交轴分量；R_{mq} 为交轴方向磁阻。

当交轴方向仅有气隙磁阻时，有

$$R_{mq} = R_{m\delta q} = \frac{4p\delta_{ef}}{\mu_0\pi DL} \tag{5-140}$$

当交轴方向还存在其他线性磁阻时，R_{mq} 可分解为

$$R_{mq} = R_{m\delta q} + R_{mlq} \tag{5-141}$$

式中，$R_{m\delta q}$ 为交轴气隙磁阻；R_{mlq} 为交轴磁路其他部分磁阻。

利用 K_{ad} 定义，根据式（5-114）可知

$$K_{ad} = \frac{B_{ad1}/F_{ad}}{B_{f1}/F_c} = \frac{K_dB_{ad}/F_{ad}}{K_fB_{f1}/F_c} = \frac{K_d\dfrac{\Phi_{ad}}{\alpha_i\tau L_{ef}}\Big/F_{ad}}{K_f\dfrac{\Phi_f}{\alpha_i\tau L_{ef}}\Big/F_c} = \frac{K_d}{K_f}\frac{(R_{mM}+R_{m\sigma})}{R_{m\sigma}(1-\Phi_{\sigma0}R_{mM}/F_c)} \tag{5-142}$$

令 $a=R_{mM}/R_{m\delta}$，$b=R_{m\sigma}/R_{m\delta}$，$c=\Phi_{\sigma0}R_{mM}/F_c$，$d=R_{mlq}/R_{mq}$ 可得

$$K_{ad} = \frac{K_d}{K_f}\left(1+\frac{a}{b}\right)\left(\frac{1}{1-c}\right) \tag{5-143}$$

同理可解得

$$K_{aq} = \frac{B_{aq1}/F_{aq}}{B_{f1}/F_c} = \frac{K_q}{K_f}\frac{R_{mM}R_{m\delta}+R_{mM}R_{m\sigma}+R_{m\delta}R_{m\sigma}}{R_{m\delta}R_{m\sigma}(1-\Phi_{\sigma0}R_{mM}/F_c)}$$

$$= \frac{K_q}{K_f} \frac{ab+a+b}{b} \frac{R_{m\delta}}{R_{mq}} = \frac{K_q}{K_f} \frac{ab+a+b}{b} \frac{1}{1-c} \frac{1}{1+d} \tag{5-144}$$

4. 电枢反应折算系数 K_{ad}、K_{aq} 分析

现对稀土永磁同步电机的电枢反应折算系数 K_{ad}、K_{aq} 分析如下:

1) 由式 (5-143)、式 (5-144) 可以看出, 由于稀土永磁同步电机转子的特殊结构, 使得电磁式凸极同步电机中的如下关系式在稀土永磁同步电机中不能成立。

$$\begin{cases} K_{ad} = K_d/K_f \\ K_{aq} = K_q/K_f \\ 1 > K_{ad} > K_{aq} > 0 \\ X_{ad} > X_{aq} \end{cases}$$

2) 稀土永磁同步电机中的 K_{ad}、K_{aq} 不仅与波形系数 K_d、K_q、K_f 有关, 还与线性漏磁阻 $R_{m\sigma}$、非线性漏磁 $\Phi_{\sigma 0}$ 及永磁体磁阻 R_{mM} 有关。

当 $\Phi_{\sigma 0} = 0$, 即磁路中不含有非线性漏磁部分时, $K_{ad} = \dfrac{R_{mM} + R_{m\sigma}}{R_{m\sigma}} \dfrac{K_d}{K_f}$, 线性漏磁的增加使 K_{ad} 增加。

当 $\Phi_{\sigma 0} \neq 0$, $c < 1$, 磁桥使 K_{ad} 进一步增加, 说明随着漏磁的增加, K_{ad} 增加, 这对稀土永磁同步电机设计很有启发性, 如设计稀土永磁同步发电机时为减少电枢反应的影响, 降低电压调整率, 磁路结构中 σ 一定要小, 且不宜有 $\Phi_{\sigma 0}$ 存在。

另外, 线性漏磁和非线性漏磁对 K_{ad} 的影响并不相同, 这是因为直轴电枢反应磁通 Φ_{ad} 能穿过 $R_{m\sigma}$ 支路而不穿过非线性漏磁通 $\Phi_{\sigma 0}$ 的路径。

3) 电磁式同步电机 $K_{ad} = f(\delta, \alpha_i)$, 即 K_{ad} 是计算极弧系数与气隙的函数; 稀土永磁同步电机中, $K_{ad} = f(\delta, \alpha_i, \sigma)$, K_{ad} 是计算极弧系数、气隙及磁路结构的函数 (σ 与磁路结构相关)。

4) 对稀土永磁同步电动机, $K_{ad} > K_q/K_f$, 当交轴方向没有其他线性磁阻时, $R_{mq} = R_{m\delta}$, K_{aq} 可能达到 K_q/K_f 的 3~5 倍, 同理, $K_{aq} = f(\delta, \alpha_i, \sigma)$。

5) 上述 K_{ad}、K_{aq} 是不计铁心磁压降得到的, 计及铁心磁压降时, K_{ad}、K_{aq} 变化不大。

6) 稀土永磁同步电机比电磁式同步电机的电枢反应折算系数 K_{ad}、K_{aq} 大, 这并不表明稀土永磁同步电机的电枢反应较电磁式同步电机电枢反应大。相反, 由于稀土永磁体的高 H_c 和永磁体磁阻 R_{mM} 的影响, 使稀土永磁同步电机的电枢反应较弱。有研究指出, 稀土永磁同步电机的 K_d 小于电磁式同步电机的 K_d。

例如在定子相同时, 单位 F_{ad} 产生的 Φ_{ad}, 稀土永磁同步电机较电磁式同步电机小得多, 单位 F_{aq} 产生的 Φ_q, 在交轴无其他磁阻时, 稀土永磁同步电机与电磁式同步电机差不多。

7) 当 $R_{m\sigma} \to \infty$, $R_{mM} = 0$, $\Phi_{\sigma 0} = 0$ 时, 稀土永磁同步电机转子结构退化为电磁式结构。

5.3.2　交、直轴电枢反应电抗计算

1. 直轴电枢反应电抗的不饱和值

由于

$$M = \frac{\mu_0 m (K_{W1} W)^2 DL}{\pi p^2 \delta_{ef}} \tag{5-145}$$

$$X_m = 2\pi f M \tag{5-146}$$

式中，M 为励磁互感；X_m 为励磁电抗；K_{W1} 为定子绕组系数；W 为定子绕组每相串联匝数；m 为相数；L 为电枢长度；D 为电枢直径。

稀土永磁同步电机每对极的直轴电枢磁势为

$$F_{ad} = 0.9m\frac{I_d W K_{W1}}{p} \tag{5-147}$$

稀土永磁同步电机的直轴电势 E_{ad} 为

$$E_{ad} = 4f K_B K_{W1} \Phi_{ad} \tag{5-148}$$

$$E_{ad} = I_d X_{ad} \tag{5-149}$$

Φ_{ad} 按式（5-138）计算，将式（5-147）和式（5-148）代入式（5-149）可解得

$$X_{ad} = K_d X_m \frac{a+b}{a+b+ab} \tag{5-150}$$

式（5-150）中并没有表征 $\Phi_{\sigma 0}$ 的影响，即有无磁桥漏磁对稀土永磁同步电机的 X_{ad} 几乎无影响。这就给有磁桥结构的稀土永磁同步电机的设计带来极大方便。这一概念的物理解释是，电枢反应磁通未穿过磁桥，故磁桥不影响 X_{aq}、X_{ad}，磁桥对 K_{ad}、K_{aq} 的影响是基于对励磁磁路的影响。

2. 交轴电枢反应电抗的不饱和值

同理可解得，当 $R_{mlq} = 0$ 时

$$X_{aq} = K_q X_m \tag{5-151}$$

当 $R_{mlq} \neq 0$ 时

$$X_{aq} = K_q X_m \frac{1}{1+d} \tag{5-152}$$

直轴方向的磁阻并不影响 X_{aq}，根据定义 $X_{aq}/X_{ad} = K_{aq}/K_{ad}$，这一概念与电磁式同步电机相同。

3. 计及饱和影响的 X_{ad}、X_{aq}

计及磁路饱和对电枢反应电抗的影响时，由式（5-150）和式（5-152）计算的 X_{ad}、X_{aq} 应分别乘以 ξ_d、ξ_q（ξ_d、ξ_q 分别为直、交轴方向饱和效应影响系数），其值小于 1，工程上近似取 $\xi_d = \xi_q = 1/K_{s1}$。

$$K_{s1} = \frac{2F_{t1} + F_{j1} + 2F_\delta}{2F_\delta} \tag{5-153}$$

式中，F_{t1} 为定子齿部磁压降；F_{j1} 为定子轭部磁压降；F_δ 为气隙磁压降。

X_{ad}、X_{aq} 的饱和值近似为

$$X_{ad} = \frac{1}{K_{s1}} K_d \frac{a+b}{a+b+ab} X_m \tag{5-154}$$

$$X_{aq} = \frac{1}{K_{s1}} K_q \frac{1}{1+d} X_m \tag{5-155}$$

4. X_{ad}、X_{aq} 的精确计算

先利用有限元法求解 Φ_{U0}、Φ_{ad}、Φ_{aq}，再用下式计算。

$$X_{ad} = \sqrt{2}\,\pi f \frac{K_{W1} W}{I_d}(\Phi_{U0} - \Phi_{ad}) \tag{5-156}$$

$$X_{aq} = \sqrt{2}\,\pi f \frac{K_{W1} W}{I_d}\Phi_{aq} \tag{5-157}$$

式中，Φ_{U0} 为空载有效气隙磁通。

利用负载永磁体工作图和式（5-156）、式（5-157）也可求解 X_{ad}、X_{aq}，但精度较低。

5. 同步电抗

$$X_d = X_{ad} + X_{\sigma 1} \tag{5-158}$$

$$X_q = X_{aq} + X_{\sigma 1} \tag{5-159}$$

式中，$X_{\sigma 1}$ 为定子漏抗，计算方法同普通交流电机。

6. 斜槽对电抗参数的影响

永磁同步电机转子上有永磁体，不能扭斜。为了扼制谐波引起的附加转矩及噪声，定子可采用斜槽的形式，即把定子槽相对转子扭斜一个角度，则定、转子间的电磁耦合系数减小，即定子磁场有一部分不与转子磁场耦合，反之也相同。这就相当于减小了定、转子间的互感电抗，而增加了漏抗。这种使定、转子因互感电抗减小的因数，称为斜槽系数 K_{sk}，而由斜槽引起的附加漏抗称为斜槽漏抗 $X_{\sigma k}$。

定子斜槽的宽度原则上要求尽量削弱一阶齿谐波。

一阶齿谐波的阶数

$$v = 2mq \pm 1 \tag{5-160}$$

定子斜槽后，每个定子槽可看作由 $q = \infty$ 的无数小导条组成，因此斜槽系数可看作 $q = \infty$ 的绕组分布系数，有

$$K_{skv} = \frac{\sin\dfrac{vb_{sk}}{\tau}\dfrac{\pi}{2}}{\dfrac{vb_{sk}}{\tau}\dfrac{\pi}{2}} = \frac{\sin v\dfrac{b_{sk}}{t_1}\dfrac{p\pi}{Z_1}}{v\dfrac{b_{sk}}{t_1}\dfrac{p\pi}{Z_1}} \tag{5-161}$$

式中，b_{sk} 为斜槽的扭斜宽度；t_1 为定子齿距；Z_1 为定子槽数（见图 5-25）。

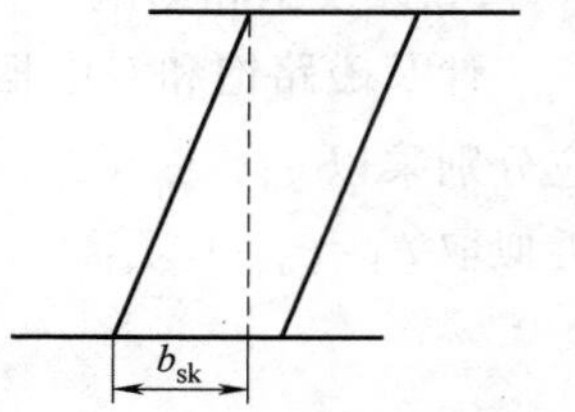

合理选择 b_{sk} 值，可以有效抑制齿谐波。工程上一般取 $b_{sk} \approx t_1$，此时

$$K_{sk1} = \frac{\sin\dfrac{p\pi}{Z_1}}{\dfrac{p\pi}{Z_1}} \tag{5-162}$$

图 5-25　定子斜槽扭斜宽度

$$K_{skv} = \frac{\sin\left[(2mq \pm 1)\dfrac{p\pi}{Z_1}\right]}{(2mq \pm 1)\dfrac{p\pi}{Z_1}} \tag{5-163}$$

斜槽后，定子的绕组因数为

$$K_{Wv} = K_{yv}K_{pv}K_{skv} \tag{5-164}$$

稀土永磁同步电机的主电抗由 X_m 变为 $K_{sk}X_m$，斜槽漏抗 $X_{sk} = (1-K_{sk})X_m$。

考虑斜槽后有

$$X_{ad} = \frac{1}{K_{s1}}K_d \frac{a+b}{a+b+ab}K_{sk}X_m \tag{5-165}$$

$$X_{aq} = \frac{1}{K_{s1}}K_q \frac{1}{1+d}K_{sk}X_m \tag{5-166}$$

直、交轴同步电抗分别为

$$X_d = \frac{1}{K_{s1}}K_d K_{sk} \frac{a+b}{a+b+ab}X_m + X_{\sigma 1} + (1-K_{sk})X_m \tag{5-167}$$

$$X_q = \frac{1}{K_{s1}}K_q K_{sk} \frac{1}{1+d}X_m + X_{\sigma 1} + (1-K_{sk})X_m \tag{5-168}$$

从式（5-165）~式（5-168）可以看出，定子斜槽后电枢反应电抗减小，漏抗增加，而交、直轴电抗变化很小。

对稀土永磁同步电机、同步发电机来讲，一般采用分数槽绕组减小谐波损耗，改善波形，削弱噪音。

复习与思考题

1. 从等式 $X^* = k_\sigma \dfrac{A}{B_{\delta 1}}$ 可知，$B_{\delta 1}$ 越大，漏抗标幺值越小，试说明漏抗绝对值是否也变小，为什么？

2. 漏抗的大小对于交流电机的性能有何影响？

3. 槽数越多，为什么每相漏抗越小？试从物理概念上进行说明。

4. 有些资料中把笼型绕组的相数取作 Z_2，有些资料中又取作 Z_2/p，应该取作多少，为什么？

5. 槽漏抗与谐波漏抗的大小主要与哪些因素有关？

6. 感应电机励磁电抗的大小主要与哪些因素有关？它对电机的性能有何影响？

7. 如果设计的电机漏抗太大，要使其下降，应改变哪些设计数据最为有效？

8. 在表 5-2 中填入"增大""减小"或"基本不变"，以正确反映感应电机设计数据与参数间的关系。

表 5-2　感应电机参数与设计数据关系表

设计数据	励磁电抗	定子槽漏抗	转子槽漏抗	定子谐波漏抗	转子谐波漏抗	定、转子端部漏抗
定子每槽导体数增加						
气隙增大						

（续）

设计数据	励磁电抗	定子槽漏抗	转子槽漏抗	定子谐波漏抗	转子谐波漏抗	定、转子端部漏抗
槽口宽度变小						
槽口高度增大						
槽型变宽变矮						
铁心长度增加						
定子绕组由整距变成短距						
定子槽数增加						
频率由 50Hz 变成 60Hz						
定子绕组由Ｙ联结改为△联结						

第 **6** 章 ▶▶

电 机 损 耗

本章知识要点：

1）电机内损耗的分类及损耗产生的原因。
2）电机内损耗的工程计算方法。
3）降低损耗的方法。

损耗的分类

6.1 概述

效率是电机的一个重要性能指标，它的高低取决于电机运行时所产生的损耗，损耗越大，效率就越低。损耗的存在不仅消耗了有用的能量，而且各种损耗最后都化为热，使电机的温度升高，影响电机的出力。为了降低损耗，电机设计时需要选取较低的电磁负荷及电流密度等，但这样会增加电机的尺寸及材料的用量。另外，电机损耗的大小还与材料性能、绕组形式、电机结构等有密切的关系。因此，要设计出一台性能良好而又具有经济性的电机，必须熟悉电机损耗与这些因素的关系。为了缩小电机的体积，减少有效材料的消耗，同时又保证电机不因过热而使绝缘老化和损坏，一方面要不断地改善电机的冷却条件，将热量尽快散发出去，另一方面要尽量减少电机的损耗，控制热源。

电机的损耗一般可分为以下 5 部分。

1）电气损耗。它指工作电流流过铜（或铝）绕组时，由于绕组具有一定电阻所引起的损耗，也包括电刷在换向器或集电环上的接触损耗。

2）定子和转子铁心中的基本铁损耗。它主要是主磁场在铁心中发生变化时产生的。

3）空载时铁心中的附加（或杂散）损耗，又称为旋转铁损耗。它主要指由定子和转子开槽而引起的气隙磁导谐波磁场在对方铁心表面产生的表面损耗和因开槽而使对方齿中磁通因电机旋转而变化所产生的脉振损耗。

4）负载时附加（或杂散）损耗。这是由定子或转子的工作电流所产生的漏磁场（包括谐波磁场）在定、转子绕组里和铁心及结构件里引起的，并且没有计入电气损耗和铁心损耗中的各种损耗。它们在 IEC 60034-2-1 标准中被称为负载时的附加损耗。

5）机械损耗。它包括通风损耗（由转子旋转引起的转子表面与冷却气体之间的摩擦损耗及安装在电机转轴上或由电机本身转轴驱动的风扇所需的功率）、轴承摩擦损耗和电刷与换向器或集电环间的摩擦损耗。

2）、3）、5）项称为空载损耗，因为它们可在空载试验中测得。对于大多数运行时电枢端电压固定或转速变化率不大的电机，这些损耗从空载到额定负载变动很小。

1）、4）两项是在负载情况下产生的，所以称为负载损耗。在同步电机里，这些损耗可由短路试验测得，故又称短路损耗，其中第4）项称为短路附加损耗。

6.2 电气损耗

6.2.1 绕组中的电气损耗

绕组中的电气损耗也叫作电阻损耗，有时候被称为焦耳损耗或者铜损耗。对于交流 m 相绕组，若各相电流同为 I，每相电阻均为 R，则电气损耗为

$$p_{Cu} = mI^2 R \tag{6-1}$$

考虑趋肤效应时，交流电阻为

$$R = K_R \frac{N l_{av}}{\sigma S_c} \tag{6-2}$$

式中，K_R 为电阻系数；N 为每相串联匝数；l_{av} 为单匝平均长度；S_c 为导体截面积；σ 为导体的电导率。

导体的质量为

$$m_{Cu} = \rho N l_{av} S_c \tag{6-3}$$

式中，ρ 为导体密度。

因此，绕组的电阻损耗为

$$p_{Cu} = mI^2 R = m \frac{K_R}{\rho \sigma} \frac{I^2}{S_c^2} m_{Cu} = m \frac{K_R}{\rho \sigma} J^2 m_{Cu} \tag{6-4}$$

式中，J 为导体的电流密度。

由式（6-4）可以看出，绕组的电阻损耗与导体内电流密度的二次方及绕组的质量成正比。

按国家标准规定，供电机在正常工作时做调节用的变阻器、调压装置及永久连接而不做调节用的电阻、阻抗线圈、辅助变压器和其他类似的辅助设备中的损耗也应计入电机损耗内。如果用同轴的励磁机（或副励磁机、旋转整流器等）来励磁，则应把它们的损耗也计入电机损耗内。

6.2.2 电刷接触损耗

在有换向器和集电环的电机中，电刷上会产生损耗。因为电刷中的电流密度非常低，约为 $0.1A/mm^2$，所以电刷中的电阻损耗非常小，但是电刷与集电环或换向器之间的接触电压可能会产生较大的损耗。一个极性下的电刷接触损耗为

$$p_{cb} = \Delta U_b I_b \tag{6-5}$$

式中，ΔU_b 为电刷接触电压降；I_b 为电刷电流。电刷接触电压降的大小取决于电刷的类型和电刷的压力；对于碳和石墨电刷，通常接触电压降为 $\Delta U_b = 0.5 \sim 1.5V$；对于金属电刷，$\Delta U_b = 0.2 \sim 0.5V$。

6.3 基本铁损耗

基本铁损耗是由主磁场在铁心内发生变化时产生的，这种变化可以是交变磁化性质的，例如变压器的铁心及电机的定子或转子齿中所产生的，也可以是旋转磁化性质的，例如电机的定子或转子铁轭中所产生的。基本铁损耗由磁滞损耗和涡流损耗两部分组成。

1. 磁滞损耗

在外磁场的作用下，铁磁物质的分子（每一个分子都可以视为一个小小的磁畴）会定向排列，因而显现出较强的磁性，当外磁场大小和方向不断交变时，这些小磁畴的方向也会不断地变化，而且这种变化需要消耗一定能量，并使铁磁物质发热，从而产生磁滞损耗。

磁滞损耗与磁通交变的频率 f、磁密 B_m 和材料性质有关，单位质量铁磁物质内由交变磁化引起的磁滞损耗 p_h 称为磁滞损耗系数，通常按下式计算：

$$p_h = \sigma_h' f B_m^\alpha \tag{6-6}$$

式中，σ_h' 为取决于材料性能的常数；$\alpha = 1.6 \sim 2.2$。

p_h 也可以更准确地用下式进行计算：

$$p_h = (aB_m + bB_m^2)f \tag{6-7}$$

式中，a、b 为取决于材料性能的比例常数，通常由试验结果确定。当电机铁心内磁密在 $1.0T \leqslant B \leqslant 1.6T$ 的范围内时，a 接近于零，因此有

$$p_h = \sigma_h f B_m^2 \tag{6-8}$$

由旋转磁化引起的磁滞损耗的大小与由交变磁化引起的不同。图 6-1 所示为由试验得出的中等含硅量硅钢片在两种性质磁化下，磁滞损耗与磁密的关系。可以看出，磁密在 1.7T 以下时，旋转磁化的磁滞损耗大于交变磁化的磁滞损耗；当磁密大于 1.7T 时，则相反。电机轭部磁密一般小于 1.7T，旋转磁化磁滞损耗比交变磁化磁滞损耗多 45% ~ 65%。

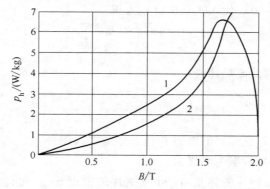

图 6-1 中等含硅量硅钢片（Si 1.9%）的磁滞损耗
1—由旋转磁化引起 2—由交变磁化引起

2. 涡流损耗

在铁心中穿过交变磁通的情况下，交变的磁通会在导电材料中感应出电势，因此在铁心中产生涡流，这些涡流试图阻碍磁通的变化。涡流较大时，很大程度上限制了磁通穿过铁心。涡流所引起的损耗称为涡流损耗。

为了抑制涡流，交流电机的铁心通常不能用整块铁心做成，而是由彼此绝缘的钢片沿轴向叠压起来，以阻碍涡流的流通；或采用具有高电阻率的复合材料代替铁磁材料作为铁心。铁心通常采用厚度为 0.35mm 或 0.5mm 的电工钢片。虽然铁心是由钢片叠成的，但当磁通交变时，薄的钢片上仍会产生涡流。在一般的频率范围内，可以认为磁场在钢片截面上是均匀分布的。下面以图 6-2 所示的钢片为例，对涡流损耗的计算方法进行说明。

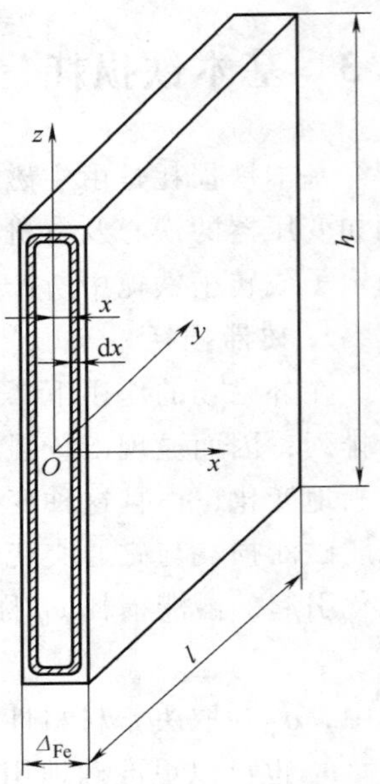

交变磁通穿过厚度为 Δ_{Fe}、高度为 h、长为 l、电阻率为 ρ 的钢片，设磁密幅值 B 的方向垂直于 Δ_{Fe} 和 h 所构成的横截面，并随时间做正弦变化。取坐标原点在横截面的中心位置。下面对钢片中距离坐标原点 x 处的一个小回路中（图 6-2 中阴影部分）所产生的损耗 $\mathrm{d}p_x$ 进行研究，该回路的宽度为 $\mathrm{d}x$，沿 y 轴方向的尺寸为 l。则此回路的电阻为

$$R_x \approx \rho \frac{2h}{l\mathrm{d}x} \tag{6-9}$$

由于 $\Delta_{\mathrm{Fe}} \ll h$，根据法拉第电磁感应定律，可得在该回路上所感应出的电势有效值为

图 6-2　钢片尺寸及涡流途径

$$E_x = \frac{\omega \Phi_{\mathrm{m}}}{\sqrt{2}} = \frac{2\pi f}{\sqrt{2}} B_{\mathrm{m}} 2xh \tag{6-10}$$

式中，Φ_{m}、B_{m} 分别为回路内磁通最大值、磁密最大值。

将电磁感应定律及欧姆定律应用于此回路，可得

$$\mathrm{d}p_x = \frac{E_x^2}{R_x} \tag{6-11}$$

将式（6-9）、式（6-10）代入式（6-11）可得

$$\mathrm{d}p_x = \frac{4\pi^2 f^2 B_{\mathrm{m}}^2 hlx^2}{\rho} \mathrm{d}x \tag{6-12}$$

因此，整个钢片内的涡流损耗为

$$P_{\mathrm{e}} = \int_0^{\frac{\Delta_{\mathrm{Fe}}}{2}} \mathrm{d}p_x = \frac{\pi^2 (fB_{\mathrm{m}})^2 \Delta_{\mathrm{Fe}}^3 hl}{6\rho} \tag{6-13}$$

由于在式（6-9）中涡流路径的电阻 R 包含整个涡流路径，因此积分界限设定为 $0 \sim \Delta_{\mathrm{Fe}}/2$，基于对称可将叠片的另一半考虑进去。

若将式（6-13）除以钢片的体积 $\Delta_{\mathrm{Fe}}hl$ 及钢片的密度 ρ_{Fe}，可以得到钢片单位质量内的涡流损耗 p_{e} 为

$$p_{\mathrm{e}} = \frac{\pi^2}{6\rho\rho_{\mathrm{Fe}}} (\Delta_{\mathrm{Fe}} fB_{\mathrm{m}})^2 \tag{6-14}$$

由式（6-14）可知，单位质量内涡流损耗与磁密、频率及材料厚度的二次方成正比。令 $\sigma_{\mathrm{e}} = \frac{\pi^2 \Delta_{\mathrm{Fe}}^2}{6\rho\rho_{\mathrm{Fe}}}$，则在厚度一定的情况下，涡流损耗系数为

$$p_e = \sigma_e (fB_m)^2 \tag{6-15}$$

式中，σ_e 为取决于材料规格及性能的常数。

式（6-14）是在不考虑涡流对磁场的反作用情况下得出的。当交变磁场的频率较高或钢片较厚时，需考虑涡流反作用使磁场在钢片截面中不再均匀分布，此时大部分磁通将集中在表层，即导电介质中磁通的趋肤效应。其结果是增加了磁滞损耗而减小了涡流损耗。在工频 $f = 50\text{Hz}$ 的情况下，一般可以忽略这些影响。

涡流损耗和磁滞损耗发生在同一物体内，实际计算时通常不把它们分开。在工程设计计算时，一般都采用实测数据。对应各种型号的硅钢片，在 50Hz 正弦交变磁通作用下，对应不同磁密 B 测量出单位体积铁损耗，在计算电机定子铁心损耗时，可以根据空载时齿部及轭部的磁密和所用的铁心材料来计算定子齿损耗和轭损耗。

3. 轭部（齿联轭）及齿部的基本铁损耗

将式（6-8）和式（6-15）结合，可得到铁心材料损耗系数（也称比铁耗，即单位质量的损耗）的计算公式为

$$p_{he} = \sigma_h fB_m^2 + \sigma_e (fB_m)^2 \tag{6-16}$$

为了计算方便，钢的损耗系数通常按下式进行计算：

$$p_{he} = p_{10/50} B_m^2 \left(\frac{f}{50}\right)^{1.3} \tag{6-17}$$

式中，$p_{10/50}$ 为当 $B = 1\text{T}$、$f = 50\text{Hz}$ 时，钢单位质量内的损耗，其值可按硅钢片型号查损耗特性表获取。

钢中基本铁损耗的一般计算公式为

$$p_{Fe} = k_a p_{he} M_{Fe} \tag{6-18}$$

式中，M_{Fe} 为受交变磁化或旋转磁化作用的钢的质量；k_a 为经验系数，把由于钢片加工（钢片冲压和车削后片间的短接）、磁密分布不均匀、磁密随时间不按正弦规律变化及旋转磁化与交变磁化之间的损耗差异等而引起的损耗增加等都估计在内，具体计算时可按统计数据取平均值。

利用式（6-17）及式（6-18）可对电机轭部及齿部的铁损耗进行计算。定子或转子齿联轭中的基本铁损耗（单位为 W）为

$$p_{Fej} = k_a p_{hej} M_j = k_a p_{10/50} B_j^2 \left(\frac{f}{50}\right)^{1.3} M_j \tag{6-19}$$

式中，p_{hej} 为轭部的损耗系数；B_j 为轭部的最大磁密；M_j 为轭的质量。对于直流电机，k_a 可取 3.6；对于同步电机和感应电机，当容量小于 100kV·A 时，k_a 可取 1.5，当容量大于或等于 100kV·A 时，k_a 可取 1.3。

齿中的基本铁损耗（单位为 W）为

$$p_{Fet} = k_a p_{het} M_j = k_a p_{10/50} B_t^2 \left(\frac{f}{50}\right)^{1.3} M_t \tag{6-20}$$

式中，p_{het} 为齿部的损耗系数；B_t 为采用齿磁路长度上磁密的平均值；M_t 为齿的质量。对于直流电机，k_a 可取 4.0；对于感应电机，k_a 可取 1.8；对于同步电机，当容量小于 100kV·A 时，k_a 可取 2.0，当容量大于或等于 100kV·A 时，k_a 可取 1.7。

6.4 空载时附加损耗

空载时铁心中的附加损耗，有时也称旋转铁损耗，主要指铁心表面损耗和齿中脉振损耗，它是由气隙中的谐波磁场引起的。这些谐波磁场可由两种原因造成：①电机铁心开槽导致气隙磁导不均匀；②空载励磁磁势空间分布曲线中有谐波存在。谐波磁通的路径与气隙沿圆周方向边界凹凸面的间距有关。

如果凹凸面的间距（如凸极电机的极距 τ）比谐波波长 λ 大得多，则谐波磁通集中在极弧表面一薄层内。当谐波磁场相对磁极表面运动时，就会在极面感生涡流，产生涡流损耗。谐波磁场相对于极面运动，还会在其中引起磁滞损耗，但数值较小，一般不予计算。由于涡流集中在表面一薄层内，故称表面损耗。如果边界凹凸面的间距（如齿距 τ）比谐波波长 λ 小得多，谐波磁通将深入齿部并经由轭部形成闭合回路。当谐波磁场相对于齿运动时，就会导致在整个齿中产生涡流及磁滞损耗，称为脉振损耗。如果边界凹凸面的间距与谐波波长相比，介于前两种情况之间，则谐波磁通的一部分沿铁磁物质表面、另一部分深入齿部形成回路，这时将产生表面损耗和脉振损耗。

1. 直流电机及同步电机整块（或实心）磁极的表面损耗

在直流电机及同步电机中，由于电枢开槽，使得气隙主磁场上叠加了一个气隙磁导齿谐波磁场。电枢相对磁极运动时，此齿谐波磁场就与磁极表面有相对运动，在磁极表面引起涡流损耗。根据电磁场分析，磁极单位表面积的涡流损耗可按下式计算：

$$p_{\mathrm{A}} = k_0 (B_0 t)^2 (Qn)^{1.5} \tag{6-21}$$

式中，B_0 为齿谐波磁密最大值（T）；t 为齿距（m）；Q 为电枢槽数；n 为电枢相对于磁极的转速（r/min）；p_{A} 为涡流损耗（W/m^2）。

k_0 的计算公式为

$$k_0 = \frac{1}{4\sqrt{\pi\mu\rho}} \left(\frac{1}{60}\right)^{1.5} \tag{6-22}$$

式中，μ 为磁极材料的磁导率（H/m）；ρ 为磁极材料和电导率（$\Omega \cdot$ m）。

由式（6-21）可知，表面损耗的大小与产生该损耗的磁密幅值 B_0 的二次方、此磁密在空间分布的波长 λ（等于齿距 t）的二次方及其频率的 1.5 次方成正比，并与整块磁极材料的导磁和导电性能有关。

由于按式（6-22）计算 k_0 时，做了一系列简化的假定，并且没有考虑谐波磁场引起的磁滞损耗，所以实际应用时，k_0 值要给予试验修正，k_0 平均修正值见表 6-1。

表 6-1　计算表面损耗所用系数 k_0

磁极材料	k_0	磁极材料	k_0
锻钢	23.3	叠片磁极,钢片厚度 1.5mm	6.0
铸钢	17.5	叠片磁极,钢片厚度 1mm	4.6
叠片磁极,钢片厚度 2mm	8.6		

如果气隙磁场 B_δ 在极距范围内做正弦分布，则气隙磁导齿谐波磁场的幅值也将随之做正弦变化，采用式（6-21）计算表面损耗时，还需再乘以 0.5，因为

$$\frac{1}{\tau}\int_0^\tau\left(B_0\sin\frac{x}{\tau}\pi\right)\mathrm{d}x=\frac{1}{2}B_0^2 \tag{6-23}$$

将式（6-21）乘以所有磁极的表面积 S_p（隐极汽轮发电机指转子大小齿的总表面积），即可以得出电机的表面损耗为

$$p_{\text{Fep}}=p_A S_p \tag{6-24}$$

2. 叠片磁极中的表面损耗

为了减小磁极表面损耗（也为工艺上的方便），直流凸极同步电机的磁极常做成叠片式，以利用在冲片表面形成的天然氧化绝缘层来增加涡流回路的电阻。根据分析，叠片式磁极表面损耗的计算公式与式（6-21）略有不同，但习惯上仍按式（6-21）来计算，而采用相应的经验系数（见表6-1）来给予修正。

在装有阻尼笼的凸极同步电机里，空载附加损耗还可以包括由气隙磁导齿谐波磁场在阻尼笼中产生的损耗。

为了降低表面损耗，不应使 B_0 过大，特别是采用整块磁极时。采用叠片磁极时，最好不要在叠压后进行车削加工，以免在磁极表面造成低电阻的涡流通路。

3. 感应电机中的旋转铁损耗

感应电机中的旋转铁损耗由脉振损耗和表面损耗两部分组成。脉振损耗示意图如图6-3所示。由于定子存在齿槽，转子齿 a 和齿 b 的磁密是不同的。齿 a 对着定子齿，所以磁密较高；齿 b 对着定子槽口，磁阻较大，因此齿 b 中磁密较低。当转子转过一个齿后，齿 b 移到齿 a 的位置，齿 b 磁密增高而齿 a 的磁密降低。随着转子不断地旋转，各齿中磁密发生较高频率的脉振变化，转子齿部就产生铁损耗，即脉振损耗。

表面损耗示意图如图6-4所示。定子存在齿槽，转子齿表面 a 对着定子槽口，此处磁密最低，而 b、c 处的磁密相对较高。当转子转动时，a 处磁密逐步增高，b 处磁密逐渐降低。当转过一个定子齿距时，a 处又对应另一个定子槽口，磁密又变成最低。转子表面磁密不断变化，由此在转子表面所产生的损耗称为表面损耗。

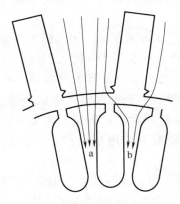

图6-3　脉振损耗示意图

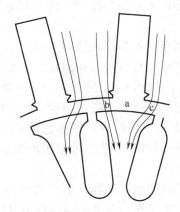

图6-4　表面损耗示意图

一般情况下，脉振损耗与表面损耗总是同时存在的，由以上分析可知，由于定子铁心齿槽的存在，会在转子齿中和转子表面产生脉振损耗和表面损耗；同理，由于转子铁心齿槽的存在，也会在定子齿中和定子表面产生脉振损耗和表面损耗。

为了减少这些损耗，小型异步电机中定子都采用槽口较小的半闭口槽，而笼型转子则采用槽口更小的半闭口槽。

感应电机的总铁损耗包括基本铁损耗和旋转铁损耗两部分，旋转铁损耗一般不单独计算，而是在基本铁损耗上乘一个经验校正系数来考虑，因此总铁损耗可按下式计算：

$$p_{Fe} = k_j p_{Fej} + k_t p_{Fet} \tag{6-25}$$

式中，k_j 和 k_t 分别为轭部铁损耗校正系数和齿部铁损耗校正系数。

通常对于半闭口槽 $k_t = 2.5$，$k_j = 2$，对于开口槽 $k_t = 3.0$，$k_j = 2.5$，或按其他经验值选取。

k_j、k_t 除了考虑铁心中的脉振损耗和表面损耗外，同时还把铁心冲片由于冲压加工时边缘的冷硬化、冲片有毛刺造成局部短路及磁密分布不均匀、磁密的时间变化规律不是正弦等因素引起的铁损耗增加都考虑进去。由于上述这些因素都能引起电机总铁损耗的增加，所以一般电机铁心冲剪时要求毛刺尽可能小，且铁心叠压以后不许锉槽或磨定子内圆，以避免毛刺形成的短路，并且在铁心叠压时不要压力过大而使硅钢片间绝缘漆膜破坏引起片间通路。这些做法都是为了减少电机的总铁损耗。

空载时附加损耗主要指杂散铁损耗，常与基本铁损耗一起包括在空载铁损耗中。杂散铁损耗大致与引起损耗的谐波磁密的二次方成正比，因而空载杂散损耗随槽口宽度增大或气隙长度减小而增大，同时随产生损耗的部件间的相对运动速度的增大而增大，并与产生损耗的部件表面状况（材料及冲片厚度及铁心表面毛刺等）有关。开口槽采用磁性槽楔可使开槽引起的磁导齿谐波磁通大为降低，因而中型交流电机常采用磁性槽楔降低其空载杂散损耗。

6.5 负载时附加损耗

负载时产生附加损耗的主要原因是由于环绕着绕组存在漏磁场。这些漏磁场在绕组中及所有邻近的金属结构件中感生涡流损耗。定子和转子绕组在气隙中建立的谐波磁势所产生的谐波磁场以不同的速度相对转子和定子做运动，在铁心和笼型绕组中也会感生涡流，产生附加损耗。

负载杂散铁损耗大致与引起损耗的磁势谐波磁密的二次方成正比，因而减小绕组磁势谐波含量可降低负载杂散铁损耗。例如三相交流 60° 相带绕组可选用 5/6 的短距比，以削弱较低次的 5、7 次谐波，或采用 30° 相带等谐波含量较少的绕组，以及增大气隙等。此外，异步电机的负载附加损耗还与定、转子槽配合、笼型转子导条与铁心间接触电阻等因素有关，采用少槽-近槽配合（转子槽数少于定子槽数，但数值接近）及在铸铝笼型转子中加槽绝缘或其他增大导条与铁心间接触电阻的工艺措施，都是降低异步电机负载杂散损耗的有效措施。

负载时的附加损耗一般较难精确计算。在中小型电机里，这种附加损耗的绝对值比较小，通常不做详细计算，而规定为其额定输出（或输入）功率的一个固定百分数。

1. 凸极同步电机负载时的附加损耗

由额定负载电流引起的同步电机的附加损耗，约等于短路试验（电枢电流为额定值）时的附加损耗，所以又称为短路附加损耗。

（1）短路时由于漏磁场在定子绕组中引起的附加损耗　当绕组中通以交流电流时，由于趋肤效应的存在，使绕组的交流电阻大于直流电阻，对应于所增加的电阻的损耗即是由漏磁场在绕组中引起的附加损耗。因此可按下式计算：

$$p_{\text{Cua}} = (K_R - 1)p_{\text{Cu}} \tag{6-26}$$

式中，K_R 为绕组的电阻增大系数，可根据趋肤效应进行计算；p_{Cu} 为绕组的直流电阻损耗。

（2）短路时漏磁场在定子绕组端部附近的金属部件中产生的附加损耗 由于绕组端部电流的空间分布比较复杂，而且邻近端部的部件如压板、压指、端盖等形状各异，距端部的距离不同，因此要准确计算由端部电流漏磁场在这些部件里产生的损耗比较困难。一般可采用下列经验公式对此部分附加损耗进行计算：

$$p_{\text{pl}} = 35\tau D_{\text{i1}}\left(\frac{f}{50}\right)^2 p_c' \times 10^3 \tag{6-27}$$

式中，τ 为极距（m）；D_{i1} 为定子铁心内径（m）；f 为频率（Hz）；p_c' 为损耗系数，可按下列经验公式进行计算：

$$p_c' = 1.15\left(\frac{A_1 \tau}{10^5}\right)^{2.5} \tag{6-28}$$

式中，A_1 为线负荷（A/m）；τ 为极距（m）。

（3）定子绕组磁势谐波在转子磁极表面引起的表面损耗 由第 3 章的分析可知，当多相交流电机绕组中通以多相对称电流时，电机气隙中将产生基波和谐波磁势。凸极电机进行短路试验时，也存在这种情况。这些谐波磁势与转子之间有相对运动，因此除了会在磁极表面感生涡流，产生表面损耗外，还会在阻尼笼（如果存在）中产生附加损耗。

在计算此类附加损耗时，常把气隙中的绕组磁势谐波分成两部分，即相带波磁势和齿谐波磁势。

计算定子相带谐波磁势在磁极表面产生的附加损耗时，在理论分析的基础上，通过进一步推导、整理、化简并修正，得到计算表面损耗的经验公式为

$$p_{2\nu k} = \frac{2.1}{\sqrt[3]{q}}\left(\frac{k_\beta X_{\text{ad}}^*}{K_\delta - 1}\right)^2 p_{\text{Fep}} \tag{6-29}$$

式中，X_{ad}^* 为直轴电枢反应电抗，采用标幺值计算；k_β 为计算系数，可根据表 6-2 进行查取，表中 K_p 为绕组短距系数。

表 6-2 系数 K_p 和 k_β 之间关系

K_p	1.0	0.98	0.96	0.94	0.92	0.90	0.88	0.85	0.80	0.75
k_β	0.055	0.02	0.01	0.02	0.035	0.045	0.05	0.055	0.052	0.045

采用短距绕组可降低转子表面损耗。定子相带谐波磁势产生的表面损耗的大小还与选用的线负荷及尺寸比 τ/δ 有密切关系。

定子齿谐波磁势在磁极表面产生的附加损耗可采用工厂经验公式进行计算：

$$p_{2\text{tk}} = k'\left(\frac{2p X_{\text{ad}}^*}{Q_1(K_\delta - 1)}\right)^2 p_{\text{Fep}} \tag{6-30}$$

式中，Q_1 为定子槽数；k' 为比例系数。$\delta_{\max}/\delta = 1.0$ 时，$k' \approx 0.3$；$\delta_{\max}/\delta = 1.5$ 时，$k' \approx 0.2$；

$\delta_{max}/\delta = 2.0$ 时，$k' \approx 0.15$。其中，δ 为极靴中心处的气隙，δ_{max} 为极齿尖处的气隙。

当磁极采用整块结构，选用的定子齿距及线负荷较大、气隙 δ 较小时，此附加损耗将大为增加。

（4）短路电流为额定值时磁场的 3 次谐波在定子齿中产生的损耗 由于凸极同步电机气隙的不均匀，转子励磁磁势及电枢反应磁势的基波分量均会在气隙里产生 3 次谐波磁场。在短路时，定、转子 3 次谐波磁场互相叠加。对不同的磁极及气隙尺寸，可用作图法做出一系列的气隙磁场图，做出曲线用以确定 3 次谐波磁场的幅值。定子齿中此 3 次谐波磁场的幅值为

$$B_{tm} = (A_{3m}X_d^* + 1.27A_{3d}X_{ad}^*)B_{t1} \tag{6-31}$$

式中，B_{t1} 为空载额定电压时定子齿中平均磁密；A_{3m}、A_{3d} 分别为磁极 3 次谐波磁场系数和电枢反应 3 次谐波磁场系数。磁极及电枢反应 3 次谐波磁场系数曲线如图 6-5 所示。

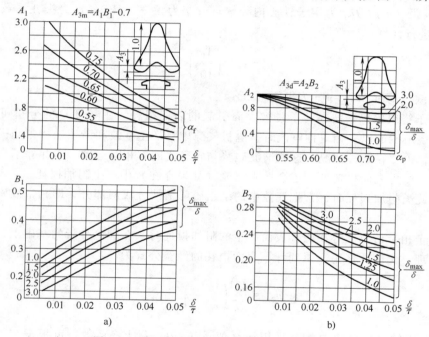

图 6-5 磁极及电枢反应 3 次谐波磁场系数曲线

3 次谐波磁场将在定子齿中产生附加损耗（单位为 W），根据铁损耗的一般公式，通过经验修正后，可用下面数值公式进行计算：

$$p_3 = 10.7p_{10/50}B_{tm}^{\frac{5}{4}}M_{t1} \tag{6-32}$$

式中，M_{t1} 为齿部的质量（kg）。

2. 感应电机负载时的附加损耗

（1）笼型转子感应电机负载时附加损耗的组成

1）定子绕组的漏磁场在绕组里及绕组端部附近的金属部件中产生的附加损耗。

2）定子磁势谐波产生的磁场在笼型转子绕组中感应电流引起的附加损耗。

3）定子磁势谐波产生的磁场在转子铁心表面引起的表面损耗。由于笼型转子绕组中感应电流的去磁效应，只有少量谐波磁场能深入转子齿部，故可忽略这些谐波在齿中产生的脉振损耗。由于转子磁势谐波在定子铁心中产生的附加损耗比较小，通常可以忽略不计。

4）没有槽绝缘的铸铝转子中，由泄漏电流产生的损耗。

第1）项损耗由基频电流产生，故又称基频附加（杂散）损耗。其余各项均由高频电流产生，故又称高频附加（杂散）损耗。第1）项和第3）项附加损耗的理论分析及计算与同步电机类似。

感应电机负载时的附加损耗通常不进行详细计算。许多国家标准中规定负载时的附加损耗占电机输出（发电机）或输入（电动机）功率的0.5%。这个数值并不精确，也可能和实际值的差别较大。采用压力铸铝工艺的小型感应电机中，负载时附加损耗一般占输出功率的2%~3%，个别甚至高达4%~5%或以上。这不但严重影响电机的运行经济性及起动性能，也可能造成过高的绕组温升。因此，关于如何准确计算及降低笼型铸铝转子感应电机负载时的附加损耗一直受到人们的重视，感应电机附加损耗的准确计算可根据需求查阅相关的研究文献。

因负载时附加损耗的计算比较困难，我国有关生产和科研部门对大量不同型号和规格的感应电机进行了负载附加损耗的测定，得到统计的结果，规定在无实测值做参考时，对铜条转子负载时附加损耗的标幺值为0.005；对于铸铝转子，负载时附加损耗标幺值分别为0.025（2极）、0.02（4极）、0.015（6极）、0.01（8极和10极）。

（2）降低感应电机负载时附加损耗的措施　虽然负载时的附加损耗只占每台感应电机输入功率的很小一部分，但由于笼型转子感应电机使用的范围广、数量大，此项损耗所消耗的总电能仍然很大。所以近年来，国内外都在进行如何降低这些损耗的研究工作。

对中小型感应电机来说，负载时的附加损耗中，占较大比例的为高频损耗，基频附加损耗一般所占比例不大。为降低高频附加损耗可以采取下列措施。

1）采用谐波含量较少的各种定子绕组形式。例如：一般可采用双层短距分布绕组；在小型感应电机中，有些可能以双层绕组代替单层绕组；采用正弦绕组。

2）采用近槽配合。

3）采用斜槽，同时注意改进转子铸铝工艺或采用其他工艺，以增大导条和铁心间的接触电阻。

3. 直流电机负载时的附加损耗

直流电机负载时的附加损耗一般较小，通常不需要进行详细计算。对没有补偿绕组的电机，一般取为输出或输入功率的1%；对有补偿绕组的电机一般取为0.5%。

若按所占输出或输入功率的百分比来确定负载时的附加损耗值，根据经验，各种类型电机可按表6-3进行确定。

表6-3　电机中负载附加损耗占输入或输出功率的百分比

电机类型	负载附加损耗所占百分比
笼型电机	0.3%~2%（有时达到5%）
带集电环的异步电机	0.5%
凸极同步电机	0.1%~0.2%
隐极同步电机	0.05%~0.15%
不含补偿绕组的直流电机	1%
含补偿绕组的直流电机	0.5%

负载时的附加损耗和空载时的附加损耗可统称为杂散损耗，影响杂散损耗的因素较多，

很难正确计算，其测试也不易精确，通常通过测定总损耗，然后从中减去所测定的其他基本损耗之和来确定杂散损耗。

6.6 机械损耗

机械损耗包括轴承摩擦损耗、电刷摩擦损耗和通风损耗。轴承摩擦损耗与摩擦面上的压强（或称为压力）、摩擦系数及摩擦表面间的相对运动速度有关。在大多数情况下，比较难于准确确定的是摩擦系数，因为它与多种因素有关，如摩擦面的质量（光滑程度）、润滑油的种类及其工作温度、有关零件的加工质量和电机的总装质量等。通风损耗更难以准确确定，因为它与电机的结构、风扇的形式、通风系统中的风阻等很多难于用精确算式表达的因素有关。因此一般情况下，工厂总是根据已造电机的试验数据来近似计算或估算所设计电机的机械损耗。

下面对计算感应电机轴承摩擦和通风损耗 p_{fw} 的经验公式进行简要说明，作为计算参考。

1) 对于径向通风的大型电机，p_{fw}（W）可按下式计算：

$$p_{fw} = 2.4 p \tau^3 (N_v + 11) \times 10^3 \qquad (6-33)$$

式中，N_v 为通风道数；p 为极对数。

2) 对于中小型电机，可按下列公式计算 p_{fw}（单位均为 W）。

2 极防护式电机
$$p_{fw} = 5.5 \left(\frac{3}{p}\right)^2 (D_2)^3 \times 10^3$$

4 极及以上防护式电机
$$p_{fw} = 6.5 \left(\frac{3}{p}\right)^2 (D_2)^3 \times 10^3$$

2 极封闭型自扇冷式
$$p_{fw} = 13 (1 - D_1) \left(\frac{3}{p}\right)^2 (D_1)^4 \times 10^3$$

4 极及以上封闭型自扇冷式
$$p_{fw} = \left(\frac{3}{p}\right)^2 (D_1)^4 \times 10^3$$

式中，D_1 和 D_2 分别为定子和转子外径（m）。

6.7 效率及提高效率的方法

发电机额定负载时的效率可用下式计算：

$$\eta_G = \left(1 - \frac{\sum p}{P_N + \sum p}\right) \times 100\% \qquad (6-34)$$

式中，P_N 为发电机额定输出功率；$\sum p$ 为发电机在额定负载时所有损耗之和。

电动机的效率可用下式计算：

$$\eta_M = \left(1 - \frac{\sum p}{P_{N1}}\right) \times 100\% \qquad (6-35)$$

式中，P_{N1} 为额定负载时的输入功率。

在所有类型的电机中，永磁电机的效率最高，因为从原理上说，其空载磁场的建立是没有损耗的。同步磁阻电机效率也非常高，因为其转子上没有绕组，即转子上没有电阻损耗。如果一个驱动系统需要速度控制（用变频器供电），永磁电机或者同步磁阻电机是一个较好的选择。而如果电机要直接连接电网，最常用的是感应电机。

若想获得较高的电机效率，则需要尽可能降低电机的损耗。降低交流电机损耗可采取的措施主要有：铁心中的涡流损耗可以通过使用较薄的硅钢片来降低；而磁滞损耗可以通过选用优质的硅钢片来降低。感应电机使用铸铜转子导条和端环以提高电导率来降低转子的电阻损耗。增加电机的体积，一方面可以降低铁心中的磁通密度和绕组中的电流密度，进而降低铁心损耗和和电阻损耗，另一方面可以提高冷却能力。同样，优化定、转子槽形也有助于降低损耗。设计高效的冷却风扇会改善空气的流动并且降低通风损耗。

生产工艺也会影响电机的损耗。冲孔工具必须要锋利以避免在硅钢片间形成短路。在生产过程中电机部件的运输要足够小心，以避免造成电机铁心或者绕组表面的缺损。对于铝制笼型转子，铸造时应尽可能增大转子导条和端环的导电性，从而降低转子的电阻损耗。

复习与思考题

1. 空载铁心损耗的大小主要与哪些因素有关？

2. 感应电机内通常有哪几种损耗，主要由哪些因素产生？

3. 若将一台感应电机的额定频率由 50Hz 改为 60Hz，要求保持励磁磁势基本不变，应改变什么数据为佳？采取该措施后，基本铁损耗在不计饱和影响时会不会发生变化？

第 **7** 章 ▶▶

电机性能计算

本章知识要点：

1）三相感应电动机运行性能的计算及提高性能的设计方法。

2）饱和效应及趋肤效应对三相感应电动机起动性能的影响。

3）异步起动永磁同步电动机性能的计算。

进行电机设计和制造时，总是希望电机具有良好的性能，以满足使用需求。电机设计过程中需要对电机运行性能和起动性能进行计算，以便与设计任务书或技术条件中规定的性能指标做比较，在此基础上对电机的设计进行必要的调整。本章以两个典型机种：三相感应电动机和异步起动永磁同步电动机为例，对电机的性能计算进行说明。

7.1 三相感应电动机运行性能的计算

通常三相感应电动机工作性能的计算只需要计算额定数据，即额定电流、额定功率因数、额定效率、额定转差率和最大转矩倍数。

1. 定子电流 I_1

感应电动机简化 Γ 型等效电路如图 7-1 所示，其中 $\sigma_1 = 1 + \dfrac{Z_1^*}{Z_m^*} \approx 1 + \dfrac{X_{\sigma1}^*}{X_m^*}$，为校正系数。

据此电路可画出感应电动机的电流相量图，如图 7-2 所示。由图 7-2 可知定子电流 $I_1^* = \sqrt{I_{1p}^{*\,2} + I_{1Q}^{*\,2}}$。由于等效电路的形式做了简化，所以定子和转子电流的有功分量相等，均为 I_{1p}^*。定子和转子无功电流分量的关系为

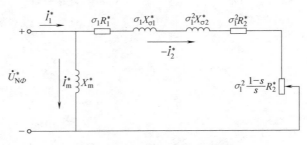

图 7-1 感应电动机简化 Γ 型等效电路

$$I_{1Q}^* = I_x^* + I_m^* \tag{7-1}$$

式中，I_x^* 为额定负载时转子电流无功分量的标幺值，又称满载电抗电流标幺值；I_m^* 为额定负载时磁化电流的标幺值，可根据磁路计算的结果求出。

定子电流有功分量的标幺值为

$$I_{1p}^* = \frac{I_{1p}}{I_{KW}}\left(\frac{m_1 U_{N\Phi}}{m_1 U_{N\Phi}}\right) = \frac{P_1}{P_N} = \frac{1}{\eta} \tag{7-2}$$

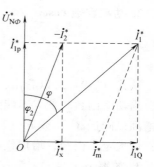

图 7-2　感应电动机电流相量图

式中，I_{KW} 为功电流；η 为电动机额定负载时的效率，是电动机运行性能中一个重要的性能指标，需要计算得出。在计算时可先假定一个效率值 η'。

结合图 7-2 可知，转子电流无功分量的标幺值为

$$I_x^* = I_2^* \sin\varphi_2 = I_2^* \frac{X'^*}{Z'^*} = I_2^{*2} X'^* = \left(I_{1p}^{*2} + I_x^{*2}\right) X'^* \tag{7-3}$$

式中，X'^* 为图 7-1 中负载支路总电抗的标幺值，$X'^* \approx \sigma_1(X_{\sigma1}^* + X_{\sigma2}^*) = \sigma_1 X_\sigma^*$；$Z'^*$ 为负载支路总阻抗的标幺值，与转子电流标幺值 I_2^* 互为倒数。

对转子电流无功分量的计算公式进行进一步的整理可得

$$I_x^* = \sigma_1 X_\sigma^* I_{1p}^{*2}\left[1 + \left(\frac{I_x^*}{I_{1p}^*}\right)^2\right] \tag{7-4}$$

式 (7-4) 为二次代数方程，采用迭代法对其进行近似计算，因 $I_x^* \ll I_{1p}^*$，可以忽略高次项，于是可得

$$\begin{aligned}
I_x^* &= \sigma_1 X_\sigma^* I_{1p}^{*2}\left\{1 + \frac{1}{I_{1p}^{*2}}\left[\sigma_1 X_\sigma^* I_{1p}^{*2}\left(1 + \frac{I_x^{*2}}{I_{1p}^{*2}}\right)\right]^2\right\} \\
&= \sigma_1 X_\sigma^* I_{1p}^{*2}\left\{1 + (\sigma_1 X_\sigma^* I_{1p}^*)^2\left[1 + 2\left(\frac{I_x^*}{I_{1p}^*}\right)^2 + \left(\frac{I_x^*}{I_{1p}^*}\right)^4\right]\right\} \\
&\approx \sigma_1 X_\sigma^* I_{1p}^{*2}\left[1 + (\sigma_1 X_\sigma^* I_{1p}^*)^2\right]
\end{aligned} \tag{7-5}$$

因此，假定一个效率 η' 后，可分别由式 (7-2) 和式 (7-5) 计算出 I_{1p}^* 和 I_x^*，进而求出 I_1^*，于是

$$I_1 = I_1^* I_{KW} \tag{7-6}$$

同理，可计算得到转子导条电流 I_2 为

$$I_2 = I_2^* I_{KW} K_I = \sqrt{I_{1p}^{*2} + I_x^{*2}}\, I_{KW} K_I \tag{7-7}$$

式中，K_I 为电流折算系数。

当转子导条数为 Q_2 时，转子端环电流为

$$I_R = \frac{Q_2}{2\pi p}I_2 \tag{7-8}$$

2. 功率因数 $\cos\varphi$

$$\cos\varphi = \frac{I_{1p}^*}{I_1^*} = \frac{I_{1p}^*}{\sqrt{I_{1p}^{*2} + I_{1Q}^{*2}}} \tag{7-9}$$

从式（7-9）可以看出，功率因数的高低与定子电流无功分量 I_{1Q} 的大小密切相关。因此，当功率因数较低，不能满足技术要求时，应设法降低无功电流 I_x（增大定转子槽宽、减小槽高以降低 X_σ）或 I_m（减小定转子槽面积，降低各部分磁密；减小气隙；增加每槽导体数；增大定子内径，增加铁心长），从而降低 I_{1Q}。

3. 效率 η

感应电动机的效率为

$$\eta = \left(1 - \frac{\sum p^*}{P_{N1}^*}\right) \times 100\% = \left(1 - \frac{\sum p^*}{1 + \sum p^*}\right) \times 100\% \tag{7-10}$$

式中，$\sum p^*$ 为电动机内所有损耗的标幺值之和。各种损耗的计算可见第 6 章。

根据式（7-10）计算得到的效率值 η 可能与计算 I_{1p}^* 时假定的 η' 相差较大，若计算出的 $\eta > \eta'$，说明假定值 η' 偏低，在此基础上计算出的 I_{1p}^* 和 I_x^* 都偏大，导致 I_1^* 和 I_2^* 及与它们相关的定子和转子铜损耗都偏高，最后算出的 η 则偏低（即使大于 η'），进行下一步迭代时可取 $\eta'' = \eta + \dfrac{\eta - \eta'}{5}$。反之，若计算出的 $\eta < \eta'$，第二次假设时则取 η'' 略小于 η，直到误差小于 $\pm 0.5\%$ 为止。

4. 额定转差率 s_N

由感应电动机运行时的转差率 s 与电磁功率 P_{em} 及转子铜损耗 P_{Cu2} 之间的关系，可以计算额定转差率，采用标幺值进行计算时则有

$$s_N = \frac{p_{Cu2}^*}{p_{em}^*} = \frac{p_{Cu2}^*}{1 + p_{Cu2}^* + p_{fw}^* + p_s^* + p_{Fes}^*} \tag{7-11}$$

式中，p_s^* 为附加损耗的标幺值；p_{Fes}^* 为感应电动机的旋转铁损耗，其大小等于全部铁损耗减去定子齿部和轭部的基本损耗，即 $p_{Fes}^* = p_{Fe}^* - (p_{Fet}^* + p_{Fej}^*)$。这里假定输入的有功功率扣除定子铜损耗和基本铁损耗后，其余的全部传递给了转子。

电动机额定转速（r/min）为

$$n_N = \frac{60f(1 - s_N)}{p} \tag{7-12}$$

5. 最大转矩倍数 T_m^*

根据对感应电动机的转矩-转差率特性的分析可知，当校正系数 $\sigma_1 \approx 1$ 时，感应电动机的最大转矩为

$$T_m = \frac{m_1 p U_{N\Phi}^2}{4\pi f\left(R_1 + \sqrt{R_1^2 + X_\sigma^2}\right)} \tag{7-13}$$

根据额定功率可计算额定转矩为

$$T_N = \frac{m_1 p U_{N\Phi} I_{KW}}{2\pi f(1 - s_N)} \tag{7-14}$$

因此，可求得最大转矩倍数为

$$T_{\mathrm{m}}^{*} = \frac{T_{\mathrm{m}}}{T_{\mathrm{N}}} = \frac{1-s_{\mathrm{N}}}{2\left(R_1^{*} + \sqrt{R_1^{*2} + X_{\sigma}^{*2}}\right)} \tag{7-15}$$

对于一般的中小型感应电动机来说，R_1^{*} 相对 X_{σ}^{*} 来说比较小，而 $1-s_{\mathrm{N}}$ 的变化较小，因此影响最大转矩倍数的主要因素是漏抗 X_{σ}^{*}。因为 X_{σ}^{*} 正比于 A/B_{δ}，所以电动机设计中常对电磁负荷 A 和 B_{δ} 及槽型做适当的调整以符合设计任务书中对最大转矩的要求。

这里计算最大转矩所用的电阻和电抗参数是额定运行时感应电动机的参数。由感应电动机的转矩-转差率特性曲线可知，对应于最大转矩的转差率不是很大，较接近额定转差率，因而趋肤效应对转子参数的影响一般可以不予考虑，但此时的电流却大于额定电流，为额定电流的 2.5~4.0 倍，因此漏磁路饱和对定子和转子漏抗的影响不能忽略。漏磁路饱和使得定子和转子漏抗减小，最后使 T_{m}^{*} 比不考虑饱和时计算出的 T_{m}^{*} 增大 15%~25%，对小电动机的影响有时还要大些，即 T_{m}^{*} 的实际值大于计算值。

7.2 三相感应电动机起动性能的计算

三相感应电动机的起动性能主要指起动转矩和起动电流，是电动机性能好坏的一个重要标志。为了满足工农业生产的需要，电动机必须具有足够大的起动转矩和控制在一定范围内的起动电流。我国国家标准对各种类型感应电动机的起动性能都有具体规定。绕线转子感应电动机的起动性能受转子回路中串接外部电阻的影响，此处不做讨论。笼型转子感应电动机的起动性能则由电动机的参数决定，本节仅对笼型转子感应电动机起动性能的计算进行讨论。

感应电动机起动时和正常运行时相比，有两个显著特点：一是起动电流大，使得定子和转子的磁路高度饱和；二是转子电流频率等于电源频率，比正常运行时频率高得多，使转子导条中的电流产生趋肤现象。漏磁路的饱和及转子导条的趋肤效应将使定子、转子漏抗和转子电阻发生变化，在计算起动性能时必须考虑。

7.2.1 饱和效应及其对漏抗的影响

从感应电动机的等效电路可知，电动机起动瞬间，电机处于短路运行状态，转子和定子电流大大增加，直接起动时的起动电流可达额定电流的 4~7 倍。定子和转子绕组的磁势正比于通过的电流，因此磁势也大为增加，以致漏磁路的铁心部分出现高度饱和的现象。

定子和转子电流的增加固然引起磁势成正比地增加，但由于磁路饱和，磁通虽然增加，却增加得很少，因此单位电流产生的磁链实际上减少了，因此漏电抗随着电流的增加而减小，即漏磁路的饱和主要引起定子和转子漏抗的减小。在电动机整个起动过程中，定、转子电流不断变化，铁心饱和程度也随之而变，因此漏抗也随电动机内饱和程度的变化而变化。当漏磁路高度饱和时，铁心磁阻大大增加，此时，漏磁通铁心部分的磁阻相对于漏磁路其他部分的磁阻来说，不能忽略不计。

饱和时漏磁通回路如图 7-3 所示。槽内导体通电产生漏磁通，由于电动机是分布绕组，齿部漏磁通由相邻槽内电流产生，而漏磁通的方向相反，相互抵消，可以忽略磁路饱和对齿身部分的影响，而齿尖部分和齿顶部分的饱和程度很高；定、转子的端部绕组产生的漏磁通经过空气而不受饱和的影响；因此，只在谐波漏抗、槽漏抗中的槽口漏抗、斜槽漏抗的计算中要考虑铁心饱和的影响。

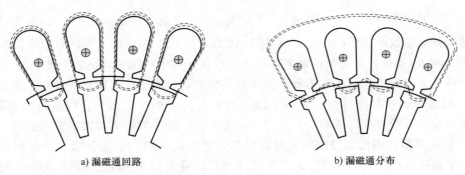

a) 漏磁通回路　　　　　　　　　　　　　　b) 漏磁通分布

图 7-3　一个极面漏磁通回路

若想准确地计算饱和效应对漏抗的影响，可以采用磁网络法或数值计算方法。工厂中一般采用近似计算方法。计算时，先假定一个起动电流值，再根据这个假定的电流值所达到的饱和程度进行计算。

1. 假定起动电流值

漏磁路的饱和程度直接受起动电流 I_{st} 的影响，而在起动性能的计算中又需要求取 I_{st}。因此，可以采用迭代的计算方法，先假定一个起动电流值 I'_{st}，然后进行起动参数和起动性能的计算，对 I_{st} 做迭代计算，直至满足误差要求。I'_{st} 的值可以根据设计要求给定。由于三相感应电动机的起动电流一般为额定电流的 4~7 倍，因此

$$I'_{st} = (2.5 \sim 3.5) T_m^* I_{KW} \tag{7-16}$$

感应电动机最大转矩倍数近似与漏抗成反比，起动时外施电压主要降落在短路阻抗上，起动电流也约与漏抗成反比，因此可以用 T_m^* 来估算起动电流 I_{st} 与功电流 I_{KW} 的大小关系。系数（2.5~3.5）和定子槽形（主要为槽口）有关，槽口大者受饱和影响小，故取小值。

2. 定、转子每槽磁势幅值

定子每槽磁势幅值为

$$F_{s1} = \sqrt{2} \frac{I'_{st}}{a_1} N_{s1} K_{U1} \tag{7-17}$$

式中，I'_{st}/a_1 为每支路电流有效值；K_{U1} 为定子槽口部分节距漏抗系数。

转子每槽磁势幅值为

$$F_{s2} = \sqrt{2} I_{2st} N_{s2} = \sqrt{2} I_{2st} = \sqrt{2} I'_{st} \frac{m_1 N_{\Phi1} K_{dp1} K_{d1}}{Q_2} \tag{7-18}$$

式中，N_{s2} 为转子每槽导体数，对于笼型转子 $N_{s2} = 1$；I_{2st} 为转子绕组起动电流，根据绕组的折算并忽略磁化电流，近似认为转子电流的折算值 $I'_{2st} = I'_{st}$。在定子一个相带范围内，感应产生的转子各导体电流大小、相位不一，因此在计算转子槽磁势幅值的平均值时，乘以定子的分布系数 K_{d1}。

根据式（7-17）和式（7-18）可计算出起动时产生漏磁的定转子槽磁势的平均值为

$$F_{\text{st}} = \frac{1}{2}(F_{s1}+F_{s2})\sqrt{1-\varepsilon_0}$$

$$= 0.707 I'_{\text{st}} \frac{N_{s1}}{a_1}\left(K_{\text{U1}}+K_{\text{dp1}}K_{\text{d1}}\frac{Q_1}{Q_2}\right)\sqrt{1-\varepsilon_0} \tag{7-19}$$

式中，$\sqrt{1-\varepsilon_0}$ 用来修正前面假定起动时转子电流等于定子电流所带来的误差，在很多情况下，可以近似地取为1。

3. 虚拟磁密

如图7-3b所示，假设由 F_{st} 所建立的漏磁通经过定、转子齿顶铁心和两个气隙。若忽略漏磁路中铁心部分的磁阻，假设定、转子槽磁势全部降落在漏磁路的气隙部分，所求得的虚拟磁密为

$$B_{\text{L}}=\frac{\mu_0 F_{\text{st}}}{2\delta\beta_{\text{c}}} \tag{7-20}$$

式中，β_{c} 为气隙与定、转子齿距和之比不同时的修正系数。当气隙长度与定、转子齿距和之比为0.02时，$\beta_{\text{c}}=1$；当气隙长度与定、转子齿距和之比不同时，可按经验公式 $\beta_{\text{c}}=0.64+2.5\sqrt{\dfrac{\delta}{t_1+t_2}}$ 进行修正。

4. 起动漏磁饱和系数

实际上，漏磁磁势不仅降落在漏磁路的气隙部分，也降落在漏磁路的铁心部分，而且漏磁路铁心部分的磁阻不能忽略，因此实际磁密比虚拟磁密小。以饱和系数 K_{s} 来表示气隙实际磁密与虚拟磁密的比值，称为起动时漏磁饱和系数。显然 B_{L} 越大，漏磁路越饱和，气隙磁势所占的比例越小，则 K_{s} 越小，漏抗减少得越多。起动时漏磁饱和系数 K_{s} 与 B_{L} 的关系如图7-4所示。

5. 漏抗的计算

起动时，定、转子谐波漏抗 $X_{\delta1(\text{st})}$、$X_{\delta2(\text{st})}$ 及斜槽漏抗 $X_{\text{sk}(\text{st})}$ 均与漏磁路饱和程度有关，漏磁路越饱和，谐波漏抗和斜槽漏抗减小的越多。受饱和效应的影响，谐波漏抗及斜槽漏抗减小到原值的 K_{s}。因此，起动时定、转子谐波漏抗及斜槽漏抗为

$$X^*_{\delta1(\text{st})} = K_{\text{s}}X^*_{\delta1} \tag{7-21}$$

$$X^*_{\delta2(\text{st})} = K_{\text{s}}X^*_{\delta2} \tag{7-22}$$

$$X^*_{\text{sk}(\text{st})} = K_{\text{s}}X^*_{\text{sk}} \tag{7-23}$$

起动时漏磁饱和对槽漏抗的影响可等效为槽口宽度的增大，即把因齿顶部分铁心饱和引起的磁阻增加或漏磁通减少等效为槽口的扩大。认为槽口宽度由原来的 b_0 增加到 b_0+c_{s}，这时齿顶宽度就由原来的 $t-$

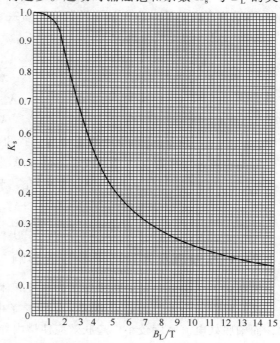

图7-4 K_{s} 与 B_{L} 的关系曲线

b_0 减少为 $t-b_0-c_s$。此时，K_s 也可以用来表示饱和时齿顶宽度与原齿顶宽度之比，即

$$K_s = \frac{t-(b_0+c_s)}{t-b_0} = 1-\frac{c_s}{t-b_0} \tag{7-24}$$

因此，漏磁路饱和引起的定、转子槽口宽度增大量分别为

$$c_{s1} = (t_1-b_{01})(1-K_s) \tag{7-25}$$

$$c_{s2} = (t_2-b_{02})(1-K_s) \tag{7-26}$$

式中，t_1 和 t_2 分别为定、转子齿距；b_{01} 和 b_{02} 分别为定、转子槽口宽度。

定、转子齿顶宽度减小，起动时槽口部分比漏磁导也将减少 $\Delta\lambda_U$。定子槽口部分漏磁导减少为

$$\begin{cases} \Delta\lambda_{U1} = \dfrac{h_{s0}+0.58h_{s1}}{b_{01}}\left(\dfrac{c_{s1}}{c_{s1}+1.5b_{01}}\right) \text{（半闭口槽）} \\[4mm] \Delta\lambda_{U1} = \dfrac{h_{s0}}{b_{01}}\left(\dfrac{c_{s1}}{c_{s1}+b_{01}}\right) \text{（开口槽）} \end{cases} \tag{7-27}$$

铸铝转子槽口部漏磁导减少为

$$\Delta\lambda_{U2} = \frac{h_{R0}}{b_{02}}\left(\frac{c_{s2}}{c_{s2}+b_{02}}\right) \tag{7-28}$$

于是，起动时定子槽比漏磁导为

$$\lambda_{s1(st)} = K_{U1}(\lambda_{U1}-\Delta\lambda_{U1})+K_{L1}\lambda_{L1} \tag{7-29}$$

式中，K_{U1}、K_{L1} 为定子绕组节距漏抗系数。

起动时转子槽比漏磁导为

$$\lambda_{s2(st)} = (\lambda_{U2}-\Delta\lambda_{U2})+K_X\lambda_{L2} \tag{7-30}$$

式中，K_X 为考虑趋肤效应时转子导条槽比漏磁导减小系数。

起动时定、转子槽漏抗为

$$X_{s1(st)}^* = \frac{\lambda_{s1(st)}}{\lambda_{s1}}X_{s1}^* \tag{7-31}$$

$$X_{s2(st)}^* = \frac{\lambda_{s2(st)}}{\lambda_{s2}}X_{s2}^* \tag{7-32}$$

式中，λ_{s1}、λ_{s2}、X_{s1}^*、X_{s2}^* 为电机正常运行时的参数。

综上所述，可得起动时定、转子漏抗和总漏抗值为

$$X_{\sigma1(st)}^* = X_{s1(st)}^*+X_{\delta1(st)}^*+X_{E1}^* \tag{7-33}$$

$$X_{\sigma2(st)}^* = X_{s2(st)}^*+X_{\delta2(st)}^*+X_{E2}^*+X_{sk(st)}^* \tag{7-34}$$

$$X_{\sigma(st)}^* = X_{\sigma1(st)}^*+X_{\sigma2(st)}^* \tag{7-35}$$

7.2.2 趋肤效应及其对转子参数的影响

笼型转子感应电动机的转子导条为单根导体，起动时转子导条内的电流频率等于电源频率，这时将在导条中产生趋肤效应，使得导条中的电流分布不均匀，靠近槽口处电流密度大，而槽底处电流密度较小。趋肤效应使槽内导体有效高度减小，因而电阻增加、槽漏抗减小。趋肤效应引起的电阻增大系数 K_R 和电抗减小系数 K_X 与转子槽形尺寸、转子电流频率

及导条电阻率有关。利用趋肤效应可以改善笼型转子感应电动机的起动性能，提高起动转矩，降低起动电流。

目前趋肤效应的计算方法主要有透入深度法、分层法和有限元法等。工程应用中通常认为趋肤效应减小了导条的高度，以此来确定转子电阻和槽漏抗的变化。考虑趋肤效应时转子导条的相对高度为

$$\xi = 2\pi h_B \sqrt{\frac{b_B}{b_{S2}}\frac{f}{\rho_B \times 10^7}} \tag{7-36}$$

式中，h_B 为转子导条实际高度（m）；b_B/b_{S2} 为转子导条宽与槽宽之比，对于铸铝转子比值为 1；ρ_B 为转子导条的电阻率（$\Omega \cdot m$）。

令 h_{pr} 和 h_{px} 分别表示计算导体电阻和槽漏抗的等效高度，导条电阻与导条的导电面积成反比，槽漏抗与槽漏磁导的导磁面积成正比，因此转子导条电阻增大系数 K_R 和槽电抗减小系数 K_X 为

$$K_R = \frac{R_\sim}{R_0} = \frac{h_B}{h_{pr}} \tag{7-37}$$

$$K_X = \frac{X_\sim}{X_0} = \frac{h_{px}}{h_B} \tag{7-38}$$

式中，$R_\sim$ 为考虑趋肤效应时导条的交流电阻；R_0 为导条的直流电阻；$X_\sim$ 为考虑趋肤效应时的槽漏抗；X_0 为不考虑趋肤效应时的槽漏抗。

对于梯形槽，由式（7-36）计算出 ξ 后，由图 7-5 可查出对应的 K_R 和 K_X，再代入式（7-37）和式（7-38）便可求出导条等效高度 h_{pr} 和 h_{px}。

由趋肤效应系数可以直接计算出起动时转子的电阻和槽漏抗。转子导条电阻的标幺值为

$$R_{2(st)}^* = \left[K_R\left(\frac{l_{t2} - N_v b_v}{l_B}\right) + \frac{l_B - l_{t2} + N_v b_v}{l_B}\right]R_B^* + R_R^* \tag{7-39}$$

式中，l_{t2} 为转子铁心长度；l_B 为转子导条长度；R_B^* 为电流均匀分布时转子导条电阻标幺值；R_R^* 为转子端环电阻标幺值；N_v、b_v 分别为转子铁心径向通风道数和径向通风道宽度。

通风道中的导体和端环主要位于空气中，因此不考虑趋肤效应。起动时转子槽比漏磁导按式（7-30）计算。

7.2.3　起动电流及起动转矩

起动时总漏抗和总电阻标幺值分别为

$$X_{\sigma(st)}^* = X_{\sigma1(st)}^* + X_{\sigma2(st)}^* \tag{7-40}$$

$$R_{st}^* = R_1^* + R_{2(st)}^* \tag{7-41}$$

则起动总阻抗为

$$Z_{st}^* = \sqrt{R_{st}^{*\,2} + X_{\sigma(st)}^{*\,2}} \tag{7-42}$$

以实际值表示的起动电流为

$$I_{st} = \frac{U_{N\Phi}}{Z_{st}^*(U_{N\Phi}/I_{KW})} = \frac{I_{KW}}{Z_{st}^*} \tag{7-43}$$

于是，起动电流倍数为

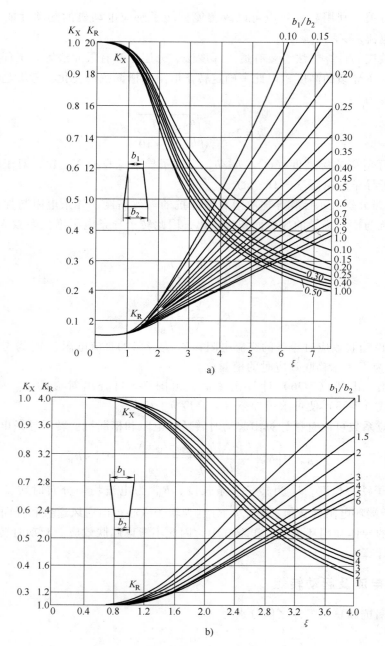

图 7-5 转子趋肤效应系数

$$I_{st}^* = \frac{I_{st}}{I_1} \tag{7-44}$$

此处计算得到的起动电流 I_{st} 应与式（7-16）中的设定值 I'_{st} 满足误差要求。若计算出的 $I_{st} > I'_{st}$，则说明假设值 I'_{st} 偏小，由此计算得到的起动时漏磁饱和系数 K_X 偏大，计算出的起动漏抗值偏高，因此最后算出的 I_{st} 相对于实际值偏小。再次假设时，应取 I'_{st} 略大于式（7-43）的计算结果，并重新计算。一般要求最后计算值与假定值的误差不超过±3%。

起动转矩倍数为

$$T_{\mathrm{st}}^* = \frac{T_{\mathrm{st}}}{T_{\mathrm{N}}} = \frac{m_1 p U_{\mathrm{N\Phi}}^2 R_{2(\mathrm{st})}'}{2\pi f Z_{\mathrm{st}}^2} \frac{(1-s_{\mathrm{N}})2\pi f}{m_1 p U_{\mathrm{N\Phi}} I_{\mathrm{KW}}} = \frac{R_{2(\mathrm{st})}^*}{Z_{\mathrm{st}}^{*2}}(1-s_{\mathrm{N}}) \tag{7-45}$$

式中，s_{N} 为额定转速下的转差率。

7.3　异步起动永磁同步电动机工作特性及起动性能的计算

7.3.1　异步起动永磁同步电动机的工作特性

进行感应电动机的性能计算时，根据感应电动机的等效电路及电阻和电抗参数就可以求出不同转差率下的输出功率、输出转矩、定子电流、效率和功率因数等。同样，在永磁同步电动机中，若已知电枢绕组电阻 R_1、漏电抗 X_1、直轴电枢反应电抗 X_{ad}、交轴电枢反应电抗 X_{aq} 和感应电动势 E_0，就可以计算不同功角下的性能。

1. 永磁电机的损耗

永磁同步电动机电枢绕组的铜损耗计算可参考 6.2.1 节所介绍的方法。通常采用的电枢铁心损耗的计算公式为

$$p_{\mathrm{Fe}} = k_1 p_{\mathrm{t1d}} V_{\mathrm{t1}} + k_2 p_{\mathrm{j1d}} V_{\mathrm{j1}} \tag{7-46}$$

式中，p_{t1d}、p_{j1d} 分别为定子齿部和轭部的单位铁损耗，根据相应处的磁密值查铁心损耗曲线获得；V_{t1}、V_{j1} 分别为定子齿部和轭部的体积；k_1、k_2 为考虑由于加工和磁场分布不均匀而引入的系数，在中小型永磁同步电动机中，通常取 $k_1 = 2.5$，$k_2 = 2.0$。

永磁同步电动机中的杂散损耗是由于磁场高次谐波和开槽引起的高次谐波在铁心中产生的损耗，其精确计算非常困难。在工程实际中，通常采用的计算杂散损耗的经验公式为

$$p_{\mathrm{s}} = \left(\frac{I_1}{I_{\mathrm{N}}}\right)^2 p_{\mathrm{sN}}^* P_{\mathrm{N}} \tag{7-47}$$

式中，I_{N} 为额定电流；p_{sN}^* 为额定功率时的杂散损耗与额定功率的比值，通常根据经验选取。

永磁同步电动机中的机械损耗 p_{fw} 也包括轴承摩擦损耗和风摩损耗，计算机械损耗的经验公式较多。对于小型永磁同步电动机，可参考感应电动机中机械损耗的计算方法。

2. 工作特性的计算

永磁同步电动机的工作特性包括效率、功率因数、输入功率和电枢电流等与输出功率之间的关系。另外，失步转矩倍数也是永磁同步电动机中较为重要的一个性能参数。

永磁同步电动机相量图中的相量关系为

$$\begin{cases} \psi = \arctan\dfrac{I_{\mathrm{d}}}{I_{\mathrm{q}}} \\ U\sin\theta = R_1 I_{\mathrm{d}} + X_{\mathrm{q}} I_{\mathrm{q}} \\ U\cos\theta = E_0 + R_1 I_{\mathrm{q}} - X_{\mathrm{d}} I_{\mathrm{d}} \\ I_{\mathrm{d}} = I_1 \sin\psi \\ I_{\mathrm{q}} = I_1 \cos\psi \end{cases} \tag{7-48}$$

式中，E_0 为永磁体气隙基波磁场所产生的每相空载反电动势有效值；U 为外加相电压有效值；I_1 为定子相电流有效值；R_1 为定子绕组相电阻；X_d 和 X_q 分别为直轴同步电抗和交轴同步电抗；I_d 和 I_q 分别为交、直轴电枢电流；ψ 为 $\dot{I}_1$ 与 $\dot{E}_0$ 之间的夹角；θ 为 $\dot{E}_0$ 与 $\dot{U}$ 之间的夹角。

定子电流的直轴和交轴分量可按如下公式求出：

$$\begin{cases} I_d = \dfrac{R_1 U\sin\theta + X_q(E_0 - U\cos\theta)}{R_1^2 + X_d X_q} \\[4mm] I_q = \dfrac{X_d U\sin\theta - R_1(E_0 - U\cos\theta)}{R_1^2 + X_d X_q} \end{cases} \tag{7-49}$$

电动机的输入功率为

$$P_1 = mUI_1\cos\varphi = mUI_1\cos(\theta - \psi) = mU(I_d\sin\theta + I_q\cos\theta)$$

$$= \dfrac{mU\left[E_0(X_q\sin\theta - R_1\cos\theta) + R_1 U + \dfrac{1}{2}U(X_d - X_q)\sin2\theta\right]}{R_1^2 + X_d X_q} \tag{7-50}$$

若忽略定子电阻及定子绕组损耗，则电磁功率为

$$P_{em} \approx P_1 \approx \dfrac{mE_0 U}{X_d}\sin\theta + \dfrac{mU^2}{2}\left(\dfrac{1}{X_q} - \dfrac{1}{X_d}\right)\sin2\theta \tag{7-51}$$

永磁同步电动机的电磁转矩为

$$T_{em} = \dfrac{P_{em}}{\Omega} = \dfrac{P_{em}p}{\omega} \approx \dfrac{mpE_0 U}{\omega X_d}\sin\theta + \dfrac{mpU^2}{2\omega}\left(\dfrac{1}{X_q} - \dfrac{1}{X_d}\right)\sin2\theta \tag{7-52}$$

式中，Ω 和 ω 分别为电动机的机械角度和电角度。

由式（7-52）可以看出，永磁同步电动机的电磁转矩由两部分组成，加号左侧的部分是由永磁磁场和电枢反应磁场相互作用产生的基本电磁转矩，称为永磁转矩；加号右侧的部分是由交、直轴磁阻不相等引起的磁阻转矩，当交、直轴磁阻相等时，该项转矩为零。

通常情况下永磁同步电动机中直轴电抗小于交轴电抗，与普通同步电动机中直轴电抗大于交轴电抗的情况相反，磁阻转矩的作用也不同。在普通同步电动机中，合成转矩最大值对应的功角小于 90°，而永磁同步电动机中，合成转矩最大值对应的功角大于 90°。某永磁同步电动机的矩角特性曲线如图 7-6 所示。

电磁转矩曲线上的最大电磁转矩 T_m 称为永磁同步电动机的失步转矩，若负载转矩超过该转矩，电动机将失去同步。该转矩与额定转矩的比值称为失步转矩倍数。失步转矩倍数是永磁同步电动机的一个重要参数，表征其过载能力。

永磁同步电动机的工作特性通常按以下步骤进行计算：

1）给定功角 θ。

2）确定 E_0、U、R_1、X_d、X_q 及定子漏

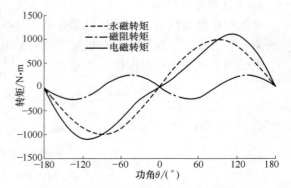

图 7-6　永磁同步电动机的矩角特性曲线

抗 X_1，并根据式（7-49）计算直轴和交轴电流 I_d 和 I_q。

3）计算功率因数。

$$\cos\varphi = \cos\left(\theta - \arctan\frac{I_d}{I_q}\right)$$

4）计算铁损耗、铜损耗、杂散损耗和机械损耗。

铁损耗根据气隙磁通进行计算，气隙磁通为

$$\Phi_\delta = \frac{E_\delta}{4.44fNK_{dp}}$$

$$E_\delta = \sqrt{(E_0 - I_d X_{ad})^2 + (I_q X_{aq})^2}$$

根据磁通确定定子齿部和轭部的磁密，从而确定铁损耗。铜损耗、杂散损耗和机械损耗按照前文所述方法进行计算。

5）计算输出功率及效率。

$$P_2 = P_1 - (p_{Cu} + p_{Fe} + p_s + p_{fw})$$

$$\eta = \frac{P_2}{P_1} \times 100\%$$

计算出不同功角时的输入功率 P_1、输出功率 P_2、效率 η、电枢电流 I_1 和功率因数 $\cos\varphi$，即可得到永磁同步电动机的工作特性。一台 380V、22kW 永磁同步电动机的工作特性曲线如图 7-7 所示。

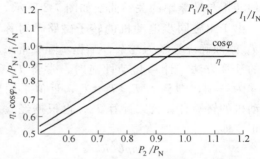

图 7-7 永磁同步电动机的工作特性曲线

7.3.2 异步起动永磁同步电动机的起动性能

异步起动永磁同步电动机是依靠定子旋转磁场与转子导条相互作用产生的异步转矩进行起动的，由于电机转子上存在永磁体，并且转子交轴和直轴磁路不对称，所以其起动过程比三相感应电动机起动过程复杂。

在电机起动过程中，定子三相绕组中通以频率为 f 的对称三相交流电流，产生转速为同步转速 n_s 的旋转磁场，当转差率为 s 时，转子的转速为 $(1-s)n_s$。由于转子导条与定子旋转磁场之间存在相对运动，则在转子导条内产生频率为 sf 的电流，转子电流又会产生磁场，由于转子磁路不对称，转子电流产生的磁场可分解为两个旋转磁场，它们相对于转子的转向相反、转速相同，均为 sn_s，它们相对于定子的转速分别为 n_s 和 $(1-2s)n_s$，因此会在定子绕组中产生频率为 f 和 $(1-2s)f$ 的电流，其中，频率为 $(1-2s)f$ 的电流产生的磁场又会在转子中感应出频率为 sf 的电流。

转子上永磁体相对于定子绕组的转速为 $(1-s)n_s$，因此永磁体产生的磁场在定子绕组中感应出频率为 $(1-s)f$ 的电流，该电流又会产生以速度 $(1-s)n_s$ 旋转的正向旋转磁场，此磁场与转子转速相同，因此不在转子中感生电流。

由此可见，起动过程中定、转子磁场包括 3 种不同转速的磁场，分别为 n_s、$(1-s)n_s$ 和 $(1-2s)n_s$。各旋转磁场及其相互作用产生的转矩见表 7-1。

表 7-1 定、转子产生的旋转磁场及其相互作用产生的转矩

转子	转矩		
	n_s	$(1-s)n_s$	$(1-2s)n_s$
n_s	恒定转矩 T_a	脉动转矩（频率 sf）	脉动转矩（频率 $2sf$）
$(1-s)n_s$	脉动转矩（频率 sf）	恒定转矩 T_g	脉动转矩（频率 sf）
$(1-2s)n_s$	脉动转矩（频率 $2sf$）	脉动转矩（频率 sf）	恒定转矩 T_b

当定子磁场和转子磁场相对静止且极数相同时，它们相互作用产生恒定转矩；当两个磁场之间有相对运动时，产生脉动转矩。定子和转子中转速均为 n_s 的旋转磁场相互作用，产生的恒定转矩称为异步转矩 T_a；定子和转子中转速均为 $(1-2s)n_s$ 的旋转磁场相互作用，产生的恒定转矩 T_b，当 $s>0.5$ 时，其起驱动作用，当 $s<0.5$ 时，其起制动作用；定子和转子中转速均为 $(1-s)n_s$ 的旋转磁场相互作用，产生的恒定转矩称为发电制动转矩 T_g。

永磁同步电动机起动过程中总的平均转矩 T_{av} 为 T_a、T_b 和 T_g 的和，永磁同步电动机的平均转矩与转差率的关系曲线如图 7-8 所示。

由于永磁同步电动机的转子磁路不对称，T_a 和 T_b 的准确计算较为复杂，工程实际中常采用近似的计算方法。计算起动性能时，常将 T_a 和 T_b 合并为一项，即认为 $T_a+T_b=T_c$，近似采用感应电动机的转矩计算公式计算 T_c，再根据经验加以修正，即

$$T_c = \frac{mpU^2R_2'/s}{2\pi f\left[(R_1+c_1R_2'/s)^2+(X_1+c_1X_2')^2\right]}$$

式中，R_2' 和 X_2' 分别为转子电阻和电抗的折算值；c_1 为近似等效电路的修正系数，$c_1=1+\dfrac{X_1}{X_m}$。励磁电抗 X_m 近似为

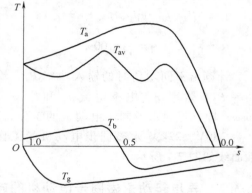

图 7-8 异步起动永磁同步电动机的
平均转矩-转差率曲线

$$X_m = \frac{2X_{ad}X_{aq}}{X_{ad}+X_{aq}}$$

式中，X_{ad}、X_{aq} 分别为直轴、交轴电枢反应电抗。

发电制动转矩为

$$T_g = -\frac{mp}{2\pi f(1-s)}\frac{R_1E_0^2(1-s)^2}{R_1^2+X_dX_q(1-s)^2}\frac{R_1^2+X_q^2(1-s)^2}{R_1^2+X_dX_q(1-s)^2}$$

在永磁同步电动机堵转时，定子绕组产生的旋转磁场与转子绕组产生的旋转磁场转速相同、方向一致，产生恒定的转矩；此外，转子永磁体产生的静止磁场与定子绕组产生的旋转磁场相互作用，产生脉动转矩。两者叠加在一起，使得堵转时的转矩波动很大，当外加电压低到某一值时，虽然异步转矩较大，但由于脉动转矩的存在，电动机也无法起动。

由前文分析可知，永磁同步电动机起动过程中，定子绕组电流包含 3 个电流分量：频率为 f 的电流 i_a、频率为 $(1-2s)f$ 的电流 i_b 和频率为 $(1-s)f$ 的电流 i_g，因此起动电流的有效值为

$$I_{st} = \sqrt{I_a^2 + I_b^2 + I_g^2}$$

复习与思考题

1. 三相感应电动机中，气隙 δ 的大小对性能可能有哪些影响？

2. 三相感应电动机的电磁计算中应考核哪些性能指标？

3. 三相感应电动机功率因数不合要求，可以从哪些方面调整？这些调整是否会引起其他后果？

4. 三相感应电动机中，影响最大转矩、起动转矩和起动电流的是哪些参数？它们之间关系如何？

5. 提高永磁同步电动机的起动转矩可以采取哪些措施？

6. 提高永磁同步电动机的功率因数可以采取哪些措施？

第 **8** 章 ▶▶

电机发热与冷却计算

本章知识要点：

1）电机的温升限度和国家规定。

2）电机的冷却方式及冷却计算。

3）电机的传热计算。

8.1 温升限度

1. 概述

电机运行时要产生损耗，这些损耗都转变为热能，使电机各部分的温度升高。电机某部件的温度与周围介质温度之差，叫作该部件的温升。电机发热部件的温升在 1h 内的变化不超过 2K 的状态称为电机的热稳定状态。稳定状态时的温升称为稳态温升。当电机在额定负载下长期运行时，电机就处于稳态温升状态，所以对一般电机来说，稳态温升具有重要意义。电机温升计算的目的就是核算电机在额定容量下稳定运行或者暂态最高温升时，电机内温升是否超过材料的允许温升限度。

对于一台电机来说，为了使电机的温升不超过一定的数值，一方面是减少电机中产生的损耗，另一方面是增加电机的散热能力。随着电机单机容量的日益增大，改善冷却系统，提高散热能力以限制电机的温升，一直是电机发展中的主要问题之一。

电机温度的测量方法有：①温度计法，可测得表面温度；②电阻法，利用导线温度升高时的电阻变化可测得绕组的平均温升；③埋置检温计法，可测得检温计所在位置的局部温度。

在一般电机中温升最高的通常是绕组，而绕组温升对绝缘的影响是最直接的，所以温升计算主要是计算绕组的平均温升。

2. 我国采用的电机温升限度

电机在额定状态下长期运行而其温度达到稳定时，电机各部件温升的允许极限值称为温升限度。电机的允许温升限度的规定与电机内各种材料的性能与寿命有关。我国温升限度标准在很大程度上与 IEC 推荐文件一致，但有如下特点：

1）对不同冷却方式，如空冷、氢内冷、氢外冷和直接液冷区别对待，温升限度标准的内容更加具体。

2）对电阻法测温赋以更广阔的意义，将带电测温法列入我国国标。

3）对电压与温升的影响做出规定，以 11kV 为基础，超过该基础标准后，每增加 1kV，温升限度下降 1~1.5K。

4）对氢外冷电机在不同氢压下运行时温升限度做出规定，以 $P_a = 0.15MPa$ 为基础，每超过 0.1MPa，限度值减少 5K。

5）对短时运行的电机，规定温升限度比持续运行高 10K。

6）对轴承温度也给予了新规定，当环境温度为 40℃ 时，滑动轴承温度应不大于 80K（1℃ = 1K，下同）；滚动轴承应不大于 95℃。

电机的温升限值在国家标准 GB/T 755—2019《旋转电机　定额和性能》中已做了规定，对于用空气间接冷却的电机，其值见表 8-1。

表 8-1　空气间接冷却绕组的温升限值

热分级		130(B)			155(F)			180(H)		
测量方法:Th = 温度计法，R = 电阻法，ETD = 埋置检温计法		Th	R	ETD	Th	R	ETD	Th	R	ETD
项号	电机部件									
1a)	输出 5000kW（或 kV·A）及以上电机的交流绕组	—	80	85①	—	105	110①	—	125	130①
1b)	输出 200kW（或 kV·A）以上但小于 5000kW（或 kV·A）电机的交流绕组	—	80	90①	—	105	115①	—	125	140①
1c)	项 1d)或项 1e)② 以外的输出为 200kW（或 kV·A）及以下电机的交流绕组	—	80	—	—	105	—	—	125	—
1d)	额定输出小于 600W（或 V·A）电机的交流绕组②	—	85	—	—	110	—	—	130	—
1e)	无扇自冷式电机（IC 410）的交流绕组和/或囊封式绕组②	—	85	—	—	110	—	—	130	—
2	带换向器的电枢绕组	70	80	—	85	105	—	105	125	—
3	除项 4 外的交流和直流电机的磁场绕组	70	80	—	85	105	—	105	125	—
4a)	同步、感应电机以外的用直流励磁绕组嵌入槽中的隐极转子同步电机的励磁组	—	90	—	—	115	—	—	135	—
4b)	一层以上的直流电机静止励磁绕组	70	80	90	85	105	115	105	125	140
4c)	交流和直流电机单层低电阻励磁绕组以及一层以上的直流电机补偿绕组	80	80	—	100	105	—	125	125	—
4d)	表面裸露或仅涂清漆的交流和直流电机的单层绕组③	90	90	—	110	115	—	135	135	—

① 高压交流绕组的修正可适用于这些项目。

② 对 200kW（或 kV·A）及以下，热分级为 130（B）和 155（F）的电机绕组，如用叠加法，温升限值可比电阻法高 5K。

③ 对于多层绕组，如下面各层均与循环的初级冷却介质接触，也包括在内。

温升限度基本上取决于其绝缘结构所允许的最高温度及冷却介质的温度，也和温度的测量方法、绕组的传热和散热条件及其中允许产生的热流强度等因素有关。在电工技术中，常将电机及电器中的绝缘结构或绝缘系统按极限温度（指电机在设计预期寿命内，运行时绕组绝缘中最热点的温度）而分为若干耐热等级（见表 8-2）。

表 8-2　绝缘耐热等级

耐热分级	Y	A	E	B	F	H	C
极限温度/℃	90	105	120	130	155	180	180 以上

8.2　电冷却方式及计算

电机运行期间产生的损耗将转化为热量，为使电机运行温度不超过与绝缘耐热等级相应的极限温度，需要采用某种冷却方式使其有效地散热。电机冷却过程是把电机损耗产生的热量首先传递给一次冷却介质，已升高温度的一次冷却介质由新的低温冷却介质不断替换，或者通过某种形式的冷却器由二次冷却介质加以冷却。

电机按照冷却方式可以分成自冷式、自扇冷式和它冷式 3 种。自冷式电机没有任何通风冷却设备，依靠电机的外表面向周围散热。目前，只有在微型电机中采用这种方式。自扇冷式电机依靠装在电机本身轴上的风扇来通风冷却，这是目前中小型电机普遍采用的方式。这种电机分两类：①冷却空气进入内部的电机，如一般防护式电机；②冷却空气只吹拂电机外表面而不进入电机内部的电机，如一般封闭式电机。它冷式电机依靠另外装置的特殊通风设备将冷却空气鼓入电机，这种方式只用于大型电机或者特殊用途的中型电机。

8.2.1　电机的冷却系统

根据冷却介质的不同，电机的冷却系统可分为空气冷却系统、氢气冷却系统及水冷却系统等。

（1）空气冷却系统　利用空气冷却的电机结构简单，成本较低。其缺点是空气的冷却效果差，在高速电机中引起的摩擦损耗大。

按照冷却介质（在这里为空气）的循环路径，空气冷却系统可以分为开路冷却（或自由循环）和闭路冷却（或封闭循环）。

按照电机内冷却空气流动的方向，空气冷却系统可以分为径向、轴向和混合式 3 种。图 8-1 所示的紧凑型中型高压电动机采用轴径向混合式通风散热结构。

根据冷却空气是首先通过电机的发热部分，再通过风扇，还是相反，采用空气冷却的系统，可分为鼓入式和抽出式两种（见图 8-2 和图 8-3）。

采用空气冷却的系统一般可分为外冷和内冷方式。外冷是指冷却介质空气吹拂过电机线圈绝缘和铁心表面，所以又称为表面冷却方式。内冷是使导体中产生的热量直接传递给冷却介质，而不通过绝缘。

（2）氢气冷却系统　在实心铜线中，夹进若干根空芯不锈钢管，让氢气从钢管中流过，以导出铜线的热量，这就是定子氢内冷方式。将转子绕组改由空芯铜线制成，或在绕组两端铣出侧孔和纵向沟，或采用中间铣槽方式，在转子槽楔上制出特制的风斗，靠转子旋转切向动能维持气体自循环，称为气隙取气的转子内冷方式。

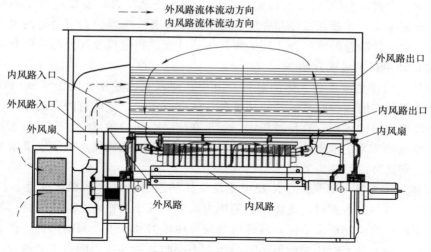

图 8-1 混合式通风系统

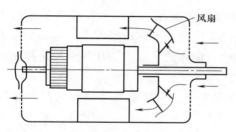

图 8-2 轴向鼓入式通风冷却系统

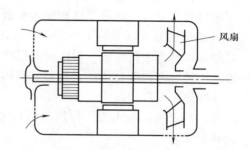

图 8-3 轴向抽出式通风冷却系统

（3）水冷却系统 用净化水冷却电机定子绕组始于 1956 年，在大型电机中用水冷却绕组时，是让水从绕组铜线中间流过，称为水内冷。定、转子绕组都采用水内冷称为双水内冷。在水轮发电机方面，由于其转速低，制造水内冷更方便。在我国，以氢取代空气充入电机机壳内，定、转子绕组采用水内冷时，称为水-水-氢系统。而在转子绕组内通入氢气，称为水-氢-氢系统。全水冷电机具有效率高、材料消耗少的优点，但工艺比较复杂，目前只限于少数国家的少数工厂在研制和生产。

8.2.2 流体力学基本理论

1. 概述

电机在运行过程中所产生的热量，除轴承中的热量是由轴承的外表面自然导散或一般由通入轴承中的循环润滑油导散外，其他损耗全部依靠流体（空气、氢气或水等）带走。所需冷却介质总的体积流量 q_V（以下简称流量）可按能量守恒关系，由下式计算：

$$q_V = \frac{\sum p_h}{c_a \Delta \tau_a} \tag{8-1}$$

式中，$\sum p_h$ 为由冷却介质带走的损耗；c_a 为冷却介质的比热容，对于空气，按一般情况，c_a 可取 1100J/（$m^3 \cdot ℃$）；$\Delta \tau_a$ 为冷却介质通过电机后的温升，一般可取 15~20℃。

必须注意，由式（8-1）计算所得的总流量，必须使之在数量上按适当比例沿定、转子的冷却通道分别流动，才能保证冷却介质和定、转子中各发热部件具有合适的温升。因此在设计电机时，除了计算总的流量外，还必须初步估计流量在电机各部分的分配和流速。

2. 流体运动中常用名词介绍

（1）流体　流体是液体和气体的总称，由相互间联系比较松弛的分子所组成，分子之间没有像刚体所具有的刚性联系。而液体又和气体有所不同，液体有固定的体积，不易被压缩，气体则没有固定的体积，容易被压缩。如果在流动空间的各点上，运动要素都不随时间而变，则这种流动称为定常流动。若在流动空间的各点上，流体质点的运动要素全部或之一随时间而变，则这种流动称为非定常流动。

（2）流体的压缩性和膨胀性　体积可变是流体的固有特性，体积可变性是指流体的压缩性和膨胀性。当温度不变时，流体体积随压力增加而缩小的性质称为压缩性。根据流体在压力的作用下体积改变的程度不同，流体可分为可压缩的和不可压缩的两种。例如，空气是可压缩的流体，而水是不可压缩的流体。当压力不变时，流体体积随温度升高而增大的性质称为流体的膨胀性。膨胀性大小用体积膨胀系数来度量，它表示增加一个单位温度时所引起的体积相对增大量。一般液体体积膨胀系数较小，而气体体积膨胀系数大。

（3）流体的黏滞性　对于正在运动的流体，如果各层流体速度不等，那么相邻两个流体层之间的接触面上将形成一对阻碍两层相对运动的等值而反方向的摩擦力，这种力称为内摩擦力。流体具有内摩擦力的性质称为流体的黏滞性。流体的黏滞性表现为一种抗拒流体流动的内部摩擦力或黏滞阻力。

大量试验表明，流体的层与层间的这种摩擦力的大小，正比于流体层滑动时的速度梯度，经验公式为

$$\tau = \eta \frac{\mathrm{d}v}{\mathrm{d}n} \tag{8-2}$$

式中，τ 为单位面积上的摩擦力；$\mathrm{d}v/\mathrm{d}n$ 为速度梯度，即垂直于流动方向上每隔单位长度时的流体流速的变化；η 为动力黏度或黏滞系数，它表示流体的黏滞特性，其值取决于流体的性质及温度。一般来说，水和空气是两种黏滞性十分小的流体。

液体黏度的数值与温度和压力有关，但压力对黏度影响甚微，可以认为流体黏度只随温度变化。

（4）理想流体和真实流体　真实流体都是可压缩的，而且是有黏滞性的。既不考虑其可压缩性，也不考虑其黏滞性的流体，称为理想流体。电机中常用的传热介质——水和空气，都可认为是理想流体。在研究流体运动时，先从理想流体出发，由理想流体得出结论可以直接应用得出运动的一般规律，然后按真实流体的情况加以补充和修正。

（5）层流及紊流　流体在管道内运动的状态可分为层流和紊流两种。

做层流运动时，流体仅有平行于管道表面的流动。若将流体分为许多平行于管道壁的薄层，则各层做平行运动，它们之间没有流体的交换。做紊流运动时，流体中的大部分质点不再保持平行于壁的运动，而以平均流速向各方向做无规则扰动。

通常用一个无量纲的量——雷诺数来判断流体流动的状况，有

$$Re = \frac{vd}{v} \tag{8-3}$$

式中，Re 为雷诺数；d 为决定于管道的几何形状及尺寸，一般指管道的直径（圆形管道）或等效直径（非圆形管道）；v 为流速；v 为运动黏度。

$$v = \frac{\eta}{\rho} \tag{8-4}$$

式中，ρ 为密度。实验结果表明，流体运动时，当 $Re < 2300$ 时为层流，$Re > 2300$ 时为紊流；但 Re 达到 2300 以前，已开始有部分紊流存在。

雷诺数除决定于流体的流速及管道的几何形状和尺寸外，还与流体本身的性质（密度和黏滞性）有关。密度大即惯性大，故雷诺数在一定程度上反映了流体本身的惯性与黏滞性的对比关系。在同样条件下，黏滞性小，密度大的流体比较容易产生紊流。

（6）流体的压力——静压力和动压力 静压力反映出流体受压缩的程度，其单位用 Pa 来表示。静压力也可看作是被压缩流体单位体积内所储存的位能。动压力则表示运动着的流体，单位体积中所包含的动能。动压力可表示为

$$p_g = \frac{\rho v^2}{2} \tag{8-5}$$

静压力与动压力之和称为全压力，即单位体积的流体中所包含的总机械能。

3. 流体运动规律

研究流体运动时应用欧拉法建立流体运动相应的基本方程，即连续方程、运动方程和动量方程。这些方程是研究流体运动的重要依据。首先介绍两个概念：流量和平均流速。

1）流量：单位时间内通过有效断面的流体体积称为体积流量，通常简称流量，用 q_V 表示。单位时间内通过有效断面的流体质量，称为质量流量，用 q_m 表示。两种流量之间关系为

$$q_m = \rho q_V \tag{8-6}$$

2）平均流速：有效断面的平均流速 v 是一种假想的、在断面上各点都相同的速度，流体以这种速度通过截面时的流量等于流体以断面上各点不同的真实速度通过断面的流量。有效断面的平均流速为 $v = q_V/A$，有效断面的平均流速通常简称为平均流速。

（1）流体的连续性方程 在流体力学中认为流体是连续介质，它在流动时将连续地充满整个流动空间。连续介质的这个特性可用数学形式表达。设在充满运动流体的空间中取一点 A，以 A 为中心取出一个微小的空间平行六面体，其边长为 dx、dy 和 dz，并分别与 3 个坐标轴平行（见图 8-4）。六面体微小面积 $abcd$ 上各点的流速均可以认为等于 v_x。在单位时间内经过微小面积 $abcd$ 的单位面积而流入六面体的质量为 ρv_x，由于 ρv_x 是坐标和时间的连续函数，所以在单位时间内，沿 x 轴向经过微小面积 $a'b'c'd'$ 的单位面积而流出六面体的质量为 $\rho v_x + \dfrac{\partial(\rho v_x)}{\partial x}\mathrm{d}x$。

设 A 点的流体速度为 v，它在各轴向

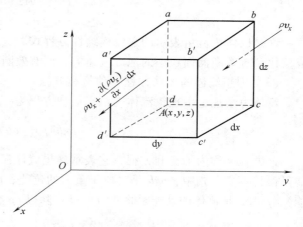

图 8-4 微小空间平行六面体

的分量为 v_x、v_y 和 v_z，在连续流动的条件下可得出可压缩流体的连续性微分方程式为

$$\frac{\partial \rho}{\partial t}+\frac{\partial(\rho v_x)}{\partial x}+\frac{\partial(\rho v_y)}{\partial y}+\frac{\partial(\rho v_z)}{\partial z}=0 \tag{8-7}$$

对于不可压缩流体，密度 ρ 为常数，因而有

$$\frac{\partial v_x}{\partial x}+\frac{\partial v_y}{\partial y}+\frac{\partial v_z}{\partial z}=0 \tag{8-8}$$

式（8-8）称为不可压缩流体的连续性微分方程式。流体的连续性微分方程式实质上是质量守恒定律在流体力学中的具体体现。

（2）流束状总流的连续性方程式 取一流束状总流，如图 8-5 所示，假设为定常流动。有效断面 1 和 2 的面积分别为 A_1 和 A_2，相应的平均流速为 v_1 和 v_2。考虑到在定常运动条件下，流束的形状不随时间改变，各点密度也不随时间改变，流体是连续介质，内部不可能出现任何空隙，流体质点也不能穿过总流的侧表面，因此，根据质量守恒定律，在 dt 时间内流入第一个有效断面的流体质量必定等于在此时间内由第二个有效断面流出的流体质量，即

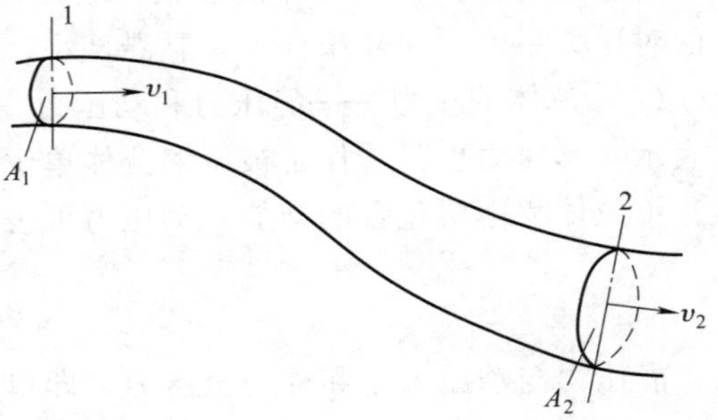

图 8-5　总流的连续性

$$\rho_1 v_1 A_1 dt=\rho_2 v_2 A_2 dt$$

或

$$\begin{cases} \rho_1 v_1 A_1 dt=\rho_2 v_2 A_2 dt \\ q_{m1}=q_{m2} \\ \rho v A=q_m=常数 \end{cases} \tag{8-9}$$

这是以质量流量表示的总流连续性方程式。

对于不可压缩流体，因为其密度 ρ 为常数，故有

$$\begin{cases} v_1 A_1=v_2 A_2 \\ q_{V1}=q_{V2} \\ q_V=v A=常数 \end{cases} \tag{8-10}$$

这是以体积流量表示的总流连续性方程式。它指出：有效断面平均流速与有效断面面积成反比。有效断面面积小的地方流速大，而有效断面面积大的地方流速小。

（3）理想流体的运动方程（伯努利方程）

流体力学理论中理想流体的稳态运动方程为

$$\rho gh+p+\frac{1}{2}\rho v^2=C \tag{8-11}$$

该方程又称为伯努利方程，它表示理想流体在稳态运动过程中，单位体积内所包含的总能量保持不变。式中，ρgh 是对应于重力的位能；p 为流体内部包含的压力能（也是一种位能）；$\rho v^2/2$ 是流体的动能。将式（8-11）除以 ρg 得

$$\sum h=h+\frac{p}{\rho g}+\frac{1}{2}\frac{v^2}{g}=C_1 \tag{8-12}$$

式（8-11）中的各项所代表的是流体单位体积内所包含的能量，写成以压力表示的形式，而式（8-12）中的各项所代表的是流体单位重量内所包含的能量，写成以压头表示的形式。压头的量纲是长度，它的单位是 m。压头与压力之间的关系可以这样来理解：某一流体所具有的压力，可用产生同样压力的流体柱的高度来表示。在式（8-12）中，h 为高程，$p/(\rho g)$ 为静压头，$v^2/(2g)$ 为动压头，Σh 为全压头。在电机冷却系统中流体在运动过程中其高度位置变化不大，即式（8-12）中与重力相应的位能或高程 h 可以略去不计，该式可简化为

$$\Sigma h = \frac{p}{\rho g} + \frac{1}{2}\frac{v^2}{g} = C_1 \tag{8-13}$$

式（8-13）表示在运动过程中理想流体的全压头维持不变，但静压头与动压头之间是可以互相转化的。例如，高压静止的流体可以转化为低压高速的流体，反之亦然。它是解决工程上流体运动非常重要的方程式。伯努利方程表明：在重力作用下理想不可压缩流体定常运动中，同一流线（或同一微小流束）上各单位质量流体所具有的总机械能相等。所以，这个方程式实质上是能量守恒定律在流体力学中的特殊表达形式。

（4）总流的动量方程式　根据理论力学动量定理，物体的动量对时间的导数等于作用在物体上各外力的矢量和，如果以 K 表示物体的动量，ΣF 表示作用在物体上各外力的矢量和，则可写成

$$\frac{\mathrm{d}K}{\mathrm{d}t} = \Sigma F$$

在推导总流的动量方程时，设有一做定常流动的不可压缩流体总流，选取断面 1 和 2 及其间的边界面所组成的封闭曲面为控制面（见图 8-6）。

断面 1 和 2 的平均流速分别为 v_1 和 v_2。经过某一时段 Δt 后，控制面的流段从 1-2 移到 1'-2' 的位置，与此移动同时，流段动量发生了变化，其变化的数值为流段 1'-2' 和 1-2 位置时的动量之差。根据总流的连续性方程有 $q_{V1} = q_{V2} = q_V$，按动量定理得

$$\rho q_V \Delta t (\alpha_{02} v_2 - \alpha_{01} v_1) = \Sigma F \Delta t$$

或 $\qquad \rho q_V (\alpha_{02} v_2 - \alpha_{01} v_1) = \Sigma F \qquad$ （8-14）

式中，α_0 为动量修正系数，在管道中，一般 $\alpha_0 = 1.02 \sim 1.05$，实际计算时取 $\alpha_0 = 1$。

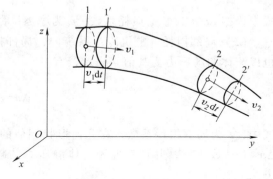

图 8-6　总流的动量

式（8-14）就是不可压缩流体做定常流动时的总流动量方程式，它表明单位时间控制面内总流的动量增量，等于作用在控制面内流体上所有外力之和。

8.2.3　流体运动计算

1. 实际流体在管道中运动时的损耗

伯努利方程是对理想流体推导出来的，实际的流体总是存在着黏滞性，管道对于流体也存在着各种形式的阻力，因此当流体在管道中流动时，不可避免地要引起能量的损耗。

根据产生的部位和原因不同，损耗一般可分为两类：一类称为摩擦损耗，另一类称为局

部损耗。摩擦损耗是由于在接近管道表面的流体边界层中，有较大的速度梯度 $\mathrm{d}v/\mathrm{d}n$，所以由于黏滞性引起的摩擦力 $\tau=\eta\mathrm{d}v/\mathrm{d}n$ 较大，摩擦把机械能转化为热能，向四周散发。局部损耗发生在管道形状有突变的地方，例如管道截面突然扩大或缩小、流道的转弯等，会引起流体质点间的互相碰撞，产生涡流，导致额外的内部摩擦损耗。当然，涡流的形成也和该处边界层中的流体摩擦力有关，所以严格来说不能把这两类损耗完全分开。

在用气体冷却的电机中，一般管道不长而形状较为复杂、多变，故在冷却系统中流体能量的损耗主要是局部损耗。

考虑到流体运动过程中能量的损耗，伯努利方程应写成

$$p_1+\frac{1}{2}\rho v_1^2=p_2+\frac{1}{2}\rho v_2^2+\Delta p \tag{8-15}$$

即当流体从位置 1 运动到位置 2 时，由于总的能量中有一部分变成损耗，所以压力减少了 Δp。

下面分别说明摩擦损耗和局部损耗的计算方法。

（1）摩擦损耗　如果流体在截面不变的直管内流动，则液体在管道两端的速度 v_1 和 v_2 相等，即 $v_1=v_2$，于是由式（8-15）可得

$$p_1-p_2=\Delta p \tag{8-16}$$

Δp 就是流体从位置 1（管道始端）运动到位置 2（管道终端）时，由于与管道摩擦所引起的压力损耗，所损耗的压力为流体的部分静压力。

对于圆形管道，由于磨损所引起的压力降落 Δp 可表达为

$$\Delta p=\mu\frac{l}{d}\rho\frac{v^2}{2}=\frac{1}{2}\zeta\rho v^2 \tag{8-17}$$

式中，$\zeta=\mu l/d$ 为摩擦损耗系数；μ 为摩擦系数；l 为管道长度；d 为管道直径或其等效直径。

（2）局部损耗　电机冷却系统内，局部损耗占很大比例。和摩擦损耗相似，局部损耗也以流体的动压力为基值来表示，有

$$\Delta p=\zeta\frac{1}{2}\rho v^2 \tag{8-18}$$

式中，ζ 为局部损耗系数，在几何形状相似的管道中，ζ 是一个常数。实验证明，局部损耗 Δp 与 v^2 成正比，并且表现为流体静压力的减小。以下是常遇到的几种局部损耗及其计算方法。

1）管道截面突然扩大。在管道截面突然扩大的地方所形成的涡流如图 8-7 所示，这时

$$\zeta=\left(1-\frac{A_1}{A_2}\right)^2 \tag{8-19}$$

式中，A_1、A_2 为 I 、 II 处的管道截面积。

管道截面突然缩小时如图 8-8 所示，局部损耗系数一般由实验求得，可近似用下式计算：

$$\zeta\approx\frac{1}{2}\left(1-\frac{A_2}{A_1}\right) \tag{8-20}$$

式中，ζ 对应于小截面处的流速 v_2。

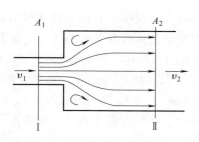 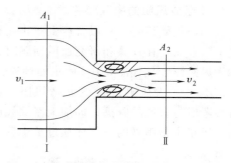

图 8-7 管道截面突然扩大时所形成的涡流　　图 8-8 管道截面突然缩小时所形成的涡流

2）出口和入口。出口是截面突然扩大的特例，这时 $A_2 = \infty$，所以 $\zeta = 1$。这表示在出口处，流体将带走它包含的全部动能。为了减少出口损耗，可以采用扩散器以减小出口处流体的流速。

在入口处的局部损耗随入口的结构不同而不同。入口的情况大体可分为三类：一为有凸缘的入口 $\zeta = 0.7 \sim 1$；二为无凸缘的直角入口 $\zeta = 0.5$；三为带圆角的入口，$\zeta = 0.2 \sim 0$。

3）管道改变方向。管道的方向改变时，在弯曲处所引起的局部损耗取决于弯曲的角度、管道的形状及尺寸等因素。在电机中由于气流方向的改变而引起的局部损耗，可用下式计算。

$$\Delta p = \xi_a v^2 \tag{8-21}$$

式中，v 为管道中空气的速度；ξ_a 为空气的动阻力系数，当转角为 α 时，可从图 8-9 查得。

2. 管道的流阻和风阻

前已叙述，流体通过管道时，无论是摩擦损耗或局部损耗，所对应的压力降落可表示为

$$\Delta p = \frac{1}{2}\zeta\rho v^2 \tag{8-22}$$

为了计算方便，将式（8-22）写成

$$\Delta p = \frac{1}{2}\zeta\rho v^2 = \zeta\frac{\rho}{2A^2}(Av)^2 = \frac{\zeta\rho}{2A^2}q_V^2 = Zq_V^2 \tag{8-23}$$

式中，$Z = \dfrac{\zeta\rho}{2A^2}$，为管道的流阻，若流体为气体，称

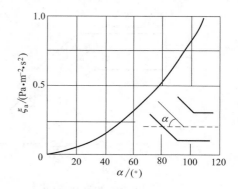

图 8-9 弯曲管道的气体动
阻力系数

为风阻，对应于不同类别的损耗而分别简称摩擦风阻、扩大风阻、缩小风阻、转弯风阻、入口风阻和出口风阻等；A 为管道的截面积；q_V 为通过管道的体积流量（以下简称流量）。

通常将流阻写成

$$Z = \frac{\xi}{A^2} \tag{8-24}$$

式中，$\xi = \rho\zeta/2$。在一个大气压、50℃时，空气的密度为 1.22kg/m^3。

在计算因截面突然扩大或缩小的相应风阻时，局部损耗系数对应于小截面处的流速，所以式（8-24）中的 A 要用小截面代入。当采用其他流体计算流阻时，只需将相应的 ρ 值代入即可。

3. 流阻或风阻的串联和并联

气体通过管道时，一般要产生不止一种损耗，即经过几个风阻，它们可能互相串联、并联或串、并联。在计算和研究通风问题时，通常用风阻联结图来代替实际的管道，这种联结图称为风路图。例如图 8-10a 所示的管道，其通风问题可用图 8-10b 来研究。其中 Z_1 为入口风阻，Z_2 为扩大风阻，Z_3 为转弯风阻，Z_4 为缩小风阻，Z_5 为出口风阻。如果管道较长，还需要考虑与管壁的摩擦，即加上摩擦风阻 Z_6（图中未画出）。流过上述风阻的流量相同，它们在风路中是串联的。气体通过整个管道或风路所需的全部压力等于各部分压力损耗的总和，所以

$$Z_d q_V^2 = Z_1 q_V^2 + Z_2 q_V^2 + Z_3 q_V^2 + Z_4 q_V^2 + Z_5 q_V^2$$
$$Z_d = Z_1 + Z_2 + Z_3 + Z_4 + Z_5 \tag{8-25}$$

或者一般来说

$$Z_d = \sum_1^n Z_n \tag{8-26}$$

所以，风阻串联时的合成风阻为各部分风阻之和。

图 8-11 表示有串、并联的管道及其风路图，此时支路 I 中的压降为

$$\Delta p_{\mathrm{I}} = Z_{\mathrm{I}} q_{V\mathrm{I}}^2$$

式中，$Z_{\mathrm{I}} = Z_2 + Z_3$。

支路 II 中的压降为

$$\Delta p_{\mathrm{II}} = Z_{\mathrm{II}} q_{V\mathrm{II}}^2$$

式中，$Z_{\mathrm{II}} = Z_4 + Z_5 + Z_6$。

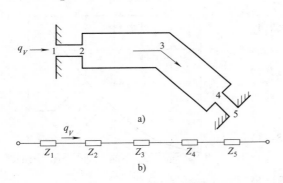

图 8-10 串联风路

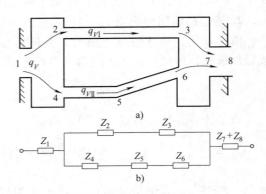

图 8-11 串、并联风路

由于支路 I 和 II 具有公共的入口和出口，因此两条支路的压降应该相等，即

$$\Delta p_{\mathrm{I}} = \Delta p_{\mathrm{II}} = \Delta p = Z_d q_V^2$$

$$Z_d = \frac{\Delta p}{q_V^2} = \frac{Z_{\mathrm{I}} q_{V\mathrm{I}}^2}{(q_{V\mathrm{I}} + q_{V\mathrm{II}})^2} = \frac{Z_{\mathrm{I}}}{\left(1 + \dfrac{q_{V\mathrm{II}}}{q_{V\mathrm{I}}}\right)^2} = \frac{Z_{\mathrm{I}}}{\left(1 + \sqrt{\dfrac{Z_{\mathrm{I}}}{Z_{\mathrm{II}}}}\right)^2} = \frac{1}{\left(\dfrac{1}{\sqrt{Z_{\mathrm{I}}}} + \dfrac{1}{\sqrt{Z_{\mathrm{II}}}}\right)^2}$$

如果有 n 个风阻并联，其等值风阻为

$$Z_d = \frac{1}{\left(\displaystyle\sum_1^n \dfrac{1}{\sqrt{Z_n}}\right)^2} \tag{8-27}$$

因此，图 8-11 风路的合成风阻 $Z = Z_1 + Z_d + Z_7 + Z_8$。

4. 流体通过管道所需的功率

由于管道具有风阻 Z，当流量为 q_V 的气体通过管道时，将引起压降 $\Delta p = Zq_V^2$。因此，为了保证气体 q_V 能连续不断地通过风阻 Z，就必须有能维持压降 Δp 的升压装置。一般采用风扇（若为液体，冷却介质则为泵）作为升压装置。风扇或泵的作用是将机械能量转变为流体的能量，从而提高流体的压头，维持所需的流量。流体通过管道时，需要由风扇或泵提供的功率为

$$p_v = \Delta p q_V = Zq_V^3 \tag{8-28}$$

风路在某种程度上和电路相似（见图 8-12），风阻相当于电阻，流量相当于电流，风压降相当于电压降。但电压降是电流与电阻的乘积，而风压降是风量二次方与风阻的乘积。

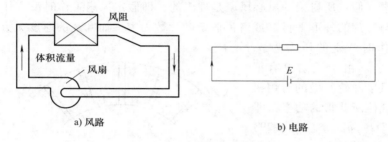

a) 风路　　　　　　　　　　　　b) 电路

图 8-12　风路与电路的比较

8.2.4　风扇

1. 风扇概述

风扇的作用在于产生足够的压力，以驱送所需的气体通过电机。风扇的结构形式大体可分为离心式和轴流式两种（见图 8-13）。

离心式风扇叶片安置有径向叶片、前倾叶片和后倾叶片 3 种形式。垂直风叶的风压较高，工艺简单，转向可逆，适用于一般中小型电机。离心式风扇转动时，处于其叶片间的气体受离心力的作用向外飞逸，因而在风扇叶轮外缘出口处形成压力，气流进出离心式风扇时，一般要发生运动方向的改变。

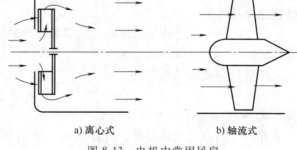

a) 离心式　　　　　b) 轴流式

图 8-13　电机中常用风扇

轴流式风扇风压低，风量大，转向不可逆，成本较高，适用于需要大风量的高速电机。轴流式风扇产生压力的原因，并不是依靠离心力，而是由于叶片截面的形状及叶片在气流中所处的位置，使流过叶片的气流速度发生变化而引起的。轴流式风扇转动时，气体受其叶片鼓动沿轴向运动，在风扇出口处形成压力。气流进出轴流式风扇时一般不改变运动方向。

复合式风扇是既有离心式风扇作用，又有轴流式风扇作用的风扇（如某些同步电机中使用的斗式风扇），其工作原理是建立在上述两种基本形式的风扇工作原理之上。

电机中最常采用离心式风扇，因为它能产生的较高压力，最适于一般电机特别是中小型电机通风系统的需要。离心式风扇的主要缺点是效率较低，径向叶片离心式风扇的最高效率仅为 0.2 左右。轴流式风扇的优点是效率较高（可达 0.8），缺点是产生的压力较低，仅适宜于低压下供给大量气体，一般用在高速电机中。复合式风扇在中等压力下具有较高的效率，但由于制造比较复杂而较少应用。

2. 理想的离心式风扇所产生的压力

图 8-14 所示为一种离心式风扇的结构示意图。当叶轮旋转时，叶片间的空气被产生的离心力向叶轮外缘的方向甩出去，新的气体又不断地从叶轮内径处补充进来，形成气体的不断流动，其结果是获得了气体压力，使其能顺利通过风路。

分析风扇的工作性能，首先要知道一定转速下，一定尺寸的风扇能产生的压力，以及它取决于哪些因素。假定所讨论的离心风扇是理想的，即假定风扇工作时没有任何损耗，和流过叶片的气流与叶片的外形平行（或者说假定叶片数无穷多而叶片的厚度无穷小）。

设风扇工作时产生的压力为 p，通过的流量为 q_V。由于风扇没有损耗，则外界对风扇叶轮所做的有用机械功率应等于气体所获得的功率，即

$$T\Omega = pq_V \tag{8-29}$$

式中，Ω 为叶轮旋转的角速度；T 为作用在叶轮上的转矩，即叶片作用在通过的气体上的转矩。

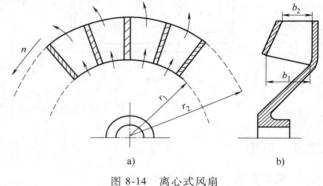

图 8-14 离心式风扇

根据动量矩定理，可推导出风扇产生压力的方程，即

$$p = \rho(v_{2t}u_2 - v_{1t}u_1) \tag{8-30}$$

式中，ρ 为气体密度；u_1、u_2 为叶轮内径、外径处的线速度；v_{1t}、v_{2t} 为风扇叶轮内、外径处气体绝对速度的切向分量。

w 是气体对于叶片的相对速度。如果通过叶轮的流量为 q_V，叶轮又以给定的转速旋转，则叶片间的气体对空间的绝对速度 v，将等于气体对叶片的相对速度 w 和气体随叶片一起在空间旋转的线速度 u 的矢量和，即

$$v = w + u \tag{8-31}$$

因此，v、w 及 u 组成了速度三角形。

若在叶轮的内径及外径处，叶片与内、外圆切线的夹角为 β_1、β_2，则在入口及出口处的速度三角形如图 8-15 所示，由图可知

$$p = \frac{1}{2}\rho(u_2^2 - u_1^2) + \frac{1}{2}\rho(w_1^2 - w_2^2) + \frac{1}{2}\rho(v_2^2 - v_1^2) \tag{8-32}$$

式中，右侧第一项是叶片间的气体柱在旋转时，由于离心力作用而产生的静压力；第二项是由于气体在出口处比在入口处的相对速度减少而转化得到的静压力；第三项为气体获得的动压力。

风扇的空载运行点是指当风扇没有风量（$q_V = 0$）时，所产生的静压力。如果将叶轮外径的所有孔口都加以封闭，便可得到这种运行状态。

因空载运行时，$q_V = 0$，$w = 0$，$v = u$，故空载运行时产生的压力为

$$p_0 = \frac{1}{2}\rho(u_2^2 - u_1^2) + \frac{1}{2}\rho(u_2^2 - u_1^2)$$

$$= \rho(u_2^2 - u_1^2) \qquad (8\text{-}33)$$

即空载运行时，叶轮外径处气体的压力比其内径处气体的压力要高 $\rho(u_2^2 - u_1^2)$。由式（8-33）可知，空载运行时风扇所产生的压力与叶片的形状无关，不同风扇只要其叶轮的内、外径相同，产生的压力就相同。

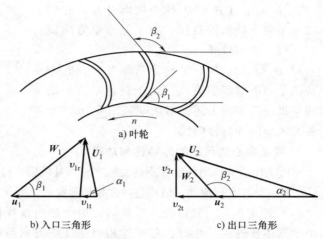

a) 叶轮

b) 入口三角形　　c) 出口三角形

图 8-15　叶轮及其入口及出口处的速度三角形

3. 理想的离心式风扇的外特性

当 $q_V \neq 0$，即风扇负载运行时，风扇所产生的压力 p_L 和流量 q_V 之间的关系就是风扇的外特性。由图 8-15 可得速度 v_2 的切向分量为

$$v_{2t} = u_2 - \frac{v_{2r}}{\tan\beta_2}$$

但

$$v_{2r} = \frac{q_V}{2\pi r_2 b_2}$$

式中，b_2 见图 8-14。由上述公式可得

$$v_{2t} = u_2 - \frac{q_V}{2\pi r_2 b_2 \tan\beta_2}$$

同理可得

$$v_{1t} = u_1 - \frac{q_V}{2\pi r_1 b_1 \tan\beta_1}$$

将 v_{1t} 及 v_{2t} 值代入式（8-30），得

$$p_L = \rho(u_2^2 - u_1^2) - \frac{\rho}{2\pi}\left(\frac{u_2}{r_2 b_2 \tan\beta_2} - \frac{u_1}{r_1 b_1 \tan\beta_1}\right)q_V \qquad (8\text{-}34)$$

由式（8-34）可见，对于任一确定的、理想的离心式风扇，只要转速不变，其外特性是一直线。在一般情况下，叶片的宽度是不变的，即 $b_1 = b_2 = b$，且因 $u_2 = \Omega r_2$ 及 $u_1 = \Omega r_1$（Ω 为叶轮的角速度），代入式（8-34），得

$$p_L = \rho(u_2^2 - u_1^2) - \rho\frac{\Omega}{2\pi b}\left(\frac{1}{\tan\beta_2} - \frac{1}{\tan\beta_1}\right)q_V \qquad (8\text{-}35)$$

从式（8-35）可以分析入口角 β_1 和出口角 β_2 对风扇外特性的影响。入口角 β_1 一般小于或等于 90°，因为这样可以减少气体进入风扇时的损耗，但出口角 β_2 则可以等于、大于或小于 β_1。按 β_1 和 β_2 之间的关系，离心式风扇可分为 3 类：

1）$\beta_2 = \beta_1$，这时外特性是一条平行于横轴的直线，即压力与流量无关。$\beta_2 = \beta_1 = 90°$ 是一特例，称为径向叶片，它的优点是可以逆转，但效率较低。

2）$\beta_2 > \beta_1$ 且 $\beta_2 > 90°$ 称为前倾叶片，它的外特性是向上倾斜的直线，用于低速单方向旋转的电机，效率较高。

3）$\beta_2 < \beta_1$ 且 $\beta_2 < 90°$ 称为后倾叶片，它的外特性是向下倾斜的直线，用于高速单方向旋转的电机，效率在上述二者之间。图 8-16 所示为各类风扇的外特性曲线。

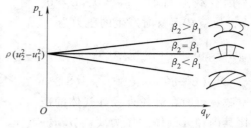

图 8-16　各类风扇的外特性曲线

4. 实际离心式风扇的外特性和功率

实际的离心式风扇的叶片不会无限多，而且风扇运行时，气体不可能是平稳、无冲击地进入叶片，并与叶片平行流动，最后与叶片相切地脱离，因此实际的离心式风扇具有下列一些损耗：

（1）冲击损耗　气体进入叶片时，由于冲击损耗而失去一部分压力。这种损耗的大小取决于气体在进入叶片时，对叶片相对速度的方向与叶片入口角的吻合程度。在互相吻合时，气体进入叶片时的损耗最小，这时的入口角称为无冲击入口角。若叶片的入口角 β_1 正好等于 α（见图 8-17），则在额定流量 q_V 时，气体将无冲击地进入叶片，此时入口损耗最小。显然，若流量大于或小于额定值，都将引起入口冲击损耗的增大。

（2）摩擦损耗与局部损耗　气体在叶片间流动时，由于摩擦损耗与局部损耗而失去一部分压力，这种损耗与气体在管道中运动时产生的损耗相似。它与流量 q_V 的二次方成正比。

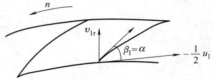

图 8-17　无冲击入口角

（3）压力损耗　由于实际风扇的叶片数不是无限多，因此叶片间的气体不可能与叶片做平行流动，气体在入口及出口处的速度与理想风扇的不同，所以实际风扇产生的压力通常小于由计算所得的压力，其差别决定于叶片的数目和形状。但是，这种压力下降并不是由于能量的损耗，而只是风扇转换能量能力的降低，所以它并不影响风扇的能量效率。

由于实际的离心式风扇存在以上 3 种压力损耗，所以实际外特性并不是一条直线，而是如图 8-18 所示的曲线。

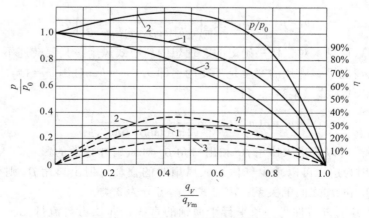

图 8-18　实际离心式风扇的外特性

离心式风扇在空载运行时所产生的静压力 p_0 可按下式计算：

$$p_0 = \eta_0 \rho (u_2^2 - u_1^2) \tag{8-36}$$

式中，η_0 为风扇空载时的气体动效率。实践证明，η_0 可取下列数值：

对前倾叶片 $\eta_0 = 0.75$ (8-37a)

对后倾叶片 $\eta_0 = 0.5$ (8-37b)

对径向叶片 $\eta_0 = 0.6$ (8-37c)

离心式风扇在"短路"运行时，其外部风阻为零。此时风扇所产生的外压力 $p = 0$，而经过风扇的流量将为最大值（q_{Vm}）。根据试验，不同叶片的离心式风扇的 q_{Vm}（单位为 m^3/s）与叶轮外径处通过气体的圆柱形表面积（有效值）A_2（单位为 m^2）有以下数值关系：

对前倾叶片，当 $\beta_1 \approx 25°$，$\beta_2 \approx 155°$时，

$$q_{Vm} \approx 0.5 u_2 A_2 \tag{8-38a}$$

对后倾叶片，当 $\beta_1 = \beta_2 \approx 25°$时，

$$q_{Vm} \approx 0.35 u_2 A_2 \tag{8-38b}$$

对径向叶片，当 $\beta_1 = \beta_2 = 90°$时，

$$q_{Vm} \approx 0.42 u_2 A_2 \tag{8-38c}$$

式中，A_2 为

$$A_2 = K \pi D_2 b \tag{8-39}$$

式中，D_2 为叶轮外径；b 为叶片的轴向宽度；K 为系数，通常取 $K = 0.92$。

对于径向叶片的离心式风扇，特性曲线 $p = f(q_V)$ 用标幺值表示时，可用下列简化形式表达：

$$\frac{p}{p_0} = 1 - \left(\frac{q_V}{q_{Vm}}\right)^2 \tag{8-40}$$

当已知风扇的外特性和通风系统的风阻特性时，可用图解法求出通过该系统的流量，如图 8-19 所示。两条曲线的交点就代表风扇的工作点。由于风扇的最高效率一般发生在 $q_V = 0.5 q_{Vm}$ 附近，因此风扇的额定工作点最好在 $q_V = 0.5 q_{Vm}$ 附近。

当风扇工作时的压力和流量确定之后，风扇所消耗的功率或其输入功率可用下式计算：

$$p_v = \frac{p q_V}{\eta} \tag{8-41}$$

式中，η 为风扇的能量效率；对于前倾叶片，$\eta = 0.3 \sim 0.4$，对于后倾叶片，$\eta = 0.25 \sim 0.3$，对于径向叶片，$\eta = 0.15 \sim 0.2$。

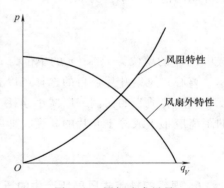

图 8-19 图解法求风量

5. 离心式风扇的计算要点

离心式风扇的计算主要是确定其内径 D_1、外径 D_2、叶片的宽度 b 和倾角 β。具有倾斜叶片的风扇在制造上较为复杂，且不适用于可逆转的情况，故在普通电机中，主要采用径向

叶片的风扇。

风扇叶轮的外径 D_2 根据通风系统或方式和电机的结构选定。对于轴向通风系统，D_2 应尽量采用最大可能的数值，以便产生较高的风压。

按选定的 D_2（单位为 m），确定线速度 u_2（单位为 m/s）：

$$u_2 = \frac{\pi D_2 n}{60} \tag{8-42}$$

式中，n 为风扇转速，单位为 r/min。

按最大效率的条件，假定

$$q_{Vm} = 2q_V \tag{8-43}$$

根据式（8-38c），风扇叶轮外径处的圆柱形表面积为

$$A_2 = \frac{q_{Vm}}{0.42u_2} \tag{8-44}$$

于是从式（8-39）确定风扇叶片的宽度为

$$b = \frac{A_2}{K\pi D_2} \tag{8-45}$$

将最高效率的运行条件代入式（8-40），得 $p = 0.75p_0$，p 是已知的风扇额定工作时的压力，它等于风路计算时所得的总风压降，因而

$$p_0 = \frac{p}{0.75} \tag{8-46}$$

根据式（8-36）及式（8-37c），得 $p_0 = 0.6\rho(u_2^2 - u_1^2)$，则

$$u_1 = \sqrt{u_2^2 - \frac{p_0}{0.6\rho}} \tag{8-47}$$

故叶轮的内径（单位为 m）为

$$D_1 = \frac{60u_1}{\pi n} \tag{8-48}$$

式中，u_1 的单位为 m/s；n 的单位为 r/min。

离心式风扇叶片数目的选择可以有很大的自由度。选择时一般考虑使叶片构成的管道长度和宽度有适当的比例，以减小损耗。为了保证叶轮有足够的刚度，在平均直径处叶片之间的距离应小于或等于叶片的高度，即叶片数

$$N \geqslant \frac{\pi(D_1 + D_2)}{D_2 - D_1} \tag{8-49}$$

6. 理想的轴流式风扇所产生的压力

理想的轴流式风扇，是假定风扇工作时没有任何损耗，两叶片间流体质点的运动轨迹与叶片形状一致，即在同一半径的圆周上，流体各质点均沿叶片的切线方向运动，其相对速度相等。

现研究理想轴流式风扇所产生的压力。在图 8-13b 上，以轴心半径为 r 的圆筒，对叶轮做一截面，并将它展开成平面，则得平面叶栅，如图 8-20a 所示。平面叶栅就是一系列相同叶形，彼此相距 t。取其中一个叶形，并简化为 AB 曲线，A 为叶轮在半径 r 处的进口边，B 为同一半径处的出口边，此二点在同一半径上，所以它们的线速度相等，即 $u_1 = u_2 = u$，因

而可做出叶片在进口及出口处的速度三角形或平行四边形，如图 8-20b 所示。图中 w 为流体对叶片的相对速度，v 为流体的绝对速度。

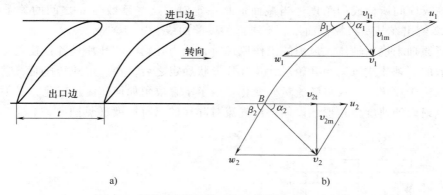

a)   b)

图 8-20　平面叶栅及其速度三角形和平行四边形

和理想的离心式风扇相似，可根据动量矩定理，求得理想的轴流式风扇工作时所产生的压力为

$$p = \rho\left(u_2 v_2 \cos\alpha_2 - u_1 v_1 \cos\alpha_1\right) \tag{8-50}$$

由于 $u_1 = u_2 = u$，根据连续流定律，$v_{2m} = v_{1m} = v_m$，则轴流式风扇在理想情况下产生风压的公式为

$$p = \rho u v_m\left(\cot\beta_1 - \cot\beta_2\right) \tag{8-51}$$

由式（8-51）可知，轴流式风扇只有当 $\beta_2 > \beta_1$ 时才能产生风压。在风压一定的情况下，β_2 与 β_1 越接近，则要求叶片的线速度越大，即当叶片的线速度增加时，叶片的弯曲度可相应地减小，即叶片可以较为平坦。

7. 轴流式风扇压力的实用计算方法

通常依据机翼原理来计算轴流式风扇所产生的压力，它并不是依靠离心力，而是由叶片截面的形状及叶片在气流中所处的位置，使流过叶片的气流速度发生变化而形成的。如图 8-21 所示，放在气流之中的机翼，它与风扇叶片在气体中旋转的情况相似。根据伯努利定理，机翼下方气流的压力比上方大，由于上、下压力之差产生了机翼的浮力 F_y，若气流与机翼之间构成一定角度（见图 8-23 中的 α），则机翼除了受到垂直于气流的浮力 F_y 外，还受到与气流同一方向的冲撞力 F_x。F_y 是使机翼上升的力，F_x 是对机翼前进的阻力，它们可分别表示为

$$\begin{cases} F_y = \rho c_y A w^2 \\ F_x = \rho c_x A w^2 \end{cases} \tag{8-52}$$

式中，c_y 和 c_x 为浮力和阻力系数；A 为机翼表面积；w 为气流对于机翼的相对速度。

两力之比 F_y / F_x 表征了机翼的特性，根据式（8-52），有

$$\frac{F_y}{F_x} = \frac{c_y}{c_x} \tag{8-53}$$

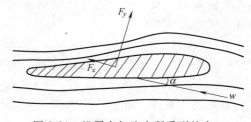

图 8-21　机翼在气流中所受到的力

比值 c_y/c_x 称为机翼的品质系数。对于近代机翼，$c_y/c_x = 10 \sim 15$，最大可达 20。系数 c_y、c_x 及比值 c_y/c_x 与机翼截面的形状有关，但主要取决于攻角 α（见图 8-21）。攻角 α 是气流速度的方向与翼面间所构成的角度。当截面形状一定时，这些系数与 α 之间的关系由试验求得。图 8-22 给出在某一机翼截面形状下求得的试验曲线。

用机翼原理来说明轴流式风扇的工作原理时，认为叶轮上的叶片是各自独立工作、相互间没有影响的。轴流式风扇当叶轮尺寸及叶片形状确定之后，在一定的转速时，它所产生的压力主要取决于攻角，但攻角随流量而变化。为了了解攻角如何随流量变化，必须画出气流在轴流式风扇内的速度多角形，以便求出气流对叶片的相对速度（见图 8-23）。

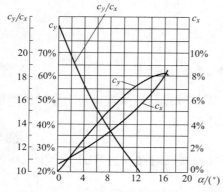

图 8-22　系数 c_y、c_x、c_y/c_x 的试验曲线

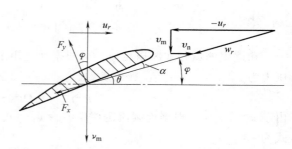

图 8-23　轴流式风扇的速度多角形

在速度多角形中，有下列各速度分量：

1）设叶片上某处距叶轮中心的半径为 r，则该处的线速度为 $u_r = \Omega r$（Ω 为叶轮的角速度），这相当于叶片不动而气流以 u_r（单位为 m/s）的速度向相反的方向对叶片运动。

$$u_r = \frac{\pi D n}{60} \tag{8-54}$$

式中，D 为所研究的叶片截面所处的直径（m）；n 为风扇的转速（r/min）。

2）设通过风扇的流量为 q_V，则气流的轴向速度 v_m 近似为

$$v_m \approx 1.2 \frac{q_V}{\frac{\pi}{4}(D_2^2 - D_1^2)} \tag{8-55}$$

式中，D_1、D_2 为叶轮的内、外径；1.2 为考虑叶片占有的空间而引入的经验系数。

3）气流在通过叶片时所获得的随叶片旋转的线速度 v_n 一般为 $0.1 \sim 0.2 u_r$。

将上述各速度分量相加，即可获得气流在半径 r 处对于叶片的相对速度 w_r，w_r 与叶片之间的夹角 α 为攻角，叶片与叶轮间的倾斜角是叶片安装角 θ。显然，浮力 F_y 与风扇的旋转轴线之间的夹角为

$$\varphi = \theta - \alpha \tag{8-56}$$

而 F_y 与 F_x 在轴线上的投影值的代数和，即为风扇所产生的轴向力，有

$$F = F_y \cos\varphi - F_x \sin\varphi \tag{8-57}$$

一般来说，电机中所使用的轴流式风扇，其安装角 θ 是不变的。当流量变化时，v_m 随之变化，如果流量增大，则根据图 8-23 可知攻角 α 要减小，甚至变成负值。反之流量减少

时，攻角会增大，当流量为零时，攻角 α 即等于安装角 θ。当攻角离开其合适值一定范围时，浮力系数 c_y 及品质系数 c_y/c_x 将迅速变坏。

此外，在轴流式风扇中也不可避免地要产生摩擦损耗和局部损耗，由这些损耗所引起的压力下降一般与流量的二次方成正比。轴流式风扇的工作特性一般如图 8-24 所示。

在大中型电机中，为了改善轴流式风扇的性能，应该使叶片沿着半径方向逐步扭曲，以便在不同半径处均获得较合适的攻角 α。

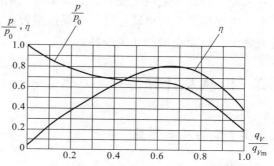

图 8-24　轴流式风扇的工作特性

8. 风扇的联合运行

实际上常会遇到风扇的串联、并联运行，例如感应电机转子两端的风扇与转子径向风道片的并联运行，以及可能出现所装风扇与电机转子本身的风扇作用形成风扇的串联运行。在这些情况中，如果设计不当，风扇的运行点会在第二或第四象限内。

如有两只风扇串联工作，其特性如图 8-25 中曲线 1 和曲线 2 所示。在串联工作时，两只风扇中通过的流量是相同的，两风扇所产生的合成风压应为两者之和，由此得出曲线 1 和曲线 2 的合成曲线 3。假如通风系统的风阻特性如图 8-25 中曲线 4 所示，则曲线 3 与曲线 4 的交点 (q_V, p) 为此通风系统的运行点。由此点做一直线与纵轴平行，与曲线 1 相交于点 (q_{V1}, p_1)，与曲线 2 相交于点 (q_{V2}, p_2)。前者为风扇 1 的运行点，在第四象限内；后者为风扇 2 的运行点，在第一象限内。由图可见，这时风扇 1 产生的风压为负值，即如果通风系统的风阻较小，流量较大，且大于第一只风扇可能产生的最大流量，则第一只风扇将在负风压下工作，流量单独由第二只风扇供应，第一只风扇的存在反而增加了通风系统的风阻。

如有两只风扇并联工作，其特性曲线如图 8-26 曲线 1 和曲线 2 所示。在并联工作时，风压等于每只风扇的风压，总流量为两风扇的流量之和。由此得出合成的风扇特性曲线 3。如果通风系统的风阻特性如图中曲线 4 所示，则曲线 3 与曲线 4 的交点 (q_V, p) 为此通风系统的运行点。由此点做一直线与横轴平行，与曲线 1 交于点 (q_{V1}, p_1)，与曲线 2 交于点 (q_{V2}, p_2)。前者为风扇 1 的运行点，后者为风扇 2 的运行点。由图可见，风扇 1 的运行点

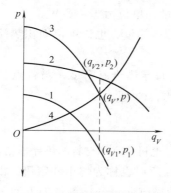

图 8-25　风扇的串联运行

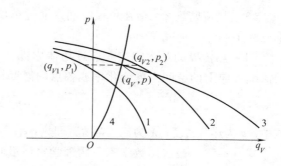

图 8-26　风扇的并联运行

在第二象限内，这时风扇 1 所供应的流量为负值，即如果通风系统的风阻较大，由并联运行的两只风扇所组成的回路内将会形成环流，以致通风系统的流量只由一只风扇供应，另一只风扇不但不参与供应流量，反而增加了前一只风扇的负担，因而增加了通风损耗。

因此，在设计通风系统时，如须采用风扇的联合运行，则应注意：如果电机风道的风阻较大，则宜用风扇的串联运行，如果风阻较小，则宜用风扇的并联运行，否则不仅不能增强通风效果，反而会增加通风损耗。

8.3 传热及计算

8.3.1 传热基本定律

1. 概述

传热现象通常有 3 种基本形式：热传导、热对流和热辐射。热传导一般简称为导热，是指不同温度的物体直接接触时或一个物体内部各部分温度不同时，由于微观粒子的运动而发生的能量交换过程。热对流是指运动流体和它所流经固体表面之间的热交换过程。热辐射则是借助于电磁波传递能量的过程。在电机中热量由绕组内部通过绝缘层传到表面属于热传导，由表面散到冷却空气则为热对流与热辐射。

电机的定、转子铁心及绕组既是发热体又是传热部件，而电机中的其他部件也是传热部件或通路。电机中由损耗产生的热量，一般先由发热体内部借热传导作用传到发热体表面，然后再通过热对流和热辐射作用散到周围介质中去。而在电机内，热辐射只占很少一部分，特别是当采用强制对流来冷却电机时，热辐射常常可以忽略不计，因而本书中只介绍热传导及热对流这两种热交换形式。

2. 热传导定律

热传导只发生在空间中温度有高低或差异的温度热流场中。若将温度场中有相同温度的点连接起来，便得到等温面或等温线。在导热性能均匀的各向同性介质中，由于对称，各点热量传导的方向总是和该低温点温度的空间变化率最大的方向一致，即与通过该点的等温线的法线方向一致。热量总是从高温向低温方向传导。

（1）热量 Q　指在时间 t 内通过等温面的热量，其单位为 J。

（2）热流量 Φ　指在单位时间内通过等温面 A 的热量，单位为 J/s 或 W。

（3）热流密度 q　指在单位时间内通过单位等温面的传热量，也称单位面积热流量，其单位为 J/（m·s）或 W/m^2。

（4）热传导的基本定律　通过物体内部任意位置处的导热热流密度，与各点在等温面的法线方向上的空间温度变化率或各点的温度梯度成正比，即

$$q = -\lambda \operatorname{grad}\theta \tag{8-58}$$

式中，q 为热流密度；λ 为比例常数，即热导率；θ 为温度。电机中常用材料的热导率见表 8-3。

式（8-58）是法国数学家、物理学家傅里叶提出的，所以也称为傅里叶定律。由于温度梯度（$\operatorname{grad}\theta$）的正方向应为温度上升方向，而热量的传播方向——热流量的方向为温度下降的方向，故在等式右边加一负号。式中 λ 为物体的导热系数（热导率），由导热基本定律

表 8-3 电机中常用材料的热导率

材料名称		λ/(W/m·C)	材料名称	λ/(W/m·C)
紫铜		380~385	浸漆纸	0.125~0.167
黄铜		130	油	0.12~0.17
铝		202~205	水	0.57~0.628
成叠硅钢片	不涂漆(沿分层方向)	42.5	玻璃	1.1~1.14
	不涂漆(与分层方向垂直)	0.62	很薄的静止空气层	0.025
	涂漆(与分层方向垂直)	0.57	很薄的氢气层	0.17~0.175
纯云母		0.36	珐琅、瓷	1.97
云母带		0.264	软橡皮	0.186
压缩云母套筒		0.12~0.15	青壳纸	0.182~0.202
层间有纸的云母		0.1~0.12	沥青	0.7
B 级绝缘绕组		0.12~0.16	硅橡胶	0.3
A 级绝缘绕组		0.1~0.15	漆玻璃带	0.22
黄(黑)漆布		0.21~0.24	玻璃丝+云母	0.16
石棉		0.194~0.2	树脂鞘	0.22
油浸电工纸板		0.25	人造树脂鞘	0.33
浸漆电工纸板		0.14	热弹性绝缘	0.25

可知，其定义为

$$\lambda = -\frac{q}{\text{grad}\theta} \tag{8-59}$$

由此可知，导热系数 λ 表示物体中温度降是 1K/m 时，单位时间内通过单位面积的传热量。

式（8-58）是热传导的基本定律。当热流只有一个方向，并把这个方向取为 x 轴时，式（8-58）可写为

$$q = -\lambda \frac{\text{d}\theta}{\text{d}x} \tag{8-60}$$

根据热流密度定义：

$$q = \frac{\Phi}{A} \tag{8-61}$$

式中，Φ 为单位时间内通过等温面的总热量，即热流量，以下简称热流；A 为等温面的面积，即与热流方向垂直的面积。

所以热流为

$$\Phi = -\lambda A \frac{\text{d}\theta}{\text{d}x} \tag{8-62}$$

热传导基本定律的核心是温度梯度。温度梯度 $\text{grad}\theta$ 是产生热传导的必要条件，或者说是导热的"推动力"。按热力学观点，物体中某点温度梯度的物理意义表示，在给定瞬间该点附近分子平均动能的变化率。只要有平均动能之差，便有温度梯度，传热就能进行。

如果研究的是 A 为一个常数的热传导过程，则可将式（8-62）积分，得

$$\Phi x = -\lambda A\theta + C$$

假定为如图 8-27 所示的单方向平面热传导，且当 $x = 0$ 时，$\theta = \theta_1$，则有 $\theta = \lambda A\theta_1$，代入上式得

$$\theta_1 = \theta_1 - \frac{\Phi}{\lambda A}x$$

可见，在平面热传导中，温度的分布是一直线。当 $x = \delta$ 时，$\theta = \theta_2$，则

$$\theta_2 = \theta_1 - \frac{\Phi}{\lambda A}\delta$$

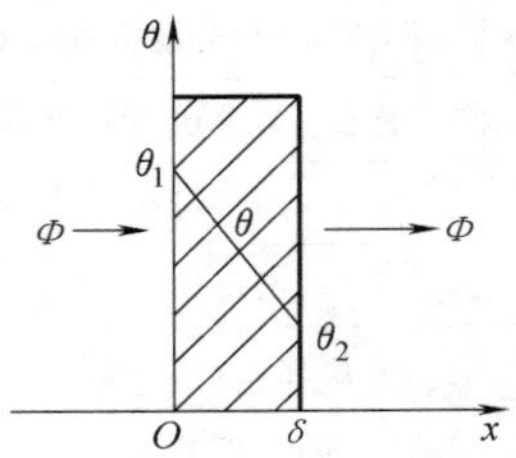

温差 $\Delta\tau$ 为

$$\Delta\tau = \theta_1 - \theta_2 = \Phi\frac{\delta}{\lambda A} \qquad (8\text{-}63)$$

图 8-27 单方向平面热传导

或写作

$$\Delta\tau = \Phi R_\lambda \qquad (8\text{-}64)$$

式中，$R_\lambda = \delta/(\lambda A)$ 称为热阻。

如果将温差、热流及热阻之间的关系与电路中的电压降、电流和电阻之间的关系比较，就可看到：温差 $\Delta\tau$ 相当于电路中的电压降 U；热流 Φ 相当于电路中的电流 I，热阻 R_λ 相当于电路中的电阻 R。因此，可以将温度分布的"场"问题看作"路"问题，而采用与电路相似的热路概念，如图 8-28 所示，但是电流构成的回路与热流构成的"回路"仍有某些概念性差别。

在热路中求合成热阻的方法也与电路中求合成电阻的方法相同。

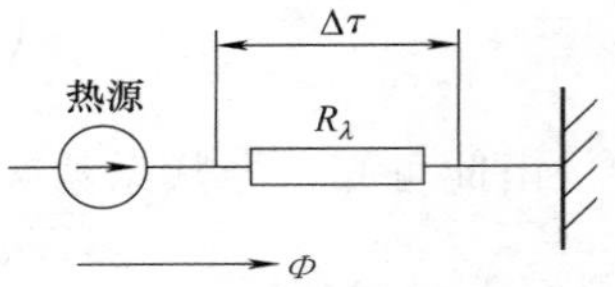

串联时的合成热阻为

$$R_\lambda = \sum_1^n R_{\lambda n} \qquad (8\text{-}65)$$

图 8-28 热路图

并联时的合成热阻的倒数为

$$\frac{1}{R_\lambda} = \sum_1^n \frac{1}{R_{\lambda n}} \qquad (8\text{-}66)$$

3. 热传导方程

如果要计算的是较为复杂的热传导问题，例如计算绕组导体或铁心沿轴向的温度分布（并由此来确定其中的最高温度）时，则不能采用近似的"路"的概念，而仍需要场方程，即需要建立温度场与热源之间的关系式。这样的关系式称为热传导方程，它是建立在热传导定律和能量守恒原理的基础上的。

设想从有热源温度场的介质中分离出一个体积元 dV，则根据能量守恒原理，在一定时间内，这个体积元内所产生的热量 Φ_1 应等于同一时间内从这个体积元表面传导出去的热量 Φ_2 与留在体积元内的热量 Φ_3 之和，即

$$\Phi_1 = \Phi_2 + \Phi_3 \qquad (8\text{-}67)$$

假定介质在单位时间内、单位体积中所产生的热量为 p，p 可以是空间和时间的函数，

则在 dt 时间内，介质中所产生的热量为

$$\Phi_1 = dt \iiint_V p\, dV \tag{8-68}$$

式中，"$\iiint$" 表示应对介质全部体积进行积分。

在同一时间内，被介质吸收的热量为

$$\Phi_2 = dt \iiint_V c\rho \frac{\partial\theta}{\partial t} dV \tag{8-69}$$

式中，c 为比热容。

在同一时间内，从介质的全表面传导出去的热量为（假定各向热导率相等）

$$\Phi_3 = -dt \oiint_A \lambda\, \mathrm{grad}\theta\, ds = -dt \iiint_V \mathrm{div}(\lambda\, \mathrm{grad}\theta)\, dV \tag{8-70}$$

式中使用了奥氏定理，又因为热量是从高温流向低温，在此情况下 $\mathrm{grad}\theta$ 为负值，为使从介质的全表面传导出去的热量为正值，故在等式右边加一负号。

将 Φ_1、Φ_2 及 Φ_3 的表达式代入式（8-67），整理后得

$$\iiint_V \left[p + \mathrm{div}(\lambda\, \mathrm{grad}\theta) - cp\frac{\partial\theta}{\partial t} \right] dV = 0 \tag{8-71a}$$

于是

$$p + \mathrm{div}(\lambda\, \mathrm{grad}\theta) - cp\frac{\partial\theta}{\partial t} = 0$$

或

$$p + \lambda\, \nabla^2\theta = cp\frac{\partial\theta}{\partial t} \tag{8-71b}$$

式中，$\nabla^2\theta = \dfrac{\partial^2\theta}{\partial x^2} + \dfrac{\partial^2\theta}{\partial y^2} + \dfrac{\partial^2\theta}{\partial z^2}$。

式（8-71b）就是热传导方程，它是用微分方程的形式来表达的各物理量在相邻空间和相邻时间的数值间的关系。此方程必须在给出空间的边界条件和时间的起始条件时，才有定解。对于稳态导热过程，温度不随时间变化，此时的导热方程为泊松方程。如果内部没有热源，进而变成拉普拉斯方程。对于稳态导热时，只需给出边界条件即可。常见边界条件有以下 3 类：

1）边界上保持均匀的温度分布。

2）边界上保持恒定的换热量（包括换热界面）。

3）已知周围介质温度和边界上的换热系数。

4. 热辐射和热对流

一般情况下，热量从发热体表面散发到周围介质中去主要通过两个方式：一是热辐射，二是借助于空气或其他冷却介质的热对流。在电机中，通常后者占主要地位。

（1）热辐射 按辐射定律，每秒从每平方米发热体表面辐射出去的热量为

$$q = v\sigma(T^4 - T_0^4) \tag{8-72}$$

式中，T 为发热体表面的温度；T_0 为周围介质的绝对温度；σ 为纯黑物体的斯特藩-玻尔兹曼常数，$\sigma = 5.7 \times 10^{-8}\,\mathrm{W/m^2 \cdot K}$；$v$ 为因数，其值随发热体表面情况的不同而异，可从表 8-4 中查得。

表 8-4　不同发热体表面情况下的因数 v 的取值

表面	纯黑物体	粗铸铁	毛面锻铁	磨光锻铁	毛面黄铜	磨光紫铜
v	1	0.97	0.95	0.29	0.2	0.17

根据式（8-72）及表 8-4 可以看出，由热辐射散发的热量，一方面决定于发热体表面的特性，表面晦暗的物体的辐射能力大于表面有光泽的物体，另一方面决定于发热体表面与其周围介质的温度。

一般在平静的大气中，由热辐射散发的热量约占总散热量的 40%。当采用强制对流来冷却电机时，由强制对流散走的热量要比由热辐射带走的大得多，故热辐射常被略去不计。

（2）**热对流**　热对流是指运动的流体与它所流经的固体表面之间的换热过程，按产生流动的原因可分为受迫对流换热和自然对流换热。受迫对流换热是指流体受外力推动而产生流动时的换热。自然对流换热则是指流体由于本身温度不均所形成的浮升力作用自发流动时的换热。

5. 牛顿散热定律和散热系数

根据牛顿散热定律：

$$q = \alpha(\theta_1 - \theta_2) = \alpha \Delta \tau \tag{8-73}$$

式中，q 为热流密度；α 为散热系数，即当表面与周围介质的温差为 1℃ 时，在单位时间内由单位表面散发到周围介质的热量；θ_1、θ_2 为固体、流体的温度。

牛顿散热定律表明，对流换热量是与流体和表面间的温差成正比的线性关系。利用式（8-73），在 α 为已知的情况下，只要知道 q，就可求出温差 $\Delta \tau$，或者相反。

影响 α 的因素主要有 3 方面：流体的流动速度，流体的物理性质，换热表面形状、尺寸及放置情况。一般情况下，α 值只能用实验来确定，且所得的 α 值只能用于条件相同或类似的情况，否则计算结果的可靠性或准确性将大大降低。

用空气作为冷却介质时，其物理性能比较稳定。若忽略散热表面几何尺寸等因素的影响，则可近似地认为电机各部件的散热系数仅与空气的流速有关。根据实验，当空气流速在 5～25m/s 的范围内时，α 与 v 之间的关系可表示为

$$\alpha = \alpha_0(1 + k_0 v) \tag{8-74}$$

或较准确地表示为

$$\alpha = \alpha_0(1 + k\sqrt{v}) \tag{8-75}$$

式中，α_0 为发热表面在平静空气中的散热系数（见表 8-5）；v 为空气吹拂表面的速度；k_0、k 为考虑气流吹拂效率的系数。

表 8-5　发热表面在平静空气中的散热系数

表面的特性	$\alpha_0 / (\text{W/m}^2 \cdot \text{℃})$
涂以油灰和漆的生铁或钢的表面（如电机的机座和轴承外壳）	14.2
未涂油灰但已涂漆的生铁或钢的表面	16.7
涂以无光漆或光漆的钢的部件表面	13.3

如果速度 v 用 m/s 表示，则电机旋转时，转子外表面的 $k_0 = 0.1\text{s/m}$，电机定子绕组端部的 $k = 0.05 \sim 0.07\text{s/m}$。系数 k 可按表 8-6 选用。

表8-6 系数 k 的选择

表面名称	$k/(\text{s} \cdot \text{m}^{-1})^{\frac{1}{2}}$	表面名称	$k/(\text{s} \cdot \text{m}^{-1})^{\frac{1}{2}}$
最完善吹风的表面	1.3	励磁线圈表面	0.8
电枢端部的表面	1.0	换向器表面	0.6
电枢有效长度的表面	0.8	机座外表面(牵引电动机)	0.5

把式（8-73）写成

$$\Delta\tau = \frac{q}{\alpha} = \frac{\Phi}{\alpha A} = \Phi R_a \qquad (8-76)$$

$$R_a = \frac{1}{\alpha A} \qquad (8-77)$$

式中，R_a 为散热表面到流体的热阻。

热量从电机绕组端部传给冷却空气时，要经过两个热阻，即端部绝缘中的传导热阻 R_λ 和绕组表面的散热热阻 R_a。总热阻 $R_\theta = R_\lambda + R_a$，其等效热路图如图8-29所示。

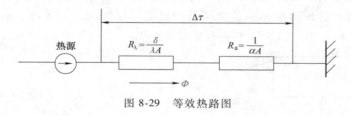

图 8-29 等效热路图

8.3.2 电机稳定温升的计算

1. 电机中的温度分布

在电机的温升计算中，最主要的是计算绕组和铁心的温升。这些部件既是导热介质，又有分布热源，它们的温度一般来说在空间上总是按一定的规律呈曲线分布，因此有最高温升和平均温升之分。虽然电机各部件的发热限度应以最高温升为准，但在计算时，作为整体来看通常可以只计算发热部件的平均温升，平均温升与最高温升之间有一定的规律性联系，因而也可用平均温升来衡量电机的发热情况。

（1）对称径向通风系统的电机中定子绕组沿轴向的温度分布 采用这种通风系统时，通过各径向通风道的风量大体相同，定子绕组的温度分布如图8-30所示。这时绕组和铁心的最高温度都发生在电机的中部。定子绕组中部由铜（铝）损耗转换成的热量，一部分通过铁心和通风道散到空气中，另一部分则沿绕组向两端传导，并从绕组端部散到空气中。在有效长度不长的一类电机中，端部的散热对绕组的冷却起着显著的作用。

（2）轴向通风系统或混合式通风系统电机中定子绕组沿轴向的温度分布 一般来说，采用这种两端不对称的通风系统时，定子绕组和铁心的温度分布，基本上如图8-31所示。这时发生最高温度的位置，由对称通风系统情况的中部向热风逸出电机的出口方向移动。

（3）表面冷却的封闭式（交流）电机中定子绕组沿轴向的温度分布 在这类电机中，定子绕组中的损耗主要通过铁心、机座散出。绕组端部的散热条件较差，因此端部损耗热量的一部分也要经槽部而通过铁心散出。因此，定子绕组的温度分布形成了二端高、中间低的情况，如图8-32所示。

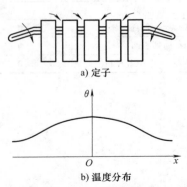

图 8-30　采用对称径向通风的电机中定子绕
　　　　组沿轴向的温度分布

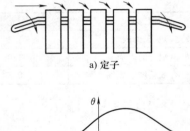

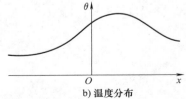

图 8-31　采用混合式轴向通风的定子绕
　　　　组沿轴向的温度分布

（4）励磁绕组中的温度分布　在集中的多层励磁绕组中，由于高度比厚度大得多，热量主要从表面散出。图 8-33 所示为这类绕组中温度沿厚度的分布情况。通常绕组内、外表面上的散热情况不同，因此温度分布是不对称的。

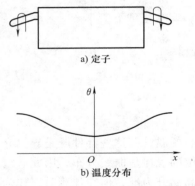

图 8-32　表面冷却封闭式电机的定子
　　　　绕组沿轴向的温度分布

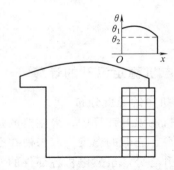

图 8-33　多层励磁绕组中的温度分布情况

（5）铁心叠片组中的温度分布　由于硅钢片叠片组沿径向及沿轴向的热导率相差很多倍，可以近似地认为铁心叠片组沿径向的温度分布是均匀的，而沿轴向的温度分布是不均匀的（见图 8-34）。如果通过其两侧径向通风道的风量不同，则铁心沿轴向的温度分布也将不对称。

2. 用等效热路法计算电机的平均温升

工程实践中，一般都习惯于把温度场简化为有集中参数的热路进行计算，这种方法称为等效热路法。用等效热路法时，只能计算铁心和绕组的平均温度，或部分铁心和绕组的平均温度。

计算时假定绕组铜（铝）和铁心硅钢片的热导率为无穷大，即"铜"和"铁"都是等温体，它们的温度等于平均温度。在这个假设下，外冷式电机中的温度降将集中在绕组绝缘和有关散热表面处作为冷却介质的流体层中。因为绝缘和冷却介质本身都没有热

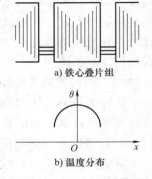

图 8-34　铁心叠片组中的
　　　　轴向温度分布情况

源，因此可以利用等效热路法来计算绝缘内温度降和散热表面处冷却介质层温度降（或简称表面温度降），以得到绕组和铁心的平均温升。

计算前应先考虑定子和转子之间有无热交换存在。大多数电机中，由于气隙较大或气隙中有轴向气流等原因，使定子和转子之间的热阻比定、转子其他散热途径的热阻大得多，因而定、转子之间的热交换可以忽略不计。在这种情况下，定子和转子可以各自组成独立的二热源热路（铜和铁）或一热源热路（铜）。但在表面冷却的封闭式感应电机中，转子损耗的热量的一部分要通过定子铁心及机座散出，这时定、转子间在发热方面相互影响，应当把它们组成为一个统一的热路来计算，这就构成了三热源热路。

（1）二热源热路法　现以采用空气冷却径向通风系统的交流电机定子（见图 8-35）为例来说明二热源热路法的温升计算。

由定子绕组中铜损耗产生的热量可从 3 条途径散出：①从绕组端部表面传给空气，其热阻为 R_{C1}；②从通风道中的绕组表面传给空气，其热阻为 R_{C2}；③先传给铁心，再由铁心传给空气，绕组铜与铁心之间的热阻为 R_{CF}（这里忽略由槽口通过槽楔散出的很少热量）。而由铁心中损耗产生的热量可

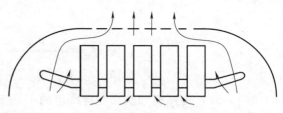

图 8-35　径向通风系统的交流电机定子示意图

从 4 条途径散出：①从通风道表面散出，其热阻为 R_{F1}；②从铁心内圆表面散出，其热阻为 R_{F2}；③从铁心外圆表面散出，其热阻为 R_{F3}；④先传给绕组铜，再由铜散出，此热阻为 R_{CF}。

假定绕组及铁心四周的冷却空气的温度都相同，则可画出如图 8-36 所示的二热源热路图，并按"电路"的概念将其简化成图 8-37，这是二热源的典型热路图，由图可列出下列方程：

$$\frac{\Delta\tau_{Cu}-\Delta\tau_{Fe}}{R_{CF}}+\frac{\Delta\tau_{Cu}}{R_{Cu}}=p_{Cu} \tag{8-78}$$

$$\frac{\Delta\tau_{Cu}-\Delta\tau_{Fe}}{R_{CF}}+p_{Fe}=\frac{\Delta\tau_{Fe}}{R_{Fe}} \tag{8-79}$$

式中，R_{Cu} 为 R_{C1}、R_{C2} 的合成热阻；R_{Fe} 为 R_{F1}、R_{F2}、R_{F3} 的合成热阻。

解式（8-78）和式（8-79），得

$$\Delta\tau_{Cu}=\frac{p_{Cu}+p_{Fe}\dfrac{R_{Fe}}{R_{Fe}+R_{CF}}}{\dfrac{1}{R_{Cu}}+\dfrac{1}{R_{Fe}+R_{CF}}} \tag{8-80}$$

$$\Delta\tau_{Fe}=\frac{p_{Fe}+p_{Cu}\dfrac{R_{Cu}}{R_{Cu}+R_{CF}}}{\dfrac{1}{R_{Fe}}+\dfrac{1}{R_{Cu}+R_{CF}}} \tag{8-81}$$

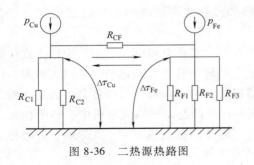

图 8-36 二热源热路图

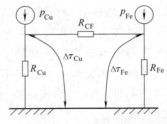

图 8-37 简化后的二热源热路图

由式（8-80）和式（8-81）可见，铜和铁的温升都可视为是两部分温升的叠加，例如铜的温升可写成

$$\Delta\tau_{Cu} = \frac{p_{Cu}}{\dfrac{1}{R_{Cu}}+\dfrac{1}{R_{Fe}+R_{CF}}} + \frac{p_{Fe}\dfrac{R_{Fe}}{R_{Fe}+R_{CF}}}{\dfrac{1}{R_{Cu}}+\dfrac{1}{R_{Fe}+R_{CF}}} \tag{8-82}$$

式（8-82）为用叠加法来测定绕组的平均温升提供了理论基础。因为当 $P_{Fe}=0$（短路试验时接近这种情况）时，将测得此时铜的温升为

$$\Delta\tau'_{Cu} = \frac{p_{Cu}}{\dfrac{1}{R_{Cu}}+\dfrac{1}{R_{Fe}+R_{CF}}}$$

而当 $p_{Cu}=0$（空载试验时接近这种情况）时，将测得相应的铜温升为

$$\Delta\tau''_{Cu} = \frac{p_{Fe}\dfrac{R_{Fe}}{R_{Fe}+R_{CF}}}{\dfrac{1}{R_{Cu}}+\dfrac{1}{R_{Fe}+R_{CF}}}$$

因此实际负载时，铜的温升等于

$$\Delta\tau_{Cu} = \Delta\tau'_{Cu} + \Delta\tau''_{Cu}$$

实际上铜的温升只能近似地等于 $\Delta\tau'_{Cu}+\Delta\tau''_{Cu}$，这是因为做空载试验或短路试验时，都不能使 p_{Cu} 或 p_{Fe} 真正等于零（例如感应电机）。此外，也没有考虑机械损耗对温升的影响，以及两个损耗同时存在与只有一个损耗存在时散热条件的差异等。

下面对各个热阻的计算加以说明。

1）定子绕组铜和铁心之间的绝缘热阻 R_{CF} 的计算。按式（8-64），此热阻为

$$R_{CF} = \frac{\delta_{CF}}{\lambda_{CF}A_{CF}} \tag{8-83}$$

式中，δ_{CF} 为铜、铁之间的绝缘（包括气隙层）的总厚度；λ_{CF} 为合成热导率；A_{CF} 为绝缘和铁心接触的面积。

有些电机的绕组经过真空浸漆或浸胶，可以认为绝缘中不存在气隙层，这时热导率 λ 可以直接采用所用绝缘的合成热导率，或根据所使用各种材料的热导率及厚度，根据热阻串联概念按式（8-84）算出其合成热导率。

$$\lambda = \frac{\sum\limits_{1}^{n} \delta_n}{\sum\limits_{1}^{n} \dfrac{\delta_n}{\lambda_n}} \qquad (8\text{-}84)$$

2）绕组端部铜和空气之间的热阻 R_{C1} 的计算。热量从绕组端部传到空气时，须先经过端部绝缘的传导热阻，然后经过端部表面的表面散热热阻。因此，如图 8-29 所示，R_{C1} 是两个热阻之和，即

$$R_{C1} = R'_{C1} + R''_{C1}$$

$$R'_{C1} = \frac{\delta_{C1}}{\lambda_{C1} A_{C1}} \qquad (8\text{-}85)$$

$$R''_{C1} = \frac{1}{\alpha_{C1} A_{C1}} \qquad (8\text{-}86)$$

式中，δ_{C1} 为绕组端部绝缘厚度；λ_{C1} 为端部绝缘热导率；α_{C1} 为端部表面散热系数，见式（8-74）；A_{C1} 为散热面积。

绕组端部的散热或导热面积不易确切计算，一般认为端部绝缘的导热面积和端部的表面散热面积相同，因此在式（8-85）和式（8-86）中面积都用 A_{C1} 计算。在通风情况良好时，可取

$$A_{C1} = l_E u Z \qquad (8\text{-}87)$$

式中，l_E 为端部长；u 为导体连同绝缘的表面周长；Z 为槽数。

如果端部某些面积被紧固或支撑部件所遮蔽，或如小型电机中其端部实际上构成不通风的圆筒时，应考虑将受遮蔽的面积减去。

3）径向通风道中的绕组部分和空气之间的热阻 R_{C2} 的计算。

这部分热阻与端部热阻相似，也是由传导热阻和表面散热热阻二部分组成，计算方法也相同，只是各有关量的具体数值不同。

4）铁心径向通风道、内圆及外圆表面对空气的表面散热热阻的计算。

$$R_{F1} = \frac{1}{\alpha_{F1} A_{F1}}, \ R_{F2} = \frac{1}{\alpha_{F2} A_{F2}}, \ R_{F3} = \frac{1}{\alpha_{F3} A_{F3}}$$

式中，α_F、A_F 分别为相应部分的表面散热系数和散热表面积，在确定铁心内圆或外圆对空气的散热系数时，空气的流速应采用轴向速度及切向速度的合成值。

（2）三热源热路法　在表面冷却的封闭式感应电机中，定子铁心、定子绕组和转子构成了有 3 个热源的热路。电机正常工作时，转子中主要是铜损耗，而整个转子可视为一个有无穷大热导率的等温体。由图 8-38 可知，转子所产生的热量，其中一部分从转子两端由机内循环空气直接带至机座，该循环空气的温度可看作是均匀的，并等于机座的温度，另一部分从转子圆柱表面通过气隙传到定子铁心，再传给机座。定子方面的铜损耗和铁损耗，小部分通过端部循环空气传给机座，大部分通过铁心传给机座。同时，铁心和铜绕组之间也通过绝缘传递热量。最后，传到机座的热量绝大部分从机座表面、少量从端盖表面，由冷却空气带走。

3. 用简化法计算电机的平均温升

计算电机的温升时，必须知道各散热系数，而散热系数主要和吹过散热表面的空气流速

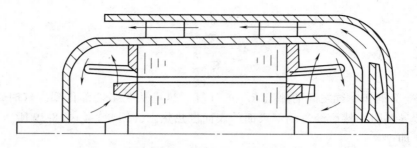

图 8-38 封闭式感应电机的通风示意图

有关，因而必须先计算通风。工厂中设计电机时，如果进行温升计算，也只采用简化法。简化法的某些假定虽然不尽合理，但是这种方法中所采用的散热系数是根据结构相同或相似的电机的温升试验结果确定的，因此计算结果比较接近于实际。

简化法主要用来计算电枢绕组铜和铁心的平均温升。此时假定：①全部铁心损耗 p_{Fe} 及有效部分铜损耗 p_{Cut} 只通过定子（或转子）圆柱形冷却表面散出；②电枢绕组铜的有效部分和端接部分之间没有热交换。据此，铁的温升为

$$\Delta\tau_{Fe} = \frac{p_{Fe}+p_{Cu}}{\alpha A} \tag{8-88}$$

式中，A 为定子（或转子）圆柱形冷却表面面积；α 为表面散热系数，根据试验确定。

铜、铁之间温差为

$$\Delta\tau_{CF} = p_{Cut}R_{CF} \tag{8-89}$$

式中，R_{CF} 为铜、铁之间的传导热阻，按式（8-83）计算。

因此，铜的温升为

$$\Delta\tau_{Cu} = \Delta\tau_{Fe}+\Delta\tau_{CF} \tag{8-90}$$

有些简化法还要计算绕组端部铜的温升，假定端部铜损耗 p_{CuE} 的热量全部经端部散热热阻 R_E 向外散出，端部的温升为

$$\Delta\tau_{CuE} = p_{CuE}R_E \tag{8-91}$$

其中

$$R_E = \frac{1}{\alpha_E A_{C1}}$$

式中，A_{C1} 为绕组端部散热表面积，可按式（8-87）算出；α_E 为等效的端部散热系数，根据试验确定。

整个绕组铜的平均温升为

$$\Delta\tau_{Cu} = \frac{\Delta\tau_{Cut}l_t+\Delta\tau_{CuE}l_E}{l_t+l_E} \tag{8-92}$$

式中，l_t、l_E 为电枢绕组的有效部分、端部长度；$\Delta\tau_{Cut}$ 为铜的有效部分温升，即式（8-90）中的 $\Delta\tau_{Cu}$。

电枢单位表面铜（铝）损耗，即热流密度与线负荷和电流密度的乘积（通常称为热负荷）成正比。为保证电机的温升不超过极限，并留有必要裕度，热负荷值应加适当控制，它的许用值与电机的形式、功率、转速、绝缘等级、冷却方式及导线材料等因素有关。

4. 利用计算机计算电机内部的温度分布

目前常用的电机温升传统计算方法有简化公式法和等效热路法。其中简化公式法将精度的把握放在经验系数上，而忽略材料系数的非线性问题，这种方法只适用于普通电机，而不适用于辐射和非线性问题较大的电机；等效热路法虽然物理概念比较清楚，但准确性较低，而且只能估算绕组和铁心的平均温度，无法全面了解温度的分布情况及过热点的位置和数值。这对于电机特别是大型电机的安全运行过程是一个重要的限制因素。因此，准确地进行发热计算和温度分布的确定在电机设计中是十分重要的。

现代数值方法及计算机的应用为温度场研究提供了有力的工具，目前比较常用的方法有等效热网络法和有限元法。一般来说，热网络法所遵循的物理规律与电网络有着相似的关系，因而可以采用较成熟的电网络分析技术求解。它对计算机的硬件资源要求低，容易为工程技术人员掌握。但网络参数的设置与计算的合理和准确度将直接影响整体的计算精度。而有限元法边界适应性好，计算准确度高，但计算过程复杂。除了这两种方法之外，在中小型异步电动机温升计算时，也可以使用分段等效热路法。如果分段热路考虑得足够细致，所得的计算结果也可以满足工程要求。

（1）分段等效热路法　分段等效热路法的计算结果跟实际值有一定误差。误差主要来源于4个方面：首先是计算误差，因为计算时的损耗取值于电磁设计，而电机实际的损耗（特别是杂散损耗）跟计算值是有差别的，这不可避免地会使温升计算值产生误差；其次，由于各种材料的导热系数取值与实际情况的差异，铁心与机座之间的间隙等随机性因素也会使温升计算产生误差；再次是制造和工艺误差，由于制造电机的各种材料性能和工艺方法有差异，因而电机的制造质量也不完全相同；最后，作为比较依据的试验数据也是有误差的。

（2）等效热网络法　等效热网络法是应用图论原理，通过网络的拓扑结构进行热场分析的一种方法，它利用热流定律及能量守恒定律将热传导方程离散化。其计算方法是把温度场的解域按照不同材料如绕组、绝缘、铁心结构件等的不同区域，先划分出若干细的网格，网格的疏密程度根据所研究问题的实际需要确定。

网格划分线的交点叫作节点，假设损耗都集中在各个节点上，节点之间用热阻连接。如果计算时变场，则每个节点上再接有热容，就可以得到由损耗、热流、热阻、热容和某些点上已知温升组成的等效热回路。热网络法所遵循的物理规律与电网络相似，热路中的热阻、热容、支路热流、损耗、节点上的已知温升、节点温度、温差等与电路中的电阻、电容、支路电流、电流源、电压源、节点电势、电压降等相对应，因而可采用较成熟的电网络技术求解。热网络法物理概念简单直观，而且非常适用于结构复杂、材料多样和各向导热不均匀的发热实体，对薄层介质的处理尤显方便，对计算机的硬件资源要求低，因此获得了普遍应用，既可用于电机的设计计算，也可用于电机的状态监测。

（3）有限元法　有限元法是一种常用的数值计算方法。该法是将定解问题首先转化成相应的等价变分问题，然后将其求解区域离散成有限个单元，经过总体合成进而形成关于温度的代数方程组，再利用数学方法进行求解。根据所采用的有限单元形状及坐标系的不同，所得到的代数方程组的表达式也不同。在电机温度场计算中，常采用的单元形状在直角坐标系下：二维有三角形和四边形单元；三维有四面体、三棱柱、六面体等单元、棱锥单元等。而在圆柱坐标系下，常采用扇形或拱形体单元。各种单元形状各有优、缺点，需根据具体问题和求解区域确定。虽然应用有限元法剖分单元数极多，边界问题处理复杂，要实现对电机这种复杂的温度场进行全面的求解计算相当困难，但是，它的主要优点是剖分灵活，对于复杂的几何形状边界条件、不均匀的材料特性场、梯度变化较大的场合都能灵活地加以考虑，通用性强，所以用有限元求解温度场可以准确描述整个求解域内温度的分布，因此常被用于电机的设计计算。

复习与思考题

1. 电机中常用的通风冷却系统有哪几种？选择和设计通风系统时应注意哪些问题？

2. 流体所具有的压力为什么可以用压头来表示？压力与压头之间的关系如何？它们的单位有何不同？

3. 伯努利方程代表的物理意义是什么？为什么在流体的运动过程中，它的静压头与动压头之间可以互相转化？

4. 流体在运动过程中为什么会产生流阻或风阻？各类流阻或风阻的大小与哪些因素有关？如果原来用空气冷却的电机，改用氢气冷却，其风阻会怎样变化？

5. 流阻或风阻的串联及并联应如何计算？与电阻的串、并联计算方法相比较，它们有何异同？

6. 试比较离心式风扇和轴流式风扇的工作原理，它们各有什么优、缺点？为什么在一般中小型电机中很少采用轴流式风扇？

第 **9** 章 ▶▶

电机设计实例

本章知识要点：

1）感应电机电磁设计流程及优化方法。

2）永磁电机电磁设计流程及优化方法。

9.1 感应电机的设计实例

电磁计算是感应电机设计的关键部分。本节以一台 200Hz、85kW 车用感应电动机为例，对感应电动机的电磁计算程序进行说明，电磁计算一般包括主要尺寸与气隙的确定、定转子绕组与冲片的设计、工作性能的计算及起动性能的计算等。

9.1.1 感应电机设计流程

电机的设计流程图如图 9-1 所示。

9.1.2 中小型三相异步电机电磁设计

1. 技术要求与主要尺寸

1）额定功率为

$$P_N = 85 \text{kW}$$

2）额定电压为

$$U_N = 375 \text{V}（丫联结）$$

3）功电流为

$$I_{KW} = \frac{P_N}{m_1 U_{N\Phi}} = 130.9 \text{A}$$

4）效率 η'。按照技术规定取 $\eta' = 92.5\%$。

5）功率因数 $\cos\varphi$。按照技术规定取 $\cos\varphi = 0.84$。

6）极对数为 $p = 2$。

7）定、转子槽数。$Z_1 = 48$（定子），$Z_2 = 68$（转子）。

8）定、转子每极槽数为

$$Z_{p1} = \frac{Z_1}{2p} = 12, \quad Z_{p2} = \frac{Z_2}{2p} = 17$$

9）确定电机主要尺寸。定子外径 $D_1 = 202\text{mm}$，定子内径 $D_{i1} = 121.4\text{mm}$。

10）气隙的确定。$\delta = 0.7\text{mm}$，且转子外径 $D_2 = 120\text{mm}$，转子内径 $D_{i2} = 50\text{mm}$。

11）极距为

$$\tau = \frac{\pi D_{i1}}{2p} = 0.0953\text{m}$$

12）定子齿距为

$$t_1 = \frac{\pi D_{i1}}{Z_1} = 0.00794\text{m}$$

转子齿距为

$$t_2 = \frac{\pi D_2}{Z_2} = 0.00554\text{m}$$

13）定子绕组连接方式。定子绕组采用双层叠绕组，节距是 10，1~11，2~12，3~13，4~14。

14）斜槽的选择。为了削弱齿谐波磁场的影响，转子采用斜槽，一般斜一个定子齿距 t_1，则斜槽宽 $b_{\text{sk}} = 0.0079\text{m}$。

15）设计定子绕组。取并联支路数 $a_1 = 1$，每槽导体数 $N_{\text{s1}} = 18$。

16）每相每支路串联导体数为

$$N_{\varPhi 1} = \frac{N_{\text{s1}} Z_1}{m_1 a_1} = 72$$

每相串联匝数为

$$N_1 = \frac{N_{\varPhi 1}}{2} = 36$$

17）绕组线规设计。初选定子电流密度 $J_1' = 10.5\text{A/mm}^2$，计算导线并绕根数和每根导线截面的乘积，有

$$N_{\text{t1}} A_{\text{c1}}' = \frac{I_1'}{a_1 J_1'} = 3.96\text{mm}^2$$

其中定子电流初步估计值为

$$I_1' = \frac{I_{\text{KW}}}{\eta' \cos\varphi'} = 166.49\text{A}$$

从附录 B 中选用截面积相近的铜线：高强度漆包线，$N_{\text{t1}} = 2$，$d_1 = 1.3\text{mm}$，截面积 $A_{\text{c1}}' = 0.6362\text{mm}^2$，绝缘后直径为 $d = 1.38\text{mm}$，则 $N_{\text{t1}} A_{\text{c1}}' = 3.82\text{mm}^2$。

18）定子槽型确定。定子是梨形槽，其槽型及数据如图 9-2 所示。

定子槽口宽 $b_{01} = 2.3\text{mm}$，定子槽口高 $h_{s0} = 0.8\text{mm}$，定子槽肩宽 $b_{s1} = 4.9\text{mm}$，定子槽肩

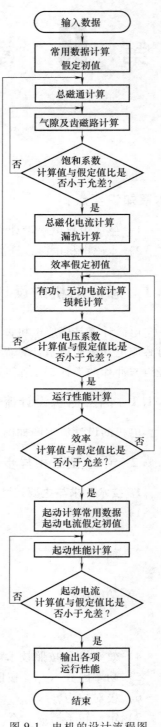

图 9-1 电机的设计流程图

角 $\alpha_s = 30°$，槽底圆半径 $r_s = 3.65\text{mm}$，定子槽深 $h_s = 23.5\text{mm}$，定子槽肩高 $h_{ss} = 0.75\text{mm}$。

19）槽满率。槽面积为

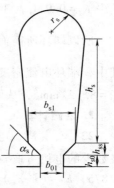

$$A_s = \frac{2r_{21}+b_{11}}{2}(h'_s - h) + \frac{\pi r_{21}^2}{2} = 149.02\text{mm}^2$$

槽绝缘采用 DMDM 复合绝缘，$\Delta_t = 0.3\text{mm}$，槽楔 $h = 2.5\text{mm}$ 层压板。

因为是双层绕组，所以槽绝缘面积为 $A_i = \Delta_i(2h_s + \pi r_s + 2r_s + b_{s1}) = 21.2\text{mm}^2$，槽有效面积 $A_{ef} = A_s - A_i = 145.07\text{mm}^2$，则槽满率为

图 9-2　定子槽型参数

$$s_f = \frac{N_{t1}N_{s1}d^2}{A_{ef}} = 0.7787$$

20）绕组系数。

绕组节距因数　　　　　　$K_{p1} = \sin\dfrac{y}{\tau}90° = 0.966$

式中，$y = 10$；$\tau = Z_1/(2p) = 12$。

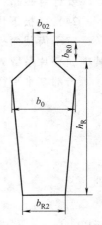

绕组分布因数　　　　　$K_{d1} = \dfrac{\sin\dfrac{q\alpha}{2}}{q\sin\dfrac{\alpha}{2}} = 0.9577$

式中，$\alpha = p\dfrac{2\pi}{Z_1} = 15°$；$q$ 为每极每相槽，$q = \dfrac{Z_1}{2pm_1} = 4$。

所以绕组系数为 $K_{dp2} = K_{p1}K_{d1} = 0.925$，每相每支路有效串联导体数为 $N_{\Phi1}K_{dp1} = 66$。

21）设计转子槽型及转子绕组。转子槽型为平行齿槽，槽型图及尺寸如图 9-3 所示。

图 9-3　转子槽型参数

转子槽口宽 $b_{02} = 0.5\text{mm}$，转子槽口高 $h_{R0} = 0.8\text{mm}$，转子槽肩宽 $b_{R1} = 2.9\text{mm}$，转子槽底宽 $b_{R2} = 1.5\text{mm}$，转子槽深 $h_R = 15\text{mm}$。

齿壁不平行的槽型的齿宽计算如下：

$$b_{t2/3} = \frac{\pi\left[D_2 \times \dfrac{2}{3}(h_{R0}+h_R)\right]}{Z_2} - b_{12} = 2.60\text{mm}$$

其中，$b_{12} = 1.97\text{mm}$。

导线截面积（转子槽面积）为

$$A_B = \frac{b_{R1}+b_{R2}}{2}h_R = 33\text{mm}^2$$

估计端环电流　　　　　$I'_R = I'_2\dfrac{Z_2}{2\pi p} = 2362.1\text{A}$

估计转子导条电流　　　$I'_2 = K_I I'_1\dfrac{3N_{\Phi1}K_{dp1}}{Z_2} = 436.3\text{A}$

其中 $K_I = 0.9$ 由表 3-5 查出。

所以端环所需面积 $$A_R' = \frac{I_R'}{J_R'} = 296.3\text{mm}^2$$

其中，端环电流密度为 $J_R' = 0.6 J_B'$，初步选取转子导条电流密度为 $J_B' = 13.5\text{A/mm}^2$，故而 $J_R' = 8.1\text{A/mm}^2$，从而得出端环面积 $A_R = 12.5 \times 16.5\text{mm}^2 = 206.3\text{mm}^2$。

2. 磁路计算

22）计算满载电势。一般中小型感应电动机的 $1 - \varepsilon_L'$ 在 $0.85 \sim 0.95$ 范围内，对功率大、极数少的电机可取较大值，K_E' 的偏差不得大于 $\pm 0.5\%$，否则返工重算，初设 $K_E' = (1 - \varepsilon_L') = 0.875$，$E_1 = (1 - \varepsilon_L') U_{N\Phi} = 188.36\text{V}$。

23）计算每极磁通。初设 $K_s' = 1.2$（对一般感应电动机 $K_s = 1.15 \sim 1.45$，由图 4-5 查得 $K_{Nm} = 1.09$）。

$$\Phi = \frac{E_1}{4 K_{Nm} K_{dp1} f N_1} = 0.00659\text{Wb}$$

要计算磁路各部分磁密，需先计算磁路中各部分的导磁截面积。

24）每极下齿部截面积。

定子齿截面积 $$A_{t1} = K_{Fe} l_t b_{t1} Z_{p1}$$

其中，叠片系数 $K_{Fe} = 0.95$，铁心长 $l_t = 150\text{mm}$。

齿部基本平行取平均值：

$$b_{t1}' = \frac{\pi(D_{i1} + 2h_{s0} + 2h_s)}{Z_1} - 2r_s = 3.82\text{mm}$$

$$b_{t1}'' = \frac{\pi(D_{i1} + 2h_{s0} + 2h_{ss})}{Z_1} - b_{s1} = 3.24\text{mm}$$

$$b_{t1} = \frac{b_{t1}' + b_{t1}''}{2} = 3.53\text{mm}$$

所以 $$A_{t1} = 6036.3\text{mm}^2$$

转子齿部截面积 $$A_{t2} = K_{Fe} l_t b_{t2} Z_{p2} = 6298.5\text{mm}^2$$

25）定子轭部计算高度为

$$h_{j1}' = \frac{D_1 - D_{i1}}{2} - (h_s + h_{s0} + r_s) + \frac{r_s}{3} = 13.57\text{mm}$$

转子轭部计算高度为

$$h_{j2}' = \frac{D_2 - D_{i2}}{2} - h_R = 19.2\text{mm}$$

轭部导磁截面积为

$$A_{j1} = K_{Fe} l_t h_{j1}' = 1933.7\text{mm}^2$$

$$A_{j2} = K_{Fe} l_t h_{j2}' = 2736\text{mm}^2$$

26）一极下空气隙截面积为

$$A_d = \tau l_{ef}$$

其中，$l_{ef} = l_t + 2\delta = 151.4\text{mm}$。

所以
$$A_d = 14428.4 mm^2$$

27）波幅系数。由 $K_s' = 1.20$，在图 4-5 找出计算极弧系数 $\alpha_p' = 0.68$，所以波幅系数为

$$F_s = \frac{B_\delta}{B_{\delta av}} = \frac{1}{\alpha_p'} = 1.471$$

28）气隙磁密为

$$B_\delta = \frac{F_s \Phi}{A_\delta} = 0.666 T$$

29）对应于气隙磁密最大处的定子齿部磁密为

$$B_{t1} = \frac{B_\delta l_{ef} t_1 Z_{p1}}{K_{Fe} l_t b_{t1} Z_{p1}} = \frac{F_s \Phi}{A_{t1}} = 1.591 T$$

30）转子齿部磁密为

$$B_{t2} = \frac{F_s \Phi}{A_{t2}} = 1.525 T$$

31）从 DW470-50 的磁化曲线表中找出对应上述磁密的磁场强度。
$$H_{t1} = 25.1 A/cm, \quad H_{t2} = 14.50 A/cm$$

32）有效气隙长度为

$$\delta_{ef} = K_\delta \delta$$

其中，气隙系数计算 $K_\delta = K_{\delta 1} K_{\delta 2}$。

$$K_{\delta 1} = \frac{t_1(4.4\delta + 0.75 b_{01})}{t_1(4.4\delta + 0.75 b_{01}) - b_{01}^2} = 1.161$$

$$K_{\delta 2} = \frac{t_2(4.4\delta + 0.75 b_{02})}{t_2(4.4\delta + 0.75 b_{02}) - b_{02}^2} = 1.013$$

所以
$$K_\delta = 1.176$$
$$\delta_{ef} = 0.823 mm$$

33）齿部磁路计算长度为

$$L_{t1} = h_s + \frac{r_s}{3} = 24.72 mm, \quad L_{t2} = h_R = 15 mm$$

34）轭部磁路计算长度为

$$L_{j1}' = \frac{\pi(D_1 - h_{j1}')}{2p} \times \frac{1}{2} = 73.96 mm, \quad L_{j2}' = \frac{\pi(D_{i2} - h_{j2}')}{2p} \times \frac{1}{2} = 27.16 mm$$

35）计算气隙磁压降。

$$F_\delta = \frac{K_\delta B_\delta \delta}{\mu_0} = 348.81 A$$

其中，$\mu_0 = 4\pi \times 10^{-7} H/m$。

36）齿部磁压降为

$$F_{t1} = H_{t1} L_{t1} = 62.05 A, \quad F_{t2} = H_{t2} L_{t2} = 21.75 A$$

37）饱和系数的计算。

$$K_s = \frac{F_\delta + F_{t1} + F_{t2}}{F_\delta} = 1.191$$

将其与初设值 $K_s' = 1.20$ 相比较，误差为 $\dfrac{1.2 - 1.191}{1.191} = 0.756\% < 1\%$，满足要求。若误差大于

1%，需要重新假定 K_s''，重新计算 23)~37)）。为了加速计算 K_s''，可以取 $K_s - \dfrac{K_s - K_s'}{3}$，直至误差小于 1%。

38) 定子轭部磁密计算。

$$B_{j1} = \frac{\Phi}{2A_{j1}} = 1.688\text{T}$$

39) 转子轭部磁密计算。

$$B_{j2} = \frac{\Phi}{2A_{j2}} = 1.1971\text{T}$$

40) 从附录表 C-6 中 DW470-50 的磁化曲线表中找出对应上述磁密的磁场强度。

$$H_{j1} = 53\text{A/cm} \qquad H_{j2} = 2.2\text{A/cm}$$

41) 计算轭部磁压降，其中轭部磁压降校正系数从附录 A 中可查。

$h_{j1}'/\tau = 0.142$，$B_{j1} = 1.688\text{T}$，于是 $C_{j1} = 0.3$，$F_{j1} = C_{j1}H_{j1}L_{j1}' = 117.6\text{A}$

$h_{j2}'/\tau = 0.198$，$B_{j1} = 1.197\text{T}$，于是 $C_{j2} = 0.57$，$F_{j2} = C_{j2}H_{j2}L_{j2}' = 3.41\text{A}$

42) 每极磁势为

$$F_0 = F_\delta + F_{t1} + F_{t2} + F_{j1} + F_{j2} = 636.37\text{A}$$

43) 满载磁化电流为

$$I_m = \frac{2pF_0}{0.9m_1N_1K_{dp1}} = 28.31\text{A}$$

44) 磁化电流标幺值为

$$I_m^* = \frac{I_m}{I_{KW}} = 0.2163$$

45) 励磁电抗在工厂设计计算时通常采用近似的计算方法。因 $E_1 \approx U_{N\Phi}$，故 $X_{ms}^* = X_{ms}$

$\dfrac{I_{KW}}{U_{N\Phi}} = 4.55$。

3. 参数计算

46) 线圈平均半匝长。定子线圈节距为

$$\tau_y = \frac{\pi\left[D_{i1} + 2(h_{s0} + h_{ss}) + (h_s - h_{ss}) + r_s\right]}{2p}\beta = 98.67\text{mm}$$

其中，节距比 $\beta = \dfrac{4 \times 10}{4 \times 12} = 0.833$，是平均值。

直线部分长度为 $l_B = l_t + 2d_1 = 180\text{mm}$。其中，$d_1$ 是线圈直线部分伸出铁心的长度，取 $10 \sim 30\text{mm}$，机座大、极数少者取较大值，这里取 $d_1 = 15\text{mm}$。

定子绕组端部斜边倾斜角为

$$\sin\alpha = \frac{b_{s1} + 2r_s}{b_{s1} + 2r_s + b_{t1}} = 0.639, \quad \cos\alpha = \sqrt{1 - \sin^2\alpha} = 0.769, \quad \alpha = 39.72°$$

定子线圈端部斜边长为 $C_s = \dfrac{\tau_y}{2\cos\alpha} = 64.198\text{mm}$。

定子绕组端部斜边轴向长为 $f_d = C_s\sin\alpha = 41.023\text{mm}$。

定子线圈平均半匝长为 $l_C = l_B + 2C_s = 308.4\text{mm}$。

47）端部平均长为 $l_E = 2C_s + 2d_1 = 158.4\text{mm}$。

48）感应电动机定子绕组的漏抗为

$$X_{\sigma 1} = 4\pi f\mu_0 \frac{N_1^2}{pq_1} l_{\text{ef}} \sum\lambda_1$$

除以阻抗基值 $Z_{KW} = \dfrac{U_{N\Phi}}{I_{KW}} = \dfrac{m_1 U_{N\Phi}^2}{P_N}$，便可得定子漏抗标幺值为

$$X_{\sigma 1}^* = C_x\left(\frac{2m_1 p}{Z_1 K_{\text{dp1}}^2}\sum\lambda_1\right)$$

式中，$\sum\lambda_1 = \lambda_{s1} + \lambda_{\delta 1} + \lambda_{E1}$；$C_x$ 为漏抗系数，$C_x = \dfrac{4\pi f\mu_0(N_1 K_{\text{dp1}})^2 l_{\text{ef}} P_N}{m_1 p U_{N\Phi}^2} = 0.16$。

49）按照附录 D 计算定子槽比漏磁导。

由于是双层绕组，短距，$\beta = \dfrac{5}{6}$，$\dfrac{2}{3}\leqslant\beta\leqslant 1$，所以 $K_{U1} = \dfrac{3\beta+1}{4}$，$K_{L1} = \dfrac{9\beta+7}{16}$，$K_{U1} = 0.875$，$K_{L1} = 0.91$。

$$\lambda_{U1} = \frac{h_{01}}{b_{01}} + \frac{2h_{ss}}{b_{01}+b_{s1}} = 0.556$$

由于 $\dfrac{h_s - h_{ss}}{2r_s} = 3.12$，$\dfrac{b_{s1}}{2r_s} = 0.67$，所以 $\lambda_{L1} = 1.7$。

$$\lambda_{s1} = K_{L1}\lambda_{U1} + K_{L1}\lambda_{L1} = 2.034$$

50）定子槽漏抗的计算。

$$X_{s1}^* = \frac{2m_1 p}{Z_1 K_{\text{dp1}}^2}\frac{l_t}{l_{\text{ef}}}\lambda_{s1}C_x = 0.589C_x$$

51）定子谐波漏抗的计算。

$$X_{\delta 1}^* = \frac{m_1\tau\sum s}{\pi^2\delta_{\text{ef}}K_{\text{dp1}}^2 K_s}C_x = 0.1022C_x$$

式中，$\sum s = 0.00054$，由图 5-13，以 $q=4$，$\beta = 0.833$ 查出。

52）定子端部漏抗的计算。

$$X_{E1}^* = \frac{1.2(d_1 + 0.5f_d)}{l_{\text{ef}}}C_x = 0.28C_x$$

53）定子漏抗标幺值为 $X_{\sigma 1}^* = X_{s1}^* + X_{\delta 1}^* + X_{E1}^* = 0.9712C_x = 0.1554$

54）转子漏抗标幺值的计算。转子漏抗标幺值的计算与定子漏抗标幺值的计算相似，但要将转子漏抗折算到定子边。将 $N_2 = \dfrac{1}{2}$，$pq_2 = \dfrac{Z_2}{2m_2} = \dfrac{1}{2}$ 代入式（5-50），再乘以折算系数

$$K = \frac{4m_1 (N_1 K_{dp1})^2}{Z_2}，并除以阻抗基值，便有$$

$$X_{\sigma2}^* = \frac{zm_1 p}{Z_2} \sum \lambda_2 C_x$$

55）转子槽比漏磁导的计算。

$$\lambda_{\delta2} = \lambda_{U2} + \lambda_{L2} = 1.6 + 1.761 = 3.361$$

56）转子槽漏抗标幺值为

$$X_{\sigma2}^* = \frac{2m_1 p}{Z_2} \frac{l_t}{l_{ef}} \lambda_{s2} C_x = 0.588 C_x$$

57）考虑饱和影响的谐波比漏磁导，转子谐波漏抗标幺值为

$$X_{\delta2}^* = \frac{m_1 \tau C_x}{\pi^2 \delta_{ef} K_s} \sum R = 0.08 C_x$$

式中，$\sum R = 0.00275$，由图 5-14，以 $Z_2/2p = 17$ 查出。

58）转子绕组端部漏抗标幺值

$$X_{E2}^* = \frac{0.757 D_R}{2p l_{ef}} C_x = 0.234 C_x$$

59）转子斜槽漏抗标幺值为

$$X_{sk}^* = 0.5 \left(\frac{b_{sk}}{t_2} \right)^2 X_{\delta2}^* = 0.048 C_x$$

60）转子漏抗标幺值为

$$X_{\sigma2}^* = X_{s2}^* + X_{\delta2}^* + X_{E2}^* + X_{sk}^* = 0.984 C_x = 0.157$$

61）定、转子漏抗标幺值之和为

$$X_{\sigma}^* = X_{\sigma1}^* + X_{\sigma2}^* = 0.3124$$

62）定子绕组直流电阻计算。

$$R_1 = \rho_w \frac{2N_1 l_0}{N_{t1} A_{c1}' a_1} = 0.0356 \Omega$$

式中，$\rho_w = 0.0245 \times 10^{-6} \Omega \cdot m$，为 H 级绝缘平均工作温度 75° 时铜的电阻率。

63）定子绕组相电阻标幺值为

$$R_1^* = R_1 \frac{I_{KW}}{U_{N\Phi}} = 0.0215$$

64）有效材料的计算。

感应电机的有效材料是指定子绕组导电材料和定、转子铁心导磁材料，电机的成本主要由有效材料的用量来决定。

定子铜的质量为

$$M_{Cu} = C l_0 N_{s1} Z_1 A_{c1}' N_{t1} \rho_{Cu} = 9.512 kg$$

式中，C 为考虑导线绝缘和引线重量的系数，漆包圆铜线 $C = 1.05$；$\rho_{Cu} = 8.9 \times 10^3 kg/m^3$。

硅钢片质量为

$$M_{Fe} = K_{Fe} l_i (D_1 + \delta)^2 \rho_{Fe} = 47.63 kg$$

式中，$\delta = 0.005\text{m}$ 为冲剪余量；$\rho_{Fe} = 7.8 \times 10^3 \text{kg/m}^3$。

65）计算转子电阻的折算值。

$$R'_2 = \rho_w \left(\frac{K_B l_B}{A_B} + \frac{Z_2 D_R}{2\pi p^2 A_R} \right) \frac{4m_1 (N_1 K_{dp1})^2}{Z_2} = R'_B + R'_R$$

式中，K_B 是考虑铸铝转子因叠片不整齐，造成槽面积减小、导条电阻增加的系数，通常 $K_B = 1.0$。因此

$$R'_B = 0.0218, \quad R^*_B = R'_B \frac{I_{KW}}{U_{N\Phi}} = 0.0132$$

$$R'_R = 0.00629, \quad R^*_R = R'_R \frac{I_{KW}}{U_{N\Phi}} = 0.0038$$

$$R^*_2 = R^*_B + R^*_R = 0.017$$

66）定子电流有功分量标幺值为

$$I^*_{1p} = \frac{1}{\eta'} = 1.081$$

67）转子电流无功分量标幺值为

$$I^*_X = \sigma_1 X^*_\sigma I^{*2}_{1p} [1 + (\sigma_1 X^*_\sigma I^*_{1p})^2] = 0.4235$$

式中，系数 $\sigma_1 = 1 + \frac{X^*_{\sigma 1}}{X^*_{m\sigma}} = 1.034$。

68）定子电流无功分量标幺值为

$$I^*_{1Q} = I^*_m + I^*_X = 0.6435$$

69）满载电势标幺值为

$$K_E = 1 - \varepsilon_L = 1 - (I^*_{1p} R^*_1 + I^*_{1Q} X^*_{\sigma 1}) = 0.877$$

此值需要与 22）假定值相符，误差 $\frac{0.875 - 0.877}{0.877} = -0.23\%$，在 0.5% 以内，满足需要，若不满足需要重新假设初定值，重新计算 22）~69）。

70）空载电势标幺值为

$$1 - \varepsilon_0 = 1 - I^*_m X^*_{\sigma 1} = 0.966$$

71）假定饱和系数 K_s 不变，波幅系数 F_s 不变，则空载时定子齿部磁密及磁场强度为

$$B_{t10} = \frac{1 - \varepsilon_0}{1 - \varepsilon_L} B_{t1} = 1.756\text{T}, \quad H_{t10} = 78\text{A/cm}$$

72）空载时转子齿部磁密及磁场强度为

$$B_{t20} = \frac{1 - \varepsilon_0}{1 - \varepsilon_L} B_{t2} = 1.684\text{T}, \quad H_{t20} = 50\text{A/cm}$$

73）空载时定子轭部磁密及磁场强度为

$$B_{j10} = \frac{1 - \varepsilon_0}{1 - \varepsilon_L} B_{j1} = 1.864\text{T}, \quad H_{j10} = 136\text{A/cm}$$

74）空载时转子轭部磁密及磁场强度为

$$B_{j20} = \frac{1 - \varepsilon_0}{1 - \varepsilon_L} B_{j2} = 1.313\text{T}, \quad H_{j20} = 3.61\text{A/cm}$$

75）空载气隙磁密为

$$B_{\delta 0} = \frac{1-\varepsilon_0}{1-\varepsilon_L} B_\delta = 0.735\text{T}$$

76）空载时定子齿部磁压降为 $F_{t10} = H_{t10} L_{t1} = 192.82\text{A}$。

77）空载时转子齿部磁压降为 $F_{t20} = H_{t20} L_{t2} = 75\text{A}$。

78）空载时定子轭部磁压降为 $F_{j10} = C_{j1} H_{j10} L'_{j1} = 251.4\text{A}$，此时 $C_{j1} = 0.25$。

79）空载时转子轭部磁压降为 $F_{j20} = C_{j2} H_{j20} L'_{j2} = 3.92\text{A}$，此时 $C_{j2} = 0.4$。

80）空载时气隙磁压降为 $F_{\delta 0} = \dfrac{K_\delta \delta B_{\delta 0}}{\mu_0} = 483.3\text{A}$。

81）空载时每极磁势为 $F_{00} = F_{\delta 0} + F_{t10} + F_{t20} + F_{j10} + F_{j20} = 1066.44\text{A}$。

82）空载磁化电流为 $I_{m0} = \dfrac{2pF_{00}}{0.9 m_1 N_1 K_{dp1}} = 44.78\text{A}$。

感应电动机的空载电流 I_0 可认为近似等于空载磁化电流 I_{m0}。

4. 工作性能计算

83）计算定子电流标幺值。

$$I_1^* = \sqrt{I_{1p}^{*2} + I_{1Q}^{*2}} = 1.26, \quad I_1 = I_1^* I_{KW} = 164.68\text{A}$$

84）定子电流密度为 $J_1 = \dfrac{I_1}{a N_{t1} A'_{c1}} = 10.77\text{A/mm}^2$。

85）定子线负荷为 $A_1 = \dfrac{m_1 N_{\Phi 1} I_1}{\pi D_{i1}} = 93311.5\text{A/m}$。

86）转子电流标幺值

$$I_2^* = \sqrt{I_{1p}^{*2} + I_{1X}^{*2}} = 1.161$$

导条电流实际值

$$I_2 = I_2^* I_{KW} \frac{m_1 N_{\Phi 1} K_{dp1}}{Z_2} = 446.93\text{A}$$

端环电流实际值

$$I_R = I_2 \frac{Z_2}{2\pi p} = 2419.6\text{A}$$

87）转子电流密度。

$$导条电流密度 \quad J_B = \frac{I_2}{A_B} = 13.54\text{A/mm}^2$$

$$端环电流密度 \quad J_B = \frac{I_R}{A_R} = 11.73\text{A/mm}^2$$

88）定子铜损耗的标幺值为

$$p_{Cu1}^* = \frac{p_{Cu1}}{P_N} = \frac{m I_1^2 R_1}{m_1 I_{KW}^2 Z_{KW}} = I_1^{*2} R_1^* = 0.035, \quad p_{Cu1} = p_{Cu1}^* P_N = 2937.7\text{W}$$

89）转子铜损耗的标幺值为

$$p_{Cu2}^* = I_2^{*2} R_2^* = 0.023, \quad p_{Cu2} = p_{Cu2}^* P_N = 1993.7\text{W}$$

90）负载时的铜条转子

$$p_s^* = 0.005, \quad p_s = p_s^* P_N = 425\text{W}$$

91）机械损耗。机械损耗取 $p_{fw} = 1000W$，$p_{fw}^* = \dfrac{p_{fw}}{P_N} = 0.012$

92）铁损耗。先计算基本铁损耗，再乘以经验系数就得到全部铁损耗。

定子轭部铁损耗由式（6-19）计算：
$$p_{Fej} = k_2 p_{hej} M_j = 540.55W$$

式中，k_2 按经验值取 2。

轭部质量
$$M_j = 4p A_{j1} L_j' \rho_{Fe} = 8.92kg$$

式中，p_{hej} 为轭部铁损耗系数，根据 $B_{j10} = 1.864T$ 可由材料手册查得 $p_{hej} = 30.3W/kg$。

定子齿部铁损耗
$$p_{Fet} = k_1 p_{het} M_t = 322.71W$$

式中，k_1 对于半闭口槽按经验取 2.5。

齿部质量
$$M_t = 2p A_{t1} L_{i1} \rho_{Fe} = 4.66kg$$

式中，p_{het} 为齿部铁损耗系数，根据 $B_{t10} = 1.753T$ 由手册查得 $p_{het} = 27.7W/kg$。

于是全部铁损耗为
$$p_{Fe} = p_{Fej} + p_{Fet} = 863.26W, \quad p_{Fe}^* = \dfrac{p_{Fe}}{P_N} = 0.01$$

93）计算总损耗标幺值为
$$\sum p^* = p_{Cu1}^* + p_{Cu2}^* + p_s^* + p_{fw}^* + p_{Fe}^* = 0.085$$

94）输入功率标幺值为
$$P_{N1}^* = 1 + \sum p^* = 1 + 0.085 = 1.085$$

95）计算电机效率。
$$\eta = 1 - \dfrac{\sum p^*}{P_{N1}^*} = 92.17\%$$

此值需要与 66）假定值相符，误差为 $\dfrac{0.925 - 0.924}{0.924} = 0.36\%$，在 0.5% 以内，满足需要，若不满足需要重新假设初定值，重新计算 66）~95）。

96）功率因数为
$$\cos\varphi = \dfrac{I_{1p}^*}{I_1^*} = 0.858$$

97）额定转差率的计算。
$$s_N = \dfrac{p_{Cu2}^*}{1 + p_{Cu2}^* + p_{Fer}^* + p_s^* + p_{fw}^*} = \dfrac{0.023}{1 + 0.023 + 0.0055 + 0.005 + 0.012} = 0.022$$

式中，$p_{Fer}^* = \dfrac{p_{Fejr} + p_{Fetr}}{P_N} = 0.0055$。

98）额定转速为
$$n_N = \dfrac{60f}{p}(1 - s_N) = 5868r/min$$

99）最大转矩倍数的计算。
$$T_m^* = \dfrac{1 - s_N}{2(R_1^* + \sqrt{R_1^{*2} + X_\sigma^{*2}})} = 1.46$$

5. 起动性能计算

100）假设起动电流为

$$I'_{st} = (2.5 \sim 3.5) T^*_m I_{KW} = 573.34A$$

101）起动时产生漏磁的定转子槽磁势平均值的计算。

$$F_{st} = I'_{st} \frac{\sqrt{2} N_{s1}}{a_1} \left(K_{U1} + K^2_{d1} K_{p1} \frac{Z_1}{Z_2} \right) \sqrt{1 - \varepsilon_0} = 2684.4A$$

由此磁势产生的虚拟磁密 B_L 为

$$B_L = \frac{\mu_0 F_{st}}{2\delta\beta_0} = 1.99T$$

式中，β_0 为修正系数，$\beta_0 = 0.64 + 2.5 \sqrt{\dfrac{\delta}{t_1 + t_2}} = 1.21$。

102）起动时漏抗饱和系数 K_s 根据图 7-4 查出：$K_s = 0.85$，$1 - K_s = 0.15$。

103）漏磁饱和引起的定子齿顶宽度的减小：$c_{s1} = (t_1 - b_{01})(1 - K_s) = 5.96mm$。

104）漏磁饱和引起的转子齿顶宽度的减小：$c_{s2} = (t_2 - b_{02})(1 - K_s) = 0.756mm$。

105）起动时定子槽比漏磁导的计算。

$$\lambda_{s1(st)} = K_{U1}(\lambda_{U1} - \Delta\lambda_{U1}) + K_{L1}\lambda_{L1} = 1.941$$

式中，$\Delta\lambda_{U1} = \dfrac{h_{01} + 0.58 h_{11}}{b_{01}} \left(\dfrac{c_{s1}}{c_{s1} + 1.5 b_{01}} \right) = 0.106$。

106）起动时定子槽漏抗为

$$X^*_{s1(si)} = \frac{\lambda_{s1(si)}}{\lambda_{s1}} X^*_{s1} = 0.562 C_x$$

107）起动时定子谐波漏抗的计算。

$$X^*_{\delta1(si)} = K_z X^*_{\delta1} = 0.087 C_x$$

108）起动时定子漏抗为

$$X^*_{\sigma1(si)} = X^*_{s1(si)} + X^*_{\delta1(si)} + X^*_{E1} = 0.1165$$

109）考虑趋肤效应的转子导条相对高度的计算。

$$\xi = 1.987 \times 10^{-3} h_B \sqrt{\frac{b_B f}{b_{s2} \rho_B}} = 2.5547$$

式中，$h_B = 15mm$ 为导条高度，窄长铜条转子 $\dfrac{b_B}{b_{s2}} = 0.9$。

110）趋肤效应引起的电阻增加系数 K_R 和漏抗减小系数 K_X 由 $\xi = 2.5547$ 查出。

$$K_R = \frac{R_\sim}{R_0} = 3.3, \quad K_X = \frac{X_\sim}{X_0} = 0.61$$

111）计算起动时转子槽比漏磁导的减小。

$$\Delta\lambda_{U2} = \frac{h_{02} + 0.58 h_{12}}{b_{02}} \frac{c_{s2}}{c_{s2} + b_{02}} = 0.858, h_{12} = 0.4mm$$

于是起动时转子槽比漏磁导为

$$\lambda_{s2(st)} = \lambda_{U2} - \Delta\lambda_{U2} + K_x\lambda_{L2} = 1.82$$

$$\Delta\lambda_{U2} = \frac{h_{02}}{b_{02}}\frac{c_{s2}}{c_{s2}+b_{02}} = 0.4565$$

112）起动时转子槽漏抗为

$$X_{s2(st)}^* = \frac{\lambda_{s2(si)}}{\lambda_{s2}}X_{s2}^* = 0.318C_x$$

113）起动时转子谐波漏抗为

$$X_{\delta2(st)}^* = K_s X_{\delta2}^* = 0.068C_x$$

114）起动时转子斜槽漏抗为

$$X_{sk(st)}^* = K_s X_{sk}^* = 0.041C_x$$

115）起动时转子漏抗为

$$X_{\sigma2(st)}^* = X_{s2(st)}^* + X_{\delta2(st)}^* + X_{sk(st)}^* + X_{E2}^* = 0.661C_x = 0.106$$

116）起动时总漏抗为

$$X_{\sigma(si)}^* = X_{\sigma1(si)}^* + X_{\sigma2}^* = 0.233$$

117）起动时转子电阻的计算。

$$R_{2(st)}^* = K_R R_B^* + R_R^* = 0.0474$$

118）起动时总电阻为

$$R_{st}^* = R_1^* + R_{2(st)}^* = 0.0689$$

119）起动时总阻抗为

$$Z_{st}^* = \sqrt{R_{st}^{*2} + X_{\sigma(st)}^{*2}} = 0.233$$

120）起动电流的计算。

$$I_{st} = \frac{I_{KW}}{Z_{st}^*} = 561.8A$$

此值需要与100）假定值相符，误差为$\frac{573.34-561.8}{561.8} = 2.05\%$，在3%以内，满足需要，若不满足需要重新假设初定值，重新计算100）~120）。

121）起动电流倍数为

$$I_{st}^* = \frac{I_{st}}{I_1} = 5.87$$

122）起动转矩倍数为

$$T_{st}^* = \frac{R_{2(st)}^*}{Z_{st}^{*2}}(1-s_N) = 0.854$$

在表9-1中将这台电机的主要性能指标与技术条件中的标准做比较。

表9-1　计算值与标准值的比较

参　　数	计算值	标准值	相对于标准值的误差
效率 $\eta(\%)$	92.17	92.5	-0.36%
功率因数 $\cos\varphi$	0.858	0.85	+0.94%
额定转矩/$(N \cdot m)$	138.34	139	-0.47%

感应电动
机的 MATLAB
计算程序

由表 9-1 可见，效率、功率因数和额定转矩相对于标准值的误差均小于 1%，因为是由变频器供电，对其起动性能不予讨论。对于变频器供电的电动机，若转矩偏小，可以采用以下办法：①减少每槽导体数，使漏抗减小，起动总阻抗减小，就可达到提高起动转矩的目的，但这样改动的结果将使起动电流有所增加，功率因数略有降低；②缩小转子槽面积，使转子电阻增加，也可达到提高起动转矩的目的，但将使效率下降；③采用较深的槽形或凸形槽等，利用趋肤效应使起动时转子电阻增加，这将使功率因数降低。还有其他一些方法，读者可自行验算。

9.2 永磁电机的设计实例

9.2.1 永磁电机设计流程

永磁电机的设计流程图如图 9-4 所示。

9.2.2 永磁电机设计实例

1. 技术要求

1）额定功率：$P_N = 150 \text{kW}$。

2）相数：$m = 3$。

3）额定线电压：$U_{N1} = 380 \text{V}$。

4）额定频率：$f = 1000 \text{Hz}$。

5）极对数：$p = 2$。

6）额定效率：$\eta_N = 98\%$。

7）额定功率因数：$\cos\varphi_N = 0.964$。

8）绕组形式：双层丫联结。

9）额定相电压：$U_N = 220 \text{V}$。

10）额定相电流：$I_N = \dfrac{P_N}{mU_N\cos\varphi_N} = 235.76 \text{A}$。

11）额定转速：$n_N = 30000 \text{ r/min}$。

12）额定转矩：$T_N = \dfrac{9.549 \times P_N \times 10^3}{n_N} =$ 47.745N·m

13）绝缘等级：B 级。

2. 主要尺寸

14）铁心材料：20JNEH1500/DW465-50。

15）转子磁路结构形式：径向表贴式。

16）气隙长度：$\delta = 5.5 \text{mm}$。

17）定子外径：$D_1 = 200 \text{mm}$。

18）定子内径：$D_{i1} = 101 \text{mm}$。

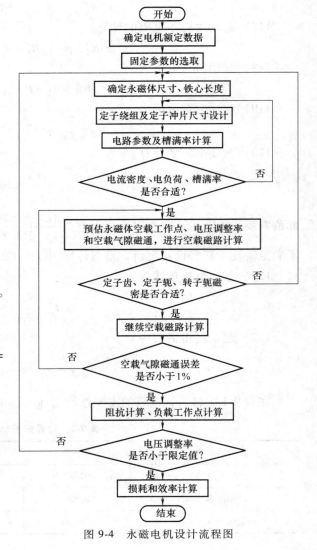

图 9-4 永磁电机设计流程图

19）转子外径：$D_2 = D_{i1} - 2\delta = 90\text{mm}$。

20）转子内径：$D_{i2} = 20\text{mm}$。

21）定/转子铁心长度：$L_1/L_2 = 100\text{mm}/100\text{mm}$。

22）电枢计算长度：$L_{ef} = L_a + 2\delta = 111\text{mm}$。$L_a = 100\text{mm}$，为定、转子铁心长度中的较小者。

23）定子槽数：$Q_1 = 18$。

24）定子每极每相槽数为

$$q = \frac{Q_1}{2mp} = \frac{3}{2}$$

25）极距为

$$\tau_1 = \frac{\pi D_{i1}}{2p} = 79.33\text{mm}$$

3. 永磁体计算

26）永磁材料牌号：N38EH。

27）计算剩磁密度为

$$B_r = \left[1 + (t-20)\frac{\alpha_{Br}}{100}\right]\left(1 - \frac{IL}{100}\right)B_{r20} = 1.149\text{T}$$

式中，$B_{r20} = 1.23\text{T}$，为20℃时的剩磁密度；$\alpha_{Br} = -0.12$，为B_r的可逆温度系数；$IL = 0$，为B_r的不可逆损失率；$t = 75$℃，为预计工作温度。

28）剩磁矫顽力为

$$H_c = \left[1 + (t-20)\frac{\alpha_{Br}}{100}\right]\left(1 - \frac{IL}{100}\right)H_{c20} = 839666\text{A/m}$$

式中，$H_{c20} = 899000\text{A/m}$，为20℃时的计算矫顽力。

永磁电机的 MATLAB
计算程序

29）相对回复磁导率为

$$\mu_r = \frac{B_{r20}}{\mu_0 H_{c20}} = 1.089$$

30）磁化方向长度：$h_M = 7\text{mm}$。

31）宽度：$b_M = 71\text{mm}$。

32）轴向长度：$L_M = 100\text{mm}$。

33）提供每极磁通的截面积：$A_M = b_M L_M = 7100\text{mm}^2$。

34）永磁体总质量为

$$M_m = 2pb_M h_M L_M \rho_m = 1.55\text{kg}$$

式中，$\rho_m = 7800\text{ kg/m}^3$，为永磁体密度。

4. 定、转子冲片

35）定子槽型尺寸如图9-5所示。

$b_{01} = 1.8\text{mm}$，$b_1 = 8.8\text{mm}$，$h_{01} = 0.8\text{mm}$，$h_{12} = 23\text{mm}$，$r_1 = 8.28\text{mm}$，$\alpha = 16°$。

36）定子齿距为

$$t = \frac{\pi D_{i1}}{Q_1} = 17.63\text{mm}$$

37）定子齿宽为

$$b_{t1} = \frac{\pi [D_{i1} + 2(h_{01} + h_{12})]}{Q_1} - 2r_1 = 9.376\text{mm}$$

$$b_{t2} = \frac{\pi [D_{i1} + 2(h_{01} + h_{s1})]}{Q_1} - b_1 = 9.456\text{mm}$$

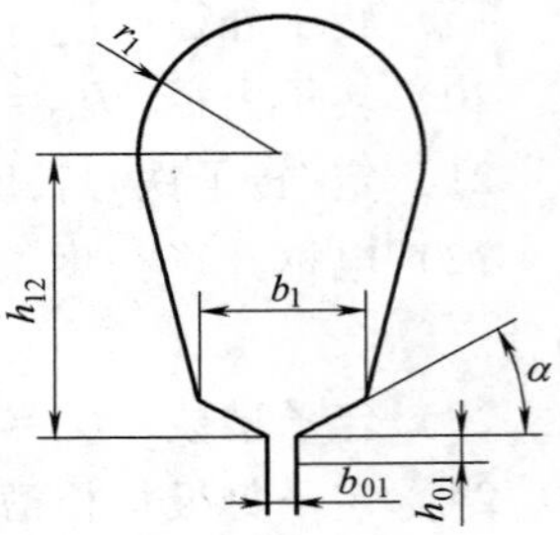

式中

$$h_{s1} = \frac{b_1 - b_{01}}{2}\tan\alpha = 1\text{mm}$$

$$b_{t1} = b_{t11} + \frac{b_{t12} - b_{t11}}{3} = 9.402\text{mm}$$

图 9-5　定子槽型尺寸

38）定子轭计算高度为

$$h_{j1} = \frac{D_1 - D_{i1}}{2} - \left(h_{01} + h_{12} + \frac{2}{3}r_1 \right) = 20.18\text{mm}$$

39）定子齿磁路计算长度为

$$h_{t1} = h_{12} + \frac{1}{3}r_1 = 25.76\text{mm}$$

40）定子轭磁路计算长度为

$$L_{j1} = \frac{\pi}{4p}(D_1 - h_{j1}) = 70.615\text{mm}$$

41）定子齿体积为

$$V_{t1} = Q_1 L_1 K_{Fe} h_{t1} b_{t1} = 422890\text{mm}^3$$

42）定子轭体积为

$$V_{j1} = \pi L_1 K_{Fe} h_{j1}(D_1 - h_{j1}) = 110580\text{mm}^3$$

43）转子轭计算高度为

$$h_{j2} = \frac{D_2 - D_{i2}}{2} - h_M = 24.6\text{mm}$$

44）转子磁路计算长度为

$$L_{j2} = \frac{\pi}{4p}(D_{i2} + h_{j2}) = 17.514\text{mm}$$

5. 绕组计算

45）每槽导体数：$N_s = 10$。

46）并联支路数：$a = 2$。

47）并绕根数/线径：$N_t = 38$，$d_1 = 0.8\text{mm}$。

48）每相绕组串联匝数为

$$N = \frac{N_s Q_1}{2ma} = 15$$

49）槽满率计算。

槽楔厚度 $h = 1.55\text{mm}$。

槽面积为

$$A_s = \frac{2r_1 + b_1}{2}(h_{12} - h) + \frac{\pi r_1^2}{2} = 379.68\text{mm}^2$$

槽绝缘厚度 $C_i = 0.3\text{mm}$。

槽绝缘面积为

$$A_i = C_i[2h_{12} + \pi r_1 + 2r_1 + b_1] = 29.21\text{mm}^2$$

槽有效面积：$A_{ef} = A_s - A_i = 350.47\text{mm}^2$。

对应于 d_1 导线的双边绝缘厚度 $h_d = 0.05\text{mm}$。

槽满率为

$$S_f = \frac{N_s N_t (d_1 + h_d)^2}{A_{ef}} = 78.34\%$$

50）节距：$y = 4$。

51）绕组短距因数：$K_{p1} = \sin\frac{\pi}{2}\beta$，$\beta = \frac{y}{mq} = \frac{8}{9}$，所以 $K_{p1} = 0.9848$。

52）绕组分布因数为

$$K_{d1} = \frac{\sin\dfrac{q\alpha_1}{2}}{q\sin\dfrac{\alpha_1}{2}}, \quad \alpha_1 = \frac{2p\pi}{Q_1} = \frac{2\pi}{9}$$

所以 $K_{d1} = 0.975$。

53）绕组因数：$K_{dp} = K_{d1} K_{p1} = 0.96$。

54）线圈平均半匝长为

$L_{av} = L_1 + 2(d + L_E')$，绕组直线部分伸出长 $d = 0$。所以 $L_{av} = 215.02\text{mm}$。

$$\sin\alpha_0 = \frac{b_1 + 2r_1}{b_1 + 2r_1 + 2b_{t1}} = 0.5742$$

$$\cos\alpha_0 = \sqrt{1 - \sin\alpha_0^2} = 0.8187$$

$$\tau_y = \frac{\pi(D_{i1} + 2h_{01} + h_{s1} + h_{12} + r_1)\beta_0}{2p} = 94.164\text{mm}$$

单层线圈端部斜边长为

$$L_E' = \frac{\tau_y}{2\cos\alpha_0} = 57.51\text{mm}$$

线圈端部轴向投影长为 $f_d = L_E'\sin\alpha_0 = 33.02\text{mm}$。

线圈端部平均长为 $L_E = 2(d + L_E') = 115.02\text{mm}$。

55）定子导线质量

$$M_{Cu} = 1.05\pi\rho_{Cu} Q_1 N_s L_{av} \frac{N_t d_1^2}{4} = 6.908\text{kg}$$

式中，铜的密度 $\rho_{Cu} = 8.9\text{g/cm}^3$。

6. 磁路计算

56）计算极弧系数：$\alpha_i = 0.94$。

57）气隙磁密波形系数为

$$K_f = \frac{4}{\pi}\sin\frac{\alpha_i\pi}{2} = 1.268$$

58）气隙磁通波形系数为

$$K_\Phi = \frac{8}{\alpha_i\pi^2}\sin\frac{\alpha_i\pi}{2} = 0.857$$

59）气隙系数为

$$K_\delta = K_{\delta 1}K_{\delta 2}$$

$$K_{\delta 1} = \frac{t_1(4.4\delta + 0.75b_{01})}{t_1(4.4\delta + 0.75b_{01}) - b_{01}{}^2} = 1.007, \quad K_{\delta 2} = 1$$

$$K_\delta = 1.007$$

60）空载漏磁系数：$\sigma_0 = 1.05$。

61）永磁体空载工作点假定值：$b'_{m0} = 0.588$。

62）空载主磁通为

$$\Phi_{\delta 0} = \frac{b'_{m0}B_r A_m}{\sigma_0} = 0.0046\text{Wb}$$

63）气隙磁密为

$$B_\delta = \frac{\Phi_{\delta 0}}{\alpha_i\tau_1 L_{ef}} = 0.55\text{T}$$

64）气隙磁位差。
直轴磁路：永磁体沿磁化方向与永磁体槽之间的间隙 $\delta_2 = 0.1\text{mm}$。

$$F_\delta = \frac{2B_\delta}{\mu_0}(\delta_2 + K_\delta\delta) = 4942.6\text{A}$$

交轴磁路：

$$F_{\delta q} = \frac{2B_\delta}{\mu_0}K_\delta\delta = 4854.9\text{A}$$

65）定子齿磁密为

$$B_t = \frac{B_\delta t_1 L_{ef}}{b_{t1}K_{Fe}L_1} = 1.181\text{T}$$

66）定子齿磁位差：$F_t = 2H_{t1}h_{t1} = 7.822\text{A}$。
查硅钢片磁化曲线得 $H_{t1} = 0.152\text{A/mm}$。

67）定子轭部磁密为

$$B_{j1} = \frac{\Phi_{\delta 0}}{2L_1 K_{Fe}h_{j1}} = 1.167\text{T}$$

68）定子轭磁位差
定子轭部磁路校正系数 $C_1 = 0.49$，查磁化曲线得 $H_{j1} = 0.146\text{A/mm}$。

$$F_{j1} = 2C_1 H_{j1}l_{j1} = 10.123\text{A}$$

69）转子轭磁密为

$$B_{j2} = \frac{\Phi_{\delta 0}}{2L_2 K_{Fe}h_{j2}} = 0.857\text{T}$$

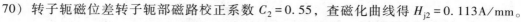

70）转子轭磁位差转子轭部磁路校正系数 $C_2 = 0.55$，查磁化曲线得 $H_{j2} = 0.113\text{A/mm}$。

$$F_{j2} = 2C_2 H_{j2} L_{j2} = 2.182\text{A}$$

71）每对极总磁位差：$\sum F = F_\delta + F_{t1} + F_{j1} + F_{j2} = 4962.7\text{A}$

72）齿磁路饱和系数为

$$k_{st} = \frac{F_{\delta q} + F_{t1} + F_{t2}}{F_{\delta q}} = 1.002$$

73）主磁导为

$$\Lambda_\delta = \frac{\Phi_{\delta 0}}{\sum F} = 9.21 \times 10^{-7}\text{H}$$

74）主磁导标幺值为

$$\lambda_\delta = \frac{2\Lambda_\delta h_M}{\mu_r \mu_0 A_m} = 1.326$$

75）外磁路总磁导标幺值：$\lambda_n = \sigma_0 \lambda_\delta = 1.393$。

76）漏磁导标幺值：$\lambda_\sigma = (\sigma_0 - 1)\lambda_\delta = 0.066$。

77）永磁体空载工作点为

$$b_{m0} = \frac{\lambda_n}{\lambda_n + 1} = 0.582$$

与假设值的误差符合要求。

78）气隙磁密基波幅值为

$$B_{\delta 1} = K_f \frac{\Phi_{\delta 0}}{\alpha_i \tau_1 L_{ef}} = 0.698\text{T}$$

79）空载反电动势：$E_0 = 4.44 f K_{dp} N \Phi_{\delta 0} K_\Phi = 250.17\text{V}$

7. 参数计算

80）定子直流电阻为

$$R_1 = \frac{2\rho L_{av} N}{\pi a N_t \left(\dfrac{d_1}{2}\right)^2} = 0.0037\Omega$$

81）漏抗系数为

$$C_x = \frac{4\pi f \mu_0 L_{ef} (K_{dp} N)^2}{p} = 0.182$$

82）定子槽比漏磁导为

$$\lambda_{s1} = K_{U1} \lambda_{U1} + K_{L1} \lambda_{L1}$$

因为

$$K_{U1} = (3\beta + 1)/4 = 0.917, \quad K_{L1} = (9\beta + 7)/16 = 0.938$$

$$\lambda_{U1} = \frac{h_{01}}{b_{01}} + \frac{2h_{s1}}{b_{01} + b_1} = 0.633, \quad \alpha = \frac{b_1}{b_2} = 0.531, \quad \beta_s = \frac{h_2}{b_2} = 1.329$$

$$K_{r1} = \frac{1}{3} - \frac{1-\alpha}{4}\left[\frac{1}{4} + \frac{1}{3(1-\alpha)} + \frac{1}{2(1-\alpha)^2} + \frac{1}{(1-\alpha)^3} + \frac{\ln\alpha}{(1-\alpha)^4}\right] = 0.352$$

$$K_{r2} = \frac{2\pi^3 - 9\pi}{1536\beta_s^3} + \frac{\pi}{16\beta_s} - \frac{\pi}{8(1-\alpha)\beta_s} - \left[\frac{\pi^2}{64(1-\alpha)\beta_s^2} + \frac{\pi}{8(1-\alpha)^2\beta_s}\right]\ln\alpha = 0.538$$

$$\lambda_{L1} = \frac{\beta_s}{\left[\frac{\pi}{8\beta_s} + \frac{(1+\alpha)}{2}\right]^2}(K_{r1} + K_{r2}) = 1.049$$

所以　$\lambda_{s1} = 1.563$

83）定子槽漏抗为

$$X_{s1} = \frac{2pmL_1\lambda_{s1}}{L_{ef}K_{dp}^2 Q_1}C_x = 0.185\Omega$$

84）定子谐波漏抗为

$$X_{d1} = \frac{m\tau_1\sum s}{\pi^2 K_\delta \delta K_{dp}^2 K_{st}}C_x = 0.343\Omega$$

85）定子端部漏抗为

$$X_{E1} = \frac{1.2(d + f_d)}{L_{ef}}C_x = 0.032\Omega$$

86）定子漏抗为

$$X_1 = X_{s1} + X_{d1} + X_{E1} = 0.560\Omega$$

87）直轴电枢磁动势折算系数为

$$K_{ad} = \frac{1}{K_f} = 0.789$$

88）交轴电枢磁动势折算系数为

$$K_{aq} = \frac{K_q}{K_f}$$

按照经验系数取 $K_q = 0.2$，所以 $K_{aq} = 0.158$。

89）直轴电枢反应电抗为

$$X_{ad} = \frac{|E_0 - E_d|}{I_d}$$

式中

$$\Phi_{\delta N} = [b_{mN} - (1 - b_{mN})\lambda_\delta]A_m B_r = 0.0038\text{Wb}$$

$$E_d = 4.44fK_{dp}N\Phi_{\delta N}K_\Phi = 205.67\text{V}$$

$$I_d = \frac{I_N}{2} = 121.86\text{A}$$

$$F_{ad} = 0.45mK_{ad}\frac{K_{dp}NI_d}{p} = 933.97\text{V}$$

$$f'_a = \frac{F_{ad}}{\sigma_0 h_M H_c} = 0.151$$

$$b_{mN} = \frac{\lambda_n(1 - f'_a)}{\lambda_n + 1} = 0.494$$

所以
$$X_{ad} = 0.365\Omega$$

90）直轴同步电抗为
$$X_d = X_{ad} + X_1 = 0.926\Omega$$

8. 交轴磁化曲线计算

91）设定交轴磁通为
$$\Phi_{aq} = 0.6\Phi_{\delta0} = 0.0027\text{Wb}$$

92）交轴磁路总磁位差为
$$\sum F_{aq} = 2975.4\text{A}$$

以 Φ_{aq} 代替 Φ_δ 进行磁路计算所得的 $\sum F$ 即为 $\sum F_{aq}$。

93）对应的交轴电流为
$$I_q = \frac{p\sum F_{aq}}{0.9mK_{aq}K_{dp}N} = 970.55\text{A}$$

94）交轴磁动势为
$$E_{aq} = \frac{\Phi_{aq}}{\Phi_{\delta0}}E_0 = 150.10\text{V}$$

95）交轴电枢反应电抗为
$$X_{aq} = \frac{E_{aq}}{I_q} = 0.155\Omega$$

给定91）中不同的交轴磁通，重复91）~95），即可得到 I_q-X_{aq} 曲线，见表9-2。

表 9-2 I_q-X_{aq} 曲线计算

$\Phi_{aq}/(\times10^3\text{Wb})$	$\sum F_{aq}/\text{A}$	I_q/A	E_{aq}/V	X_{aq}/V
1.6	1737.2	566.68	87.56	0.1545
2.1	2232.5	728.22	112.59	0.1546
2.5	2727.7	889.77	137.60	0.1546
3.0	3223.1	1051.40	162.61	0.1547
3.4	3718.9	1213.10	187.63	0.1547
3.9	4215.4	1375.00	212.65	0.1546

9. 工作特性计算

96）机械损耗：$P_{fw} = 990\text{W}$。设定转矩角：$\theta = 48°$。

97）假定交轴电流：$I'_q = 227\text{A}$。

98）交轴电枢反应电抗：$X_{aq} = 0.155\Omega$。

99）交轴同步电抗：$X_q = X_{aq} + X_1 = 0.715\Omega$。

100）输入功率为
$$P_1 = \frac{m}{X_dX_q + R_1^2}[E_0U_N(X_q\sin\theta - R_1\cos\theta) +$$
$$R_1U_N^2 + 0.5U_N^2(X_d - X_q)\sin2\theta]$$
$$= 155.24\text{kW}$$

101）直轴电流为

$$I_d = \frac{R_1 U_N \sin\theta + X_q(E_0 - U_N \cos\theta)}{X_d X_q + R_1{}^2} = 112.59\text{A}$$

102）交轴电流为

$$I_q = \frac{X_d U_N \sin\theta - R_1(E_0 - U_N \cos\theta)}{X_d X_q + R_1{}^2} = 227.45\text{A}$$

103）功率因数：

因为

$$\psi = \arctan\frac{I_d}{I_q} = 26.34°, \quad \varphi = \theta - \psi = 21.66°$$

所以

$$\cos\varphi = \cos 21.66° = 0.929$$

104）定子电流为

$$I_1 = \sqrt{I_d^2 + I_q^2} = 253.79\text{A}$$

105）定子电阻损耗为

$$P_{Cu} = m I_1{}^2 R_1 = 708.02\text{W}$$

106）负载气隙磁通：

$$E_\delta = \sqrt{(E_0 - I_d X_{ad})^2 + (I_q X_{aq})^2} = 212.0\text{V}$$

所以

$$\Phi_\delta = \frac{E_\delta}{4.44 f K_{dp} N K_\varphi} = 0.0039\text{Wb}$$

107）负载气隙磁密为

$$B_{\delta d} = \frac{\Phi_\delta}{\alpha_i \tau_1 L_{ef}} = 0.467\text{T}$$

108）负载定子齿磁密为

$$B_{t1d} = B_{\delta d} \frac{t_1 L_{ef}}{b_{t1} K_{Fe} L_1} = 1.002\text{T}$$

109）负载定子轭磁密为

$$B_{j1d} = \frac{\Phi_\delta}{2 L_1 K_{Fe} h_{j1}} = 0.990\text{T}$$

110）铁损耗为

$$p_{Fe} = k_1 p_{t1d} V_{t1} + k_2 p_{j1d} V_{j1} = 59.56\text{W}$$

式中，p_{t1d}、p_{j1d} 由损耗曲线查得，$p_{t1d} = 6.324$，$p_{j1d} = 23.909$；k_1、k_2 为铁损耗修正系数，取 $k_1 = 2.5$，$k_2 = 2$。

111）杂散损耗为

$$P_s = \left(\frac{I_1}{I_N}\right)^2 P_{sN}^* P_N = 2439.7\text{W}$$

112）总损耗为

$$\sum P = p_{Fe} + p_{Cu} + p_{fw} + p_s = 4197.3\text{W}。$$

113）输出功率为

$$P_2 = P_1 - \sum P = 151.04 \text{kW}。$$

114）效率为

$$\eta = \frac{P_2}{P_1} \times 100\% = 97.3\%$$

115）工作特性：给定一系列递增的转矩角 θ，分别求出不同转矩角下的 P_2、η、I_1、$\cos\varphi$ 等性能，绘制成表格见表9-3。

表 9-3　高速永磁磁悬浮电机工作特性

$\theta/(°)$	P_1/kW	P_2/kW	I_1/A	I_d/A	I_q/A	$\eta(\%)$	$\cos\varphi$
30	108.85	106.45	166.56	65.62	153.08	97.79	0.993
40	137.08	133.74	216.17	89.50	196.77	97.57	0.963
48	155.24	151.04	253.79	112.59	227.45	97.30	0.929
50	159.12	154.69	262.86	118.86	234.44	97.22	0.920
60	174.31	168.69	305.87	152.83	264.95	96.77	0.866
70	182.43	175.57	344.7	190.37	287.36	96.24	0.804
80	183.7	175.63	379.02	230.33	300.99	95.61	0.736

116）永磁体额定负载工作点为

$$b_{mN} = \frac{\lambda_n(1-f'_{aN})}{\lambda_n+1} = 0.565$$

式中

$$f'_{aN} = \frac{0.45mK_{ad}K_{dp}NI_{dN}}{p\sigma_0 H_c h_M} = 0.029$$

117）电负荷为

$$A_1 = \frac{2mNI_N}{\pi D_{i1}} = 69.13 \text{A/mm}$$

118）电流密度为

$$J_1 = \frac{I_1}{a\pi N_{t1}\left(\dfrac{d_{11}}{2}\right)^2} = 9.922 \text{A/mm}^2$$

119）热负荷为

$$A_1 J_1 = 685.91 \text{A/mm}^3$$

120）永磁体最大去磁点为

$$b_{mh} = \frac{\lambda_n(1-f'_{adh})}{\lambda_n+1} = 0.548$$

式中

$$f'_{adh} = \frac{0.45mK_{ad}K_{dp}NI_{adh}}{p\sigma_0 H_c h_m \times 10} = 0.059$$

$$I_{adh} = \frac{E_0 X_d + \sqrt{E_0^2 X_d^2 - (R_1^2+X_d^2)(E_0^2-U_N^2)}}{R_1^2+X_d^2} = 473.88\text{A}$$

第 2 篇
现代电机分析方法

本篇主要对电机内电磁、流体及传热问题常用的现代分析方法进行介绍。目前电机内电、磁、热等问题常用的分析方法主要为集中参数法及物理场数值计算法。其中，集中参数法在模型参数计算准确的前提下，可以建立计算快速、精度合理的模型，因此，在对中大型电机或电机瞬态电磁热问题的研究中主要采用此方法。但对于复杂的电机部件，基于集中参数法的计算可能导致关键部件温度预测不准确。在边界条件应用较为准确的前提下，场耦合数值模拟法可以较为准确地反映出电机复杂部件的温度分布，但多场强耦合数值模拟对计算条件要求较高，尤其是针对大型电机或电机的瞬态问题进行研究。为避免多场强耦合分析电机耗时的问题，目前电机内多物理场问题的分析也可采用固定边界条件下的磁-热耦合和流-热耦合两场耦合模型，以及采用场-路耦合法对电机暂态问题进行研究。

本篇首先对采用集中参数法对电机内电磁、流体及传热问题的分析方法进行介绍并给出计算实例，为电机稳态及瞬态电磁热问题的分析提供参考，然后对电机内的矢量变换方法进行介绍，为电机动态特性的分析方法和矢量控制等问题的研究提供参考。目前采用物理场数值分析方法对电机内电磁及流体传热问题进行分析，多采用有限元法或计算流体力学理论等方法通过商业软件进行计算，电磁及流体传热问题的基本理论在第 8 章进行了简单介绍，本篇将进行更详细介绍。此处对多物理场的数值计算不做介绍。

第 **10** 章 ▶▶

电机的磁网络分析方法

    等效磁网络法是根据电机的实际结构将电机内磁场分布均匀的区域等效为磁导或磁势源，由这些区域串联或者并联搭建成电机磁网络模型。对电机的磁路进行划分，凡是磁通所能经过的路径就对应着一个磁阻，把这些磁阻按照电机几何位置关系连接成一个网络，便构成了磁网络。要建立磁网络，首先要了解电机内磁通的路径并对电机内部的磁阻进行划分。

10.1　等效磁网络的基本原理

    电磁感应定律和全电流定律作为电磁场理论中两个基本定律，揭示了电场和磁场分别是能量的两种表现形式，并能够彼此共存、相互转换。电磁感应定律说明了动态的磁场能够产生电场，而全电流定律则表明电流和时变电场能够产生磁场。再联合描述电荷如何产生电场的高斯定律和论述磁单极子不存在的高斯磁定律，构成了电磁场基本方程组——麦克斯韦方程组。

    对于电机的磁场计算，目前商业软件中最为常用的是有限元（Finite Element Method，FEM）计算方法。FEM 基于麦克斯韦方程组，通过求解电磁场的边值问题，获得矢量磁位，从而实现电磁场的计算。但由于 FEM 在求解过程中，需要计算单体矩阵和合成总体矩阵，因此常造成计算成本较高，收敛时间较长。在求解空间维数高、节点总数多、参数分布不均匀的问题时，该矛盾尤为突出。另一种基于麦克斯韦方程组的电磁场计算方法是变磁网络（DMN），和 FEM 不同的是，DMN 将"场"问题转化为"路"问题进行求解，即参照电路理论对电磁场进行分析，这种方法可以提高计算效率，从而在电磁设备设计中得到了广泛应用。

    电机中，动态磁网络分析方法的基本原理为：把电机内部的磁场看成是一个似稳磁场，然后将电机分成 n 个具有比较规则、磁通分布比较均匀的独立单元，每一个单元可以近似为一根磁通管，将电机内部磁场等价于各个磁通管之间耦合连接而成的网络矩阵。如图 10-1 所示，假设在每一个磁通管中，所有的磁力线都垂直穿过磁通管的两个端截面，且与管壁平行，无磁力线从管壁流出。沿 x 方向磁通管任意位置处的横截面可以看作一个等磁位面，F_1 为磁通管的横截面 S_1 的磁势，F_2 为磁通管的横截面 S_2 的磁势，其差值为磁通管两端截面的磁势差，即

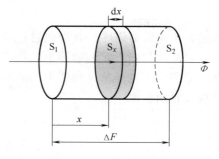

图 10-1　磁通管模型

$$\Delta F = F_1 - F_2 \tag{10-1}$$

磁通管的等效磁阻为磁通管两端横截面之间的磁压降与通过两端横截面的磁通的比，其大小与磁通管的具体形状、尺寸及材料性质有关。因此，根据电机的具体形状及每一个部件的具体材料进行磁通管划分。根据电机内部磁场的分布规律，将由各个磁通管等效而成的磁导单元进行串、并联连接，即可得到所研究的静态磁场的磁网络模型，然后采用节点磁势法对磁阻网络进行求解，获得电机节点磁势大小，并由此得到各个支路的磁密、磁场强度等。在磁场变化时，通过不断对磁场重新划分，对磁阻网络进行重构，从而有效计算出电磁瞬态场的分布情况。

10.2 等效磁导的计算

10.2.1 常值磁导

电机磁网络中的常值磁导指的是磁导单元的磁导率及几何尺寸不随着转子的转动发生变化，即其与电机的工作状态无关。对于电动机来说，常值磁导包括定子的槽身漏磁导、槽口漏磁导、转子的槽身漏磁导及转子的槽口漏磁导。

对于绝大多数电机，槽口可视为矩形磁导单元，如图 10-2 所示。

图 10-2 中，w 为槽口的宽度，h 为槽口的高度，l 为电机的轴向长度，I 为绕组电流。从磁导的定义出发并结合安培环路定理，可以计算得到磁导的数值。

由安培环路定理，忽略铁心内磁阻，则槽口处漏磁压降为

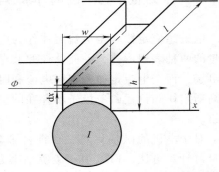

图 10-2 电机槽口磁导示意图

$$F = Hw = \sum I \tag{10-2}$$

$$\mathrm{d}\Phi = B\mathrm{d}A = B \cdot l \cdot \mathrm{d}x = \mu_0 Hl\mathrm{d}y = \mu_0 \frac{NI}{w}l\mathrm{d}x \tag{10-3}$$

$$\Phi = \int_0^h \mathrm{d}\Phi = \mu_0 \frac{NI}{w}lh \tag{10-4}$$

$$G = \frac{\Phi}{F} = \frac{\Phi}{NI} = \mu_0 \frac{lh}{w} \tag{10-5}$$

式中，H 为磁场强度；Φ 为磁通；μ_0 为空气磁导率；G 为磁导；N 为槽内串联导体数。

常见的规则形状的磁导单元除了矩形磁导外，还有梯形磁导、半圆柱形磁导、圆弧形磁导。半圆柱形磁导单元如图 10-3a 所示，磁通方向如图 10-3b 所示，设 r 为圆柱体半径，l 为电机的轴向长度。

$$w(y) = 2\sqrt{r^2 - (y-r)^2} \tag{10-6}$$

$$\mathrm{d}G = \frac{\mu l}{2} \frac{\mathrm{d}y}{\sqrt{r^2 - (y-r)^2}} \tag{10-7}$$

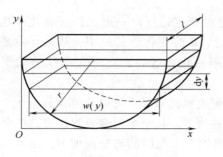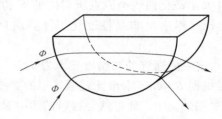

a) 半圆柱形磁导示意图　　　　　　　　　b) 磁通管中磁通的方向

图 10-3　半圆柱形磁导单元

则半圆柱形磁通管的磁导为

$$G = \int_0^r dG = \int_0^r \frac{\mu l}{2} \frac{dy}{\sqrt{r^2 - (y - r)^2}} = \mu l \frac{\pi}{4} \tag{10-8}$$

梯形磁导单元如图 10-4a 所示，磁通方向如图 10-4b 所示，设梯形的上底为 w_2，下底为 w_1，高度为 h，轴向长度为 l。

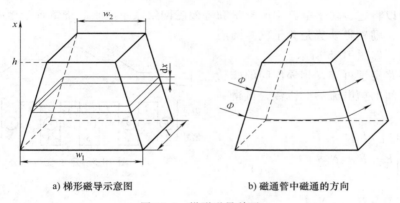

a) 梯形磁导示意图　　　　　　　　　b) 磁通管中磁通的方向

图 10-4　梯形磁导单元

假设磁通的方向与梯形磁导的上、下边平行，则梯形内 x 高度处的磁路长度 $w(x)$ 为

$$w(x) = w_1 + \frac{w_2 - w_1}{h} x \tag{10-9}$$

则 dx 高度内的磁路磁导为

$$G = \mu l \int_0^h \frac{dx}{w(x)} = \mu l \frac{h}{w_2 - w_1} \ln \frac{w_2}{w_1} \tag{10-10}$$

当磁力线穿过具有载流导体的磁通管时，由于电流在导体内是分布的，该磁导单元的磁导值会降低。用上述方法可以求出一些形状规则的磁力线管的磁导值。电机中常见的槽多为梨形槽、矩形槽、刀形槽等，根据槽的具体形状，可以将其等效成矩形磁导单元、梯形磁导单元及圆柱形磁导单元的组合并进行计算。

10.2.2　非线性磁导

非线性磁导主要为电机中的定转子铁心，硅钢片的磁导率会随着电机内部的饱和程度发生变化，是一种拥有非线性性质的铁磁材料。电机额定运行时一般工作在磁化曲线的膝点处，当 H 大于磁化曲线的膝点所对应的 H 值以后，B 的变化趋势减小，从而导致磁通管的磁导在运行过程中呈非线性变化。计算时可根据磁化曲线特点将磁化曲线分段进行插值运算。

1）给定一磁通管的初始磁导率为 μ_0，在求解电机的磁场中可以计算出磁通管中流过的磁通 Φ，根据 $B = \Phi/S$ 求出此磁通管中的磁感应强度 B，其中 S 为磁通管的过磁截面积。

2）根据磁密 B，通过铁心材料的 B-H 曲线可以得出此时的磁场强度 H，由 $B = \mu H$ 进而可以求得磁导率 μ_1。

3）将 μ_0 与 μ_1 进行比较，当两者的差值满足精度要求时，将 μ_1 所对应的 B 作为电机在该运行状态下该磁通管的磁密值，若不满足这一条件，则令 $\mu_2 = \mu_1$，将 μ_2 作为步骤 1）的初始值，不断对步骤 1）和 2）重复计算，直至达到收敛条件，并将该磁导率所对应的 B 作为最终的结果。

10.3 等效磁势源的计算

磁势源可以将定、转子电路中的电量和等效磁网络联系起来。绕组置于槽中，电流均匀分布在导线中，励磁磁动势是关于气隙圆周坐标 x 的函数，如图 10-5 所示。

由安培环路定理可知，相邻齿间的磁动势之差等于其间的槽电流的安匝数，可得到如下方程组：

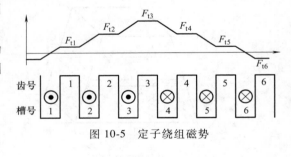

图 10-5 定子绕组磁势

$$\begin{cases} F_{t1} - F_{tn} = N_{t1}I_{t1} \\ F_{t2} - F_{t1} = N_{t2}I_{t2} \\ \vdots \\ F_{tn} - F_{tn-1} = N_{tn}I_{tn} \end{cases} \quad (10\text{-}11)$$

式中，F_{tn} 为第 n 个齿的磁动势；N_{tn} 为第 n 个槽中绕组匝数；I_{tn} 为第 n 个槽绕组中的电流。

由安培环路定理可知定子所有槽中的电流的代数和为零，即

$$\sum_{i=1}^{n} N_{ti}I_{ti} = 0 \quad (10\text{-}12)$$

式中，I_{ti} 为第 i 个槽绕组中的电流；将式（10-11）和式（10-12）联立，得到方程的解为

$$\begin{cases} F_{tn} = -\dfrac{1}{n}\sum_{i=1}^{n-1}(n-i)N_{ti}I_{ti} \\[2mm] F_{t1} = F_{tn} + N_{t1}I_{t1} \\[2mm] F_{t2} = F_{t1} + N_{t2}I_{t2} \\[2mm] \vdots \\[2mm] F_{tn-1} = F_{tn-2} + N_{tn-1}I_{tn-1} \end{cases} \quad (10\text{-}13)$$

10.4 感应电动机磁网络模型的建立

本节以一台功率为 6.5MW 的大型感应电动机为例，对其磁网络模型的建立进行说明。对于大型感应电机，定子槽型为常用的矩形槽，转子采用铅笔头型槽，该槽型上部小、下部大，能够增强导条的挤流效应，提高电机的起动性能。电机主要参数见表 10-1。

表 10-1 电机主要参数

参数	数值	参数	数值
额定功率/kW	6500	定子外径/mm	2600
额定转速/r·min⁻¹	297	转子外径/mm	2212
额定转矩/N·m	208881	气隙长度/mm	4
极对数	10	转子内径/mm	1900
定子槽数	180	铁心轴向长度/mm	1100
转子槽数	210	并联支路数	4
绕组连接方式	Y	每相串联匝数	165

为了准确建立电机的动态磁网络模型，首先分析电机内部磁力线的分布情况。磁网络模型中磁通管的等效要根据电机内部的磁密实际分布情况，可先利用有限元分析法对电机的磁密分布情况进行分析。在建立磁网络模型的过程中，要对模型的复杂度和计算效率做综合考虑。本章分析时将电机的磁网络模型分成定子、转子和气隙三部分来分别建模。

10.4.1 定、转子磁网络模型的建立

定子磁网络模型主要包括定子轭部、定子齿部、槽身漏磁部分及定子绕组的等效。定子轭部等效为扇形磁导，由于此处磁通管的材料为硅钢片，为非线性磁导，将一个定子齿槽所对应的轭部等效成 1 个径向磁导与 2 个切向磁导的组合；定子齿部根据其具体形状等效为矩形磁导和梯形磁导的组合；在电机运行时会有部分磁通由定子齿部沿径向与切向方向流经定子槽身形成闭合回路，因此将定子槽身漏磁导等效成 1 个径向矩形磁导与 4 个切向矩形磁导连接成的 "工" 字形磁导结构，其为固有非线性磁导，其大小仅与定子槽尺寸和形状有关。定子绕组等效磁势源可根据定子电流求出。在电机起动的初始阶段，由于磁力线主要经由齿顶形成闭合回路且定子齿顶的尺寸较小，会出现磁密过饱和的情况，所以将定子齿顶细化，等效为由 2 个径向矩形磁导与 2 个切向矩形磁导组成的 "十" 字形磁导结构。定子磁网络模型如图 10-6 所示。

转子轭部、齿部、槽漏磁及转子磁势的等效与定子类似。图 10-7 所示为转子磁网络模型。

由于大容量笼型感应电动机在起动时转子导条中存在着趋肤效应，使得导条靠近槽口的电流密度大，而槽底处电流密度较小，所以为了准确计算电机的起动性能，可将分层法与动态磁网络相结合，这样既可以考虑导条中的趋肤效应，还可以充分地考虑到导条中的漏磁通。

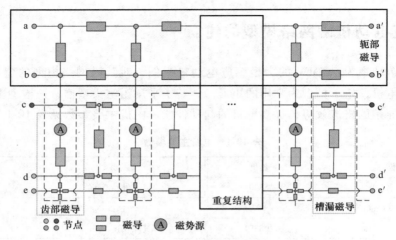

图 10-6　定子磁网络模型

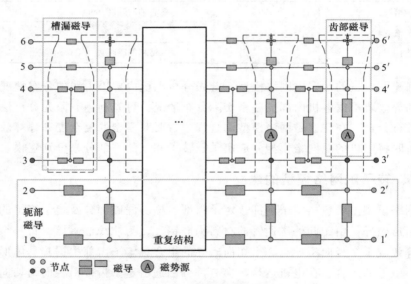

图 10-7　转子磁网络模型

10.4.2　气隙磁网络模型的建立

气隙是感应电动机实现能量转换的主要场所。通常感应电动机的空气隙较小，计算精度要求高，所以对气隙磁导模型进行独立分析。由于电机正常运行时，定子齿与转子齿之间的重合面积会发生变化，造成气隙处的磁通路径固定、转子相对位置的改变而改变，进而影响到气隙磁导的数值大小。由于气隙磁通管处的介质为空气，所以其磁导率为空气磁导率，而铁心的饱和程度并不影响空气磁导率的大小。因此，气隙磁导的值只由定、转子齿顶中心线之间的夹角决定。

感应电动机气隙厚度可以近似看作是常值，即转子位置改变时，定子齿顶表面与转子齿顶表面之间的垂直距离不会发生变化。所以可将气隙磁导的值看成是定、转子齿中心线之间夹角的函数。气隙结构如图 10-8 所示。

当定子齿和转子齿中较大的齿完全包含较小的齿时，此时这两个齿间的气隙磁通由较小齿的齿顶完全流向较大齿的齿顶，因此气隙磁导达到最大值 G_{max}；当两齿完全错开、无重合面积时，不存在同时流经两齿的磁通即无磁路径连接，对应的气隙磁导为零。定子的第 i 个齿和转子第 j 个齿之间的气隙磁导 $G_{i,j}$ 随着两齿中心线之间的夹角的变化在 $[0, G_{max}]$ 范围内变化。气隙磁导的计算公式为

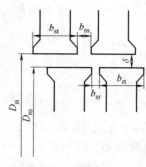

图 10-8 气隙结构示意图

$$G_{i,j}=\begin{cases} G_{max} & 0\leqslant\gamma<\gamma_t',\ 2\pi-\gamma_t'\leqslant\upsilon\leqslant2\pi \\[2mm] G_{max}\dfrac{1+\cos\left(\pi\dfrac{\gamma-\gamma_t'}{\gamma_t-\gamma_t'}\right)}{2} & \gamma_t'\leqslant\gamma<\gamma_t \\[2mm] G_{max}\dfrac{1+\cos\left(\pi\dfrac{\gamma-2\pi+\gamma_t'}{\gamma_t-\gamma_t'}\right)}{2} & 2\pi-\gamma_t<\gamma\leqslant2\pi-\gamma_t' \\[2mm] 0 & \gamma_t\leqslant\gamma<2\pi-\gamma_t \end{cases} \tag{10-14}$$

式中，G_{max} 为气隙磁导最大值（定子齿与转子齿重合时），且

$$\begin{cases} G_{max}=\mu_0\dfrac{lb_{tmin}}{\delta} \\[2mm] \gamma_t=\dfrac{b_{st}+b_{rt}+b_{ss}+b_{sr}}{D_{ag}} \\[2mm] \gamma_t'=\dfrac{|b_{st}-b_{rt}|}{D_{ag}} \\[2mm] D_{ag}=\dfrac{D_{si}+D_{ro}}{2} \end{cases} \tag{10-15}$$

式中，b_{tmin} 为定、转子齿宽较小值；δ 为气隙长度；b_{st} 为定子齿顶宽；b_{ss} 为定子槽口宽；b_{rt} 为转子齿顶宽；b_{sr} 为转子槽口宽；D_{si} 为定子内径；D_{ro} 为转子外径。

根据式（10-14）可以计算得出本章所研究电机的气隙磁导曲线，如图 10-9 所示。

在实际计算中，气隙磁导矩阵是随着转子位置时刻变化的，结合所研究感应电动机的特点，可按如下方法对动态气隙磁导矩阵进行处理。对于具有 n 个定子槽和 m 个转子槽的电机，设在初始时间 t_0 时，定子齿的初始位置角为 $\boldsymbol{\gamma}_{s0}=[\begin{array}{cccc}\alpha_1 & \alpha_2 & \cdots\end{array}$ $\alpha_n]$，转子齿的初始位置角为 $\boldsymbol{\gamma}_{r0}=[\beta_1$ $\begin{array}{ccc}\beta_2 & \cdots & \beta_m\end{array}]$，则对于任意一个定子齿与任意一个转子齿，它们之间的相对位置角均

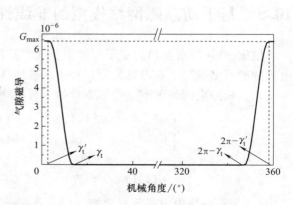

图 10-9 气隙磁导曲线

可产生一个 $n \times m$ 的矩阵，为

$$
\gamma_{\mathrm{sr}}^{0} = \begin{bmatrix} \gamma_{1,1}^{0} & \gamma_{1,2}^{0} & \cdots & \gamma_{1,m}^{0} \\ \gamma_{2,1}^{0} & \gamma_{2,2}^{0} & \cdots & \gamma_{2,m}^{0} \\ \vdots & \vdots & & \vdots \\ \gamma_{n,1}^{0} & \gamma_{n,2}^{0} & \cdots & \gamma_{n,m}^{0} \end{bmatrix} \tag{10-16}
$$

式中，$\gamma_{n,m}^{0}$ 为第 n 个定子齿与第 m 个转子齿中心线之间的夹角。设 t_0 时转子转动的机械角速度为 ω，时间步长为 Δt，则 Δt 时间内转子所转过的机械角度为 $\omega \Delta t$，则经过 Δt 时间，转子的位置角为

$$
\gamma_{\mathrm{r1}} = \begin{bmatrix} \beta_1 + \omega \Delta t & \beta_2 + \omega \Delta t & \cdots & \beta_{\mathrm{m}} + \omega \Delta t \end{bmatrix} \tag{10-17}
$$

则此时定、转子之间的相对位置角矩阵为

$$
\gamma_{\mathrm{sr}}^{1} = \begin{bmatrix} \gamma_{1,1}^{1} & \gamma_{1,2}^{1} & \cdots & \gamma_{1,m}^{1} \\ \gamma_{2,1}^{1} & \gamma_{2,2}^{1} & \cdots & \gamma_{2,m}^{1} \\ \vdots & \vdots & & \vdots \\ \gamma_{n,1}^{1} & \gamma_{n,2}^{1} & \cdots & \gamma_{n,m}^{1} \end{bmatrix} \tag{10-18}
$$

在电机起动过程中，每个时间步长 Δt 内转速是不相等的，需要对 ω 进行实时修正，并将转子每次所转过的机械角度进行叠加。对于任意时刻的任意定子齿和任意转子齿，考虑其相对位置角 $\gamma_{i,j}$ $(i=1, 2, \cdots, n; j=1, 2, \cdots, m;)$，代入式（10-14）的气隙磁导计算公式，可得到任意时刻、任意位置下的任意定子齿与任意转子齿之间的气隙磁导矩阵为

$$
\boldsymbol{G}_{\mathrm{sr}} = \begin{bmatrix} G_{1,1} & G_{1,2} & \cdots & G_{1,m} \\ G_{2,1} & G_{2,2} & \cdots & G_{2,m} \\ \vdots & \vdots & & \vdots \\ G_{n,1} & G_{n,2} & \cdots & G_{n,m} \end{bmatrix} \tag{10-19}
$$

在气隙磁导矩阵中，若 $G_{i,j}=0$ $(i=1, 2, \cdots, n; j=1, 2, \cdots, m;)$，则说明第 i 个定子齿与第 j 个转子齿之间并没有重合，即没有磁通同时经过第 i 个定子齿和第 j 个转子齿。在求解磁网络的过程中，气隙磁导矩阵根据转速与转子位置角实时计算修正。

10.5　基于动态磁网络模型的非线性方程组的建立与求解

根据 10.4 节所给出的定子、转子及气隙磁网络模型，将其联立即可得到所研究的感应电机的磁网络模型。在电机运行过程中，磁网络模型的总节点个数不随转子位置的改变而发生变化，依照电网络的节点电压方程的列写原则，进而列写节点磁压方程为

$$
\begin{bmatrix} G(1,1) & G(1,2) & \cdots & G(1,i) \\ G(2,1) & G(2,2) & \cdots & G(2,i) \\ \vdots & \vdots & & \vdots \\ G(i,1) & G(i,2) & \cdots & G(i,i) \end{bmatrix} \begin{bmatrix} U_n(1) \\ U_n(2) \\ \vdots \\ U_n(i) \end{bmatrix} = \begin{bmatrix} \varphi_n(1) \\ \varphi_n(2) \\ \vdots \\ \varphi_n(i) \end{bmatrix} \tag{10-20}
$$

式中，i 为磁网络中节点的总个数；G 为节点磁导；$U_n(i)$ 为节点 i 的磁势；$\varphi_n(i)$ 为流入节点 i 的总磁通。G 和 φ 均与电机内部的饱和程度有关，随着支路的磁导率的变化而变化。

磁导矩阵 G 关于对角线对称，并且按行对角占优但非严格的对角占优，具有如下特性：

$$\begin{cases} G(i,i) > 0, G(i,j) \leqslant 0 \quad i \neq j \\ G(i,i) = - \displaystyle\sum_{j=1, j\neq i}^{n} G(i,j) \\ G(i,j) = G(j,i) \quad i \neq j \end{cases} \tag{10-21}$$

式中，$G(i, i)$ 为节点 i 的自磁导，其值恒为正值；$G(i, j)$ 为节点 i 和 j 之间的互导，其值恒为负值。

在求解节点电流方程前，需要给出节点磁通矩阵 $\boldsymbol{\varphi}_n$ 的初值，其值与支路磁势源及磁势源所在支路的磁导有关，只有存在磁势源的支路两端的节点有值，其余均为零，如图 10-10 所示，具体计算公式为

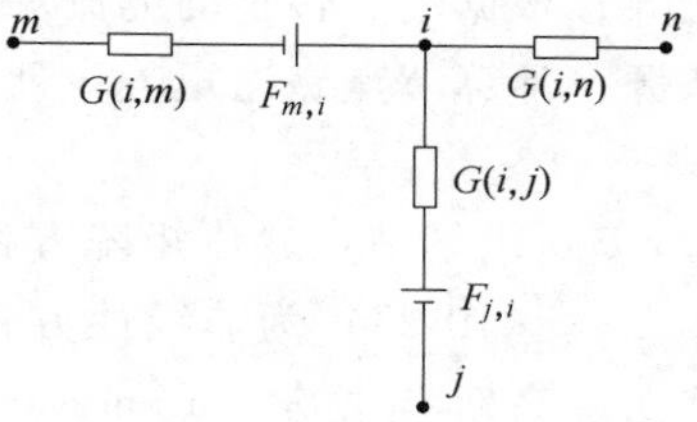

$$\begin{cases} \varphi_n(i) = F_{i,j} G(i,j) + F_{m,i} G(i,m) \\ \varphi_n(j) = -F_{j,i} G(i,j) \\ \varphi_n(m) = -F_{m,i} G(i,m) \end{cases} \tag{10-22}$$

图 10-10 支路示意图

式中，$F_{j,i}$、$F_{m,i}$ 为支路磁势源；$G(i, j)$ 为节点 i 与 j 之间的磁导。

在此基础上可确定动态磁网络模型的求解过程，求解流程如图 10-11 所示。

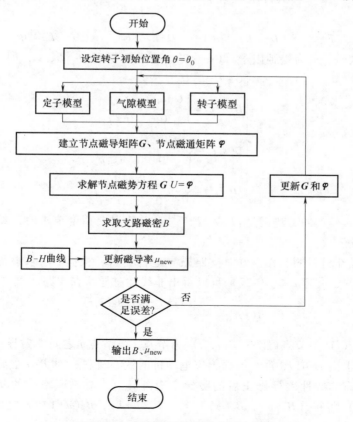

图 10-11 动态磁网络模型求解流程图

具体求解过程包括以下步骤：

1）设置转子的初始位置角 θ_p，以及在初始时刻 t_p 下的定、转子电流，根据电机的材料及具体尺寸进行磁场区域的划分并对节点进行编号。

2）对磁导率进行初始化，初始磁导率矩阵为 μ_b，如若支路磁导为线性磁导（空气、绕组），则磁导率为空气磁导率，如若支路磁导为非线性磁导（定、转子铁心），则磁导率为硅钢片的磁导率且与铁心的饱和程度有关，并根据初始化的磁导率计算电机各个支路的初始磁导，根据定、转子的电流及定、转子绕组的具体连接方式计算定、转子磁网络模型中的磁势源，计算节点磁通矩阵，列写节点磁压方程，建立磁导矩阵方程。

$$GU = \varphi \tag{10-23}$$

3）求解节点磁压矩阵方程组。

式（10-23）为非线性方程组，求解非线性方程组的常用方法有：雅克比（Jacobi）迭代法、高斯-赛德尔（Gauss-Seidel）迭代法和逐次超松弛（Successive Over Relaxation，SOR）迭代法。高斯-赛德尔迭代法具有迭代步数少、计算准确度较高的优点，而 SOR 迭代法是基于高斯-赛德尔迭代法基础上改进得到的非线性方程组的求解方法，此处采用 SOR 迭代法来求解非线性矩阵方程组。

SOR 迭代格式为

$$F_i^{(k+1)} = F_i^{(k)} + \frac{w}{G(i,i)}\Big[-\sum_{j=1}^{i-1} G(i,j) F_j^{(k+1)} - \sum_{j=1}^{n} G(i,j) F_j^{(k)} - \Phi(i) \Big] \tag{10-24}$$

矩阵表现形式为

$$F^{(k+1)} = (D-wL)^{-1}\big[(1-w)D+wU\big]F^{(k)} + w(D-wL)^{-1}\Phi \tag{10-25}$$

式中，k 为迭代次数，w 为松弛因子（$0<w<2$）。G 分解得到 D、L、U，即

$$\begin{cases} G = D-L-U \\ D(i,j) = \begin{cases} G(i,j) & i=j \\ 0 & i\neq j \end{cases} \\ L(i,j) = \begin{cases} -G(i,j) & i>j \\ 0 & i\leqslant j \end{cases} \\ D(i,j) = \begin{cases} -G(i,j) & i<j \\ 0 & i\geqslant j \end{cases} \end{cases} \tag{10-26}$$

当求解得到的节点的磁势满足 $\left| F^{(k)} - F^{(k-1)} \right| < \varepsilon$ 的误差精度要求时，结束迭代，完成非线性方程组的求解。

4）计算非线性材料的工作点并对支路磁导进行更新。根据 3）求解得出的动态磁网络中的节点磁势矩阵，利用式（10-27）可以得出非线性磁导所在支路的磁密。

$$B(i,j) = \frac{\big[F_n(i) - F_n(j)\big]G(i,j)}{S} \tag{10-27}$$

式中，$F_n(i)$、$F_n(j)$ 为节点磁势；$G(i,j)$ 为节点 i 与节点 j 之间的磁导；S 为磁通管的过磁面积。根据所求出的 $B(i,j)$，依据感应电动机的铁心材料，对 B-H 曲线进行分段线性插值，求得各个固有非线性磁导修正后的磁导率矩阵 μ_new，对磁网络中的非线性磁导进行更新。如果 $B(i,j)$ 落在（$H_c(n)$，$B_c(n)$）与（$H_c(n+1)$，$B_c(n+1)$）之间，$\mu_\mathrm{new}(i,j)$ 的计算公式为

$$\begin{cases} H(i,j) = H_c(n) + \dfrac{[H_c(n+1) - H_c(n)][B(i,j) - B_c(n)]}{B_c(n+1) - B_c(n)} \\ \mu_{\text{new}}(i,j) = \dfrac{B(i,j)}{H(i,j)} \end{cases} \tag{10-28}$$

式中，$(H_c(n), B_c(n))$ 与 $(H_c(n+1), B_c(n+1))$ 为 B-H 曲线中相邻的两个点，如图 10-12 所示。

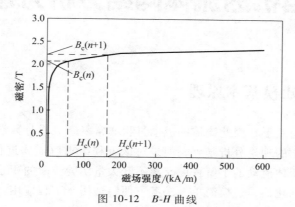

图 10-12 B-H 曲线

5）设定迭代收敛条件 $|\mu_{\text{new}} - \mu_b| \le \varepsilon$，其中 ε 为迭代精度，当迭代误差满足精度要求时，本次计算结束，求得该条件下的电机内部各个节点的磁密；若不满足要求，则令 $\mu_b = \mu_{\text{new}}$，重复 2）~5），重新计算节点磁导矩阵 $\boldsymbol{G}$ 与节点磁通矩阵 $\boldsymbol{\varphi}$，直至达到所要求的收敛条件。在编写程序时为了避免迭代过程中不满足收敛条件而引起的无限迭代，一般会设定迭代次数的上限，强制终止当前求解过程。

6）令 $t_1 = t_0 + \Delta t$，并将该时刻下的定、转子电流代入动态磁网络中，令转子位置 $\theta_1 = \theta_{p0} + \Delta t \omega$，改变转子位置，重复 1）~6），当达到所需计算的时间时，计算结束。

第 **11** 章 ▶▶

电机的流体网络分析方法

11.1 流体网络建模基本原理

流体的特征是极易变形，因此流体的流动过程非常复杂。通过数学方程组来描述流体的流动过程，是流体力学的理论分析基础，但是对该方程组求解需要进行大量的简化和假设，这取决于研究人员对流体流动的了解程度，离不开大量实验经验的积累。流体网络的建立基于流体流动基础方程的化简，建模简单、求解方便，适用于工程应用。

11.1.1 流体流动的数学模型

流体的流动需要满足的基本方程包括质量守恒方程、动量守恒方程和能量守恒方程，本节将介绍流体流动满足的基本方程，以及这些方程描述电动机内流体运动的特殊形式。

1) 流体流动需遵循质量守恒定律，即控制体质量的变化等于该控制体从该包围控制体的封闭曲面流入的质量减去流出的质量，其直角坐标系描述方程为

$$\frac{\partial \rho}{\partial t} + \frac{\partial(\rho u)}{\partial x} + \frac{\partial(\rho v)}{\partial y} + \frac{\partial(\rho w)}{\partial z} = 0 \tag{11-1}$$

式中，ρ 为密度（kg/m^3）；t 为时间（s）；u、v 和 w 分别为速度矢量 v 在 x、y 和 z 方向的分量（m/s）。

2) 流体流动需遵循动量守恒定律，即控制体在每个方向所受的外部作用力之和等于该控制体的质量与该方向的流体速度对时间的变化率之积，其直角坐标系描述方程为

$$\begin{cases} \dfrac{\partial(\rho u)}{\partial t} + u\dfrac{\partial(\rho u)}{\partial x} + v\dfrac{\partial(\rho u)}{\partial y} + w\dfrac{\partial(\rho u)}{\partial z} = -\dfrac{\partial p}{\partial x} + \dfrac{\partial \tau_{xx}}{\partial x} + \dfrac{\partial \tau_{yx}}{\partial y} + \dfrac{\partial \tau_{zx}}{\partial z} + f_x \\[3mm] \dfrac{\partial(\rho v)}{\partial t} + u\dfrac{\partial(\rho v)}{\partial x} + v\dfrac{\partial(\rho v)}{\partial y} + w\dfrac{\partial(\rho v)}{\partial z} = -\dfrac{\partial p}{\partial y} + \dfrac{\partial \tau_{xy}}{\partial x} + \dfrac{\partial \tau_{yy}}{\partial y} + \dfrac{\partial \tau_{zy}}{\partial z} + f_y \\[3mm] \dfrac{\partial(\rho w)}{\partial t} + u\dfrac{\partial(\rho w)}{\partial x} + v\dfrac{\partial(\rho w)}{\partial y} + w\dfrac{\partial(\rho w)}{\partial z} = -\dfrac{\partial p}{\partial z} + \dfrac{\partial \tau_{xz}}{\partial x} + \dfrac{\partial \tau_{yz}}{\partial y} + \dfrac{\partial \tau_{zz}}{\partial z} + f_z \end{cases} \tag{11-2}$$

式中，p 为压强（Pa）；τ_{xx}、τ_{xy}、τ_{xz} 分别为表面黏性应力 τ_x 沿 x、y 和 z 方向的分量（N/m^2）；τ_{yx}、τ_{yy}、τ_{yz} 分别为表面黏性应力 τ_y 沿 x、y 和 z 方向的分量（N/m^2）；τ_{zx}、τ_{zy}、τ_{zz} 分别为表面黏性应力 τ_z 沿 x、y 和 z 方向的分量（N/m^2）；f_x、f_y、f_z 分别为体积力沿 x、y 和 z 方向的分量（N/m^3）。

由式（11-2）可得，黏性流体流动过程中其内部存在黏性应力，分析其流动过程非常复

杂，边界层理论的提出简化了黏性流体流动的分析过程。由于流体的黏性应力的影响，流固界面的流体形成一层薄的速度边界层。在该速度边界层内，流体流速的梯度很大，说明黏性应力对该区域的流体影响较大；在速度边界层之外，流体的流速近乎相同，没有相对位移的流体之间几乎不受黏性应力的影响，可以视为理想流体，其动量守恒方程被简化为

$$
\begin{cases}
u\dfrac{\partial u}{\partial x}+v\dfrac{\partial u}{\partial y}+w\dfrac{\partial u}{\partial z}=-\dfrac{1}{\rho}\dfrac{\partial \rho}{\partial x}+\dfrac{1}{\rho}f_x \\[2mm]
u\dfrac{\partial v}{\partial x}+v\dfrac{\partial v}{\partial y}+w\dfrac{\partial v}{\partial z}=-\dfrac{1}{\rho}\dfrac{\partial \rho}{\partial y}+\dfrac{1}{\rho}f_y \\[2mm]
u\dfrac{\partial w}{\partial x}+v\dfrac{\partial w}{\partial y}+w\dfrac{\partial w}{\partial z}=-\dfrac{1}{\rho}\dfrac{\partial \rho}{\partial z}+\dfrac{1}{\rho}f_z
\end{cases}
\tag{11-3}
$$

因此对于速度边界层之外的流体，可以认为其压强和速度分布已知。而对于边界层内部而言，因为速度边界层厚度的尺寸较小，一方面可以忽略该区域体积力对流体的作用，另一方面可以认为该区域沿流固界面法线方向的压强相同，可以通过求解速度边界层之外的流体的压强分布来确定速度边界层之内的压强分布，从而减少方程变量，给数值计算带来方便。

3）流体流动需遵循能量守恒定律，即控制体内的能量变化率等于该控制体流入的净热功率与外部作用力对其做功的功率之和，其直角坐标系描述方程为

$$
\frac{\partial(\rho e)}{\partial t}+u\frac{\partial(\rho e)}{\partial x}+v\frac{\partial(\rho e)}{\partial y}+w\frac{\partial(\rho e)}{\partial z}=P_q+\frac{\partial}{\partial x}\left(\lambda\frac{\partial T}{\partial x}\right)+\frac{\partial}{\partial y}\left(\lambda\frac{\partial T}{\partial y}\right)+\frac{\partial}{\partial z}\left(\lambda\frac{\partial T}{\partial z}\right)-
$$

$$
P\frac{\partial u}{\partial x}+\tau_{xx}\frac{\partial u}{\partial x}+\tau_{yx}\frac{\partial u}{\partial y}+\tau_{zx}\frac{\partial u}{\partial z}-P\frac{\partial v}{\partial y}+\tau_{xy}\frac{\partial v}{\partial x}+\tau_{yy}\frac{\partial v}{\partial y}+\tau_{zy}\frac{\partial v}{\partial z}-P\frac{\partial w}{\partial z}+\tau_{xz}\frac{\partial w}{\partial x}+\tau_{yz}\frac{\partial w}{\partial y}+\tau_{zz}\frac{\partial w}{\partial z}
$$

$$
\tag{11-4}
$$

式中，e 为能量密度（J/m^3）；λ 为导热系数 [$W/(m\cdot K)$]；P_q 为发热率（W）。

由能量守恒方程（11-4）可以看出，温度分布影响着流体流动，流体场和温度场相互耦合，因而相关方程组求解起来非常困难，而采用集总参数网络的方法，可以大大提高求解效率。

11.1.2 高压自起动永磁同步电动机基本参数

本章的研究对象为一台 10kV、280kW 的轴径向混合通风冷却的高压自起动永磁同步电动机。样机转子上嵌有鼠笼条，起动时利用异步转矩来拖动转子，实现自起动的目的。该电动机的基本参数见表 11-1，基本结构如图 11-1 所示。

表 11-1 高压自起动永磁同步电动机的基本参数

参数	数值	参数	数值
额定功率/kW	280	定子外径/mm	670
额定电压/kV	10	定子内径/mm	423
额定频率/Hz	50	气隙长度/mm	2.5
额定转速/(r/min)	1500	铁心长度/mm	380
额定效率(%)	96	径向风道宽/mm	10
硅钢片材料	50W470	铁心分段数	8
永磁体材料	N38UH	定子槽数	60
永磁体排列方式	内置径向	转子槽数	52

如图 11-1 所示，由于轴径向混合通风冷却结构的要求，转子和转轴之间通过 6 条转轴支撑辐板连接，三者之间的间隙构成了转子轴向通风道，使得冷却气体得以进入转子内部并对其进行冷却。铁心在轴向上被平均分成 8 段，从轴伸端至非轴伸端，将其按 1~8 编号；各相邻铁心段之间通过定、转子支撑辐板连接，其间隙构成 7 个径向通风道，从轴伸端至非轴伸端，将其按 1~7 编号。

高压自起动永磁同步电动机的流体路径示意图如图 11-2 所示，其中编号 1 处为外风路出口，编号 2 处为内风路出口，编号 3 和 4 处为内风路入口，编号 5 处为外风路入口。

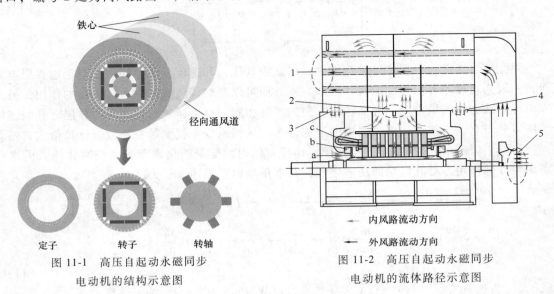

图 11-1　高压自起动永磁同步
电动机的结构示意图

图 11-2　高压自起动永磁同步
电动机的流体路径示意图

样机采用轴径向混合通风冷却，冷却气体可以增大和定、转子铁心的接触面积，提高散热效果，可以使电动机的轴向温升分布较均匀，不会出现特别大的轴向温度梯度，解决热应力对定、转子产生的形变作用。如图 11-2 所示，冷却结构由内、外风路构成，内风路主要流动路径包括电动机 7 个径向通风道和冷却器，转轴两端嵌有 2 个内风路风扇，其冷却气体流动路径方向如图中浅色箭头所示；外风路主要包括冷却器冷却管，入口处嵌有 1 个外风路风扇，其冷却气体流动路径方向如图中深色箭头所示。

在电动机外部，外风路风扇在入口处驱动外风路气体进入冷却器的冷却管，外风路冷却气体通过冷却管与内风路冷却气体进行热交换后，将电动机产生的热量带出冷却器。在电动机内部，内风路冷却气体由两端的内风路入口进入电动机后，一部分气体进入转子轴向通风道，冷却转子后在转子支撑辐板的作用下经定子径向通风道进入冷却器（如图 11-2 中 a）；一部分气体进入气隙，与定子内表面和转子外表面进行热交换后，经定子径向通风道进入冷却器（如图 11-2 中 b）；剩余部分气体在两端内风路风扇的作用下直接对定子绕组端部进行冷却，不经过定子径向通风道进入冷却器（如图 11-2 中 c）。在内风路出口汇合的三部分冷却气体经冷却器冷却，将热量传递给外风路冷却气体，然后重新由内风路入口进入电动机内，形成内风路循环通风。

11.1.3　流体网络建模的基本假设

为了降低建立流体网络模型的难度，结合大量电动机内流体流动的研究，给出本章在建立流体网络模型时所用到的基本假设：

1）在稳定运行状态下样机内的冷却气体流动稳定，因此将此流动状态视为定常流动，即各位置的流体流动不受时间 t 的影响。

2）研究的冷却气体流动视为一维管道流动，因此所求的流量为其流经路径上各通风道横截面上的平均值。

3）研究的冷却气体的流速远小于声速，因此将其视为不可压缩流体，即认为密度 ρ 不因温度和压强的变化而改变，也不随时空的变化而变化。

4）认为研究的冷却气体密度为常值 $1.1\mathrm{kg/m}^3$，鉴于该值很小，因此忽略重力对其流动的影响。

5）认为研究的冷却气体比热容为 $1.013\mathrm{kJ/(kg \cdot K)}$，导热系数为 $0.026\mathrm{W/(m \cdot K)}$，不考虑上述冷却气体物理性质随温度和压强的改变。

6）如图 11-3 所示，由于研究的冷却气体的运动黏度 υ 受温度影响变化较大，不可忽略温度变化对其产生的影响。

流体的流动需要满足的基本方程包括质量守恒方程和能量守恒方程。基于本节假设 1）~3），电动机冷却气体的节点流量守恒方程可以表示为

$$\sum_{k=1}^{n} Q_k = 0 \tag{11-5}$$

式中，Q_k 为该节点每条支路冷却流体的流量（m^3/s）。

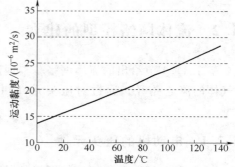

图 11-3 运动黏度随温度变化曲线

基于本节假设 1）~4），电动机内冷却气体的能量守恒方程简化为式（11-6），该式为伯努利方程的特殊形式。

$$\frac{1}{\rho}p_1 + \frac{1}{2}v_1^2 = \frac{1}{\rho}p_2 + \frac{1}{2}v_2^2 + ghw \tag{11-6}$$

式中，p_1 和 p_2 为流体两截面的压强（Pa）；v_1 和 v_2 为流体两截面的平均流速，（m/s）；g 为重力加速度（$\mathrm{m/s}^2$）；hw 表征流体在流动过程中两截面间的能量损失，流体部分可用距离来衡量（m）。

hw 的值计算公式为

$$hw = \xi \frac{v^2}{2g} \tag{11-7}$$

式中，ξ 为能量损失系数。

由式（11-6）可知，不可压缩实际流体在流动过程中会出现能量损失，导致压强损失。即闭合管道中的实际流体在运行一周后，必须有额外产生压强的装置来补偿这部分压强损失，由此可以得到闭合流路的压强平衡方程为

$$p_{\mathrm{prod}} = \rho ghw \tag{11-8}$$

式中，p_{prod} 为流体流通回路产生的压强（Pa）。

由于电动机冷却气体流通路径的截面积经常变化，导致流速也随之变化，因此习惯用流量替代流速来描述冷却气体的流动特征。将 $v = Q/A$ 代入式（11-7）和式（11-8）可得

$$p_{\text{prod}} = \xi \frac{\rho}{2A^2} Q^2 \qquad (11\text{-}9)$$

式中，A 为流体流通路径的截面积（m^2）。

定义流阻 $Z = \xi\rho/(2A^2)$，由定义式可以看出，流阻与能量损失系数 ξ 和流体密度 ρ 成正比，与流体流通路径的截面积 A 的二次方成反比。回路压强平衡方程可以表示为

$$\sum_{j=1}^{m} p_{i,j} = \sum_{k=1}^{n} Z_{i,k} Q_{i,k}^2 \qquad (11\text{-}10)$$

式中，$p_{i,j}$ 为回路 i 中压头元件 j 产生的压强（Pa）；$Z_{i,k}$ 为回路 i 中第 k 条支路的流阻（$\text{Pa}\cdot\text{s/m}^3$）；$Q_{i,k}$ 为回路 i 中第 k 条支路的流量（m^3/s）。

由式（11-5）可知，电动机内冷却气体在每个节点处满足流量守恒；由式（11-10）可知，电动机内冷却流体在每条回路满足压强平衡。因此，可根据电动机内部冷却结构的变化，建立等效流体网络模型来预测其流体分布。

11.2 流体网络模型的建立

基于 11.1 节给出的流体网络基本理论，结合样机空-空风冷的通风结构特点及内、外冷却气体的流通路径，通过对压头元件和流阻的分析建模，建立起电动机的全域流体网络模型。

11.2.1 电动机的压头元件

由式（11-10）可得，流体网络各回路上都会有产生压强的元件来平衡流体流动过程中压强损失，该类元件被称为压头元件。对于本章研究样机，压头元件包括转轴上的内、外风路风扇和转子支撑辐板等效的风扇。2 个内风路风扇和 1 个外风路风扇结构尺寸相同，均为径向离心风扇，结构尺寸如图 11-4a 所示；转子支撑辐板位于转子径向通风道内，其作用主要是固定和支撑相邻的两段铁心，每个转子齿上各有一片轴向支撑的辐板，共有 52 片，其示意图如图 11-4b 所示。

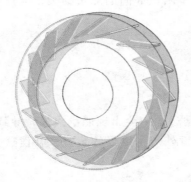
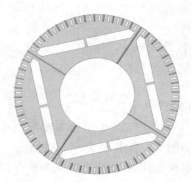

a) 内、外风路风扇　　　　　　　　　　　b) 转子支撑辐板

图 11-4　样机内的压头元件

由于流阻的非线性，压头元件需要在其 $p\text{-}Q$ 特性曲线上确定工作点。$p\text{-}Q$ 特性曲线表征

压头元件压头与流量之间的关系，由元件的尺寸和转速确定，压头与空载静压和流量比的关系为

$$p = p_0\left[1-\left(\frac{Q}{Q_m}\right)^2\right] \tag{11-11}$$

式中，p_0 为空载静压（Pa）；Q_m 为短路最大风量（m^3/s）。

电动机内、外风路风扇和转子支撑辐板等效的风扇均可以按照径向离心风扇来计算相应的 p_0 和 Q_m，其对应的 p-Q 特性曲线如图 11-5 所示。

$$p_0 = 0.6\rho\left(\frac{\pi n}{30}\right)^2\frac{d_{f2}^2-d_{f1}^2}{4} \tag{11-12}$$

$$Q_m = 0.45\pi d_{f2}^2 b_f\frac{\pi n}{30} \tag{11-13}$$

式中，d_{f2} 为风扇外径（m）；d_{f1} 为风扇内径（m）；b_f 为风扇叶片轴向宽度（m）；n 为风扇的工作转速（r/min）。

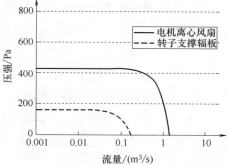

图 11-5　压头元件 p-Q 特性曲线

11.2.2　电动机的流阻

由式（11-9）可知，流体在流动过程中会产生压强损失。根据压强损失产生的原因，流阻可分为沿程压强流阻和局部压强流阻，其对应的阻力系数产生的原因各不相同。

沿程能量损失系数 $\xi=\xi'(l/d_e)$，沿程阻力系数 ξ' 与冷却气体流动状态和管道的粗糙度 ε 有关，其值一般通过查找尼古拉兹实验曲线和莫迪图确定。为了方便计算，也可根据雷诺数 Re 采用如下经验公式。

当 $Re\leqslant2300$ 时，流体处于层流状态，此时 ξ' 只与 Re 有关，有

$$\xi' = \frac{64}{Re} \tag{11-14}$$

Re 在 2300~4000 的区域属于过渡区，ξ' 一般采用湍流区的延长线来计算。当 $Re\geqslant4000$ 时，流体处于湍流状态，此时 ξ' 与 Re 和管壁相对粗糙度 ε/d_e 有关。

$$\frac{1}{\sqrt{\xi'}}=\begin{cases}2\lg\dfrac{Re}{\sqrt{\xi'}}-0.8 & 4000<Re\leqslant26.98\left(\dfrac{d_e}{\varepsilon}\right)^{8/7}\\[2mm]0.84\lg\left(Re\dfrac{d_e}{\varepsilon}\right) & 26.98\left(\dfrac{d_e}{\varepsilon}\right)^{8/7}<Re\leqslant\left(\dfrac{d_e}{2\varepsilon}\right)^{0.85}\\[2mm]2\lg\dfrac{d_e}{\varepsilon}+1.74 & Re>4160\left(\dfrac{d_e}{2\varepsilon}\right)^{0.85}\end{cases} \tag{11-15}$$

局部能量损失系数 $\xi=\xi'$，局部阻力系数 ξ' 与冷却气体流经路径上的管道形状改变有关，主要是因为气体之间的碰撞产生的压强损失，电动机内常见的压强损失有横截面突扩阻力、横截面突缩阻力及管道弯曲阻力。

式（11-16）给出了冷却气体遇到管道截面突然变化时，阻力系数与面积变化率的关系，其对应曲线如图 11-6 所示。当 A_2 无限大时可以得到出口阻力系数为 1，当 A_1 无限大时可以

得到入口阻力系数为 0.5。

$$\xi' = \begin{cases} \left(1-\dfrac{A_1}{A_2}\right)^2 & \dfrac{A_1}{A_2} \leqslant 1 \\ \dfrac{1}{2}\left(1-\dfrac{A_2}{A_1}\right) & \dfrac{A_1}{A_2} > 1 \end{cases} \tag{11-16}$$

冷却气体掠过管道内圆柱体表面的示意图如图 11-7 所示。考虑到各截面积的连续变化，为了简化采用圆柱体直径位置的截面积替代计算，阻力系数计算公式为

$$\xi' = 0.2\left(1-\frac{A_2}{A_1}\right) \tag{11-17}$$

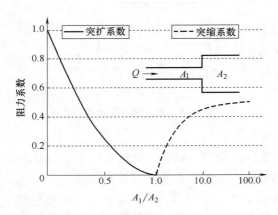

图 11-6　局部阻力系数随截面积比变化图

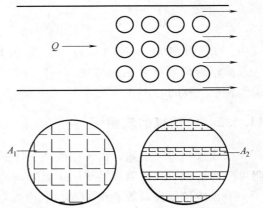

图 11-7　冷却气体掠过管道内圆柱体表面示意图

电动机常见的管道弯曲为直角弯曲，阻力系数如图 11-8 所示。冷却气体遇到管道弯曲时阻力系数的计算公式为

$$\xi' = \frac{\theta}{90}\left[0.031+0.163\left(\frac{d_e}{r}\right)^{3.5}\right] \tag{11-18}$$

式中，θ 为弯管的弯角（°）；r 为弯管的曲率半径（m）。

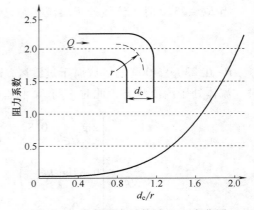

图 11-8　局部阻力系数随 d_e/r 变化图

11.2.3　电动机的流体网络模型

电动机内、外风路中的冷却气体的流通路径不连通，仅在冷却管壁面进行热交换，因此对样机建立流体网络模型时，内风路流体网络和外风路流体网络相互独立。根据 11.1 节所述的内、外冷却气体流通路径，先将各区域的压头元件和能量损失等效的流阻连接构成局部流体网络模型，模型各元件的参数由式（11-11）~式（11-18）计算；然后将各局部流体网络模型连接构成电动机冷却区域全域流体网络模型，如图 11-9 所示。

图 11-9 中编号 1 表示外风路区域，编号 2 表示内风路的冷却器区域，编号 3 表示内风

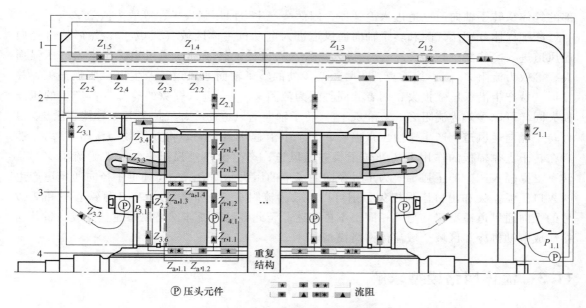

图 11-9　电动机的全域流体网络模型

路的电动机端部区域，编号 4 表示内风路的电动机主体区域。为了更好地区分不同原因产生压强损失而等效的流阻，流体网络中对流阻进行了区分，五角星表示入口流阻，六角星表示出口流阻，七角星代表弯曲流阻，三角形表示掠过圆柱体流阻，无特殊标记代表沿程流阻。

外风路冷却气体（区域 1）首先在入口处受到外风路风扇的作用，该风扇是外风路区域流体网络的唯一压头元件 $P_{1.1}$。在外风路风扇的作用下，冷却气体经过冷却器入口，由于此处面积先突然变小后突然变大，产生入口压强损失和出口压强损失，将其等效为流阻 $Z_{1.1}$。在导风板的作用下，冷却气体改变流动方向，产生弯曲压强损失，将其等效为流阻 $Z_{1.2}$。为了和内风路统一，尽管外风路冷却气体在冷却器内不受挡风隔板的影响，但是依然根据 3 个挡风隔板将该区域划分为 4 部分，每个部分都产生沿程压强损失；在冷却气体进入冷却管时产生入口压强损失，离开冷却管时产生出口压强损失，4 个区域的压强损失可以等效为流阻 $Z_{1.3}$、$Z_{1.4}$、$Z_{1.5}$ 和 $Z_{1.6}$。冷却气体在离开冷却管后，进入大气环境，和入口处压强相同，因此外风路流体网络形成闭合回路。

由于内风路冷却结构轴向对称，内风路流体网络也轴向对称。对于内风路的冷却器区域（区域 2），汇合后的内风路气体经过内风路出口进入冷却器内，产生入口压强损失和出口压强损失，等效为流阻 $Z_{2.1}$。冷却气体掠过冷却管产生掠过圆柱体压强损失和沿程压强损失，根据挡风隔板位置将其分别等效为流阻 $Z_{2.2}$ 和 $Z_{2.5}$。在挡风隔板的作用下，内风路冷却气体改变两次流动方向产生弯曲压强损失，分别等效为流阻 $Z_{2.3}$ 和 $Z_{2.4}$。

内风路冷却气体离开冷却器（区域 2）后，通过内风路入口进入电动机端腔（区域 3），并在入口处产生入口压强损失和出口压强损失，等效为流阻 $Z_{3.1}$。然后在导风板的作用下改变流动方向，进入内风路风扇；产生的弯曲压强损失等效为流阻 $Z_{3.2}$，内风路风扇可以等效为该区域的压头元件 $P_{3.1}$。根据简化的模型可知，冷却气体冷却定子端部和转子端部会产生掠过圆柱体压强损失和沿程压降损失，将其分别等效为流阻 $Z_{3.3}$ 和 $Z_{3.5}$。冷却定子端部的气体从定子背部区域进入冷却器，因而会产生弯曲压强损失，等效为流阻 $Z_{3.4}$；冷却转子端部的气体从转子轴向通风道进入冷却器，因而会产生弯曲压强损失，等效为流阻 $Z_{3.6}$。

冷却气体分别从气隙和转子轴向通风道进入电动机主体区域（区域4），然后通过径向通风道进入冷却器（区域2）。首先进入1号铁心段处的转子轴向通风道，产生入口压强损失，等效为流阻 $Z_{a.1.1}$；然后离开1号铁心段处的转子轴向通风道，产生出口压强损失，并在该区域产生沿程压强损失，两者共同等效为流阻 $Z_{a.1.2}$。进入气隙的冷却气体产生的压强损失同样可以等效为流阻 $Z_{a.1.3}$ 和 $Z_{a.1.4}$。转子轴向通风道的冷却气体离开1号铁心段进入1号转子径向通风道，产生弯曲压强损失，并产生沿程压强损失，将其等效为流阻 $Z_{r.1.1}$；然后在转子支撑辐板的作用下离开转子径向通风道，产生出口压强损失，等效为流阻 $Z_{r.1.2}$，转子支撑辐板产生的压强等效为1号径向通风道的压头元件 $P_{4.1}$。同理定子径向通风道产生的入口压强损失和出口压强损失分别可以等效为流阻 $Z_{r.1.3}$ 和 $Z_{r.1.4}$。2~8号铁心段和2~7号的径向通风道模型建立与其相同，不再赘述。至此各局部流体网络模型建立完成，将其连接构成电动机冷却区域全域流体网络模型。

11.3 流体网络模型求解

由式（11-10）可得，流体网络参数具有非线性的特点，可以通过网络矩阵法对其进行迭代求解。由式（11-10）和式（11-11）可知，流体网络各支路产生的压强 Δp 为流量 Q 的二次函数，对其进行泰勒展开并忽略高此项可得式（11-19），该公式将流体网络各支路产生的压强 Δp 表示为流量 Q 的线性函数。

$$\Delta p = \Delta p \bigg|_{Q=Q_0} + \frac{\partial(\Delta p)}{\partial Q}\bigg|_{Q=Q_0}(Q-Q_0) \tag{11-19}$$

于是整个流体网络产生的支路压强矩阵可以表示为

$$\Delta \boldsymbol{p} = \boldsymbol{DQ} + \boldsymbol{C} \tag{11-20}$$

式中，$\boldsymbol{D}$ 和 $\boldsymbol{C}$ 分别为式（11-19）的系数矩阵和常数矩阵。

根据网络理论可知，流体网络各支路流量和各节点压强均满足如式（11-21）和式（11-22）所示的平衡关系。

$$\boldsymbol{AQ} = \boldsymbol{O} \tag{11-21}$$

$$\boldsymbol{A}^{\mathrm{T}}\boldsymbol{p} = \Delta \boldsymbol{p} \tag{11-22}$$

式中，$\boldsymbol{A}$ 为节点-支路关联矩阵。

合并式（11-20）、式（11-21）和式（11-22）可得

$$\begin{bmatrix} \boldsymbol{A} & \boldsymbol{O} \\ -\boldsymbol{D} & \boldsymbol{A}^{\mathrm{T}} \end{bmatrix} \begin{bmatrix} \boldsymbol{Q} \\ \boldsymbol{p} \end{bmatrix} = \begin{bmatrix} \boldsymbol{O} \\ \boldsymbol{C} \end{bmatrix} \tag{11-23}$$

假定流体网络各支路流量初值矩阵 $\boldsymbol{Q}_0$，求出初始系数矩阵 $\boldsymbol{D}$ 和 $\boldsymbol{C}$，代入式（11-23）中，便可以求出新的各支路流量矩阵 $\boldsymbol{Q}$，不停迭代下去直到满足计算残差，可以求解出流体网络中的各支路流量。

由于电动机各部分冷却气体温度不同，而流体网络参数受冷却气体温度的影响，本节假设其温度处于 40℃，进行参数计算，迭代求解后的结果示意图如图 11-10 所示。从图中可以看出，电动机内风路冷却气体的总流量为 $0.534\mathrm{m}^3/\mathrm{s}$，电动机外风路冷却气体的总流量为 $0.806\mathrm{m}^3/\mathrm{s}$。在内风路风扇的作用下，32.6% 的内风路冷却气体对定、转子端部冷却后，直

接进入冷却器；剩余 67.4% 的内风路冷却气体进入电动机主体区域对定、转子铁心和绕组进行冷却。

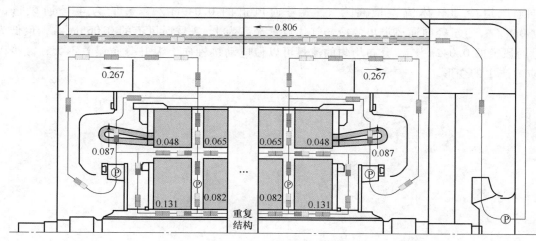

图 11-10　流体网络模型流量分布图（m^3/s）

电动机主体区域各通风道流阻和流量分布见表 11-2。求解流体网络时未考虑温升分布对流体流动的影响，且外风路和内风路没有直接联系，电动机内部冷却结构关于 4 号径向通风道轴向对称，因此流体网络求解结果也关于 4 号径向通风道对称。电动机主体部分的冷却气体流量为 $0.358m^3/s$，其中 73.2% 的冷却气体进入转子轴向通风道，27.8% 的冷却气体进入气隙。冷却气体从两端进入电动机主体后，沿转子轴向通风道和气隙向电动机轴向前进；在转子旋转的作用下，使得轴向前进的冷却气体改变运动方向，通过径向通风道对电动机进行冷却，因此轴向方向的冷却气体流量越来越少。气隙内的冷却气体流量由 1、8 号位置处的 $0.048m^3/s$ 减小到 4、5 号位置处的 $0.006m^3/s$，转子轴向通风道的冷却气体流量由 1、8 号位置处的 $0.131m^3/s$ 减小到 4、5 号位置处的 $0.015m^3/s$。

表 11-2　各通风道流阻和流量分布

参数	数值			
定子径向通风道编号	1,7	2,6	3,5	4
流量/(m^3/s)	0.065	0.050	0.043	0.042
流阻/($kN \cdot s^2/m^8$)	4.734	6.001	5.408	2.834
转子径向通风道编号	1,7	2,6	3,5	4
流量/(m^3/s)	0.049	0.036	0.031	0.030
流阻/($kN \cdot s^2/m^8$)	8.330	11.574	10.456	5.673
转子轴向通风道编号	1,8	2,7	3,6	4,5
流量/(m^3/s)	0.131	0.082	0.046	0.015
流阻/($kN \cdot s^2/m^8$)	0.583	1.487	4.726	14.814
气隙段编号	1,8	2,7	3,6	4,5
流量/(m^3/s)	0.048	0.032	0.018	0.006
流阻/($kN \cdot s^2/m^8$)	2.170	4.882	15.432	36.296

轴向路径越长，产生的压强损失越大，流量越小，因此定、转子径向通风道里冷却气体流量分布均呈现两端大、中间小的趋势。冷却气体流量在各径向通风道里分布较均匀，转子径向通风道冷却气体流量最高为 1、7 号通风道的 $0.049\mathrm{m}^3/\mathrm{s}$，最低为 4 号通风道的 $0.030\mathrm{m}^3/\mathrm{s}$；定子径向通风道里的冷却气体流量最高为 1、7 号通风道的 $0.065\mathrm{m}^3/\mathrm{s}$，最低为 4 号通风道的 $0.042\mathrm{m}^3/\mathrm{s}$。分布均匀的流量可以使电动机轴向上温升分布误差不大，减少因热应力产生的变形。

第 **12** 章 ▶▶

电机的热网络分析方法

12.1　热网络法基本原理

　　热网络法是很常见的一种电机热分析方法。热网络法计算的精度完全在于节点疏密程度。在求解电机热网络模型时，需比拟电学上的 KCL 和 KVL 定律，对于热网络模型来说每一个节点都需要满足热力学定律和能量守恒定律。

　　热网络模型中，一定时间内通过同一温度截面的热流量与热导率和温度变化梯度的关系为

$$q = -\lambda \operatorname{grad} T \tag{12-1}$$

式中，q 为热流量；λ 为热导率；$\operatorname{grad} T$ 为温度变化梯度。

　　在笛卡儿正交坐标系中，温度梯度可表示为

$$\operatorname{grad} T = \frac{\partial T}{\partial x} i + \frac{\partial T}{\partial y} j + \frac{\partial T}{\partial y} k \tag{12-2}$$

式中，i、j、k 分别为笛卡儿正交坐标系各轴的单位矢量。

　　基于传热学基本原理及电机物理模型的相应边界条件可知，电机热网络模型可表示为

$$\frac{\partial}{\partial x}\left(\lambda_x \frac{\partial T}{\partial x}\right) + \frac{\partial}{\partial y}\left(\lambda_y \frac{\partial T}{\partial y}\right) + \frac{\partial}{\partial z}\left(\lambda_z \frac{\partial T}{\partial z}\right) = -q_V \tag{12-3}$$

$$\lambda \frac{\partial T}{\partial n}\Big|_{s_2} = 0 \tag{12-4}$$

式中，T 为温度；λ_x、λ_y、λ_z 分别为是笛卡儿正交坐标系各轴的热导率；q_V 为单位体积上的热流量。

　　上述方程是建立电机热网络模型时，需要满足的基本原理。根据上述方程和热力学第一定律，可以将电机温度求解化简成为方程组的形式，这些方程组是建立热网络模型的基础。结合电机的实际情况，可以有针对性地建立电机的热网络模型，进而求解电机温度。在电机热网络中，每个节点都应该满足

$$\begin{cases} q_1 = q_1(T_1, T_2, \cdots, T_n) \\ q_2 = q_2(T_1, T_2, \cdots, T_n) \\ \vdots \\ q_n = q_n(T_1, T_2, \cdots, T_n) \end{cases} \tag{12-5}$$

式中，q_1，q_2，$\cdots$，q_n 为各节点的热流量；T_1，T_2，$\cdots$，T_n 为各个节点的温度。根据该方

程组就可求解热网络模型中电机各个节点的温度。其中，T_1，T_2，$\cdots$，T_n 的具体形式要根据热网络模型的实际情况进行求解。

12.2   热网络模型的基本假设

为了降低建立热网络模型的难度，结合电机的冷却方式，在建立热网络模型时所用到的基本假设为

1）额定运行状态下样机温升分布稳定，各部件的温升不受时间 t 的影响。

2）不考虑辐射换热，只考虑固体部件的热传导和流固界面的对流换热。

3）认为径向传热、轴向传热互不影响，轴向传热只考虑定子绕组与定子齿、转子铜条和转子齿之间的传热。

4）样机各部件接触良好，忽略接触热阻的影响。

5）样机各传热部件的属性不受温度变化的影响。

6）各有源节点所在区域的损耗分布均匀，可以将该区域的全部损耗集中作为该节点的热源。

7）全部损耗均通过外风路冷却气体将热量带出。

对于无源固体热传导的能量传递方程，基于本节假设 1）和 5），可以求得一维热传导的温度分布函数为

$$T_i = T_0 + \Phi R_{\lambda(i,1)} \tag{12-6}$$

式中，T_i 为热传导模型中任一位置的温度（K）；$R_{\lambda(i,1)}$ 为该位置与初始位置的热阻（K/W）。

热阻 $R_\lambda = \Delta T / \Phi$，对于平壁热传导模型和圆筒壁热传导模型，其对应的计算公式为

$$R_\lambda = \frac{\Delta T}{\Phi} = \begin{cases} \dfrac{\delta}{\lambda S} \\[2mm] \dfrac{1}{2\pi\lambda l}\ln\dfrac{d_2}{d_1} \end{cases} \tag{12-7}$$

式中，ΔT 为模型的边界温差（K）；Φ 为流经模型的热流量（W）；δ 为平壁模型的厚度（m）；S 为平壁模型的横截面积（m^2）；l 为圆筒壁模型的长度（m）；d_1 和 d_2 为圆筒壁模型的内径和外径（m）。

如式（12-6）和式（12-7）所示，常见的两种热传导模型均可以通过两点之间的温差和对应的热阻来描述其温度分布。而热阻仅与模型的尺寸和导热系数有关，通过假设 5）可以知道模型中的热阻不变。因此，通过将研究温度分布的模型进行合理的区域划分，各区域之间通过热阻相连接，从而形成热网络的拓扑基础。基于假设 6），如果该区域有损耗产生，则将其集中到节点上作为热流源。

对于存在对流换热的模型，流固界面的对流换热过程可以通过对流换热热阻来等效。基于实验研究的量纲分析法被用来解决对流换热问题。定义对流换热热阻为

$$R_\alpha = \frac{\Delta T}{\Phi} = \frac{1}{\alpha S} \tag{12-8}$$

式中，α 为表征该流固界面对流换热能力的对流换热系数 $[W/(m^2 \cdot K)]$。

对流换热系数 α 将热传导和对流换热统一了形式，在建立热网络模型时可以不用局限于所在区域的能量传递形式划分区域，从而将复杂的热量传递过程转化为对热网络各部分参数的求解。

热网络模型各节点所需满足的热量平衡方程为

$$q_i = \sum_{j=1}^{n} \frac{T_{i,j} - T_{i,0}}{R_{i,j}} + \Phi_i \tag{12-9}$$

式中，q_i 为流出节点 i 的热量（W）；$T_{i,j}$ 为与节点 i 相邻节点的温度（K）；$T_{i,0}$ 为节点 i 的温度（K）；$R_{i,j}$ 为节点 i 与相邻节点之间的热阻（K/W）；Φ_i 为 i 个节点的热源（W）。

12.3 热网络模型的建立

基于 12.1 节给出的热网络基本理论，结合样机轴向分段的结构特点及各传热部件的传热特性，通过对电动机损耗分布和热阻的分析建模，建立电动机的全域热网络模型。

12.3.1 电动机的热阻

电动机内各部件虽形状不同，但是均可通过区域划分和模型简化，将其表示为圆筒壁热传导模型和平壁热传导模型的组合。

圆筒壁导热结构的等效热模型如图 12-1 所示，T 为整个圆筒壁模型的平均温度，P 为该圆筒壁模型产生的热量，R_{a1} 和 R_{a2} 表示轴向导热的热阻，R_{r1} 和 R_{r2} 表示径向导热的热阻。根据式（12-7）可以得到该模型各热阻计算公式为

$$R_{a1} = R_{a2} = \frac{2}{\pi} \frac{l}{\lambda_a (r_2{}^2 - r_1{}^2)} \tag{12-10}$$

$$R_{r1} = \frac{1}{2\pi\lambda_r l} \ln \frac{r_2 + r_1}{2r_1} \tag{12-11}$$

$$R_{r2} = \frac{1}{2\pi\lambda_r l} \ln \frac{2r_2}{r_2 + r_1} \tag{12-12}$$

式中，λ_a 为轴向导热系数 [W/(m·K)]；λ_r 为径向导热系数 [W/(m·K)]。

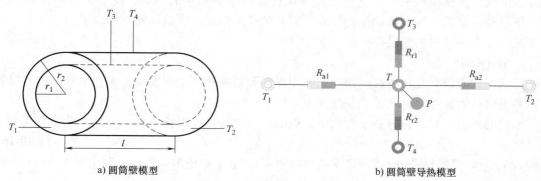

a) 圆筒壁模型　　　　　　　　　　b) 圆筒壁导热模型

图 12-1　圆筒壁导热结构的等效热模型

平壁导热结构的等效热模型如图 12-2 所示，R_{c1} 和 R_{c2} 为周向导热的热阻。根据

式（12-7）可以得到该模型各热阻计算公式为

$$R_{a1} = R_{a2} = \frac{1}{2\lambda_a hw} \tag{12-13}$$

$$R_{c1} = R_{c2} = \frac{w}{2\lambda_c hl} \tag{12-14}$$

$$R_{r1} = R_{r2} = \frac{h}{2\lambda_r wl} \tag{12-15}$$

式中，λ_a 为轴向导热系数 [W/(m·K)]；λ_c 为周向导热系数 [W/(m·K)]；λ_r 为径向导热系数 [W/(m·K)]。

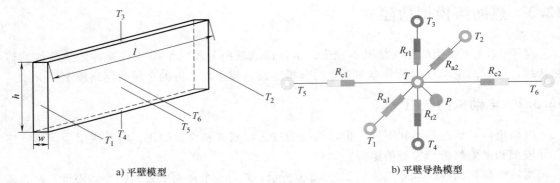

a) 平壁模型　　　　　　　　　　　b) 平壁导热模型

图 12-2　平壁导热结构的等效热模型

12.3.2　热源

电机的运行效率由电机的损耗决定，电机的损耗越大，表明输入的能量转换效率越低，电机效率也随之越低。电机的损耗越小，表明输入的能量转换效率越高，电机效率也随之越高。在电机实际运行过程中，电机产生的损耗会转化成热量，使电机温度升高。然后，电机内部会通过传热方式，将这部分热量向外界环境传递，直至电机达到动态热平衡。

电机热网络中主要研究的损耗为：定子铜损耗 p_{Cu}、转子铝损耗 p_{Al}、铁心损耗 p_{Fe}、机械损耗 p_Ω、杂散损耗 p_Δ 及转子涡流损耗 p_e。

在电机热网络模型中，这些损耗充当电机热网络模型中的热源，使电机各部件温度升高。所以必须准确计算电机的损耗，将计算好的结果附加在电机热网络模型中的节点上，以此来准确地求解电机的温度。

1. 铁心损耗

电机的铁心损耗是由电机的铁心磁路中涡流和磁畴所产生的损耗，主要包括电机的磁滞损耗和电机的涡流损耗，现分别叙述如下：

电机的磁滞损耗是在外磁场作用下，铁心内部磁畴相互摩擦产生的损耗，计算公式为

$$p_h = K_h f B_m^n V \tag{12-16}$$

式中，K_h 为磁滞损耗系数；f 为交变磁场的频率；B_m 为磁密最大值；n 为计算参数；V 为材料的体积。

电机的涡流损耗是由于定子铁心的磁通交变时，在铁心感生出涡流，产生的损耗，计算公式为

$$p_e = K_e f^2 B_m^2 \theta^2 V \tag{12-17}$$

式中，K_e 为涡流损耗系数；θ 为硅钢片的厚度。

通过式（12-16）和式（12-17）分析可知：电机的磁滞损耗和涡流损耗计算公式基本相同，电机的铁心损耗计算公式为

$$p_{Fe} = K_{Fe} f B_m^2 M \tag{12-18}$$

式中，K_{Fe} 为铁心损耗系数；M 为材料的质量。

由式（12-18）可知，只要确定了电机铁心损耗系数和铁心磁密，就可以知道电机铁心损耗。但在电机热网络模型中，将分别计算轭部和齿部的温度，所以铁心损耗也将被分离成齿部损耗、轭部损耗，分别作为电机热网络模型的齿部热源和轭部热源。其损耗可通过下式计算：

$$\begin{cases} 电机铁心轭部损耗 \ p_{Fej} = k_j p_{hej} M_j \\ 电机铁心齿部损耗 \ p_{Fet} = k_t p_{het} M_t \end{cases} \tag{12-19}$$

式中，k_j、k_t 分别为电机铁心轭部、电机齿部铁损耗校正系数，依据电机定子槽型确定；p_{hej}、p_{het} 分别为电机铁心轭部、电机齿部铁心损耗系数，可分别通过电机铁心齿部磁密、铁心轭部磁密查得；M_j、M_t 分别为电机轭部铁心的质量、电机齿部铁心的质量。

2. 定子绕组铜损耗

电机定子的工作电流在电机定子绕组中产生的损耗是电机的定子绕组损耗。这些损耗将均匀地分配在电机热网络模型中定子绕组上。根据焦耳-楞次定律，电机的定子绕组损耗可以由电机定子绕组中电流的二次方与电机定子绕组的电阻的乘积求得，则定子绕组损耗的计算公式为

$$p_{Cu1} = m I_1^2 R_1 \tag{12-20}$$

式中，I_1 为定子电流；R_1 为电机在运行前温度下的定子绕组的电阻值。特别注意的是，这里所说的电机定子绕组的电阻不是交流电阻，而是直流电阻。而且电机定子绕组损耗的电阻是由定子绕组线圈的长度、横截面积、材料和运行时的温度 4 个因素决定的的。前 3 个因素都是导体自身的因素，而温度是外界因素。电机定子绕组的温度系数是决定电机定子绕组电阻随温度变化的关键量。电阻值随温度变化可表示为

$$R_1 = R_{1(基)} (1 + \alpha \Delta T) \tag{12-21}$$

式中，$R_{1(基)}$ 为基准阻值，一般电机设计都以 75℃时的值作为基准阻值；α 为电机定子绕组的温度系数，电机的定子绕组材料为铜，温度系数为 0.00393（20℃）；ΔT 为电机绕组温升。

3. 转子导条铜耗

由电机转子的工作电流在电机转子导条中产生的损耗为电机的转子导条损耗。这些损耗将均匀地分配在电机热网络模型中转子导条上。电机转子导条损耗的计算公式与电机定子绕组损耗的计算公式类似，为

$$p_{A1} = m I_2^2 R_2 \tag{12-22}$$

式中，I_2 为定子电流；R_2 为电机在运行前温度下的转子导条的电阻值。电机的转子导条电阻值与定子绕组类似，也随温度变化

$$R_2 = R_{2(基)} (1 + \alpha \Delta T) \tag{12-23}$$

式中，$R_{2(基)}$ 为基准温度下的电阻值，电机转子导条的材料也为铜。

4. 机械损耗

电机的机械损耗由轴承摩擦损耗、通风损耗和电刷摩擦损耗组成。对于电机来说，这部分损耗主要为电机转子与电机油隙中润滑油之间的摩擦损耗、电机扶正轴承上的摩擦损耗和电机止推轴承上的摩擦损耗。在电机热网络模型中，这些电机的机械损耗都将归算到电机热网络模型中油隙的节点中。这里电机的机械损耗 p_Ω 为

$$p_\Omega = p_0 + p_f + p_z \tag{12-24}$$

式中，p_0 为电机的油摩损耗。运用近似解析法求得油摩损耗为

$$p_0 = \frac{2\pi\mu D_{i2}^3 \omega_0^2}{\delta} \tag{12-25}$$

式中，ω_0 为电机转子旋转角速度；δ 为电机的油隙长度。

电机的单边磁拉力为

$$F_{M0} = \frac{\beta\pi D_2 l_{\text{ef}}}{\delta} \frac{B_\delta^2}{2\mu_0} e_0 \tag{12-26}$$

式中，D_2 为电机的转子外径；l_{ef} 为电机铁心长；β 为经验系数，对于电机 $\beta = 0.003$；μ_0 为磁导率，δ 为电机的单边平均气隙；e_0 为电机的初始偏心，一般可取值为 0.01δ。

由单边磁拉力产生的电机扶正轴承摩擦损耗 p_f 为

$$p_f = \frac{1}{102} F_{M0} f \frac{d}{2} \omega \tag{12-27}$$

式中，f 为摩擦系数，对于电机取 $0.004 \sim 0.005$；ω 为转子旋转速度；d 为扶正轴承直径。

电机的止推轴承动、静块摩擦损耗 p_z 为

$$p_z = 0.98 K_\lambda M \sqrt{\frac{Zv^3}{10Pl}} \tag{12-28}$$

式中，K_λ 为摩阻系数，对于电机 $K_\lambda = 3.6$；M 为电机转子质量；Z 为电机专用润滑油黏度；v 为止推瓦平均圆周速度；P 为止推瓦平均单位压力；l 为止推瓦长。

5. 杂散损耗

在电机运行时，由电机定子绕组和转子在气隙中产生的谐波磁场，会使电机绕组周围环绕着漏磁场，这些漏磁场会在电机定子绕组和转子及周围如铁心、端环等金属结构件中产生涡流损耗。这份损耗就是杂散损耗。

通过上述分析知道，杂散损耗一般很难准确地计算出来，尤其在中小型电机中，杂散损耗一般相对于其他损耗很小，所以在电机设计中不做详细的计算。通常规定为额定输出（或输入）功率的一定百分数。对于本节 2 极电机来说，这份损耗可以表示为

$$p_\Delta = 0.025 P_N \tag{12-29}$$

对于此部分损耗，热网络模型中并没有跟哪部分节点直接对应，所以本节不做考虑。

6. 转子中的涡流损耗

在表贴式永磁同步电机中，由于转子与定子磁场同步旋转，常忽略转子中的涡流损耗。实际上，在定子齿槽效应、绕组磁动势的非正弦分布和绕组中的谐波电流所产生的谐波磁势也会在转子永磁体、转子轭和绑扎永磁体的金属护套中引起涡流损耗。

通常情况下，与定子的铜损耗和铁损耗相比，永磁同步电机中的转子涡流损耗很小。但是由于转子散热条件不好，这些涡流损耗可能会引起很高的温升，引起永磁体局部退磁，特

别是烧结 NdFeB 具有较大电导率和较低的居里温度，在一些高速或高频永磁同步电机中尤为严重。

与电机的基本损耗相比，永磁同步电机中的转子涡流损耗很小，可以归算到杂散损耗中。

12.3.3　热容

电机的电磁性能和传热性能是相互影响的，电机工作时产生的损耗会转换成电机的热量，使电机传热系统发生变化。而且电机传热系统是连续变化的，在到达稳态之前，电机内相关电磁参数会随温度变化而变化，同时电机内外流体也会随着温度变化而变化。所以，必须考虑热容对电机传热的影响。电机各部件的热容可以通过下式计算：

$$C = cm \tag{12-30}$$

式中，c 为电机各部件的比热容；m 为电机各部件的质量。

12.4　热网络法计算电机温度原理

根据对电机的发热过程分析可知：起始时，电机的温度与周围介质的温度基本一致，这时电机运行产生的损耗都将用以提高电机的温度。因此起始时，电机各部分的温度上升很快。但随着电机温度的增加，它会与周围介质的温差增大，这时热传导到周围介质中的热量也逐渐增加。但当温度上升到一定程度后，电机温升就不会发生太大的变化。理论上当 $t = \infty$ 时，电机才达到最终稳定温升，实际上当 $t = (3 \sim 4)T'$（T' 为发热时间常数）时，电机温升基本就达到了动态稳定。

电机热网络模型中每一节点的能量守恒方程均可表示为

$$\rho V c \frac{\mathrm{d}T_i}{\mathrm{d}t} = \sum_{\mathrm{NB}} \dot{Q}_{\mathrm{NB},i} + \dot{Q}_{\mathrm{gen},i} \tag{12-31}$$

式中，c 为各节点材料的比热容；ρ 为各节点材料的密度；V 为各部件材料的体积；T 为各节点材料的温度；$\dot{Q}$ 为各节点材料的传热率；i 表示第 i 节点；NB，i 表示第 i 节点与周围相接触的节点的关系；gen 表示第 i 节点的热源。

电机热网络模型相邻节点的传热可表示为

$$\dot{Q}_{\mathrm{NB},i} = G_{\mathrm{NB},i}(T_{\mathrm{NB}} - T_i) \tag{12-32}$$

式中，G 为各节点之间的热导。电机热网络模型节点温度的近似时间导数表示为

$$\frac{\mathrm{d}T_i}{\mathrm{d}t} = \frac{T_i - T_{ib}}{\Delta t} \tag{12-33}$$

根据式（12-31）~式（12-33），电机热网络模型每一节点的能量守恒方程可以表示为

$$T_i = \frac{\displaystyle\sum_{\mathrm{NB}} G_{\mathrm{NB},i} T_{\mathrm{NB}} + \dot{Q}_{\mathrm{gen},i} + \rho V c T_{ib}/\Delta t}{\displaystyle\sum_{\mathrm{NB}} G_{\mathrm{NB},i} + \rho V c/\Delta t} \tag{12-34}$$

式中，G_{NB} 热导方程若写成矩阵形式为

$$G_{NB} = \begin{bmatrix} 0 & \dfrac{1}{R_{1,2}} & \cdots & \dfrac{1}{R_{1,n}} \\ \dfrac{1}{R_{2,1}} & 0 & \cdots & \dfrac{1}{R_{2,n}} \\ \vdots & \vdots & & \vdots \\ \dfrac{1}{R_{n,1}} & \dfrac{1}{R_{n,2}} & \cdots & 0 \end{bmatrix} \tag{12-35}$$

从式（12-35）可知，热导矩阵是一个 $n \times n$ 对称矩阵，这对计算提供了很大的便利。若将式（12-34）电机热网络模型每一节点的能量守恒方程改写成矩阵形式可表示为

$$T = (G + \rho Vc/\Delta t)^{-1} [Q_{gen} + (\rho Vc/\Delta t) T'] \tag{12-36}$$

式中，T 为 $n \times 1$ 模型各节点温度矩阵；$\rho Vc/\Delta t$ 为 $n \times n$ 模型节点热容矩阵，其中 Δt 为迭代步长，计算时以 1s 为迭代步长；Q_{gen} 为 $n \times 1$ 模型节点热源矩阵；T' 为 T 的前一步的温度矩阵。G 为 $n \times n$ 模型各节点热导矩阵，相对于式（12-35）中 G_{NB} 的热导方程矩阵，G 的矩阵主对角线元素将改写成

$$G = \begin{bmatrix} \displaystyle\sum_{i=1}^{n} \dfrac{1}{R_{1,i}} & -\dfrac{1}{R_{1,2}} & \cdots & -\dfrac{1}{R_{1,i}} \\ -\dfrac{1}{R_{2,1}} & \displaystyle\sum_{i=1}^{n} \dfrac{1}{R_{2,i}} & \cdots & -\dfrac{1}{R_{2,i}} \\ \vdots & \vdots & & \vdots \\ -\dfrac{1}{R_{n,1}} & -\dfrac{1}{R_{n,2}} & \cdots & \displaystyle\sum_{i=1}^{n} \dfrac{1}{R_{n,i}} \end{bmatrix} \tag{12-37}$$

在列出模型每一节点的热平衡方程后，通过求解热网络模型的方程组，就可求得电机温度分布，从而求得电机整体的温度分布。但是，由于式（12-36）各项参数受温度影响，所以采用高斯-赛得尔迭代方法，迭代求出各节点的温度。式（12-36）实现了温度与流体和电磁的耦合，极大地提高了电机热网络模型仿真结果准确性，对准确预测电机各部件温度有着深远的意义。

12.5　计算流程

通常采用热网络法计算电机温度的程序流程图，如图 12-3 所示。根据图 12-3 所示，应用热网络法计算电机温度时，首先需要结合电机的数据，计算电机的电磁参数，然后结合这些电机电磁参数，判断电机内外流体流动的状态，为热网络模型中的热参数求解提供依据。按照热网络模型中等效热阻的位置，对传导热阻、对流热阻及接触热阻进行编号。结合电机的数据与之前判断的流体流动状态，计算出电机热网络中所有等效热阻，然后计算电机热网络模型每个节点的热源和热容。再根据热力学第一定律，建立电机热网络模型中每一节点的能流方程，进而形成能量流动方程组，利用高斯-赛德尔方法联立求解，就可以进行电机热网络模型节点的温度计算，此时需要判断求解结果是否收敛，若无收敛，则应重复上述步骤，继续迭代计算，直至收敛。收敛结束后，将求解的各个节点温度，对应到图 12-3 中的热网络模型中。

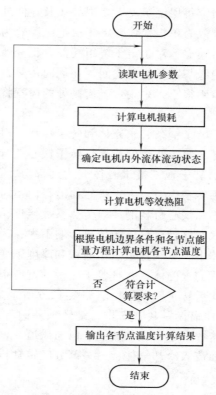

图 12-3 热网络法计算电机温度程序流程图

12.6 电动机的热网络模型的建立

本章以一台高压自起动永磁同步电动机为例建立其热网络模型，其内部冷却方式为轴径向混合通风，铁心被 7 个径向通风道分成 8 段，单个铁心段的轴向长度远远小于径向直径，因此每个铁心段不考虑轴向上的温度差异，各区域仅设置一个节点。由式（12-7）可知，导热结构的热阻与热流传递方向的截面积成反比，因此可以忽略径向通风道中径向通风辐板在两段铁心之间的传热作用，只考虑该区域的对流换热作用。

对于每段铁心，电动机主要损耗产生在定子区域，少部分产生在转子区域，除去定子径向通风道冷却气体直接带走的热量，定子区域剩余的损耗通过气隙流经转子区域，然后通过转轴支撑辐板流向转轴区域，分别被转子径向通风道和转子轴向通风道的冷却气体带走。

如图 12-4 所示，定子区域可以划分为定子轭部、定子绕组和定子齿部。定子轭部指的是定子外圆与定子齿根圆之间的铁心区域，该区域的等效模型按照圆筒壁模型建立。定子绕组

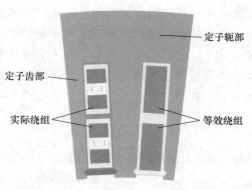

图 12-4 绕组简化后定子区域的模型

被层间绝缘分成上、下层绕组，每层绕组均由多根导体及导体外的匝间绝缘组成，根据横截面积不变的原则将多根导体等效为单根导体，将多层绝缘等效为单层绝缘，等效后的绕组模型可以按照平壁导热模型进行建立。对于定子绕组端部，将其弧形段等效成直导线，保持其总长度不变。定子齿部通过绝缘与定子绕组之间存在周向传热，为了简化模型，考虑到本章研究样机的上齿宽和下齿宽差距很小，采用一半齿高处的齿宽将定子齿截面形状等效为矩形后进行建模。

转子区域包括转子齿部、转子铜条、永磁体和转子轭部。对于转子铜条和转子齿部间的等效处理，可以参考定子齿部与定子绕组的建模。转子铁心上有 8 块永磁体，同极下有 2 块永磁体，呈"一"字形排列，转子轭部被永磁体分为两部分，靠近转子齿部的部分称为转子外轭，靠近转轴的部分称为转子内轭。由于永磁体沿径向不对称，对永磁体和转子轭部进行建模比较复杂。永磁体材料和铁心材料的径向传热系数接近，且永磁体和转子轭部均未考虑热源，因此该永磁体的形状对电动机整体的传热影响不大；为了简化模型，且能够预测永磁体的温升，本节依据永磁体中心不动且永磁体面积和厚度不变的原则，将横截面为矩形的永磁体等效为横截面为圆环段的永磁体，并且鉴于磁桥的宽度很小，忽略其在转子外轭和转子内轭之间的传热作用，简化后转子区域示意图如图 12-5 所示。

如图 12-6 所示，转子支撑辐板一共有 6 排，沿转轴外圆等距分布。转轴外表面、转子支撑辐板和转子内表面之间构成了电动机的转子轴向通风道，该区域冷却气体对转子进行冷却，一部分直接从转子内表面流入冷却气体，另一部分经转轴再流入冷却气体。

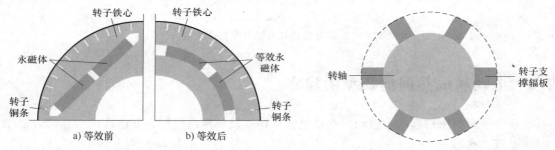

图 12-5　永磁体简化后的转子区域模型　　　　图 12-6　转子支架和转轴示意图

为了与流体网络进行耦合计算，需满足流体网络支路与热网络模型中流体节点一一对应，因此各流体节点的设立点对应于第 11 章所建立的内、外流体网络模型各支路。内风路冷却气体与外风路冷却气体之间通过冷却管进行热交换，根据式（12-7），由于冷却管壁极薄，轴向截面积很小，可以忽略冷却管轴向上的传热作用；冷却器被 3 块导流板分为 4 个区域，每个区域内、外风路各设置一个流体节点。为了考虑不同流体节点之间的相互影响，即考虑冷却气体吸收热量后升温而产生的吸热能力下降现象，在流体节点设置热压源，考虑流体节点吸收热量升温对相邻流体节点产生影响，其值计算公式为

$$\Delta T = \frac{\sum P}{c_v Q} \tag{12-38}$$

式中，ΔT 为冷却气体温度变化（K）；$\sum P$ 为冷却气体节点吸收的热量（W）。

根据热量传递路径和电动机损耗的具体分布，建立各固体区域的局部热网络模型，模型各元件参数由式（12-8）~式（12-13）计算；根据内、外风路的流经路径，通过流体节点将

各固体区域热网络模型连接构成电动机全域热网络模型，相邻流体节点通过等效热压源以考虑吸热升温对冷却气体的影响，由式（12-34）可得，电动机全域热网络模型如图 12-7 所示。

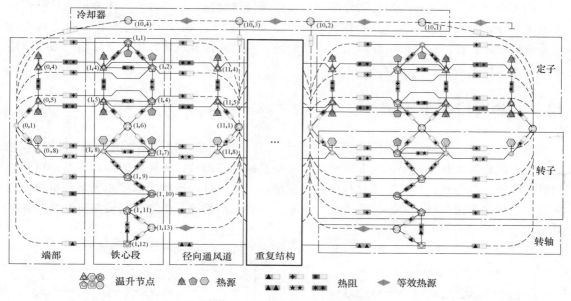

图 12-7　电动机全域热网络模型

为了更好地区分不同区域节点的传热作用，热网络中各区域节点及热阻均进行了区分：三角形节点为定子绕组节点，五边形节点为铁心节点，六边形节点为转子铜排节点，七边形节点为永磁体节点，四边形节点为转轴节点，圆形节点为冷却气体节点。

以 1 号铁心段为例，定子区域包括定子轭部节点（1，1）、定子齿部节点（1，2）和（1，3）及定子绕组节点（1，4）和（1，5）。定子区域节点均存在热源，为有源节点。定子轭部节点（1，1）在径向上分别经过定子齿部和定子绕组与气隙节点（1，6）相连，其中定子齿部节点（1，2）和定子绕组节点（1，4）、定子齿部节点（1，3）和定子绕组节点（1，5）之间存在周向传热。定子区域通过气隙节点（1，6）与转子区域相连，热量分别通过转子齿部节点（1，7）和转子铜条节点（1，8）进入转子区域，其中转子齿部节点（1，7）和转子铜条节点（1，8）存在热源，且两者之间存在周向传热。热量通过转子外轭节点（1，9）和永磁体节点（1，10）进入转子内轭节点（1，11），然后一部分热量直接进入转子轴向通风道节点（1，13），另一部分热量通过转轴节点（1，12）间接进入转子轴向通风道节点（1，13）。其余各铁心段的节点设立与热量传递路径与之相同，可参考 1 号铁心段的建模过程。

在电动机轴向传热上，径向通风道的冷却气体带走铁心段的热量，1 号铁心段各固体节点均与 1 号径向通风道节点（11，1）产生热量传递，其中铁心区域和永磁体区域与其进行直接热量传递，而定子绕组节点（1，4）通过定子绕组节点（11，4）、定子绕组节点（1，5）通过定子绕组节点（11，5）、转子铜条节点（1，8）通过转子铜条节点（11，8）与 1 号径向通风道节点（11，1）进行热交换，且定子绕组节点（11，4）和（11，5）之间存在热量传递。考虑到吸热升温对冷却气体的影响，转子辅向通风道节点（1，13）与 1 号径向通风道节点（11，1）之间通过等效热压源相连。对于端部区域，分别设立端部区域节点（0，1）、定子端部节点（0，4）和（0，5）及转子端部节点（0，8），也可参考径向通风道区域建立模型。

内部冷却气体进入冷却器后与外部冷却气体进行热交换，外部冷却气体根据挡风隔板被分成4部分，分别设立节点（10，1）、（10，2）、（10，3）和（10，4），各节点之间均通过等效热压源相连。根据内、外风路的流经路径，通过流体节点将各固体区域热网络模型连接构成电动机全域热网络模型。

12.7 热网络模型求解

热网络模型求解结果示意图如图12-8所示。与流体网络不同的是，建立热网络时考虑到内、外风路存在热量交换，因此电动机的全域热网络模型包括外风路的冷却节点。尽管电动机主体部分各传热路径关于4号径向通风道轴向对称，且内风路冷却气体流动分布同样轴向对称，但是考虑到外风路冷却节点之间由于吸热升温的影响，电动机的轴向温升分布并不对称。

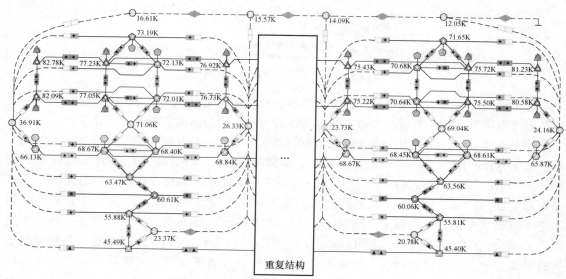

图 12-8　热网络模型求解结果示意图

外风路冷却气体由非轴伸端流向轴伸端，在与内风路冷却气体热交换的过程中吸收热量，导致轴伸端的外风路冷却气体温度高于非轴伸端，因此热网络求解结果也呈现非轴伸端区域温升整体高于轴伸端区域温升，前者区域的最高温升比后者区域的最高温升高1.55K。电动机各区域温升分布见表12-1。电动机的最高温升出现在定子下层绕组轴端端部，为82.78K；最低温升出现非轴伸端的转轴处，为45.40K。

定子区域温升分布如图12-9所示，端部绕组温升高于铁心段区域，定子绕组沿轴向方向的最大温差为8.19K，其最高温升出现在下层绕组轴伸端端部，为82.78K；最低温升出现在6号铁心段的上层绕组处，为74.59K。这是因为端部绕组所产生的损耗高于槽内绕组，绕组各节点间的传导热阻小于端部与冷却气体之间的对流换热热阻，导致部分绕组端部损耗

表 12-1　电动机各区域温升分布　　　　　　（单位：K）

	端部	1	2	3	4	5	6	7	8	端部
定子轭部	—	73.19	72.27	71.56	71.06	70.70	70.73	70.91	71.65	—
定子绕组	82.78	77.23	76.30	75.73	75.25	74.91	74.82	75.14	75.72	81.23
	82.09	77.05	76.06	75.51	75.04	74.82	74.59	75.03	75.50	80.58
定子齿部	—	72.13	71.29	70.51	70.07	69.76	69.70	69.94	70.68	—
	—	72.01	71.20	70.46	70.02	69.73	69.65	69.90	70.64	—
转子铜条	—	68.67	69.14	69.4	69.53	69.59	69.42	69.15	68.61	—
转子齿部	—	68.4	68.85	69.08	69.12	69.19	69.06	68.81	68.45	—
转子轭部	—	63.47	63.71	64.18	64.24	64.23	64.12	63.99	63.56	—
	—	55.88	56.29	56.47	56.55	56.52	56.43	56.24	55.81	—
永磁体	—	60.61	61.07	61.28	61.35	61.32	61.23	61.08	60.60	—
转轴	—	45.49	45.87	46.09	46.16	46.11	46.02	45.86	45.40	—

经由槽内绕组散发。因为上层绕组直接与气隙处的冷却气体进行热交换，而下层绕组需经过定子轭部与径向通风道的冷却气体进行热交换，后者传热路径的热阻大于前者，导致下层绕组温升高于上层绕组。

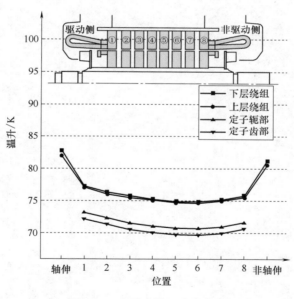

图 12-9　定子区域温升分布图

转子区域温升分布如图 12-10 所示，与定子区域温升分布趋势不同，转子区域的温升呈两端低、中间高的趋势，该区域最高温升出现在 5 号铁心段的转子铜条上，为 69.59K；转子永磁体的最高温升为 61.35K，最低温升为 60.60K。高压自起动永磁同步电动机的转子两端没有大量的热量流向槽内区域，决定了转子温升呈两端低、中间高分布趋势。

如图 12-11 所示，4 号铁心段电动机径向温升分布整体上呈现自定子绕组处向外温升逐渐降低的趋势。定子绕组产生大量热量，由于固体导热系数大，热传导效果较好，因此与其直接接触的定子齿部和定子轭部温升较高；此外，由于对流换热的效果较差，使得绕组的热量较难通过气隙冷却气体传导出去，因此定子绕组温升至转子铜条温升出现明显突变，前者比后者高 6.21K，且定子区域温升整体大于转子区域温升。

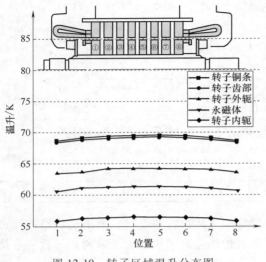

图 12-10　转子区域温升分布图

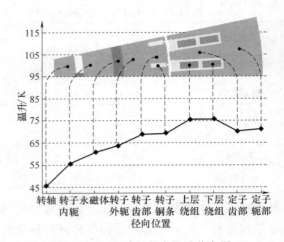

图 12-11　电动机径向温升分布图

第 **13** 章 ▶▶

坐标变换

13.1 电机矢量变换与坐标变换基本理论

矢量变换的基本出发点是以空间旋转的有效磁通轴线作为参考坐标，来对电机内的电磁关系进行变换，实现矢量控制。由电动机原理可知，感应电动机三相定子电流在空间产生一个角速度为 ω_1 的旋转磁场，如图 13-1a 所示。假设两个与旋转磁场同步旋转的 T 绕组和 M 绕组互相垂直，T 绕组的轴线与 M 绕组磁场方向垂直。在绕组中分别通以直流电流 i_M 和 i_T，使其产生的磁通 $\varPhi$ 与三相合成磁场 $\varPhi$ 等效，如图 13-1c 所示。垂直于合成磁场的 i_T 分量与感应电动机的转矩电流分量等效，平行于合成旋转磁场的 i_M 分量，即与感应电动机的励磁分量等效，用它来产生电动机的磁场。调节电流 i_M 的值来改变磁场的强度，改变电流 i_T 的值，能够在磁场一定时改变转矩。

三相感应电动机三相绕组的作用可以用两个静止、相互垂直的两相绕组 α、β 代替，如图 13-1b 所示。在 α、β 中通以电流 i_α、i_β（时间上相差 90°）时，会产生一个旋转磁场 $\varPhi$，当此旋转磁场的方向和强弱与三相合成旋转磁场相同时，α、β 绕组的作用就相当于三相绕组的作用，也等效于 M、T 绕组。通过矢量变换运算，与旋转磁场同步旋转的 M、T 绕组中的直流电流 i_M、i_T 的作用与静止的 α、β 绕组中的交流电流 i_α、i_β 等效。又因为 i_α、i_β 和三相电流 i_A、i_B、i_C 有着固定的关系，所以只要通过变换运算，就可以进行三相电流 i_A、i_B、i_C 和两相电流 i_M、i_T 之间的运算。

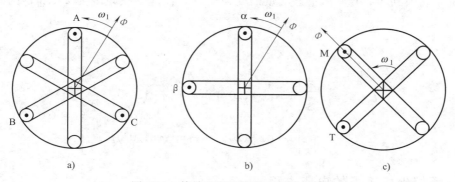

图 13-1 等效的交流绕组和直流绕组

进行感应电动机动态过程分析时，对其基本方程进行矢量变换和坐标变换，就是先实现 A、B、C 三相静止坐标系下的交流量到 α、β 两相静止坐标系下交流量的变换，接下来再转

换成与旋转磁场同步旋转的 M、T 两相坐标系下的直流量。三相静止坐标系与两相静止坐标系之间的变换矩阵为

$$C_{3/2} = \sqrt{\frac{2}{3}} \begin{bmatrix} 1 & -\dfrac{1}{2} & -\dfrac{1}{2} \\ 0 & \dfrac{\sqrt{3}}{2} & -\dfrac{\sqrt{3}}{2} \\ \dfrac{1}{\sqrt{2}} & \dfrac{1}{\sqrt{2}} & \dfrac{1}{\sqrt{2}} \end{bmatrix} \tag{13-1}$$

α、β 坐标系是不动的，M、T 坐标系是旋转的，α 轴与 M 轴之间的角度 φ 随着时间而改变，两相旋转坐标系变换到两相静止坐标系的变换矩阵为

$$C_{2R/2S} = \begin{bmatrix} \cos\varphi & -\sin\varphi & 0 \\ \sin\varphi & \cos\varphi & 0 \\ 0 & 0 & 1 \end{bmatrix} \tag{13-2}$$

反变换为

$$C_{2S/2R} = \begin{bmatrix} \cos\varphi & \sin\varphi & 0 \\ -\sin\varphi & \cos\varphi & 0 \\ 0 & 0 & 1 \end{bmatrix} \tag{13-3}$$

在电动机起动过程中，电动机的转速不断变化，因此对起动过程进行分析计算时，采用以同步速度旋转的 M、T 坐标系可以简化分析过程，采用坐标变换和矢量变换的主要目的是实现对感应电动机动态过程状态方程的化简，从而对电动机暂态运行状况进行分析。

13.2   三相感应电动机两相坐标系下基本方程

将电量从三相静止坐标系（A、B、C）转换到两相静止坐标系（α、β）下的电量（电压、电流、磁链）需要用到 $C_{3/2}$ 变换矩阵，再经 $C_{2S/2R}$ 变换矩阵可以将其转变成两相同步恒速旋转坐标系（M、T）下的电量。合并以上两个变换矩阵，可获得将电机有关电量从 A、B、C 坐标系转换到 M、T 坐标系下电量的变换矩阵。设此变换矩阵为 $C_{3S/2R}$，则其反变换矩阵为 $C_{2R/3S}$，有

$$C_{2R/3S} = \sqrt{\frac{2}{3}} \begin{bmatrix} \cos\varphi & -\sin\varphi & \dfrac{1}{\sqrt{2}} \\ \cos(\varphi-120°) & -\sin(\varphi-120°) & \dfrac{1}{\sqrt{2}} \\ \cos(\varphi+120°) & -\sin(\varphi+120°) & \dfrac{1}{\sqrt{2}} \end{bmatrix} \tag{13-4}$$

13.2.1   两相坐标系下的电压方程

对于电压方程，将两相旋转坐标系下的电压量转换为三相静止坐标系下电压量的变换方程为

$$\begin{bmatrix} u_{\mathrm{A}} \\ u_{\mathrm{B}} \\ u_{\mathrm{C}} \end{bmatrix} = \boldsymbol{C}_{\mathrm{2R/3S}} \begin{bmatrix} u_{\mathrm{M1}} \\ u_{\mathrm{T1}} \\ u_{01} \end{bmatrix} \tag{13-5}$$

式中，u_{A}、u_{B}、u_{C} 为定子三相电压；u_{M1}、u_{T1} 为定子两相电压。

将变换矩阵式（13-4）代入式（13-5），展开运算后可得

$$u_{\mathrm{A}} = \sqrt{\frac{2}{3}} \left(u_{\mathrm{M1}} \cos\varphi - u_{\mathrm{T1}} \sin\varphi + \frac{1}{\sqrt{2}} u_{01} \right) \tag{13-6}$$

同理，可得到定子 A 相电流 i_{A} 和磁链 $\boldsymbol{\varPsi}_{\mathrm{A}}$ 的计算公式为

$$i_{\mathrm{A}} = \sqrt{\frac{2}{3}} \left(i_{\mathrm{M1}} \cos\varphi - i_{\mathrm{T1}} \sin\varphi + \frac{1}{\sqrt{2}} i_{01} \right) \tag{13-7}$$

$$\boldsymbol{\varPsi}_{\mathrm{A}} = \sqrt{\frac{2}{3}} \left(\boldsymbol{\varPsi}_{\mathrm{M1}} \cos\varphi - i_{\mathrm{T1}} \sin\varphi + \frac{1}{\sqrt{2}} \boldsymbol{\varPsi}_{01} \right) \tag{13-8}$$

电机起动运行时，电机内部磁通会随时间不断变化，考虑电机内磁通变化时，三相定子绕组的电压平衡方程为

$$\begin{cases} u_{\mathrm{A}} = i_{\mathrm{A}} r_1 + \dfrac{\mathrm{d}\boldsymbol{\varPsi}_{\mathrm{A}}}{\mathrm{d}t} \\[2mm] u_{\mathrm{B}} = i_{\mathrm{B}} r_1 + \dfrac{\mathrm{d}\boldsymbol{\varPsi}_{\mathrm{B}}}{\mathrm{d}t} \\[2mm] u_{\mathrm{C}} = i_{\mathrm{C}} r_1 + \dfrac{\mathrm{d}\boldsymbol{\varPsi}_{\mathrm{C}}}{\mathrm{d}t} \end{cases} \tag{13-9}$$

式中，r_1 为定子相电阻；i_{A}、i_{B}、i_{C} 为定子三相电流；$\boldsymbol{\varPsi}_{\mathrm{A}}$、$\boldsymbol{\varPsi}_{\mathrm{B}}$、$\boldsymbol{\varPsi}_{\mathrm{C}}$ 为定子三相绕组磁链。

将式（13-6）~式（13-8）代入式（13-9）中的 A 相方程，整理后可得到两相坐标系下电压方程为

$$u_{\mathrm{M1}} = r_1 i_{\mathrm{M1}} + p \boldsymbol{\varPsi}_{\mathrm{M1}} - \omega_1 \boldsymbol{\varPsi}_{\mathrm{T1}}$$
$$u_{\mathrm{T1}} = r_1 i_{\mathrm{T1}} + p \boldsymbol{\varPsi}_{\mathrm{T1}} + \omega_1 \boldsymbol{\varPsi}_{\mathrm{M1}}$$

式中，p 为微分算子；$\boldsymbol{\varPsi}_{\mathrm{M1}}$、$\boldsymbol{\varPsi}_{\mathrm{T1}}$ 为定子两相坐标下磁链。

三相坐标系下转子的电压方程式为

$$\begin{cases} u_{\mathrm{a}} = i_{\mathrm{a}} r_2 + \dfrac{\mathrm{d}\boldsymbol{\varPsi}_{\mathrm{a}}}{\mathrm{d}t} \\[2mm] u_{\mathrm{b}} = i_{\mathrm{b}} r_2 + \dfrac{\mathrm{d}\boldsymbol{\varPsi}_{\mathrm{b}}}{\mathrm{d}t} \\[2mm] u_{\mathrm{c}} = i_{\mathrm{c}} r_2 + \dfrac{\mathrm{d}\boldsymbol{\varPsi}_{\mathrm{c}}}{\mathrm{d}t} \end{cases} \tag{13-10}$$

式中，u_{a}、u_{b}、u_{c} 为转子三相电压；i_{a}、i_{b}、i_{c} 为转子三相电流；$\boldsymbol{\varPsi}_{\mathrm{a}}$、$\boldsymbol{\varPsi}_{\mathrm{b}}$、$\boldsymbol{\varPsi}_{\mathrm{c}}$ 为转子三相绕组磁链；r_2 为转子相电阻。

根据转子三相电量到两相旋转坐标系下电量的变换方程，可推导出 M、T 坐标系转子的电压方程式为

$$\begin{cases} u_{M2} = r_2 i_{M2} + p\boldsymbol{\Psi}_{M2} - \omega_s \boldsymbol{\Psi}_{T2} \\ u_{T2} = r_2 i_{T2} + p\boldsymbol{\Psi}_{T2} + \omega_s \boldsymbol{\Psi}_{M2} \end{cases} \tag{13-11}$$

式中，u_{M2}、u_{T2} 为转子两相电压；$\boldsymbol{\Psi}_{M2}$、$\boldsymbol{\Psi}_{T2}$ 分别为定子和转子两相坐标下磁链；ω_s 为转差角速度，$\omega_s = \omega_1 - \omega = s\omega_1$。

13.2.2 两相坐标系下的磁链方程

与电机某一绕组相交链的磁通由其他绕组对此绕组产生的互感磁通和这个绕组的自感磁通组成。这些磁通一部分是不经气隙而仅和某一相绕组相交链的漏磁通，另一部分是通过空气隙的主磁通。根据磁链的坐标变换有

$$\begin{bmatrix} \boldsymbol{\Psi}_{M1} \\ \boldsymbol{\Psi}_{T1} \\ \boldsymbol{\Psi}_{01} \\ \boldsymbol{\Psi}_{M2} \\ \boldsymbol{\Psi}_{T2} \\ \boldsymbol{\Psi}_{02} \end{bmatrix} = \boldsymbol{C}_{3S/2R} \begin{bmatrix} \boldsymbol{\Psi}_{A} \\ \boldsymbol{\Psi}_{B} \\ \boldsymbol{\Psi}_{C} \\ \boldsymbol{\Psi}_{a} \\ \boldsymbol{\Psi}_{b} \\ \boldsymbol{\Psi}_{c} \end{bmatrix} = \boldsymbol{C}_{3S/2R}\boldsymbol{L} \begin{bmatrix} i_{A} \\ i_{B} \\ i_{C} \\ i_{a} \\ i_{b} \\ i_{c} \end{bmatrix} = \boldsymbol{C}_{3S/2R}\boldsymbol{L}\boldsymbol{C}_{2R/3S} \begin{bmatrix} i_{M1} \\ i_{T1} \\ i_{01} \\ i_{M2} \\ i_{T2} \\ i_{02} \end{bmatrix} \tag{13-12}$$

式中，$\boldsymbol{L}$ 为 6×6 电感矩阵，各个绕组的自感构成电感矩阵对角线上的元素，各个绕组之间的互感为矩阵中其余各元素。

$$\boldsymbol{L} = \begin{bmatrix} L_{AA} & L_{AB} & L_{AC} & L_{Aa} & L_{Ab} & L_{Ac} \\ L_{BA} & L_{BB} & L_{BC} & L_{Ba} & L_{Bb} & L_{Bc} \\ L_{CA} & L_{CB} & L_{CC} & L_{Ca} & L_{Cb} & L_{Cc} \\ L_{aA} & L_{aB} & L_{aC} & L_{aa} & L_{ab} & L_{ac} \\ L_{bA} & L_{bB} & L_{bC} & L_{ba} & L_{bb} & L_{bc} \\ L_{cA} & L_{cB} & L_{cC} & L_{ca} & L_{cb} & L_{cc} \end{bmatrix} \tag{13-13}$$

定子及转子三相绕组对称，因此各相绕组漏感相同，定义定子及转子各相绕组漏感分别为 L_1 和 L_2。设定子及转子各相绕组的互感分别为 L_{m1} 和 L_{m2}，则 $\boldsymbol{L}$ 矩阵中各元素为

定子三相绕组的自感：$L_{AA} = L_{BB} = L_{CC} = L_{m1} + L_1$

转子三相绕组的自感：$L_{aa} = L_{bb} = L_{cc} = L_{m2} + L_2$

电机定子三相绕组位置固定，在空间互差 120°，因此定子绕组间的互感为

$$L_{AB} = L_{BC} = L_{CA} = L_{BA} = L_{CB} = L_{AC} = L_{m1}\cos 120° = -\frac{1}{2}L_{m1}$$

转子绕组的互感为

$$L_{ab} = L_{bc} = L_{ca} = L_{ba} = L_{cb} = L_{ac} = L_{m2}\cos 120° = -\frac{1}{2}L_{m2}$$

定、转子绕组归算后其匝数相同，故 $L_{m1} = L_{m2}$。因为定子任一相绕组与转子任一相绕组之间的夹角是变化的，因此它们之间的互感是角位移 θ 的函数，即

$$L_{Aa} = L_{aA} = L_{Bb} = L_{bB} = L_{cC} = L_{Cc} = L_{m1}\cos\theta$$

$$L_{Ab} = L_{bA} = L_{Bc} = L_{cB} = L_{Ca} = L_{aC} = L_{m1}\cos(\theta + 120°)$$

$$L_{Ac} = L_{cA} = L_{Ba} = L_{aB} = L_{Cb} = L_{bC} = L_{m1}\cos(\theta - 120°)$$

由三相感应电动机的系数矩阵可以看出，在三相坐标系下感应电动机的磁链及电压方程都是带有变系数的一组方程，直接求解比较复杂。采用坐标变换可简化感应电动机的基本方程，将坐标变换矩阵代入式（13-12），磁链方程中第3和6行对 Ψ_{M1}、Ψ_{T1}、Ψ_{M2}、Ψ_{T2} 的计算不产生作用，将其忽略，整理可得

$$\begin{bmatrix} \Psi_{M1} \\ \Psi_{T1} \\ \Psi_{M2} \\ \Psi_{T2} \end{bmatrix} = \begin{bmatrix} L_{ss} & 0 & L_m & 0 \\ 0 & L_{ss} & 0 & L_m \\ L_m & 0 & L_{rr} & 0 \\ 0 & L_m & 0 & L_{rr} \end{bmatrix} \begin{bmatrix} i_{M1} \\ i_{T1} \\ i_{M2} \\ i_{T2} \end{bmatrix} \tag{13-14}$$

式中，$L_m = 3/2 L_{m1}$，$L_{ss} = L_1 + L_m$，$L_{rr} = L_2 + L_m$。

可见，两相 M、T 坐标系下磁链方程的系数矩阵为常数，因此经过坐标变换简化了感应电动机的基本方程。将式（13-14）展开可得各相磁链的计算公式为

$$\Psi_{M1} = L_{ss} i_{M1} + L_m i_{M2}$$
$$\Psi_{T1} = L_{ss} i_{T1} + L_m i_{T2}$$
$$\Psi_{M2} = L_m i_{M1} + L_{rr} i_{M2}$$
$$\Psi_{T2} = L_m i_{T1} + L_{rr} i_{T2} \tag{13-15}$$

13.3　三相感应电动机起动特性的计算

13.3.1　状态方程

为方便研究，通常将所有电量改为标幺值进行计算。将式（13-15）所示的磁链计算公式代入 M、T 坐标系下定子和转子的电压方程中，整理为矩阵方程为

$$p\begin{bmatrix} \Psi_{M1} \\ \Psi_{T1} \\ \Psi_{M2} \\ \Psi_{T2} \end{bmatrix} = \begin{bmatrix} u_{M1} \\ u_{T1} \\ u_{M2} \\ u_{T2} \end{bmatrix} + \begin{bmatrix} -r_1 & \omega_1 L_{ss} & 0 & \omega_1 L_m \\ -\omega_1 L_{ss} & -r_1 & -\omega_1 L_m & 0 \\ 0 & \omega_s L_m & -r_2 & \omega_s L_{rr} \\ -\omega_s L_m & 0 & -\omega_s L_{rr} & -r_2 \end{bmatrix} \begin{bmatrix} i_{M1} \\ i_{T1} \\ i_{M2} \\ i_{T2} \end{bmatrix} \tag{13-16}$$

在标幺值系统中 $\omega_1 = 1$，$\omega_s = \omega_1 - \omega = 1 - \omega$，将式（13-14）所示的磁链方程的矩阵形式代入式（13-16），方程两边同时左乘式（13-14）中参数矩阵的逆矩阵，经整理可得

$$p\begin{bmatrix} i_{M1} \\ i_{T1} \\ i_{M2} \\ i_{T2} \end{bmatrix} = \begin{bmatrix} L_{ss} & 0 & L_m & 0 \\ 0 & L_{ss} & 0 & L_m \\ L_m & 0 & L_{rr} & 0 \\ 0 & L_m & 0 & L_{rr} \end{bmatrix}^{-1} \left\{ \begin{bmatrix} u_{M1} \\ u_{T1} \\ u_{M2} \\ u_{T2} \end{bmatrix} + \right.$$

$$\left. \begin{bmatrix} -r_1 & L_{ss} & 0 & L_m \\ -L_{ss} & -r_1 & -L_m & 0 \\ 0 & (1-\omega)L_m & -r_2 & (1-\omega)L_{rr} \\ -(1-\omega)L_m & 0 & -(1-\omega)L_{rr} & -r_2 \end{bmatrix} \begin{bmatrix} i_{M1} \\ i_{T1} \\ i_{M2} \\ i_{T2} \end{bmatrix} \right\} \tag{13-17}$$

笼型感应电动机转子对称，转子绕组相当于短接，即认为 $u_{M2}=u_{T2}=0$。因为电动机起动过程转速不断变化，为便于分析，将式（13-17）中与转速有关的项进行分离，可整理得到计算电动机动态过程的状态方程为

$$p\begin{bmatrix} i_{M1} \\ i_{T1} \\ i_{M2} \\ i_{T2} \end{bmatrix} = \begin{bmatrix} L_{ss} & 0 & L_m & 0 \\ 0 & L_{ss} & 0 & L_m \\ L_m & 0 & L_{rr} & 0 \\ 0 & L_m & 0 & L_{rr} \end{bmatrix}^{-1} \left\{ \begin{bmatrix} u_{M1} \\ u_{T1} \\ 0 \\ 0 \end{bmatrix} + \right.$$

$$\begin{bmatrix} -r_1 & L_{ss} & 0 & L_m \\ -L_{ss} & -r_1 & -L_m & 0 \\ 0 & L_m & -r_2 & L_{rr} \\ -L_m & 0 & -L_{rr} & -r_2 \end{bmatrix} \begin{bmatrix} i_{M1} \\ i_{T1} \\ i_{M2} \\ i_{T2} \end{bmatrix} +$$

$$\left. \omega \begin{bmatrix} 0 & 0 & 0 & 0 \\ 0 & 0 & 0 & 0 \\ 0 & -L_m & 0 & -L_{rr} \\ L_m & 0 & L_{rr} & 0 \end{bmatrix} \begin{bmatrix} i_{M1} \\ i_{T1} \\ i_{M2} \\ i_{T2} \end{bmatrix} \right\} \tag{13-18}$$

式（13-18）即为考虑感应电动机起动过程磁通瞬态变化的 M、T 坐标系下状态方程，用此方程可以对电动机的起动电流进行计算。状态方程中转速 ω 为变化量，下面对起动过程转速的计算方法进行说明。

13.3.2　转动系运动方程

13.3.1 节所述状态方程中的转速 ω 为变化量，本节根据转动系运动方程对电动机起动过程转速的计算方法进行说明。感应电动机转动系的运动方程为

$$M=M_e-M_0=J\frac{d\Omega}{dt} \tag{13-19}$$

式中，M_e、M_0、M 分别为电磁转矩、负载转矩、加速转矩（N·m）；J 为感应电动机和负载部分的转动惯量（kg·m^2）；Ω 为角速度（rad/s）。

在电动机产品参数中一般不包含惯性转矩 J，提供的一般是飞轮转矩 GD^2，其关系为

$$J=\frac{GD^2}{4} \tag{13-20}$$

将式（13-20）代入式（13-19）可得

$$M=M_e-M_0=\frac{GD^2}{4}\frac{d\Omega}{dt} \tag{13-21}$$

起动过程电动机转速为 $\Omega=\omega\Omega_s=\omega 2\pi n_s/60$，因此电动机加速转矩为

$$M=M_e-M_0=\frac{GD^2}{4}\frac{2\pi n_s}{60}\frac{d\omega}{dt} \tag{13-22}$$

式中，Ω_s 为同步角速度（rad/s）；n_s 为同步转速（r/min）。

为便于分析和计算，采用标幺值进行计算。采用标幺值时加速转矩为

$$M^* = \frac{M}{M_N} = \frac{GD^2}{4M_N} \frac{2\pi n_s}{60} \frac{d\omega}{dt}$$

$$= \frac{GD^2 \Omega_s}{4P_N} \frac{2\pi n_s}{60} \frac{d\omega}{dt} \qquad (13\text{-}23)$$

$$= \frac{GD^2}{4P_N} \left(\frac{2\pi n_s}{60} \right)^2 \frac{d\omega}{dt}$$

式中，M_N 为额定电磁转矩；P_N 为额定功率。

用 T_e、T_L 代表 M_e、M_0 的标幺值，则有

$$T_e - T_L = \pi^2 \frac{GD^2}{P_N} \left(\frac{n_s}{60} \right)^2 \frac{d\omega}{dt} \qquad (13\text{-}24)$$

令 $H = \pi^2 \dfrac{GD^2}{P_N} \left(\dfrac{n_s}{60} \right)^2$，此时电动机转动系的运动方程式为

$$H \frac{d\omega}{dt} = T_e - T_L \qquad (13\text{-}25)$$

用标幺值表示的电磁转矩 T_e 的计算公式为

$$T_e = L_m (i_{T1} i_{M2} - i_{M1} i_{T2}) \qquad (13\text{-}26)$$

式（13-18）、式（13-25）、式（13-26）构成感应电动机动态下的基本方程，利用这些动态方程即可对电动机的转速、起动电流及电磁转矩进行计算。

13.3.3　起动特性的计算

前面对计算电机起动过程的动态数学模型进行了推导和分析，据此可以计算电机起动电流和电磁转矩随转速的变化情况。在电机起动过程，电机转速改变，伴随有机械和电磁的过渡，属于电机的动态过程。本章所建立的状态方程考虑了电机起动过程的瞬态现象，同时求解相互关联的动态方程式（13-18）、式（13-25）、式（13-26）即可以对电动机动态特性曲线进行计算。因为电机转速不断变化，所以动态方程是非线性的，为将其线性化，计算时对起动时间进行离散，在每一个离散步长内将电机转速视为固定值，将每个时间步长内的转速视为固定值后，可根据起动初值求解状态方程，得到一个步长后两相坐标系下的电流值；将电流值代入电磁转矩计算公式可计算得到电磁转矩值；最后将电磁转矩值代入转动系运动方程，对式（13-25）进行积分便可求得下一个步长的电机转速值。根据动态方程间的计算关系，进行迭代计算，在每个时间步长内对电机转速、电磁转矩及起动电流进行计算，可得到电机起动过程的特性曲线。

由于电机在开始起动时转子绕组内电流的挤流效应和漏磁场的饱和程度非常强，导致定子、转子电阻和漏抗值与电机额定状态时的值差别很大，因此不能认为在整个起动过程中电机参数值是不变的。为使计算结果更符合实际，在计算中应考虑参数的变化问题。采用解析方法计算电机起动特性时，可以采用经验公式对电机起动过程的参数进行修正，为进一步提高计算准确性可以采用分层法及磁网络方法对电机起动时动态过程中的阻抗参数进行计算。

现以一台功率为 2500kW、6kV 电机为例，对其起动特性进行计算，图 13-2 所示为计算得到的动态特性曲线与不考虑起动过程磁通随时间变化计算得到的稳态特性曲线的对比图。

从图 13-2 中可以看出，考虑电磁瞬态过程的动态计算结果在起动低速段转矩和电流都存在波动。这是因为起动时定子电流除包含基频电流外，还存在低频率和非周期性电流分量，其中非周期性的电流会很快减小并消失。定子三相非周期性电流产生静止磁场，而三相基波频率的电流产生以同步速度旋转的磁场，它们在转子绕组中感应出的电流频率分别为 $(1-s)$ f_1 和 sf_1。转子绕组中频率为 sf_1 的电流和定子基波频率的电流感应的旋转磁场在空间上没有相对运动，从而产生单向转矩。而转子中频率为 $(1-s)f_1$ 的电流与定子非周期电流产生的磁

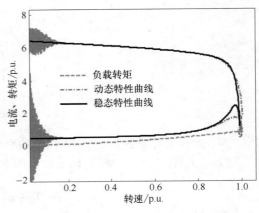

图 13-2　动态和稳态特性曲线对比图

场在空间上是不动的，它们与同步转速旋转的磁场相互作用，从而生成交变的电磁转矩。转矩的交变分量会随着非周期电流的衰减而消失。

在电机稳定运行点，动态特性中所反映的电机最大速度超出了电机同步转速，这是由于电机起动过程是一个电磁过渡过程，在电机速度接近同步速度的瞬态过程中，转子电流不会立刻消失为零，因此会产生电磁振荡现象。电机起动时所出现的最高转速受多种因素的影响，当转动惯量或负载增加时，起动过程所能达到的最高转速将要低一些，振荡过程也会较快结束。

由以上分析可以看出，电机起动过程的计算不同于稳态过程，稳态特性曲线不能完全反应电机的动态过程的特点。根据计算得到的电机动态参数及转速值对电机起动过程其他性能参数进行分析，可提高分析的准确性。

附录 A　轭部磁路校正系数

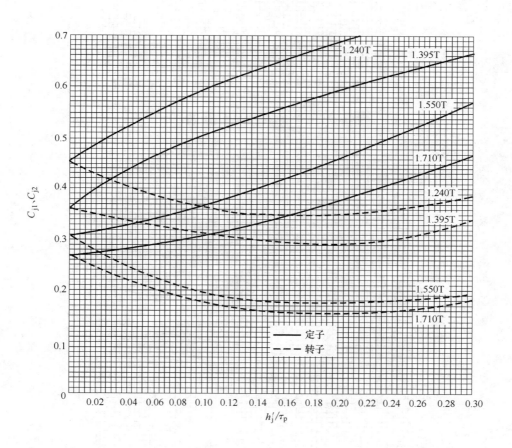

图 A-1　轭部磁路校正系数（2 极电机）

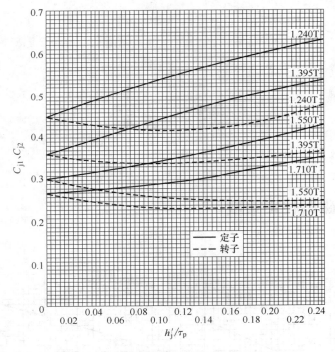

图 A-2 轭部磁路校正系数（4 极电机）

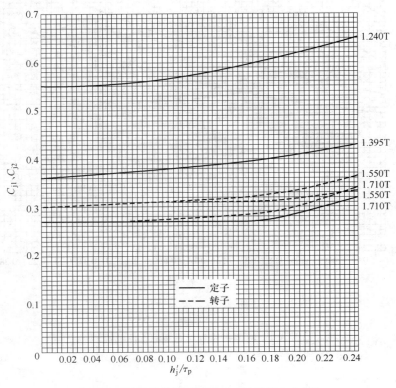

图 A-3 轭部磁路校正系数（6 极及以上电机）

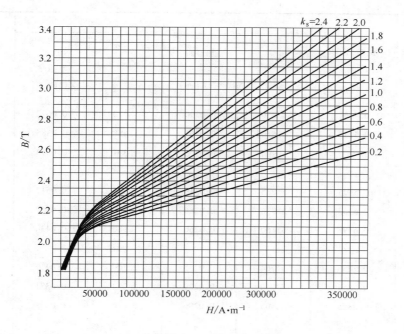

图 A-4 齿部磁密 $B_t' > 1.8T$ 时的矫正磁化曲线

附录 B 导线规格表

表 B-1 厚绝缘聚酯漆包圆线

导体标称直径 /mm	标称截面积 /mm²	铜		铝		漆膜厚度 /mm
		参考质量 /kg	20℃时 电阻率 /(Ω·m)	参考质量 /kg	20℃时 电阻率 /(Ω·m)	
0.50	0.1964	1.865	0.0927	0.598	0.1501	0.03 ~ 0.06
0.53	0.2206	2.040	0.0823	0.652	0.1333	0.04 ~ 0.07
0.56	0.2463	2.275	0.0736	0.704	0.1191	0.04 ~ 0.07
0.60	0.2827	2.589	0.0639	0.810	0.1035	0.04 ~ 0.07
0.63	0.3117	2.822	0.0579	0.895	0.0937	0.04 ~ 0.07
0.67	0.3528	3.219	0.0511	1.042	0.0827	0.04 ~ 0.08
(0.69)	0.3739	3.410	0.0481	1.102	0.0779	0.04 ~ 0.08
0.71	0.3959	3.616	0.0461	1.210	0.0746	0.04 ~ 0.08
0.75	0.4418	4.114	0.0412	1.284	0.0667	0.05 ~ 0.09

（续）

导体标称直径 /mm	标称截面积 /mm²	铜		铝		漆膜厚度 /mm
		参考质量 /kg	20℃时 电阻率 /(Ω·m)	参考质量 /kg	20℃时 电阻率 /(Ω·m)	
(0.77)	0.4657	4.250	0.0390	1.370	0.0632	0.05~0.09
0.80	0.5227	4.610	0.0361	1.488	0.0585	0.05~0.09
(0.83)	0.541	4.920	0.0335	1.591	0.0543	0.05~0.09
0.85	0.5675	5.235	0.0319	1.690	0.0517	0.05~0.09
0.90	0.6362	5.936	0.0284	1.889	0.0469	0.05~0.09
(0.93)	0.6793	6.160	0.0266	1.980	0.0430	0.05~0.09
0.95	0.7088	6.764	0.0255	2.100	0.0412	0.05~0.09
1.00	0.7854	7.240	0.0229	2.314	0.0371	0.06~0.11
1.06	0.8825	8.505	0.0206	2.616	0.0333	0.06~0.11
1.12	0.9852	8.940	0.0184	2.887	0.0299	0.06~0.11
1.18	1.0936	9.890	0.0165	3.142	0.0268	0.06~0.11
1.25	1.2272	11.20	0.0147	3.553	0.0238	0.06~0.11
1.30	1.3273	12.10	0.0136	3.833	0.0220	0.06~0.11
(1.35)	1.4314	13.00	0.0128	4.123	0.0204	0.06~0.11
1.40	1.5394	14.00	0.0117	4.424	0.0189	0.06~0.11
(1.45)	1.6513	15.00	0.0109	4.742	0.0176	0.06~0.11
1.50	1.7672	16.10	0.0102	5.064	0.0165	0.06~0.11
(1.56)	1.9114	17.35	0.0094	5.465	0.0152	0.06~0.11
1.60	2.0100	18.12	0.0089	5.714	0.0144	0.07~0.12
1.70	2.2698	20.40	0.0079	6.535	0.0128	0.07~0.12
1.80	2.5447	22.91	0.0070	7.310	0.0114	0.07~0.12
1.90	2.8353	25.50	0.0063	8.006	0.0102	0.07~0.12
2.00	3.1416	28.21	0.0057	9.140	0.0092	0.07~0.12
2.12	3.5299	31.52	0.0050	9.851	0.0082	0.07~0.12
2.24	3.9408	36.13	0.0045	11.27	0.0073	0.07~0.12
2.36	4.3744	41.35	0.0041	12.39	0.0066	0.07~0.12
2.50	4.9087	44.63	0.0036	13.68	0.0059	0.07~0.12

表 B-2　厚绝缘聚酯亚胺漆包扁线

S（a \ b）	1.00	1.12	1.25	1.40	1.50	1.60	1.70	1.80	1.90	2.00	2.12	2.24	2.50	2.80	3.00	3.15	3.35	3.55	4.00	4.45	5.00	5.60
3.35	3.335	3.761	4.223	4.755	5.110	5.465	5.672	6.027	6.382	6.737	7.163	7.589	8.326									
4.00	3.785	4.265	4.785	5.385	5.785	6.185	6.437	6.837	7.237	7.637	8.117	8.597	9.451	10.65								
4.50	4.285	4.825	5.410	6.085	6.535	6.985	7.287	7.737	8.137	8.637	9.117	9.717	10.70	12.05	12.95	13.63						
4.75	4.535	5.105	5.723	6.435		7.385		8.187		9.137		10.28	11.33	12.75		14.41						
5.00	4.785	5.385	6.035	6.785	7.285	7.785	8.137	8.637	9.137	9.637	10.24	10.84	11.95	13.45	14.45	15.20	16.20	17.20				
5.30	5.085	5.721	6.410	7.215		8.265		9.177		10.24		11.51	12.70	14.29		16.15		18.27				
5.60	5.385	6.057	6.785	7.625	8.185	8.745	9.157	9.717	10.28	10.84	11.51	12.18	13.45	15.13	16.25	17.09	18.21	19.33	21.54			
6.00	5.785	6.525	7.285	8.185		9.385		10.44		11.64		13.08	14.45	16.25		18.35		20.75	23.14			
6.30	6.086	6.841	7.660	8.605	9.235	9.865	10.35	10.98	11.61	12.24	12.99	13.75	15.20	17.09	18.35	19.30	20.65	21.82	24.34	27.49		
6.70	6.485	7.285	8.160	9.165		10.51		11.70		13.04		14.64	16.20	18.21		20.65		23.24	25.94	29.29		
7.10	6.885	7.737	8.660	9.725	10.44	11.15	11.71	12.42	13.13	13.84	14.69	15.54	17.20	19.33	20.75	21.82	23.40	24.66	27.45	31.09	34.64	
7.50	7.285	8.185	9.160	10.29		11.75		13.14		14.64		16.44	18.20	20.45		23.08		26.08	29.14	32.89	36.64	
8.00	7.785	8.745	9.785	10.99	11.79	12.59	13.24	14.04	14.84	15.64	16.60	17.56	19.45	21.85	23.45	24.65	26.25	27.85	31.14	35.14	39.14	43.94
8.50		9.305	10.41	11.69		13.39		14.94		16.64		18.68	20.70	23.50		26.23		29.63	33.14	37.39	41.64	46.74
9.00		9.865	11.04	12.39	13.29	14.19	14.94	15.84	16.74	17.64	18.72	19.80	21.95	24.65	26.45	27.80	29.60	31.40	35.14	39.64	44.14	49.54
9.50			11.66	13.09		14.99		16.74		18.64		20.92	23.20	26.05		29.38		33.18	37.14	41.89	46.64	52.34
10.00			12.29	13.79	14.79	15.79	16.64	17.64	18.64	19.64	20.84	22.04	24.45	27.45	29.45	30.95	32.95	34.95	39.14	44.14	49.14	55.14
10.60				14.63		16.75		18.72		20.84		23.38	25.95	29.13		32.84		37.08	41.54	46.84	52.14	58.86
11.20				15.47	16.59	17.71	18.68	19.80	20.92	22.04	23.38	24.73	27.45	30.81	33.05	34.73	36.97	39.21	43.94	49.54	55.14	61.86
11.80						18.67		20.88		23.24		26.07	28.95	32.95		36.62		41.34	46.34	52.24	58.14	65.22

注：裸线面积 S 单位为 mm²；a 为长边，b 为短边，单位为 mm。

附录 C 导磁材料磁化曲线和损耗曲线表

表 C-1 DW540-50 直流磁化特性 （单位：$\times 10^{-2}$A/cm）

B/T	0	0.01	0.02	0.03	0.04	0.05	0.06	0.07	0.08	0.09
0.1	35.03	36.15	37.74	39.01	40.61	42.20	42.99	44.27	45.38	46.18
0.2	46.97	47.77	49.36	50.16	50.96	52.55	52.95	54.14	54.94	55.73
0.3	57.32	58.12	58.92	59.71	60.51	62.10	62.90	63.69	64.49	65.29
0.4	66.08	66.88	67.68	68.47	69.27	70.06	70.86	71.66	72.45	73.25
0.5	74.04	74.84	75.64	96.13	77.23	78.03	78.82	79.62	80.41	81.21
0.6	82.01	82.80	84.39	85.99	86.78	87.58	88.38	89.17	89.97	90.76
0.7	91.56	92.37	93.15	93.95	95.54	97.13	98.73	100.32	101.91	102.71
0.8	103.50	104.30	105.89	108.28	109.87	11.067	111.46	113.06	116.24	117.04
0.9	117.83	118.63	121.02	122.61	124.20	125.80	126.59	128.98	132.17	135.35
1.0	156.15	136.94	139.33	141.72	144.90	148.09	151.27	152.87	156.05	159.24
1.1	160.83	163.42	167.02	171.18	173.57	179.14	185.51	187.90	191.08	199.04
1.2	203.03	207.01	214.97	222.93	230.89	238.85	248.41	257.96	267.52	277.07
1.3	286.62	294.95	302.55	318.47	334.39	350.32	366.24	398.09	414.04	429.94
1.4	461.78	477.71	517.52	549.36	589.17	636.94	700.4	748.41	796.18	875.80
1.5	955.41	1035.03	1114.65	1194.27	1433.12	1512.74	1671.97	1910.83	2070.06	2308.92
1.6	2547.77	2866.24	3025.48	3264.33	3503.18	3821.66	4140.13	4458.60	4617.83	5095.54
1.7	5254.78	5573.25	5891.72	6050.96	6369.43	6847.13	7165.61	7484.08	7802.55	

表 C-2 DW540-50 铁损耗特性 （50Hz） （单位：W/kg）

B/T	0	0.01	0.02	0.03	0.04	0.05	0.06	0.07	0.08	0.09
0.50	0.560	0.580	0.600	0.620	0.640	0.660	0.690	0.715	7.400	7.550
0.60	0.770	0.800	0.825	0.850	0.875	0.900	0.918	0.933	0.950	0.980
0.70	1.000	1.030	1.060	1.100	1.130	1.170	1.200	1.220	1.250	1.280
0.80	1.300	1.330	1.350	1.370	1.385	1.400	1.430	1.450	1.480	1.510
0.90	1.550	1.580	1.610	1.630	1.660	1.700	1.730	1.760	1.800	1.850
1.00	1.900	1.930	1.950	1.980	2.010	2.050	2.100	2.150	2.180	2.250
1.10	2.300	2.330	2.360	2.400	2.450	2.500	2.530	2.570	2.600	2.630
1.20	2.650	2.720	2.790	2.850	2.870	2.900	2.960	3.020	3.080	3.110
1.30	3.150	3.200	3.250	3.300	3.350	3.400	3.460	3.530	3.600	3.680
1.40	3.750	3.800	3.850	3.900	3.950	4.000	4.070	4.140	4.200	4.280
1.50	4.350	4.430	4.500	4.600	4.650	4.700	4.800	4.900	5.000	5.050
1.60	5.100	5.160	5.230	5.300	5.370	5.440	5.510	5.580	5.650	5.720
1.70	5.800									

注：密度为 7.75g/cm^3。

表 C-3　DW315-50 直流磁化特性　　　　　　　　（单位：×10⁻²A/cm）

B/T	0	0.01	0.02	0.03	0.04	0.05	0.06	0.07	0.08	0.09
0.1	23.89	24.68	26.12	27.07	27.87	28.66	30.10	31.39	31.85	32.48
0.2	33.44	34.08	35.03	35.83	36.62	38.21	38.62	39.41	39.81	41.80
0.3	42.20	42.83	24.99	44.59	45.38	46.02	46.42	47.29	47.61	47.77
0.4	49.20	49.36	49.76	50.16	50.96	51.75	52.55	52.79	53.11	53.34
0.5	55.33	55.57	55.73	56.13	56.37	57.33	57.72	58.12	58.52	58.92
0.6	60.51	61.31	62.10	62.90	63.54	64.49	65.29	66.08	66.88	67.86
0.7	68.47	69.27	70.06	70.86	71.66	73.25	74.05	74.84	75.64	78.03
0.8	78.82	79.62	81.21	82.80	83.60	84.40	85.99	87.58	90.76	92.37
0.9	94.75	95.54	98.73	99.52	100.32	102.71	103.50	106.69	108.28	111.47
1.0	114.73	114.81	115.05	119.43	121.02	124.20	127.39	131.37	134.55	139.33
1.1	141.72	144.90	149.68	150.48	155.26	163.22	165.61	171.98	179.14	185.56
1.2	192.68	199.05	207.01	214.97	222.93	234.87	243.63	246.82	270.70	285.03
1.3	298.57	310.51	326.43	342.36	366.24	390.13	398.09	429.14	460.19	485.67
1.4	517.52	557.33	597.13	636.94	740.45	796.18	859.87	955.41	1035.03	1114.65
1.5	1233.80	1354.50	1472.93	1592.36	1791.40	1990.45	2149.68	2388.54	2627.39	2866.24
1.6	3025.48	3184.71	3503.19	3821.66	4060.51	4299.6	4617.83	4936.35	5414.01	5625.87
1.7	6050.96	6369.43	6608.28	7006.37	7563.69	7961.78				

表 C-4　DW315-50 铁损耗特性（50Hz）　　　　　　　　（单位：W/kg）

B/T	0	0.01	0.02	0.03	0.04	0.05	0.06	0.07	0.08	0.09
0.50	0.410	0.420	0.430	0.440	0.450	0.460	0.470	0.480	0.490	0.500
0.60	0.515	0.530	0.545	0.560	0.570	0.580	0.590	0.610	0.620	0.635
0.70	0.650	0.665	0.680	0.700	0.715	0.730	0.748	0.761	0.780	0.795
0.80	0.820	0.840	0.860	0.880	0.900	0.920	0.940	0.960	0.980	0.990
0.90	1.000	1.030	1.060	1.080	1.100	1.120	1.130	1.150	1.180	1.200
1.00	1.220	1.250	1.285	1.300	1.330	1.350	1.375	1.395	1.420	1.440
1.10	1.450	1.470	1.500	1.520	1.550	1.580	1.600	1.630	1.650	1.680
1.20	1.700	1.750	1.800	1.830	1.850	1.870	1.900	1.920	1.950	1.970
1.30	1.980	2.000	2.040	2.080	2.120	2.150	2.170	2.190	2.200	2.250
1.40	2.300	2.350	2.400	2.440	2.470	2.500	2.550	3.600	2.650	2.720
1.50	2.800	2.830	2.860	2.880	2.910	2.950	2.980	3.040	3.100	3.150
1.60	3.200	3.250	3.300	3.350	3.400	3.450	3.500	3.550	3.600	3.700
1.70	3.770	3.810	3.850	3.900	3.950	4.000	4.100	4.200	4.300	4.400

表 C-5　10 号钢磁化曲线　　　　　　　　　　　　（单位：A/cm）

B/T	0	0.01	0.02	0.03	0.04	0.05	0.06	0.07	0.08	0.09
0	0	0.3	0.5	0.7	0.85	1.0	1.05	1.15	1.2	1.25
0.1	1.3	1.35	1.4	1.45	1.5	1.55	1.6	1.62	1.65	1.68
0.2	1.7	1.75	1.77	1.8	1.82	1.85	1.88	1.9	1.92	1.95
0.3	1.97	1.99	2.0	2.02	2.04	2.06	2.08	2.1	2.13	2.15
0.4	2.18	2.2	2.22	2.28	2.3	2.35	2.37	2.4	2.45	2.48
0.5	2.5	2.55	2.58	2.6	2.65	2.7	2.74	2.77	2.82	2.85
0.6	2.9	2.95	3.0	3.05	3.08	3.12	3.18	3.22	3.25	3.35
0.7	3.38	3.45	3.48	3.55	3.6	3.65	3.73	3.8	3.85	3.9
0.8	4.0	4.05	4.13	4.2	4.27	4.35	4.42	4.5	4.58	4.65
0.9	4.72	4.8	4.9	5.0	5.1	5.2	5.3	5.4	5.5	5.6
1.0	5.7	5.8	5.9	6.0	6.1	6.2	6.3	6.45	6.6	6.7
1.1	6.82	6.95	7.05	7.2	7.35	7.5	7.65	7.75	7.85	8.0
1.2	8.1	8.25	8.42	8.55	8.7	8.85	9.0	9.2	9.35	9.55
1.3	9.75	9.9	10.0	10.8	11.4	12.0	12.7	13.6	14.4	15.2
1.4	16.0	16.6	17.6	18.4	19.2	20	21.2	22	23.2	24.2
1.5	25.2	26.2	27.4	28.4	29.2	30.2	31.0	32.7	33.2	34.0
1.6	35.2	36.0	37.2	38.4	39.4	40.4	41.4	42.8	44.2	46
1.7	47.6	58	60	62	64	66	69	72	76	80
1.8	83	85	90	93	97	100	103	108	110	114
1.9	120	124	130	133	137	140	145	152	158	165
2.0	170	177	183	188	194	200	205	212	220	225
2.1	230	240	250	257	264	273	282	290	300	308
2.2	320	328	338	350	362	370	382	392	405	415
2.3	425	435	445	458	470	482	500	522		

表 C-6　50Hz DW470-50 冷轧硅钢片磁化曲线（50Hz）　　　（单位：A/cm）

B/T	0	0.01	0.02	0.03	0.04	0.05	0.06	0.07	0.08	0.09
0.5	0.65	0.66	0.67	0.68	0.69	0.70	0.71	0.72	0.73	0.74
0.6	0.75	0.76	0.76	0.77	0.78	0.79	0.80	0.81	0.82	0.83
0.7	0.84	0.85	0.86	0.87	0.88	0.89	0.91	0.93	0.94	0.95
0.8	0.96	0.97	0.98	1.00	1.02	1.05	1.06	1.07	1.08	1.10
0.9	1.12	1.14	1.16	1.18	1.20	1.22	1.24	1.26	1.28	1.30
1.0	1.34	1.35	1.40	1.42	1.44	1.49	1.55	1.58	1.60	1.65
1.1	1.70	1.75	1.80	1.85	1.90	1.95	1.98	2.00	2.10	2.20
1.2	2.30	2.40	2.50	2.60	2.70	2.80	2.85	2.90	3.00	3.20
1.3	3.40	3.60	3.80	4.00	4.10	4.30	4.60	4.80	5.00	5.40
1.4	5.90	6.20	6.60	7.00	7.80	8.50	9.00	9.80	10.00	11.00
1.5	12.0	13.0	14.0	15.0	16.0	18.0	20.0	22.0	24.0	25.0
1.6	28.0	30.0	32.0	34.0	38.0	40.0	44.0	47.0	50.0	54.0
1.7	58.0	60.0	64.0	70.0	73.0	76.0	80.0	84.0	90.0	95.0
1.8	100									

表 C-7　DW470-50 冷轧硅钢片铁损耗特性（50Hz）　　　　（单位：W/kg）

B/T	0	0.01	0.02	0.03	0.04	0.05	0.06	0.07	0.08	0.09
0.5	0.620	0.640	0.650	0.660	0.680	0.700	0.720	0.740	0.760	0.780
0.6	0.800	0.820	0.840	0.860	0.880	0.900	0.920	0.940	0.960	0.980
0.7	1.000	1.020	1.040	1.060	1.080	1.100	1.150	1.200	1.210	1.220
0.8	1.230	1.260	1.300	1.320	1.340	1.350	1.380	1.400	1.430	1.460
0.9	1.500	1.530	1.550	1.580	1.600	1.620	1.650	1.700	1.730	1.760
1.0	1.800	1.850	1.900	1.920	1.940	1.980	2.000	2.050	2.100	2.120
1.1	2.150	2.180	2.200	2.230	2.260	2.300	2.350	2.380	2.400	2.450
1.2	2.500	2.550	2.600	2.650	2.700	2.750	2.800	2.850	2.900	2.950
1.3	3.000	3.050	3.100	3.130	3.160	3.200	3.250	3.300	3.330	3.410
1.4	3.420	3.450	3.550	3.600	3.650	3.700	3.750	3.800	3.850	3.900
1.5	4.000	4.100	4.200	4.250	4.300	4.400	4.450	4.500	4.600	4.700
1.6	4.800	4.850	4.900	4.940	4.980	5.000	5.100	5.200	5.300	5.350
1.7	5.400	5.500	5.600	5.700	5.800	5.900	6.000	6.100	6.200	6.250
1.8	6.300									

表 C-8　常用永磁材料性能

种类	牌号	剩余磁感应强度/T	矫顽力/(kA/m)	最大磁能积/(kJ/m³)	相对回复磁导率	磁温度系数/(%℃⁻¹)	居里点/℃	饱和磁化场/(kA/m)
铁氧体永磁材料	Y10T	≥0.02	128~160	6.4~9.6			450	700
	Y15Z	0.24~0.26	170~190	10.4~12.8				
	Y25	0.35~0.39	152~208	22.3~25.5			450~460	800
	Y30	0.38~0.42	160~216	26.3~295			450~460	800
	Y35	0.40~0.44	176~224	30.3~33.4	1.05~1.3	−0.18~ −0.20	450~460	800
	Y15H	≥0.31	232~248	≥17.5			460	800
	Y20H	≥0.34	248~264	≥21.5			460	800
	Y25BH	0.36~0.39	176~216	23.9~27.1			460	800
	Y30BH	0.38~0.40	224~240	27.1~30.3			460	800
稀土永磁材料	XG112/90	0.73	520	104~120	1.05~1.10	−0.05	700~750	2400
	XG160/120	0.88	640	150~184	1.05~1.10	−0.05	700~750	3200
	NFB-10Z	≥0.64	450	70	1.15	−0.136	310	
	NFB—25	≥1.0	557	175~206	1.05		310	
	NFB—30	≥1.05	396.8	215~254	1.05		310	
	NFB36	≥1.22	888	270~300	1.05		310	
	NFB27H	≥1.05	816	200~230	1.08	−0.11	360	
	NFH30H	≥1.12	840	225~255	1.08	−0.11	360	
	NFB35H	≥1.17	880	250~280	1.08	−0.11	360	

附录 D 各种槽型比漏磁导计算

表 D-1 定子槽比漏磁导

槽型图	比漏磁导	槽型图	比漏磁导
	$\lambda_{U1}=\dfrac{h_{s0}}{b_{01}}+\dfrac{2h_{s1}}{b_{01}+b_{s1}}$ $\lambda_{L1}\begin{cases}平底槽,查图\ D\text{-}1\\圆底槽,查图\ D\text{-}2\end{cases}$ $\Delta\lambda_{U1}=\dfrac{h_{s0}+0.58h_{s1}}{b_{01}}\left(\dfrac{C_{s1}}{C_{s1}+1.5b_{01}}\right)$		$\lambda_{U1}=\dfrac{h_{s0}}{b_{01}}$ $\lambda_{L1}=\dfrac{h_{s2}}{3b_{s}}$ $\Delta\lambda_{U1}=\dfrac{h_{s0}}{b_{01}}\left(\dfrac{C_{s1}}{C_{s1}+b_{01}}\right)$
	$\lambda_{U1}=\dfrac{h_{s0}}{b_{01}}+0.785$ $\lambda_{L1}\begin{cases}平底槽,查图\ D\text{-}1\\圆底槽,查图\ D\text{-}2\end{cases}$ $\Delta\lambda_{U1}=\dfrac{h_{s0}+0.58h_{s1}}{b_{01}}\left(\dfrac{C_{s1}}{C_{s1}+1.5b_{01}}\right)$		$\lambda_{U1}=\dfrac{h_{s0}}{b_{01}}+\dfrac{2h_{s1}}{b_{01}+b_{s}}+\dfrac{h_{s2}}{b_{s}}\quad\lambda_{L1}=\dfrac{h_{s3}}{3b_{s}}$ $\Delta\lambda_{U1}=C_{s1}\left[\dfrac{h_{s0}}{b_{01}(C_{s1}+b_{01})}+\dfrac{h_{s1}}{(b_{01}+b_{s})(C_{s1}+b_{01}+b_{s})}\right]$

表 D-2 转子槽比漏磁导

槽型图	比漏磁导	槽型图	比漏磁导
	$\lambda_{U2}=\dfrac{h_{r0}}{b_{02}}$ λ_{L2} 查图 D-3 $\Delta\lambda_{U2}=\dfrac{h_{r0}}{b_{02}}\left(\dfrac{C_{s2}}{C_{s2}+b_{02}}\right)$		$\lambda_{U2}=\dfrac{h_{r0}}{b_{02}}$ λ_{L2} 查图 D-1 $\Delta\lambda_{U2}=\dfrac{h_{r0}}{b_{02}}\left(\dfrac{C_{s2}}{C_{s2}+b_{02}}\right)$
	$\lambda_{U2}=\dfrac{h_{r0}}{b_{02}}$ $\lambda_{L2}=\dfrac{2h_{r1}}{b_{02}+b_{r1}}+\lambda_{L}$ λ_{L} 查图 D-2 $\Delta\lambda_{U2}=\dfrac{h_{r0}}{b_{02}}\left(\dfrac{C_{s2}}{C_{s2}+b_{02}}\right)$		λ_{U2} 查图 D-5 λ_{L2} 梨形槽时查图 D-3 其他槽型查对应的 公式和曲线 $\lambda_{U2(st)}$ 按 I_{st} 的假定值查图 D-5

（续）

槽型图	比漏磁导	槽型图	比漏磁导
	$\lambda_{U2} = \dfrac{h_{r0}}{b_{02}}$ $\lambda_{L2} = \dfrac{2h_{r1}}{b_{02}+b_{r1}} + \lambda_L$ λ_L 查图 D-1 $\Delta\lambda_{U2} = \begin{cases} \dfrac{h_{r0}}{b_{02}}\left(\dfrac{C_{s2}}{C_{s2}+b_{02}}\right), \\ 铸铝转子 \\ \dfrac{h_{r0}+0.58h_{r1}}{b_{02}} \times \\ \left(\dfrac{C_{s2}}{C_{s2}+1.5b_{02}}\right), \\ 铜条转子 \end{cases}$		$\lambda_{U2} = \dfrac{h_{r0}}{b_{02}} + \dfrac{2h_{r1}}{b_{02}+b_{r2}} + \dfrac{h_{r2}}{b_{r2}}$ λ_{L2} 查图 D-1
	$\lambda_{U2} = \dfrac{h_{r0}}{b_{02}}$ $\lambda_{L2} = 0.623$ $\Delta\lambda_{U2} = \dfrac{h_{r0}}{b_{02}}\left(\dfrac{C_{s2}}{C_{s2}+b_{02}}\right)$		$\lambda_{U2} = \dfrac{h_{r0}}{b_{02}}$ $\Delta\lambda_{U2} = \dfrac{h_{r0}}{b_{02}}\left(\dfrac{C_{s2}}{C_{s2}+b_{02}}\right)$ $\lambda_{L2} = \lambda_{hr1} + \lambda_{hr2} + \lambda_{hr3}$ （见说明）
	$\lambda_M = \dfrac{h_{r0}}{b_{r0}} + \dfrac{\pi}{4}$ $\lambda_{L2} = \dfrac{h_{r1}}{b_{r1}} + \dfrac{\pi}{4} + \lambda_L$ $\Delta\lambda_M = \dfrac{h_{r0}}{b_{r0}}\left(\dfrac{C_{s2}}{C_{s2}+b_{02}}\right)$ 式中，λ_L 按单鼠笼 的 λ_{L2} 查图 D-3		$\lambda_M = \dfrac{h_{r0}}{b_{r0}} + \dfrac{\pi}{4}$ $\lambda_{L2} = \dfrac{h_{r1}}{b_{r1}} + \dfrac{\pi}{4} + \dfrac{h_{r2}}{3b_{r2}}$ $\Delta\lambda_M = \dfrac{h_{r0}}{b_{r0}}\left(\dfrac{C_{s2}}{C_{s2}+b_{02}}\right)$
	$\lambda_M = \dfrac{h_{r0}}{b_{r0}} + \dfrac{\pi}{4}$ $\lambda_{L2} = \dfrac{h_{r1}}{b_{r1}} + 1.405$ $\Delta\lambda_M = \dfrac{h_{r0}}{b_{r0}}\left(\dfrac{C_{s2}}{C_{s2}+b_{02}}\right)$		$\lambda_M = \dfrac{h_{r0}}{0.051} + \dfrac{\pi}{4}$ $\lambda_{L2} = \dfrac{h_{r1}}{b_{r1}} + \dfrac{h_{r2}}{3(r_1+r_2)} + 1.405$ $\Delta\lambda_M = \dfrac{h_{r0}}{0.051}\left(\dfrac{C_{s2}}{C_{s2}+0.051}\right)$

（续）

槽型图	比漏磁导	槽型图	比漏磁导
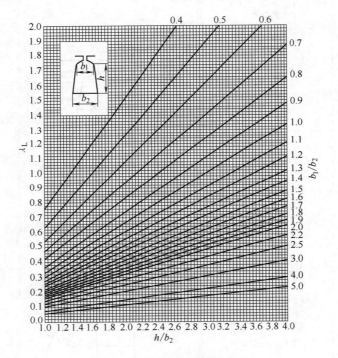	$\lambda_M = \dfrac{h_{r0}}{b_{r0}} + \dfrac{\pi}{4}$ $\lambda_{L2} = \dfrac{h_{r1}}{b_{r1}} + \dfrac{\pi}{4} + \dfrac{2h_{r2}}{3(2r_1 + b_{r2})}$ $\Delta\lambda_M = \dfrac{h_{r0}}{b_{r0}}\left(\dfrac{C_{s2}}{C_{s2} + b_{02}}\right)$		

图 D-1　平底槽下部比漏磁导 λ_L

说明：

$$\lambda_{hr1} = \frac{1}{S_B^2}\left(b_{02}h_{r1}^3 K_{r1} + S_{B23}h_{r1}^2 K_{r1}' + S_{B23}^2 \frac{h_{r1}}{b_{r1}} K_{r1}''\right)$$

当 $S_{B1} \ll (S_{B2} + S_{B3})$ 时，可采用近似计算 $\lambda_{hr1} = \dfrac{2h_{r1}}{b_{02} + b_{r1}}$。

$$\lambda_{hr2} = \frac{1}{S_B^2}\left(b_{r1}h_{r2}^3 K_{r2} + S_{B23}h_{r2}^2 K_{r2}' + S_{B3}^2 \frac{h_{r2}}{b_{r2}} K_{r2}''\right)$$

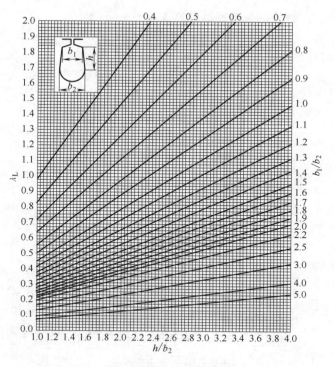

图 D-2　圆底槽下部比漏磁导 λ_L

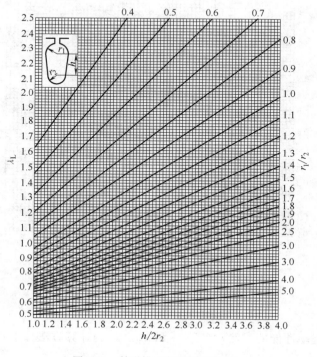

图 D-3　梨形槽下部比漏磁导 λ_L

当 $S_{B2} \ll (S_{B1} + S_{B3})$ 时，可采用近似计算 $\lambda_{hr2} = \dfrac{2h_{r2}}{b_{r1} + b_{r2}}$。

$$\lambda_{hr3} = \frac{1}{S_B^2} b_{r3} h_{r3}^3 K_{r3}$$

式中

$$S_{B1} = \frac{1}{2}(b_{02} + b_{r1}) h_{r1}$$

$$S_{B2} = \frac{1}{2}(b_{r1} + b_{r2}) h_{r2}$$

$$S_{B3} = \frac{1}{2}(b_{r3} + b_{r4}) h_{r3}$$

$$S_{B23} = S_{B2} + S_{B3}$$

$$S_B = S_{B1} + S_{B2} + S_{B3}$$

K_r、K_r'、K_r''查图 D-4。

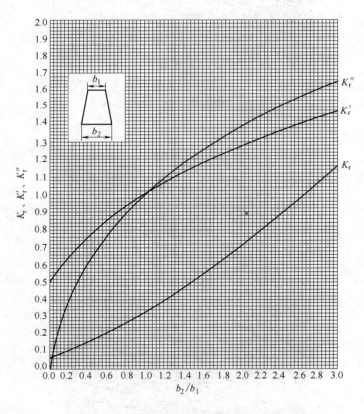

图 D-4 凸形槽下部比漏磁导系数 K_r、K_r'、K_r''

两个关于计算起动性能的过渡性参数 $\dfrac{K_R}{r_o}$ 和 $\lambda_{L2(st)}$ 的计算方法如下：

计算起动电阻时，等效槽高为

$$h_{pr} = \frac{h_{r1} + h_{r2} + h_{r3}}{K_R} K_a$$

计算起动电抗时，等效槽高为

$$h_{px} = (h_{r1} + h_{r2} + h_{r3}) K_X K_a$$

式中，K_R、K_X 由 ξ 值按 $b_1/b_2 = 1$ 查图 7-5；K_a 为截面宽度突变修正系数，查图 D-6。

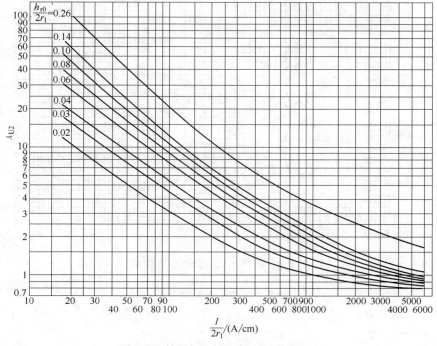

图 D-5　转子闭口槽上部比漏磁导 λ_{U2}

1）K_R 的计算。

当 $h_{pr} > h_{r1} + h_{r2}$ 时

$$K_R = \frac{S_B}{S_{B1} + S_{B2} + \frac{1}{2}(b_{pr} + b_{r3}) h_r}$$

式中

$$b_{pr} = b_{r4} + \frac{1}{h_{r3}}(b_{r3} - b_{r4})(h_{r1} + h_{r2} + h_{r3} - h_{pr})$$

$$h_r = h_{pr} - (h_{r1} + h_{r2})$$

当 $h_{pr} \leqslant h_{r1} + h_{r2}$ 时

$$K_R = \frac{S_B}{S_{B1} + \frac{1}{2}(b_{r1} + b'_{pr}) h'_r}$$

式中

$$b'_{pr} = b_{r1} + \frac{(b_{r2} - b_{r1}) h'_r}{h_{r2}}$$

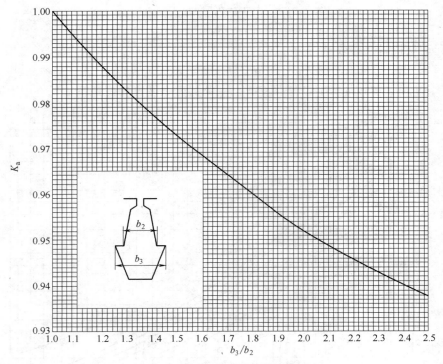

图 D-6　截面宽度突变修正系数 K_a

$$h'_r = h_{pr} - h_{r1}$$

2）$\lambda_{L2(st)}$ 的计算。

当 $h_{px} > h_{r1} + h_{r2}$ 时

$$b_{px} = b_{r4} + \frac{1}{h_{r3}}(b_{r3} - b_{r4})(h_{r1} + h_{r2} + h_{r3} - h_{px})$$

用 b_{px} 替代 b_{r4}，用 $h_x = h_{px} - (h_{r1} + h_{r2})$ 替代 h_{r3}，按设计程序中 λ_{L2} 的公式重新计算，即得 $\lambda_{L2(st)}$。

当 $h_{px} \leqslant h_{r1} + h_{r2}$ 时

$$b'_{px} = b_{r1} + \frac{(b_{r2} - b_{r1})h'_x}{h_{r2}}$$

$$h'_x = h_{px} - h_{r1}$$

用 b'_{px} 替代 b_{r2}，用 h'_x 替代 h_{r2}，按 λ_{L2} 的公式重新计算（注意：此时 $h_{r2} = 0$），即得 $\lambda_{L2(st)}$。

附录 E　Y、Y-L 系列三相感应电动机绝缘规范（B 级绝缘）

1. 适用范围

一般环境下运行使用的 500V 及以下小型三相感应电动机，中心高范围为 80～280mm。定子槽形为半闭口槽，定子绕组为散嵌下线。

2. 电磁线

Y 系列三相感应电动机采用高强度聚酯漆包圆铜线。Y-L 系列三相感应电动机采用高强度聚酯漆包圆铝线（GB 6109—2008）。

3. 槽绝缘

表 E-1　槽绝缘所用复合绝缘材料

电机中心高 /mm	槽绝缘形式及总厚度/mm			槽绝缘均匀伸出铁心 二端长度/mm
	DMDM[①]	DMD+M[①]	DMD[①]	
90~112	0.25	0.25 (0.20+0.05)	0.25	6~7
132~160	0.30	0.30 (0.25+0.05)		7~10
180~280	0.35	0.25 (0.30+0.05)		12~15

① 0.25mm DMD 的中间层薄膜厚度为 0.07mm。D 为聚酯纤维无纺布，M 为 6020 聚酯薄膜（GB 13542—2009）。

4. 相间绝缘

绕组端部相间垫入与槽绝缘相同的复合绝缘材料（DMDM 或 DMD）。

5. 层间绝缘

当采用双层绕组时，同槽上、下两层线圈边之间垫入与槽绝缘相同的复合绝缘材料（DMDM 或 DMD）作为层间绝缘。

6. 槽楔

槽楔采用冲压成型的 MDB 复合槽楔或 3240 环氧酚醛层压玻璃布板（GB 1303—2009）。中心高为 80~160mm 的电动机用厚度为 0.5~0.6mm 复合槽楔材料；中心高为 180~280mm 的电动机用厚度为 0.6~0.8mm 复合槽楔材料。冲压成型的复合槽楔的长度和相应槽绝缘的相同。层压板槽楔厚度为 2mm，长度比相应槽绝缘短 4~6mm，槽楔下垫入长度与槽绝缘相同的盖槽绝缘。

参 考 文 献

[1] 戈宝军，梁艳萍，温嘉斌. 电机学 [M]. 3 版. 北京：中国电力出版社，2016.
[2] 皮罗内，约基宁，拉玻沃兹卡. 旋转电机设计：第 2 版 [M]. 柴凤，裴宇龙，于艳君，等译. 北京：机械工业出版社，2018.
[3] 陈世坤. 电机设计 [M]. 2 版. 北京：机械工业出版社，2004.
[4] 黄士鹏. 交流电机绕组理论 [M]. 哈尔滨：黑龙江科学技术出版社，1986.
[5] 许实章. 交流电机的绕组理论 [M]. 北京：机械工业出版社，1985.
[6] 傅丰礼，唐孝镐. 异步电动机设计手册 [M]. 北京：机械工业出版社，2002.
[7] 杨莉，戴文进. 电机设计理论与实践 [M]. 北京：清华大学出版社，2013.
[8] 唐任远. 现代永磁电机理论与设计 [M]. 北京：机械工业出版社，2015.
[9] 王秀和. 永磁电机 [M]. 2 版. 北京：中国电力出版社，2011.
[10] 胡岩，武建文，李德成. 小型电动机现代实用设计技术 [M]. 北京：机械工业出版社，2008.
[11] 胡志强. 电机制造工艺学 [M]. 2 版. 北京：机械工业出版社，2020.
[12] 戴文进，张景明. 电机设计 [M]. 北京：清华大学出版社，2010.
[13] 黄坚，郭中醒. 实用电机设计计算手册 [M]. 上海：上海科学技术出版社，2010.
[14] 王秀和，杨玉波，朱常青. 异步起动永磁同步电动机：理论、设计与测试 [M]. 北京：机械工业出版社，2009.
[15] 魏永田，孟大伟，温嘉斌. 电机内热交换 [M]. 北京：机械工业出版社，1998.
[16] 赵博，张洪亮. Ansoft 12 在工程电磁场中的应用 [M]. 北京：中国水利水电出版社，2013.
[17] 汤蕴璆，梁艳萍. 电机电磁场的分析与计算 [M]. 北京：机械工业出版社，2010.
[18] 孟阳. 基于流-热网络双向耦合的永磁同步电动机温升预测 [D]. 哈尔滨：哈尔滨理工大学，2022.
[19] 许松娜. 自启动永磁同步电动机设计及转矩特性研究 [D]. 哈尔滨：哈尔滨理工大学，2021.